土木建筑职业技能岗位培训教材

木　工

建设部人事教育司组织编写

中国建筑工业出版社

图书在版编目（CIP）数据

木工/建设部人事教育司组织编写．—北京：中国建筑工业出版社，2002
土木建筑职业技能岗位培训教材
ISBN 978-7-112-05452-7

Ⅰ．木… Ⅱ．建… Ⅲ．建筑工程—木工—技术培训—教材 Ⅳ．TU759

中国版本图书馆 CIP 数据核字（2002）第 083429 号

土木建筑职业技能岗位培训教材
木 工
建设部人事教育司组织编写
*
中国建筑工业出版社出版、发行(北京西郊百万庄)
各地新华书店、建筑书店经销
北京市密东印刷有限公司印刷
*
开本：850×1168 毫米 1/32 印张：13¾ 字数：368 千字
2002 年 12 月第一版 2015 年 10 月第三十次印刷
定价：**24.00** 元

ISBN 978-7-112-05452-7
（26475）

本书主要内容有：建筑制图与识图，房屋构造，建筑力学知识，常用木材和化学胶料，常用木工手工工具的操作与维修，常用木工机械的操作与维修，榫的制作、拼缝及配料，水准测量，建筑结构，门窗的制作与安装，木屋架的制作、安装，各种现浇及预制模板的制作、安装，吊顶及木地板施工，旋转楼梯的制作等。每部分内容后面均附有复习思考题。

本书既可作“土木建筑职业技能岗位培训”教材，也可供建筑企业操作工人岗位培训和自学使用。

出 版 说 明

为深入贯彻全国职业教育工作会议精神，落实建设部、劳动和社会保障部《关于建设行业生产操作人员实行职业资格证书制度的有关问题的通知》（建人教［2002］73号）精神，全面提高建设职工队伍整体素质，我司在总结全国建设职业技能岗位培训与鉴定工作经验的基础上，根据建设部颁发的《职业技能标准》、《职业技能岗位鉴定规范》和建设部与劳动和社会保障部共同审定的手工木工、精细木工、砌筑工、钢筋工、混凝土工、架子工、防水工和管工等8个《国家职业标准》，组织编写了这套“土木建筑职业技能岗位培训教材”。

本套教材包括砌筑工、抹灰工、混凝土工、钢筋工、木工、油漆工、架子工、防水工、试验工、测量放线工、水暖工和建筑电工等12个职业（岗位），并附有相应的培训计划大纲与之配套。各职业（岗位）培训教材将原教材初、中、高级单行本合并为一本，其初、中、高级职业（岗位）培训要求在培训计划大纲中具体体现，使教材更具统一性，避免了技术等级间的内容重复和衔接上普遍存在的问题。全套教材共计12本。

本套教材注重结合建设行业实际，体现建筑业企业用工特点，学习了德国“双元制”职业培训教材的编写经验，并借鉴香港建造业训练局各职业（工种）《授艺课程》和各职业（工种）知识测验和技能测验的有益作法和经验，理论以够用为度，重点突出操作技能的训练要求，注重实用与实效，力求文字深入浅出，通俗易懂，图文并茂，问题引导留有余地，附有习题，难易适度。本套教材符合现行规范、标准、工艺和新技术推广要求，并附《职业技能岗位鉴定习题集》，是土木建筑生产操作人员进行职业技能岗位培训的必备教材。

本套教材经土木建筑职业技能岗位培训教材编审委员会审定，由中国建筑工业出版社出版。

本套教材作为全国建设职业技能岗位培训教学用书，也可供高、中等职业院校实践教学使用。在使用过程中如有问题和建议，请及时函告我们。

建设部人事教育司

二〇〇二年十月二十八日

土木建筑职业技能岗位培训教材
编审委员会

前　言

本教材是建设部人事教育劳动司指定的“土木建筑职业技能岗位培训教材”之一，是根据建设部颁发的《建设行业职业技能标准》和《建设职业技能岗位鉴定规范》的要求编写的。主要内容有建筑制图与识图，房屋构造，建筑力学知识，常用木材与胶料，常用木工手工工具使用方法，常用木工机械操作与维修，榫的制作、拼缝及配料，水准测量，建筑结构，门窗的制作与安装，木屋架的制作、安装，各种现浇及预制模板的制作、安装，吊顶及木地板施工，旋转楼梯的制作等。

本教材由天津三建职业技能培训中心田红编写一、七、十三，天津建筑工程学校孙大群编写八、十一、十四。天津三建职业技能培训中心李俊廷编写二、三、四、五、六、九、十、十二，并担任主编。全教材由天津建筑工程学校李志新同志主审。

本教材在编写过程中，曾得到天津三建建筑工程有限公司范玉恕同志、杨少元同志、胡春明同志的支持和帮助，对此表示感谢。

由于编者水平有限，加以编写时间仓促，难免有不妥之处，恳请给予批评指正。

编　者

目　　录

一、建筑制图与识图

（一）建筑识图知识

建筑工程中，无论是建造工厂、商住楼、学校或其他，都要根据图纸施工。工程图样是不可缺少的重要技术文件，是表达和交流技术思想的重要工具。因此，工程图样被喻为“工程界的语言”。

为了使工程图样达到统一，符合施工要求和便于交流，我国颁布了《房屋建筑制图统一标准》，并于2001年修订为《房屋建筑制图统一标准》（GB/T 50001—2001），自2002年3月1日起实施。

1. 图幅、图线、比例

(1) 图幅

图幅的规格见表1-1。

图 幅 规 格 **表1-1**

基本图幅代号	A0	A1	A2	A3	A4
$b \times L$	841×1189	594×841	420×594	297×420	210×297
c	10			5	
a	25				

注：b—图幅短边；L—图幅长边；单位是mm。

图纸幅面如图1-1所示。

图纸的标题栏应放在图纸右下角，如图1-2所示。图纸会签栏应竖放在图纸左上角，如图1-3所示。

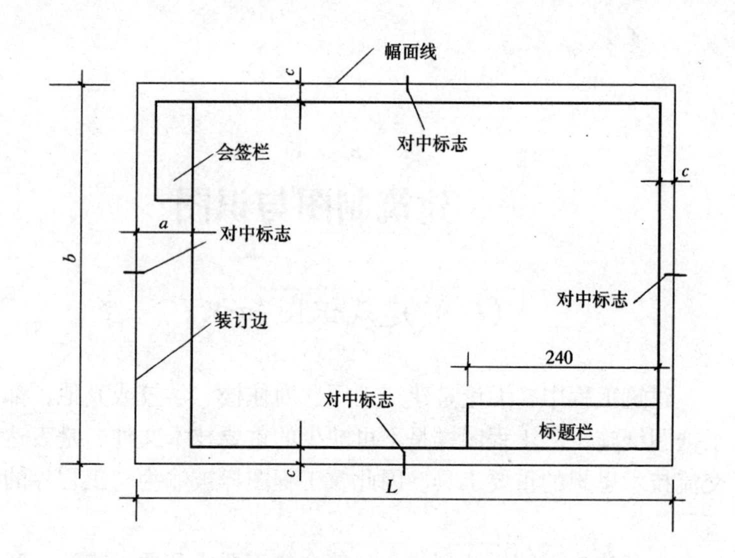

图 1-1　图纸幅面

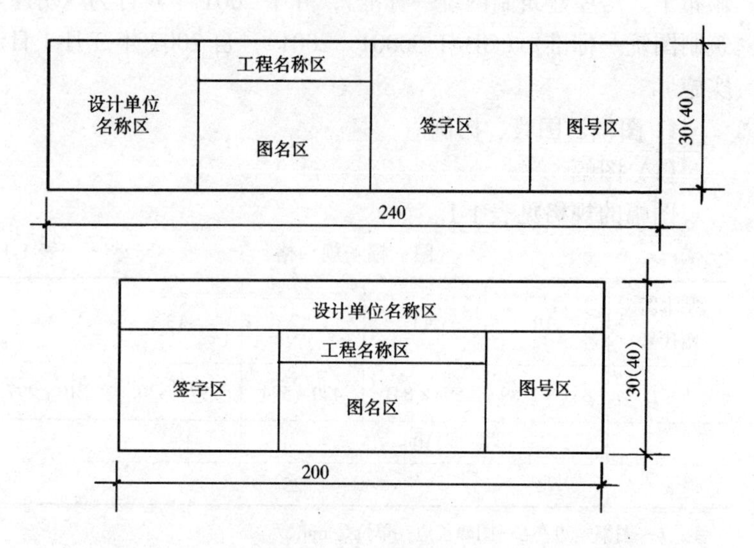

图 1-2　标题栏

（2）图线

图纸上的各种线型见表 1-2。

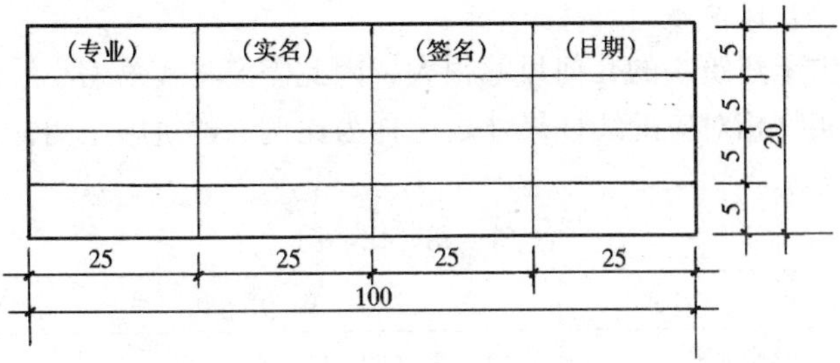

(专业)	(实名)	(签名)	(日期)

25　25　25　25　100　5　5　5　5　20

图 1-3　会签栏

图　线　　　　**表 1-2**

名称		线　型	线宽	一 般 用 途
实线	粗		b	主要可见轮廓线
	中		$0.5b$	可见轮廓线
	细		$0.25b$	可见轮廓线、图例线
虚线	粗		b	见各有关专业制图标准
	中		$0.5b$	不可见轮廓线
	细		$0.25b$	不可见轮廓线、图例线
单点长画线	粗		b	见各有关专业制图标准
	中		$0.5b$	见各有关专业制图标准
	细		$0.25b$	中心线、对物线等
双点长画线	粗		b	见各有关专业制图标准
	中		$0.5b$	见各有关专业制图标准
	细		$0.25b$	假想轮廓线、成型前原始轮廓线
折断线			$0.25b$	断开界线
波浪线			$0.25b$	断开界线

注：b 为线条宽度，$b=0.35\sim2$mm，一般取 0.7mm。画线时应注意以下几点：

1）点画线每一线段的长度应大致相导，约等于 15～20mm，间距约 3mm，与其他线相交时应交于线段处。

2）虚线的线段及间距应保持长短一致，线段长约 3～6mm，间距约 0.5～1mm。与另一线相交时也应交于线段处。

(3) 比例

由于建筑物的几何尺寸很大，因此需要将实物缩小绘制。图形与实物相对应的线性尺寸之比称为比例。建筑施工图常用比例见表1-3。

常 用 比 例　　　表1-3

图　　名	常用比例
总平面图	1∶500，1∶1000，1∶2000
平面图、剖面图、立面图	1∶50，1∶100，1∶200
次要平面图	1∶300，1∶400
详　　图	1∶1，1∶2，1∶5，1∶10，1∶20，1∶25，1∶50

2. 尺寸标注

图中尺寸是施工的依据，因此标准尺寸必须认真、细致，书写清楚，正确无误，否则会给施工造成困难和损失。

(1) 尺寸的组成

图中的尺寸由尺寸线、尺寸界限、尺寸起止符号和尺寸数字四部分组成，如图1-4所示。

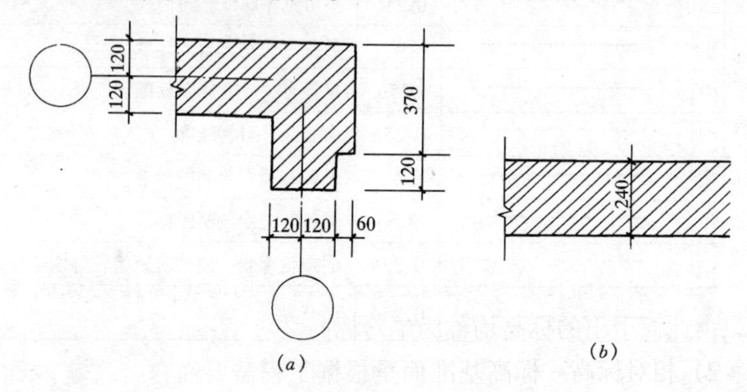

图1-4　尺寸标注

(*a*) 尺寸不宜与图线相交；(*b*) 尺寸数字处图线应断开

(2) 尺寸数字的标注

尺寸数字的标注与方向如图1-5、图1-6所示。

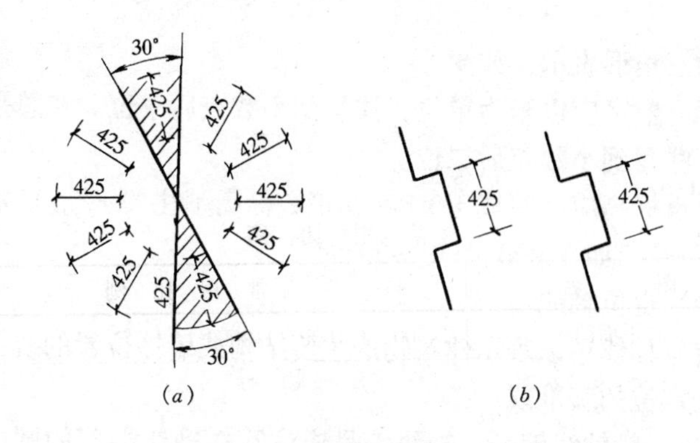

图 1-5　尺寸数字的注写方向

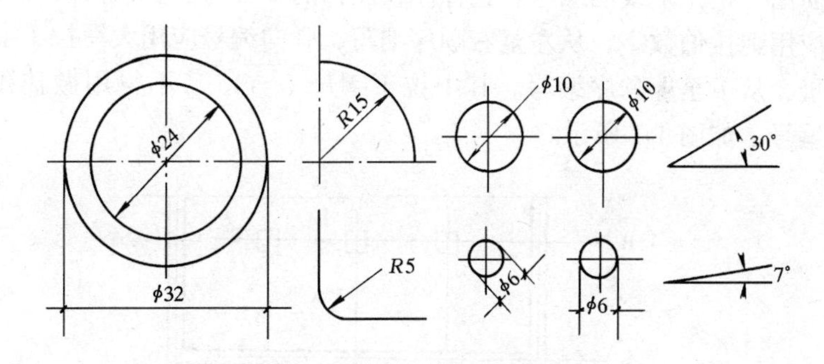

图 1-6　直径、半径角度的标注

3. 标高、定位轴线

(1) 标高

标高是表明建筑物以某点为基准的相对高度。标高有两种：

1）绝对标高：它是以我国青岛黄海平均海平面作为标高零点，由此而引出的标高均称为绝对标高。

2）相对标高：标高基准面是根据工程需要而自行选定的称为相对标高。建筑上一般把房屋底层室内地坪面定为相对标高的零点（±0.000）。

标高符号的具体画法为一等腰三角形，高约 3mm，尖端可向上或向下，如 ±0.000　±0.000；总平面图上的绝对标高则用涂黑的三角形表示，如▼。

标高数字应以米为单位，注写到小数点后三位。在总平面图中，可注写到小数点后二位。

零点标高应注写成±0.000，正数标高不注“+”，负数标高应注“-”，如3.000　-3.900。

(2) 定位轴线

定位轴线用以表示建筑物的主要结构或墙体位置的线，也是建筑物定位的基准线。

1）一般轴线编号：轴线编号应注写在轴线端部的圆内。平面图上定位轴线的编号，宜标注在图样的下方与左侧。横向编号应用阿拉伯数字，从左至右顺序编写，竖向编号应用大写拉丁字母，从下至上顺序编写。其中拉丁字母I、O、Z不得用做轴线编号。如图1-7所示。

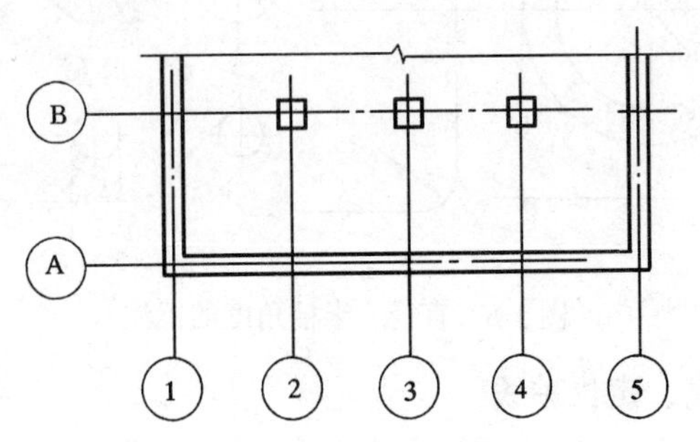

图1-7　定位轴线的编号顺序

2）分区轴线编号：定位轴线也可采用分区编号，如图1-8所示。

3）附加轴线编号：两根轴线间的附加轴线，应以分母表示前一轴线的编号，分子表示附加轴线的编号，如：

(1/2)表示2号轴线之后附加的第一根轴线；

(3/C)表示C号轴线之后附加的第三根轴线。

1号轴线或A号轴线之前的附加轴线的分母应以01或0A表示，如：

(1/01)表示 1 号轴线之前附加的第一根轴线；

(3/0A)表示 A 号轴线之前附加的第三根轴线。

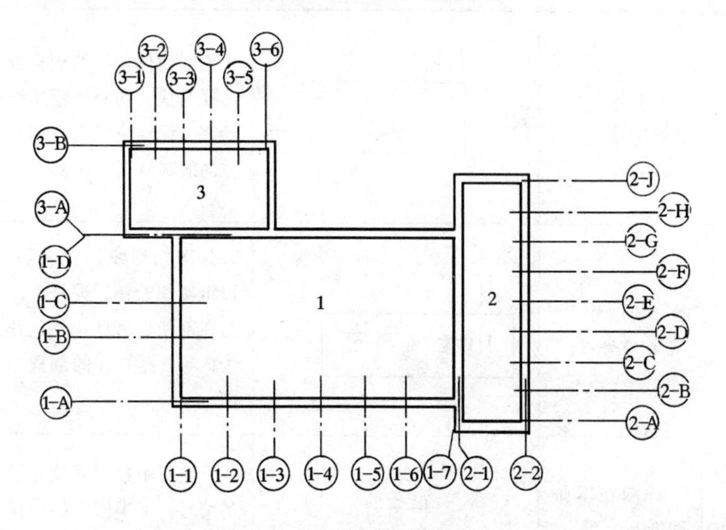

图 1-8　定位轴线的分区编号

4）一图多轴线编号：一个详图适用于几根轴线时，应同时注明各有关轴线的编号，如图 1-9 所示。

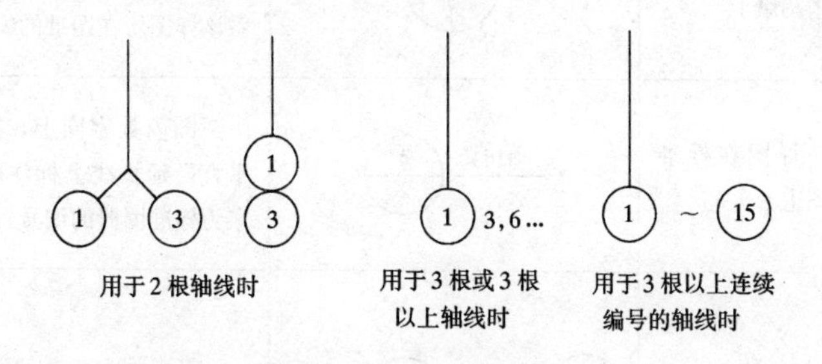

图 1-9　详图的轴线编号

4. 各种常见符号

各种常见符号见表 1-4。

5. 构件代号

常用构件代号见表 1-5。

各种常见符号　　表 1-4

符号名称		符号标志	说　明
剖面剖切符号		1　2　3　3　3　3　建施－5　1　2	由剖切位置线及剖视方向线组成，均应以粗实线绘制，编号应注写在剖视方向的端部
断（截）面剖切符号		1　1　结施－8　2　2	只用剖切线位置表示，以粗实线绘制，编号应注写在剖切位置的一侧，并为该断（截）面的剖视方向
索引符号	详图在本张图纸上	5 / —	上半圆中数字系该详图的编号；下半圆中的一横代表在本张图纸上
	详图不在本张图纸上	5 / 3	上半圆中的数字系该详图编号；下半圆中的数字系该详图所在图纸的编号
	详图在标准图上	J103　5 / 2	圆圈内数字同上，在水平直径延长线上标注的数字为标准图册的编号
	索引剖面图	2 / —　3 / 4	以引出线引出索引符号，引出线所在的一侧应为剖视方向

续表

符号名称		符号标志	说明
详图符号	详图与被索引的图样在同一张图纸内	 5	圆内数字标注详图的编号
	详图与被索引的图样不在同一张图纸内	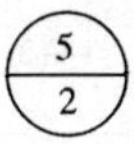 5/2	上半圆注明详图的编号，下半圆注明被索引图样的图纸编号
引出线	文字说明引出线	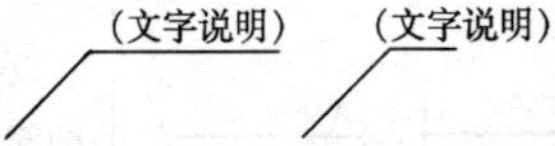 （文字说明） （文字说明）	文字说明标注在横线上方或尾部
	索引详图引出线	 12/5	引出线对准符号圆心
	同时引出几个相同部位的引出线	 （文字说明） *a* （文字说明） *b*	可平行，也可于一点反射引出，文字说明标注在上方
	多层构造引出线	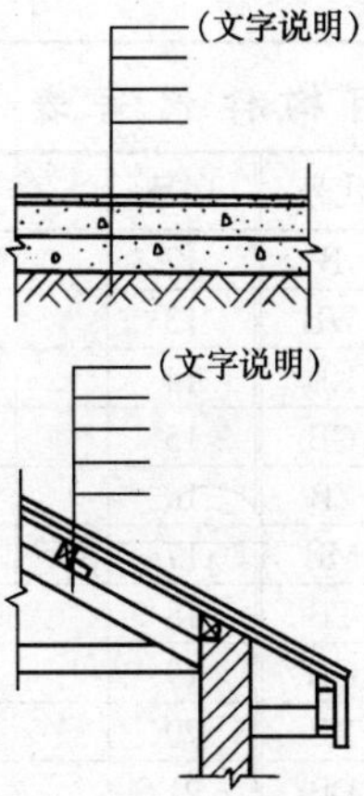 （文字说明） （文字说明）	多层共同引出线应通过被引出的各层，说明顺序应由上至下，并与被说明的层次相互一致

续表

符号名称	符号标志	说　明
对称符号		表示两侧的部位，其状态、尺寸完全对称，只需画出一半即可
连接符号	A A A A	以折断线表示需要连接的部位。两个被连接的图样，必须用相同的字母编号
指北针		一般出现在总平面图和平面图中，用以表示场地的方向或示意建筑物的朝向

常 用 构 件 代 号 表　　**表 1-5**

序号	名　　称	代号	序号	名　　称	代号
1	板	B	12	天沟板	TGB
2	屋面板	WB	13	梁	L
3	空心板	KB	14	屋面梁	WL
4	槽形板	GB	15	吊车梁	DL
5	折　板	ZB	16	圈　梁	QL
6	密肋板	MB	17	过　梁	GL
7	楼梯板	TB	18	连系梁	LL
8	盖板或沟盖板	GB	19	基础梁	JL
9	挡雨板或檐口板	YB	20	楼梯梁	TL
10	吊车安全走道板	DB	21	檩　条	LT
11	墙　板	QB	22	屋　架	WJ

续表

序号	名　称	代号	序号	名　称	代号
23	托　架	TJ	33	垂直支撑	CC
24	天窗架	CJ	34	水平支撑	SC
25	框　架	KJ	35	梯	T
26	刚　架	GJ	36	雨　篷	YP
27	支　架	ZJ	37	阳　台	YT
28	柱	Z	38	梁　垫	LD
29	基　础	J	39	预埋件	M
30	设备基础	SJ	40	天窗端壁	TD
31	桩	ZH	41	钢筋网	M
32	柱间支撑	ZC	42	钢筋骨架	G

6. 建筑材料图例

常用建筑材料图例见表1-6。

常用建筑材料图例　　表1-6

序号	名　称	图　例	说　明
1	自然土壤		包括各种自然土壤
2	夯实土壤		
3	砂、灰、土		靠近轮廓线点较密的点
4	毛　石		
5	普通砖		1. 包括砌体、砌块。 2. 断面较窄，不易画出图例线时，可涂红
6	空心砖		包括各种多孔砖
7	饰面砖		包括铺地砖、马赛克、陶瓷锦砖、人造大理石等

续表

序号	名　称	图　例	说　明
8	混凝土		1. 本图例仅适用于能承重的混凝土及钢筋混凝土。 2. 包括各种强度等级、骨料、添加剂的混凝土。 3. 在剖面图上画出钢筋时，不画图例线。 4. 断面较窄，不易画出图例线时，可涂黑
9	钢筋混凝土		
10	多孔材料		包括水泥珍珠岩、沥青、珍珠岩、泡沫混凝土、非承重加气混凝土、泡沫塑料、软木等
11	纤维材料	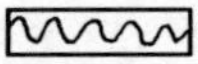	包括麻丝、玻璃棉、矿渣棉、木丝板、纤维板等
12	木材	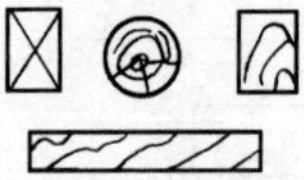	1. 上图为横断面，左上图为垫木、木砖、木龙骨。 2. 下图为纵断面
13	胶合板		应注明×层胶合板
14	石膏板	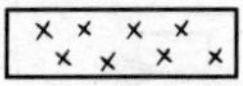	
15	塑　料		包括各种软、硬塑料及有机玻璃等
16	粉　刷	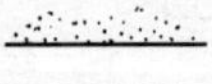	本图例点以较稀的点

7. 建筑构件及配件图例

常用建筑构件及配件图例见表 1-7。

常用建筑构件及配件图例 **表 1-7**

序号	名　称	图　例	说　明
1	隔　墙		1. 包括板条抹灰、木制、石膏板、金属材料等隔断。 2. 适用于到顶与不到顶隔断
2	检查孔	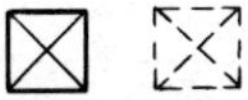	左图为可见检查孔； 右图为不可见检查孔
3	孔　洞	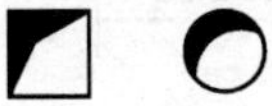	
4	通风道	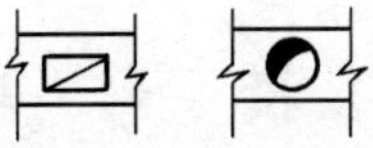	
5	空门洞	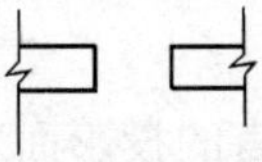	
6	单扇门（包括平开或单面弹簧）	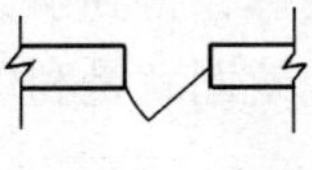	1. 门的名称代号用 M 表示。 2. 剖面图上左为外、右为内，平面图上下为外、上为内。 3. 立面图上开启方向线交角的一侧为安装合页的一侧，实线为外开，虚线为内开。 4. 平面图上的开启弧线及立面图上的开启方向线在一般设计图上不需表示，仅在制图上表示。 5. 立面形式应按实际情况绘制。
7	双扇门（包括平开或单面弹簧）	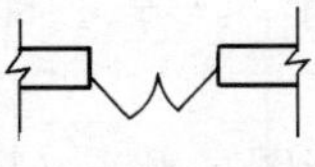	
8	单扇双面弹簧门	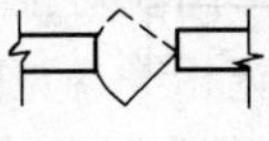	
9	双扇双面弹簧门	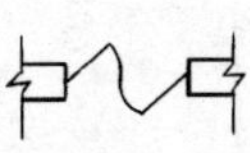	

续表

序号	名　称	图　例	说　明
10	单层固定窗	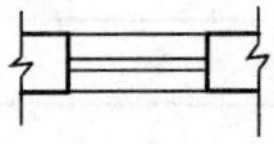	1. 窗的名称代号用C表示。 2. 立面图中的斜线表示窗的开关方向，实线为外开，虚线为内开；开启方向线交角的一侧为安装合页的一侧，一般设计图中可不表示。 3. 剖面图上左为外、右为内，平面图上下为外，上为内。 4. 平、剖面图上的虚线仅说明开关方式，在设计图中不需表示。 5. 窗的立面形式应按实际情况绘制。
11	单层外开平开窗	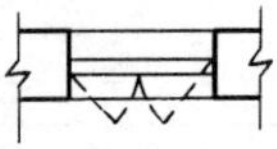	
12	百叶窗	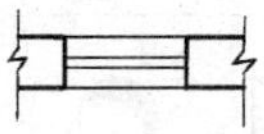	

（二）投　影　图

1. 正投影图

将物体放在三个相互垂直的投影面之间，用三组分别垂直于三个投影面的平行投射线投影，得到了这个物体三个方面的正投影，叫做三面正投影图。建筑图就是利用正投影原理绘制的，如图1-10所示。

在三个正投影图之间有"三等"，即"高平齐，长对正，宽相等"，也就是：

正立面投影图与侧投影图高平齐（高度相等）；

正立面投影图与水平投影图长对正（长度相等）；

水平投影图与侧投影图宽相等（宽度相等）。

"高平齐、长对正、宽相等"这三条关系是绘制和识读物体正投影图必须遵循的投影规律。

2. 剖面图

由于建筑物内部构造和形状比较复杂，仅用外形投影是无法

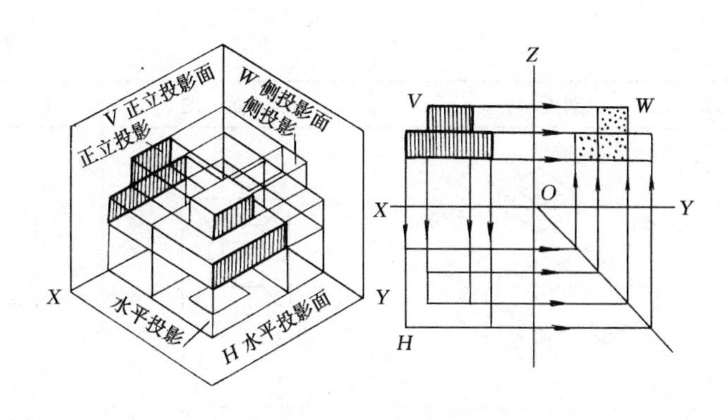

图 1-10　物体的三个正投影面

表达清楚的。为了能清晰表达出建筑物内部构造和形状，这就需要用剖视的方法画出剖面图。剖面图就是假想用一个剖切平面把物体剖开，移去剖切面与观察者之间的部分，画出剩下那部分物体的投影，所得到的投影图称为剖面图。如图 1-11 所示。

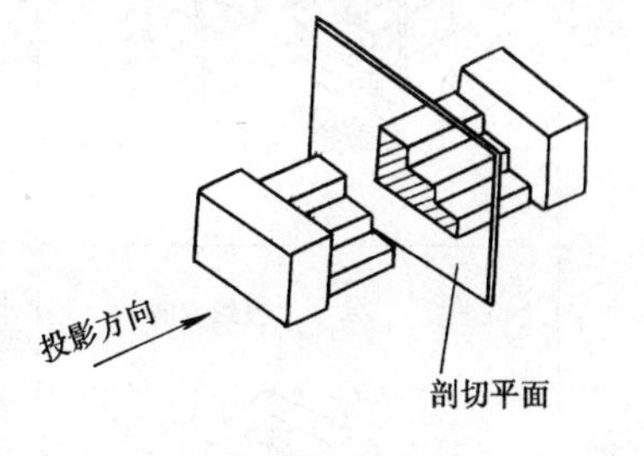

图 1-11　剖面图

在建筑图中，按建筑物被剖视的情况不同，可分为三种剖视，见表 1-8。

三 种 剖 视 图　　　　**表 1-8**

名称	剖视示意	剖　面　图	说　　明
全剖视	断面	剖面图	用一个剖切平面沿物体高度方向全部剖开所得到的视图

续表

名称	剖视示意	剖 面 图	说 明
全剖视	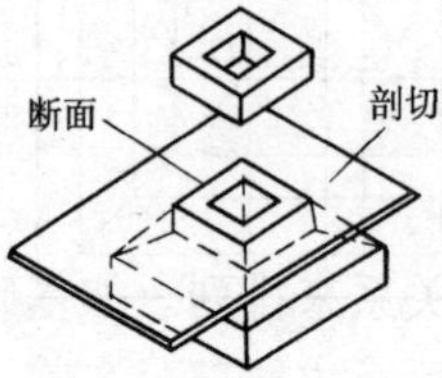 断面 剖切面	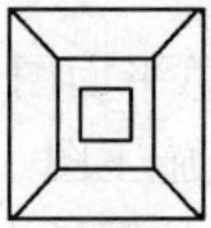 剖面图	用一个剖切平面沿物体水平方向全部剖开所得到的视图
半剖视	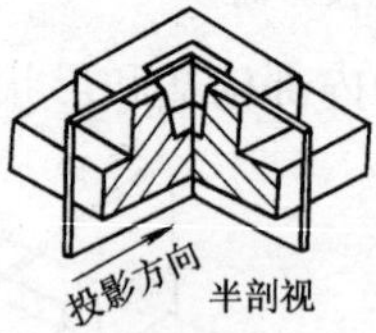 投影方向 半剖视	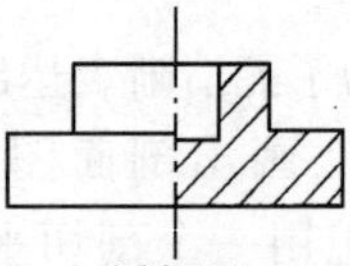 半剖面图	当物体内部构造、形状和外形都呈对称时，可作半个全剖视图来表示
局部剖视	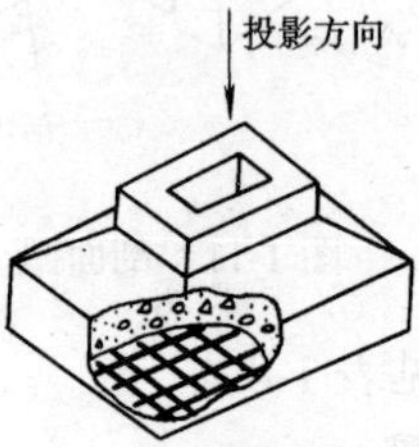 投影方向 局部剖视	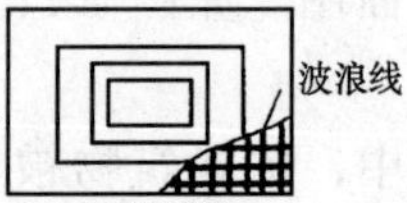 波浪线 局部剖视	当物体内部构造比较复杂或为多层时，可将物体局部剖开，作投影视图表示

另外，还有阶梯剖面图、分层剖面图、展开剖面图等。

（三）建筑施工图的分类与阅读

1. 施工图的分类和编排顺序

（1）施工图的分类

建筑施工图按专业分工不同可分为建筑施工图（建施）、结构施工图（结施）、设备施工图（设施）。这些图纸又分为基本图和详图两部分。基本图表示全局性的内容，详图则表示某些构配件和局部节点构造等的详细情况。

（2）施工图的编排顺序

施工图一般的编排顺序是：首页图（包括图纸目录、施工总说明、汇总表等）、总平面图、建筑施工图、结构施工图、给排水施工图、采暖通风施工图、电气施工图等。

各专业施工图应按图纸内容的主次关系来排列。如基础图在前，详图在后；总体图在前，局部图在后；主要部分在前，次要部分在后；先施工的图在前，后施工的图在后等。

2. 施工图的识图方法

识读整套图纸时，应按照“总体了解、顺序识读、前后对照、重点细读”的读图方法。

（1）总体了解：一般是先看目录、总平面图和施工总说明、以大致了解工程的概况、如工程设计单位、建设单位、新建房屋的位置、周围环境、施工技术要求等。对照目录检查图纸是否齐全，采用了哪些标准图并备齐这些标准图。然后看建筑平、立、剖面图，大体上想像一下建筑物的立体形象及内部布置。

（2）顺序识读；在总体了解建筑物的情况以后，根据施工的先后顺序，从基础、墙体（或柱）结构平面布置、建筑构造及装修的顺序、仔细阅读有关图纸。

（3）前后对照：读图时，要注意平面图、剖面图对照着读、土建施工图与设备施工图对照着读、做到对整个工程施工情况及技术要求心中有数。

（4）重点细读：根据工种的不同，将有关专业施工图的重点部分再仔细读一遍，将遇到的问题记录下来、及时向设计部门反映。对于木工要重点了解墙的厚度、门窗洞口的位置，尺寸、编号以及门窗的开启方向；在门窗表中了解各种门窗的编号、高、宽尺寸、樘数；了解楼梯的布置等。

识读一张图纸时、应按由外向里看，由大到小看，由粗至细看，图样与说明交替看，有关图纸对照看的方法。重点看轴线及各种尺寸关系。

3. 施工图的阅读

(1) 查看图纸目录

图纸目录起到组织编排图纸的作用。从图纸目录可以看到该工程是由哪些专业图纸组成，每张图纸的图别编号和页数，以便于查阅。

(2) 建筑总平面图的阅读

了解新建工程的性质与总体布置，了解各建筑物及构筑物的位置、道路，场地和绿化等布置情况以及各建筑物的层数等。明确新建工程或扩建工程的具体位置以及新建房屋底层室内地面和室外整平地面的绝对标高。

(3) 建筑平面图的阅读

1) 建筑平面图是表达建筑物各层平面形状和布置的图。图1-12是某职工宿舍的底层平面图。平面图上指北方向表明宿舍方位是上北、下南的位置；主要出入口放在南面；绘图比例是1∶100。

底层平面布置主要是宿舍，盥洗，厕所以及楼梯、走道。从

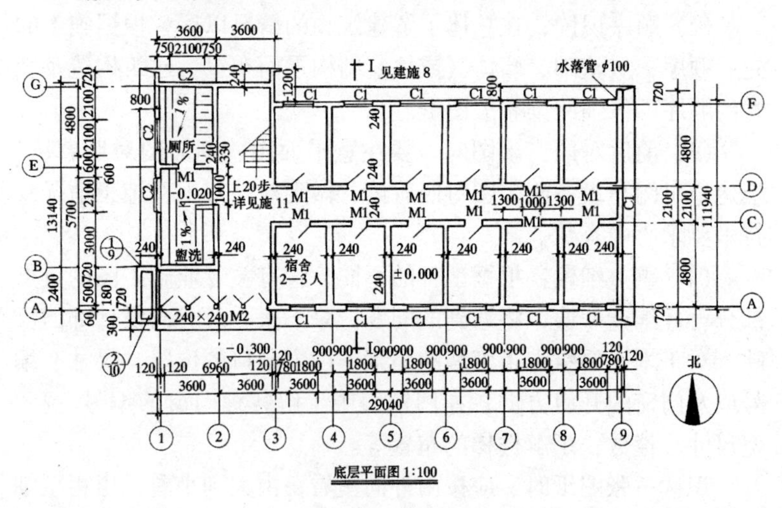

图1-12　底层平面图

轴线看看①～②轴属于宿舍的共同卫生设施；③～⑨轴是南北12间宿舍；②～③轴靠北面设楼梯；供上楼使用。

由于底层平面图是底层窗台上方的水平剖切，所以楼梯段只画出第一段楼梯的下面部分并用折断线折断。图中“上20级”是指从底层到二层这两个楼梯段共有20级踏步。其次，详建施11，表示楼梯详图第11张建筑施工图上。

底层室内平面标高为±0.000；厕所，盥洗室为-0.020，箭头表示泛水坡度方向。

底层室外标高为-0.300，说明室外高差为0.30m。平面图上大厅进口处的二根细线，表示有二级踏步。底层平面图上(1/9)、(2/9)是指花栅、花台的细部构造，用详图索引标志，将它们索引到其他图纸中详细绘出。如(1/9)表示该详图在建施第9张中的第1详图。

从图中可看出底层的砖墙厚度为240mm，还可以看出各种门窗的布置，门窗的尺寸；门窗的编号，一般用门窗表列出。图中还表示了室外散水及水落管的位置及做法。平面图上③～④轴中的“Ⅰ-Ⅰ”，表示在此位置有剖切面，并且剖切后向右投影。

在建筑平面图中，外墙尺寸有三道，最外边的一道叫外包尺寸，表明建筑物的总长和总宽，中间一道是轴线尺寸，表明开间和进深的大小，最里面一道是门窗洞口和墙深尺寸，是砌墙和安装门窗的主要依据。

其他各层平面图的表示方法和底层平面图的表示方法基本相同，在二层平面图上应画出底层进出口处的雨篷，其次楼梯段的表达情况和底层相比也有些不同。

(4) 建筑立面图的阅读

建筑立面图是平行于建筑物各墙面的正投影图。它用来表示建筑物的体型和外貌，并表示外墙面装饰情况。图1-13表示某宿舍的南立面图，是该宿舍的主要立面图，识读时可将该立面图与平面图对照，可看出建筑物南立面的基本情况。立面图上画着门窗、台阶、雨篷、花栅、屋面上铁爬梯，还标注着各部分的用料及立面的装饰做法，一般可用文字说明。有些比较复杂的装饰，要找到详图、与立面图对照起来看。

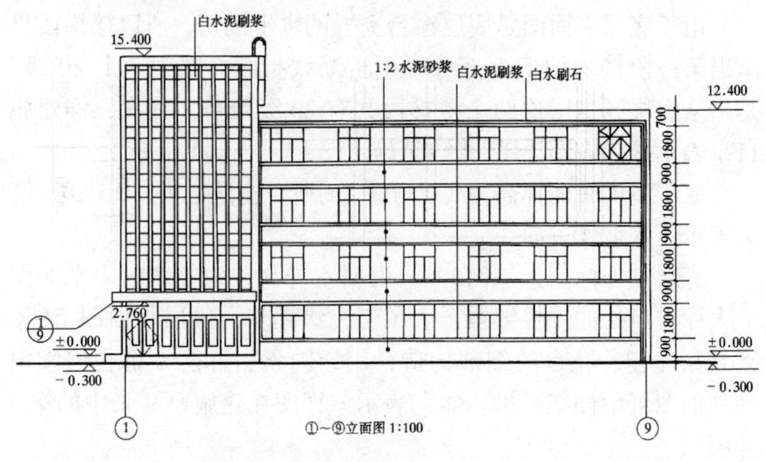

图 1-13 建筑立面图

立面图上的尺寸一般用标高标注。如图 1-13 标出了各窗台及窗顶部的标高，雨篷的标高等。在立面图上只注两个端墙的轴线号①—⑨轴，看立面图时，要和平面图的轴线号对照，以便搞清该立面是正立面还是背立面。

(5) 建筑剖面图的阅读

看剖面图主要是了解建筑物的结构形式和分层情况。从图 1-14 可以看出，该宿舍共四层，每层楼面高 3.0m。图中还标注出底层地面所用材料及做法、如素土夯实，C10 混凝土厚 60mm，面层 1:2 水泥砂浆厚 20mm。图中二、三、四层所用材料及做法等在此不一一介绍。屋顶做法标出是用高 $h \geqslant 110$mm 的预应力空心板铺 60mm 厚的矿渣混凝土、用 20mm 厚的 1:2 水泥砂浆找平、上面做二毡三油及铺撒绿豆砂。

(6) 楼梯详图的阅读

楼梯详图一般由楼梯平面图、剖面图及踏步栏杆等详图组成。楼梯详图一般分建筑详图与结构详图。楼梯详图主要表示楼

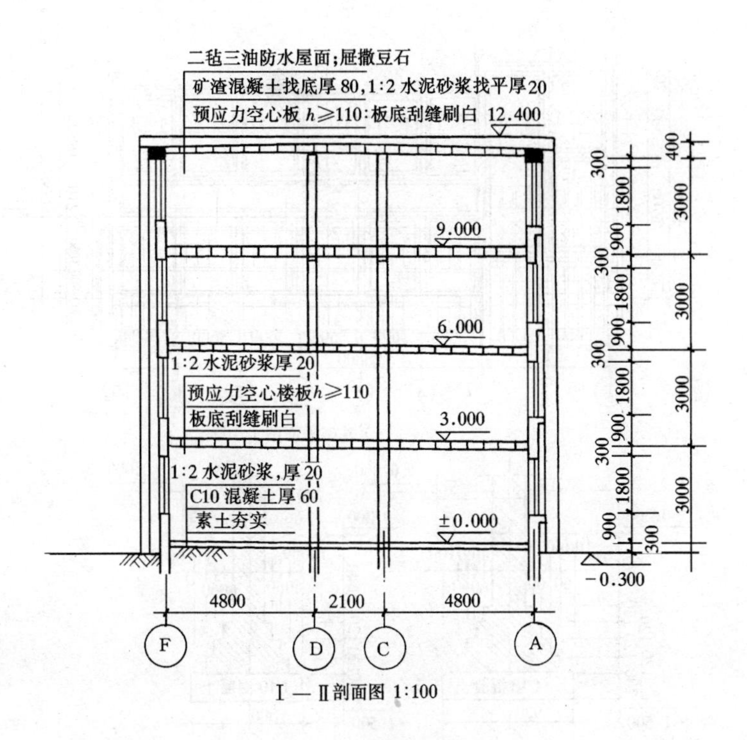

图 1-14　建筑剖面图

梯的类型、结构形式及梯段、栏杆扶手、防滑条、底层起步梯级等的详细构造方式、尺寸和材料，楼梯详图一般由楼梯平面图、剖面图和节点详图组成。

(7) 结构施工图的阅读

1) 基础图：基础图是结构施工图纸中的主要图纸之一，包括基础平面图、剖面图和文字说明三部分。

图 1-15 为某宿舍基础图。看基础图应先看基础平面图,如图 1-15(*a*)所示。当采用条形基础时,平面图中的粗线表示基础墙的边缘线,两边的细线表示基础宽度的边缘性。平面图中的轴线很重要,它表明墙、柱与轴线间的关系,是施工放线的重要依据。

从图 1-15（*a*）可知，该基础平面图中有 1-1，2-2 两个剖面，它表示了基础的类型、尺寸、做法和材料，如图 1-15（*b*）

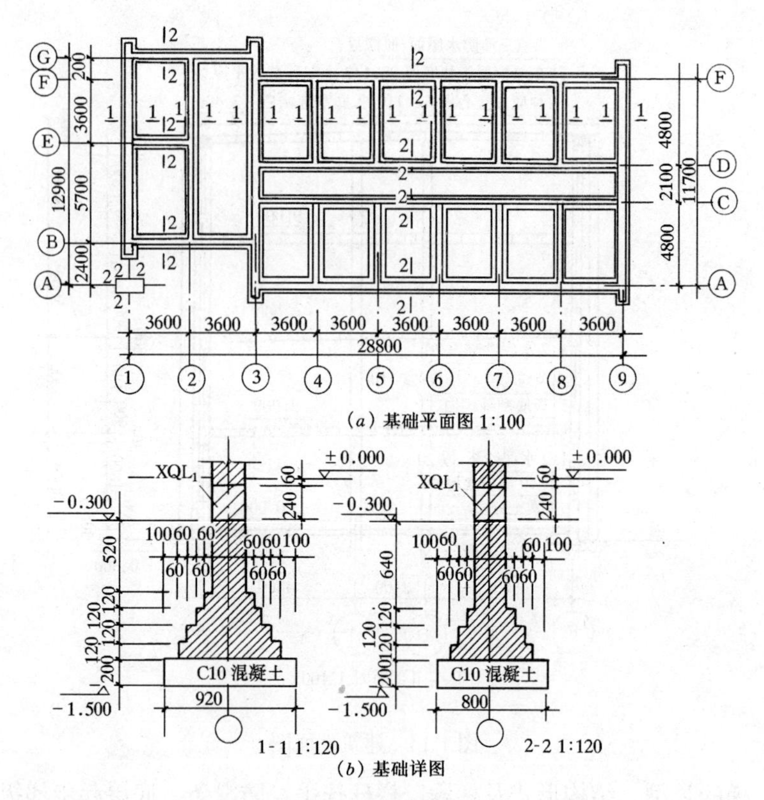

图 1-15　基础图

所示。在识读基础详图时，应注意详图编号，基础墙厚与轴线的关系，大放脚形式与尺寸，垫层材料的尺寸，基底标高，室内外地面标高，防潮层做法和位置等。

2）楼层结构平面布置图：楼层结构图包括结构布置图和构件图，有时还有构件统计表和文字说明。

看结构布置图要搞清楼层结构的做法和各种构件之间的关系。以钢筋混凝土楼盖为例，应搞清哪些部分是现浇，哪些部分是预制的；现浇部分的配筋、厚度；预制构件的型号和数量。由于结构布置图的绘图比例一般较小，图中的钢筋混凝土构件往往用代号来表示。

采用预制板时、往往在采用范围画一个对角线，在线的上方或下方注出预制板的规格，数量，如图 1-16 所示。当采用通用预制板时，结构布置图中只需要注出该通用板的型号就行了，不必另画预制板的配筋图。标注通用板的方法，不同地区有不同的规定，所以看图时一定要搞清楚编号中的文字、数字和字母的含义。以图 1-16 中所注 8YKB36A2 为例，这表示在对角线范围内放 8 块预应力空心板，板的长度为 3600mm，A 表示该板宽度为 500mm，2 表示该板荷载等级为 2 级，250kg/m^2。

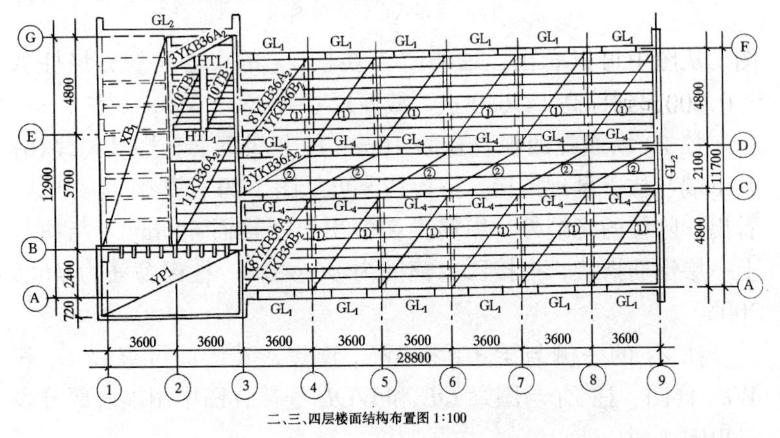

图 1-16　二、三、四层楼面结构布置图

现浇板受力钢筋的配筋形式一般有弯起式和分离式两种，如图 1-17 所示。板内配筋一般在板的结构平面详图内采用侧倒剖面的图示方法直接表明，每种配筋往往只画一根示意，如图 1-18 所示，有时还辅以文字说明和节点详图说明。

在板的详图中，一般画出配筋详图，表明受力钢筋的配置和弯起情况，注明编号，直径间距。弯钩向上的钢筋配置在板底。弯钩向下的钢筋配置在板面，对于弯起钢筋要注明梁边到弯起点的距离。以及弯筋伸入支座的长度。

（8）钢筋混凝土构件详图

1）柱：图 1-19 是某职中实训楼钢筋混凝土柱 Z_1 的结构详

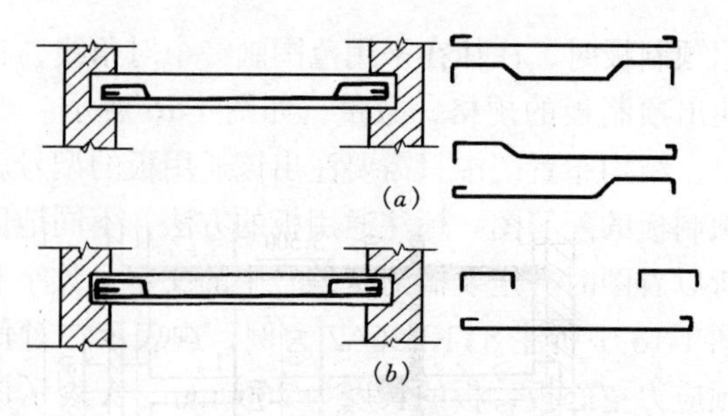

图 1-17　板的配筋形式
（a）弯起式；（b）分离式

图。从图中可以看出，轴线Ⓓ不在柱 Z_1 的中心位置，该柱从 ±0.000起到标高 14.680 止，截面尺寸为 350×350，

柱 Z_1 纵筋配四根直径为 16mm 的Ⅱ级钢筋，即 2×2ϕ16，其下端与柱下基础搭接，搭接情况可从图 1-20 柱基础 J_1 详图中看出。除柱的终端外，纵筋上端伸出每层楼面 600mm，与便与上一层钢筋搭接，搭接区内箍筋为 ϕ6@100、柱内箍筋为 ϕ6@200。

柱 Z_1 的一侧与梁 L_1 和 WL_1 连接，其配筋可查阅 L_1 和 WL_1 详图。柱 Z_1 与圈梁 QL 和 WQL 连接，图中用虚线部分表示出圈梁的位置。

2）梁：钢筋混凝土梁的图纸一般包括立面图，剖面图，有时还有钢筋详图，如图 1-21 所示。

A. 立面图：主要表示梁的轮廓，梁、板等属现浇构件，还要用虚线画出楼板。此外还要表示梁内钢筋的配置，支座情况以及标高轴线编号等。

B. 剖面图：表示梁的剖面形状、宽度和钢筋排列。在梁的剖面图和立面图可以看出该梁有三种不同的编号，即有三种不同的钢筋。由这些编号可根据钢筋详图或钢筋表示进行下料。

C. 钢筋详图：钢筋详图表明各种钢筋的形状、粗细、长度、弯起点等，以便在施工时进行钢筋翻样。

钢筋详图应按照钢筋在梁中的位置由上而下逐类画出，用粗

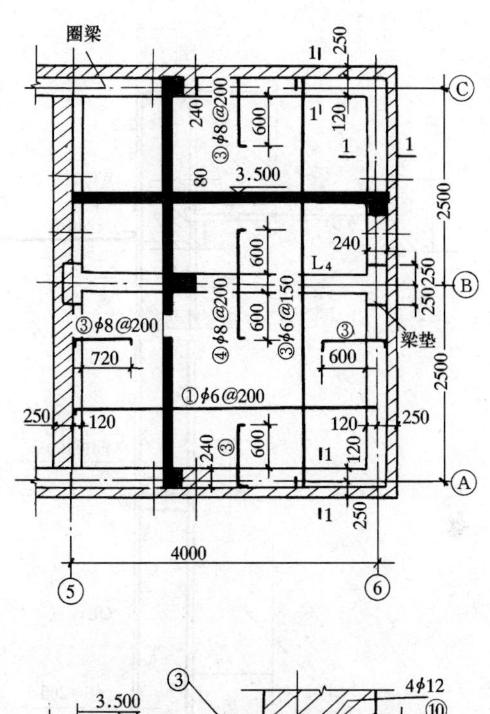

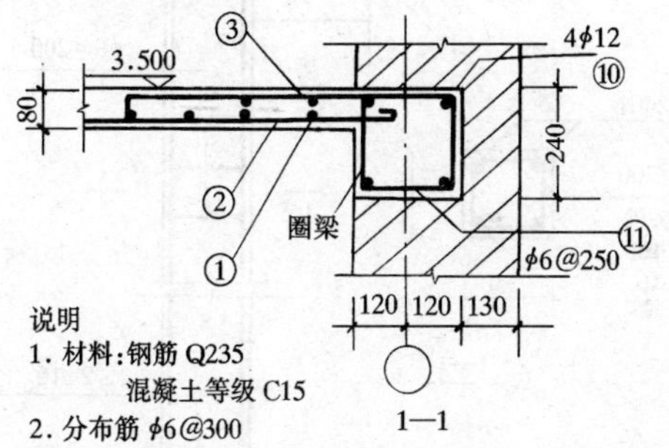

说明
1. 材料：钢筋 Q235
混凝土等级 C15
2. 分布筋 ϕ6@300

图 1-18　板的结构平面详图

实线依次画在梁立面的下方，比例同立面图。它的位置与梁立面图内的相应钢筋对齐。同一编号的钢筋只画一根。图 1-21 中梁内的钢筋除箍筋外共有三种编号，故详图中要画出三根。从图上的标注中可看出：①号钢筋共 2 根，Ⅰ级钢筋，直径为 12mm，总长为 3640mm；②号钢筋是一根弯起钢筋，直径为 12mm，Ⅰ

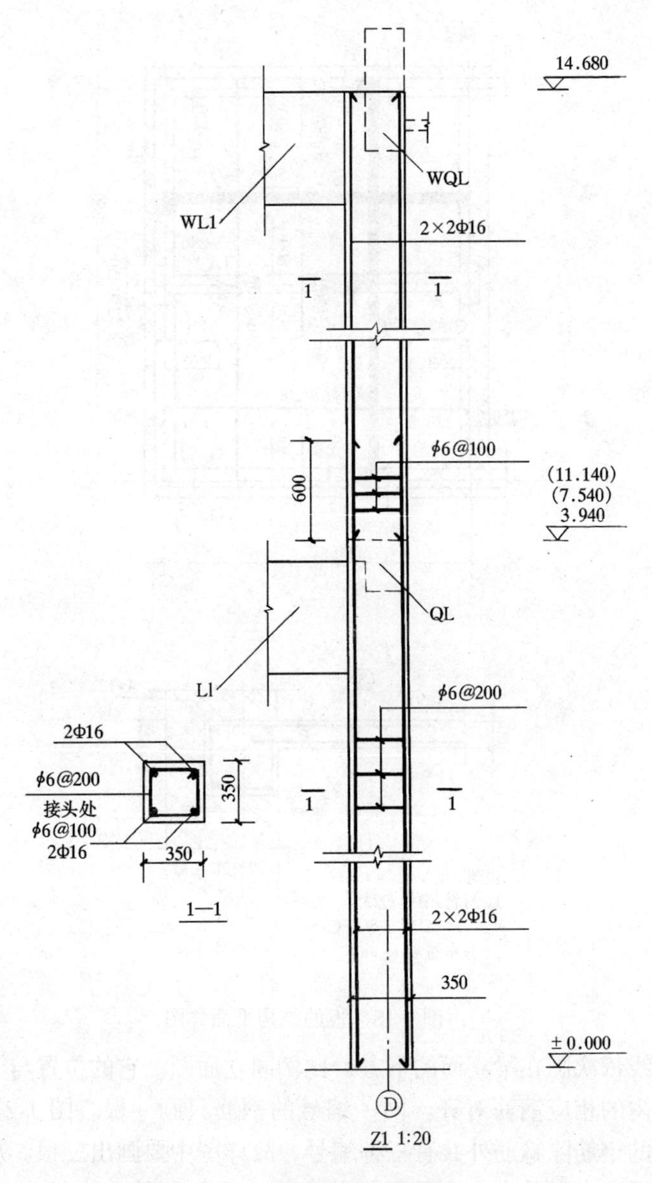

图 1-19　钢筋混凝土柱结构详图

级钢筋，总长为 4204mm。钢筋每分段的长度直接标在各段处，

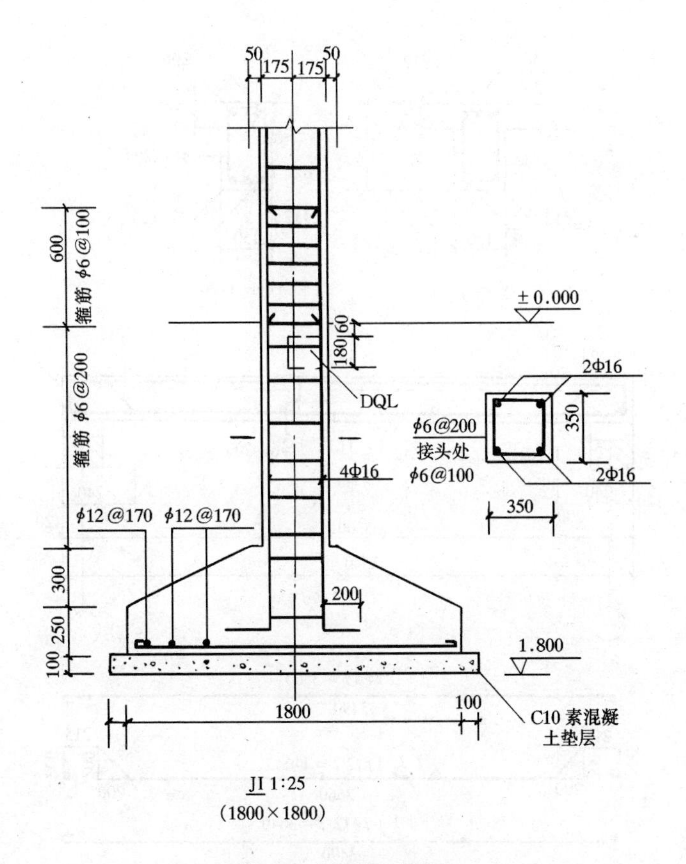

图 1-20　柱基础详图

不必画尺寸线，弯起处用表示斜度的方法，直接注写两直角边长的尺寸数字（200×200）。弯钩尺寸不必标出，根据规范规定制作。箍筋的详图，一般不单独画出。

D. 板：钢筋混凝土板结构详图通常采用结构平面图或结构剖面图表示。在钢筋混凝土板结构平面图中，能表示出轴线网，承重墙或承重梁的布置情况，表示出板支承在墙、梁上的长度及板内配筋情况。当板的断面变化大、或板内配筋较复杂时，常采用板的结构剖面图表示。在结构剖面图中、除能反映板内配筋情况外，板的厚度变化，板底标高也能反映清楚。

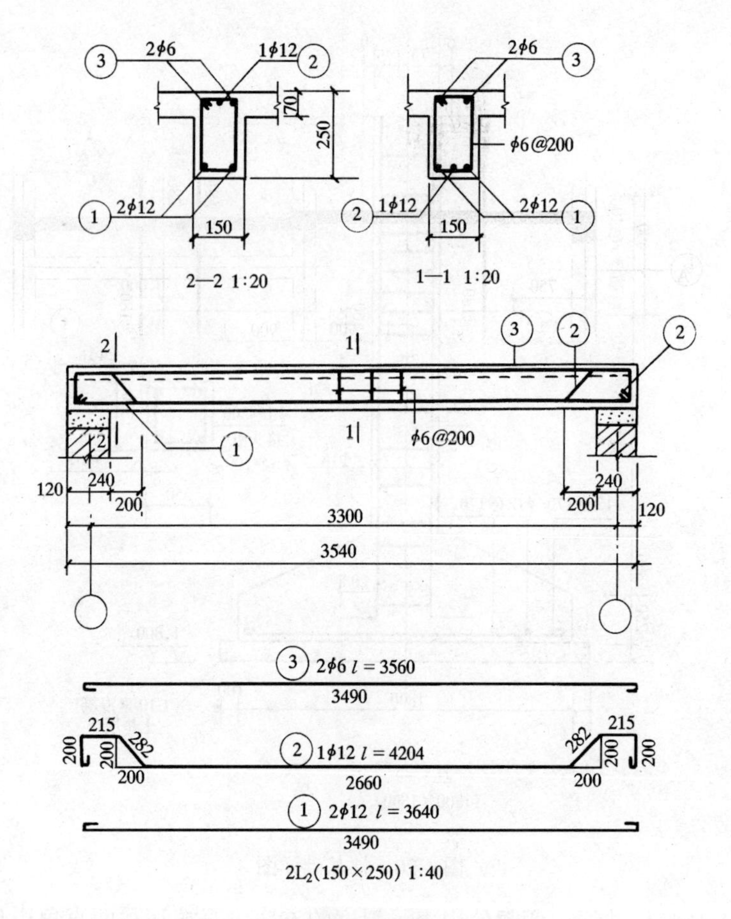

图 1-21　钢筋混凝土梁施工详图

图 1-22 是某职中实训楼现浇板（B）的结构平面图。从图中可以看出，板支承在①-½ 5Ⓐ-Ⓑ轴线墙上。从板的重合断面形状，可以看出板Ⓑ与墙身上的圈梁一起现浇。板底纵向布筋 φ8@170，横向布筋 φ6@180，板四周沿墙配置构造筋 φ6@200，长度为 750mm。在1/1～1/2轴线间，板跨压在1/A轴线墙上，因此增设构造筋 φ8@120，长度为 2800mm。本图中板底标高未注出，但可根据其他有关图纸确定。

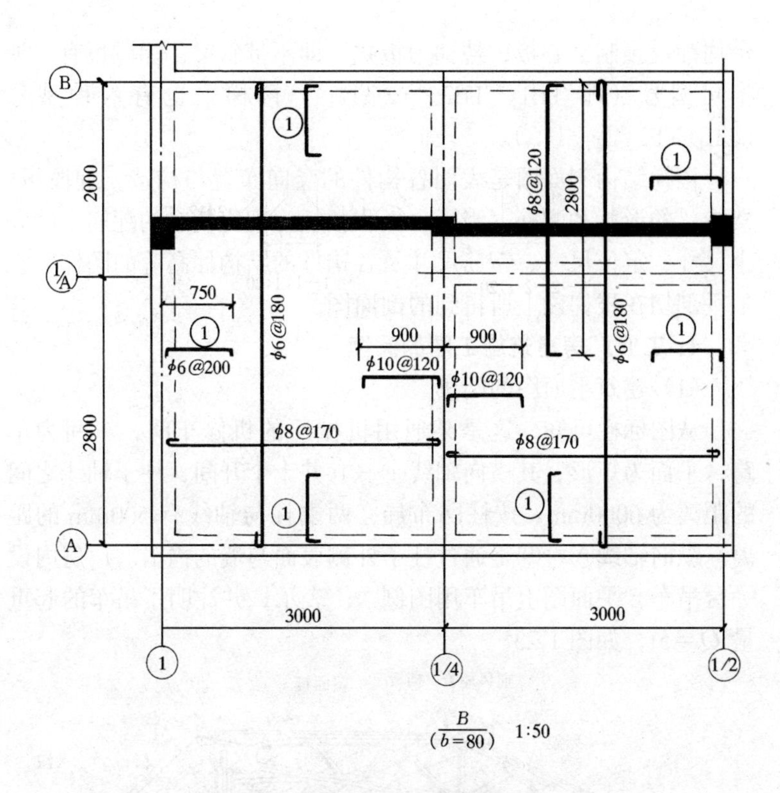

图 1-22　钢筋混凝土板结构详图

E．楼梯结构详图：楼梯结构详图由楼梯结构平面图和楼梯结构剖面图组成。

楼梯结构平面图是表明各构件（如楼梯梁、楼段板、平台板及楼梯间的门窗过梁等）的平面布置代号、大小和定位尺寸及它们的结构标高的图样。

楼梯结构平面布置图因采用的比例较小（1∶100），仅画出了楼梯间的平面位置，楼梯构件的平面布置和详细尺寸尚需用较大的比例（如 1∶50）的楼梯结构平面图来表示。楼梯结构平面图的图示要求与楼层结构平面布置图基本相同，它是用剖切在层间楼梯平台上方的一个水平剖面图来表示的。

各层楼梯结构都不相同，因此采用分层表达的方法；楼梯平台均铺设预制空心板，楼梯为板式，即不带斜梁；梯段板有六种不同型号（即 TB1、TB2、… TB6），楼梯梁也有六种型号（TL_1、TL_2、…TL_6）。

楼梯结构剖面图是表明各构件的竖向布置与构造，梯段板、楼梯梁的形状和配筋（当平台板和楼板为现浇板时的配筋）的大小尺寸、定位尺寸、钢筋尺寸及各构件的结构标高等的图样。它是垂剖切在楼梯段上所得到的剖面图。

4. 工业厂房建筑施工图的阅读

(1) 建筑平面图的阅读

从图标栏可知、这是某通用机械厂的机修车间，车间为单跨，平面为矩形，其横向轴线①—⑪共十个开间，柱子轴线之间的距离为 6000mm，按柱网布局，两端柱与轴线有 500mm 的距离。纵向轴线Ⓐ、Ⓑ是通过柱子外侧表面与墙的内沿。厂房内设一台吊车，平面图上吊车用图例⊠表示，并注明了吊车的起重量 $Q=5t$，如图 1-23。

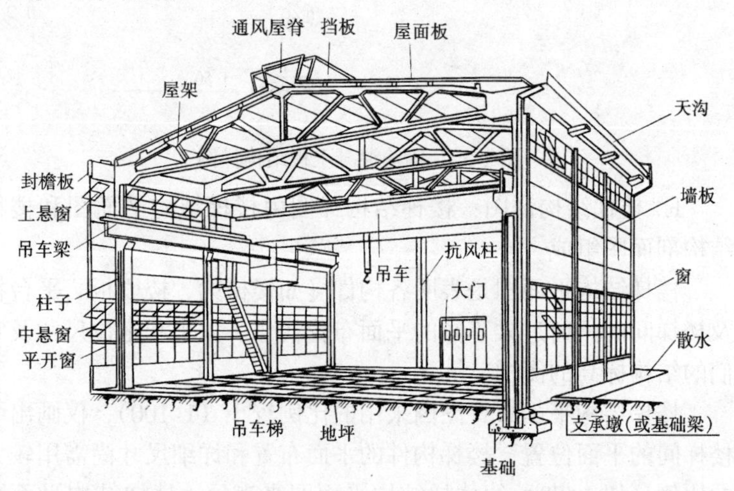

图 1-23 单跨工业厂房的组成与名称

从图中可看到吊车的轨距（$L_k=16.5m$）。平面图上室内两侧的粗点画线，表示吊车轨道的位置，也就是吊车梁的位置。上下吊车用一部工作梁、它设置在②～③开间的Ⓐ轴线墙内沿，从J410图集选用型号。车间的四边墙上各设折式外开大门一个，其位置在⑤～⑥轴两对面，及两山墙(2/A)—(1/A)轴外，大门编号是M3030。门入口处设置坡道。室外四周设散水。在离Ⓑ轴线1000mm的山墙处，设置消防梯。平面图上的剖切位置1-1用粗黑线表示，该剖面图用1:200画在图右。

（2）建筑立面图的阅读

立面图表示建筑物的外貌和室外装修情况。从该立面图中还可以看到条板外墙和窗位及其规格编号。从勒脚至檐口有QA600，QB600和FBI三种条板和CF6009、CF6012和CK6012三种条窗，屋面除两端开间外均设有通风屋脊。立面图上标出了上下两块条板（或条窗）的顶面与底面标高，中间注出条板墙和条窗的高度尺寸。条板墙、条窗、压条和大门的规格与数量，均另列表说明。如图1-24。

（3）建筑剖面图的阅读

看剖面图主要了解建筑物的结构形式和厂房内部情况。首先，要注意总高及室内各层标高，室内外高差及门窗洞的高度。如图1-25所示。平面图中的Ⅰ-Ⅰ剖面为一阶梯剖面。从图中可看到带牛腿柱子的侧面，T形吊车梁搁置在柱子的牛腿上，桥式吊车则架设在吊车梁的轨道上（吊车用立面图所表示）。从图中还可看到屋架的形式、屋面板的布置，通风屋脊的形式和檐口天沟情况。剖面图上反映出，室内地面为±0.000，室外为-0.200，高差为0.200m；雨篷标高为3.900；屋架下弦标高为9.500。应仔细看读单层厂房剖面图中的主要尺寸，如柱顶、轨顶、室内外地面的标高和墙板，门窗各部位的高度尺寸等均应予以注意。如图1-26。

（4）基础施工图的阅读

单层工业厂房一般都由排架结构承重，荷载通过柱子传递到基础，因此采用独立基础。

基础施工图包括基础平面图、基础详图、文字三个部分。图

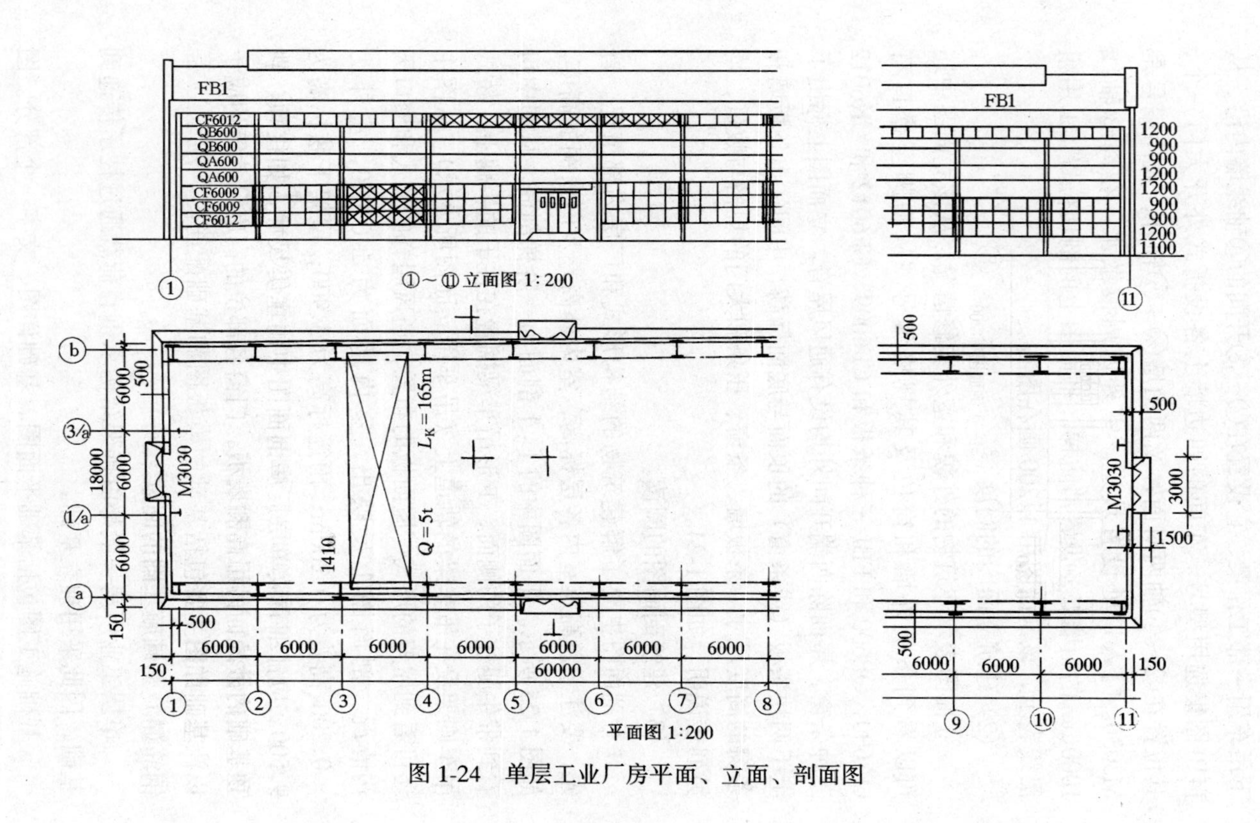

图 1-24 单层工业厂房平面、立面、剖面图

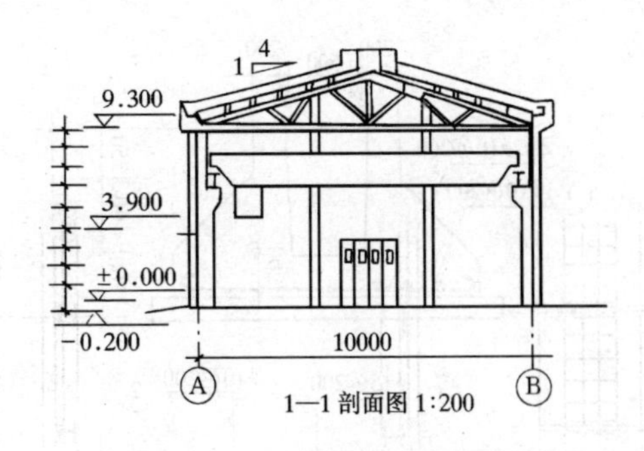

图 1-25　单层工业厂房剖面图

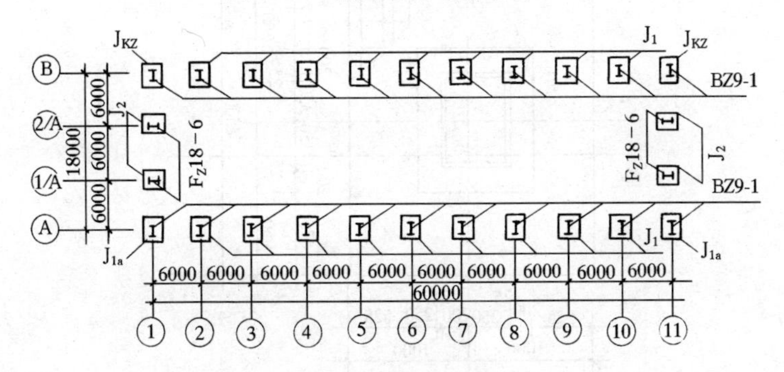

图 1-26　基础平面图

1-26 所示为一单层单跨车间的基础平面图。

图中的▭表示单独基础的外轮廓线，其中 I 是工字形钢筋混凝土柱的截面。基础沿定位轴线布置，其代号及编号为 J_1，J_{1a}及 J_2 其中 J_1 有 18 个，布置在②～⑩轴线间，分成两排；J_{1a}有 4 个，分布在车间四角；J_2 也有 4 个，布置在(1/A)和(2/A)轴线上。独立基础的做法，另用详图表示。

基础详图主要包括基础的模板图和基础配筋图。图 1-27 是钢筋混凝土杯形基础 J_1 的结构详图。

立面图画出基础的配筋轮廓及杯口的形状。从图中看出 J_1 基础底部纵横两方向配有两端带弯钩而直径和间距都相等的直径为 $\phi10$、间距为 200mm 的钢筋，构成钢筋网格，是基础的主要

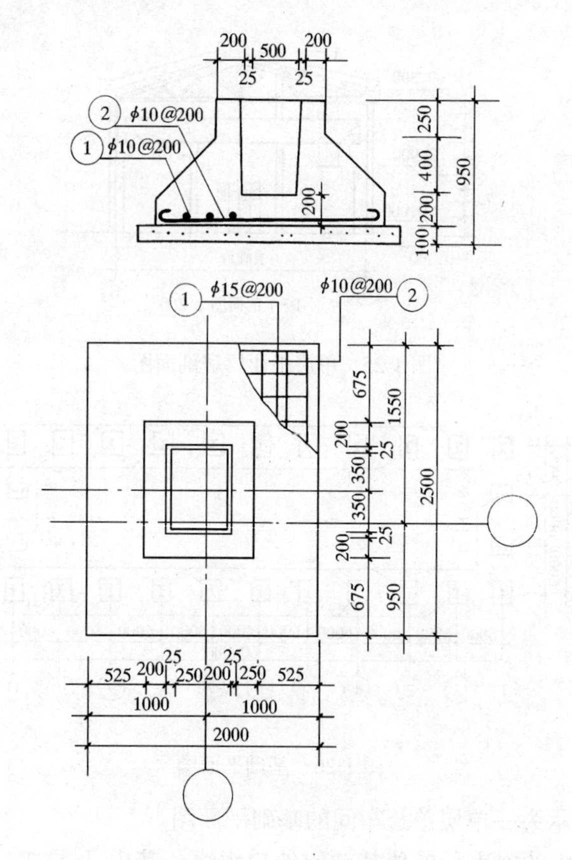

图 1-27　单独基础详图

受力钢筋。基础详图要将整个基础外形尺寸，配筋和定位轴线到基础边缘尺寸（如图中 950 和 1550），以及杯口等细部尺寸都应标注清楚。由于独立柱基础配筋一般较简单，故不必画出钢筋详图。

5. 装饰施工图的阅读

现以轻钢龙骨石膏吊顶为例，来说明装饰施工图的阅读。该吊顶平面施工图及节点图如图 1-28 所示。

吊顶的装饰平面施工图，在投影上属于仰视图。该图以局部投影面表示，并用波浪线分界，一半表示内部结构布置，一半表

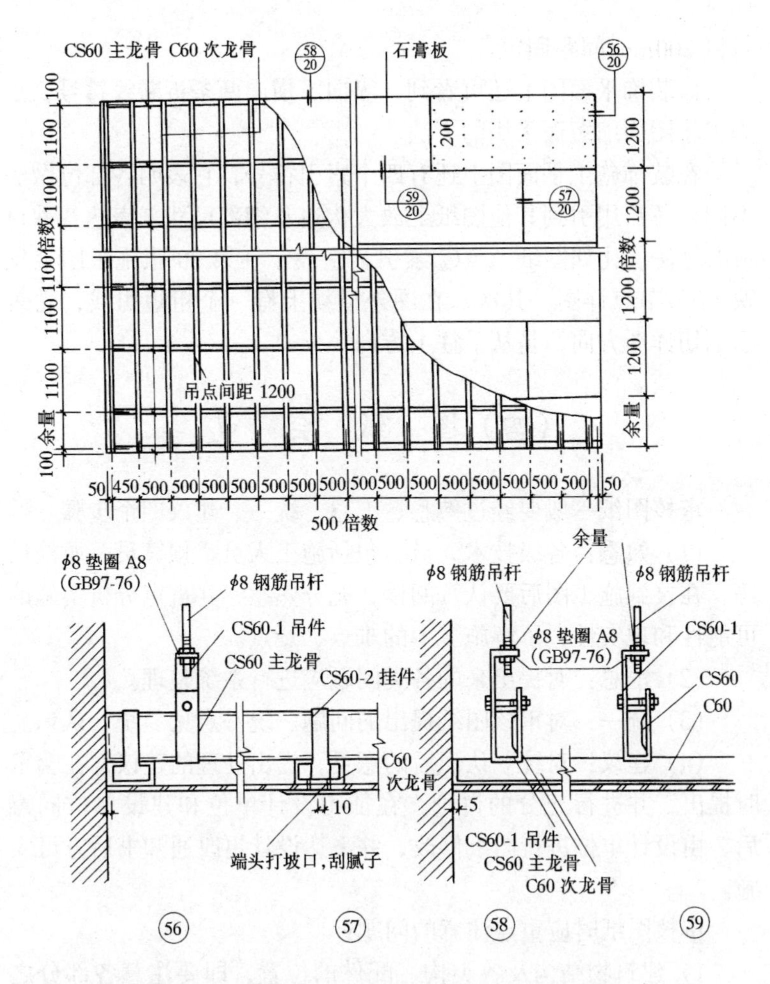

图 1-28 轻钢龙骨吊顶平面施工图及节点详图

示石膏板面层的图案布置。

该装饰平面施工图中，从局部平面图上龙骨的尺寸间距可看出主龙骨 CS60 型横向的间距为 1100mm 一道，纵向次龙骨 C60 的间距，首根为 450mm，以后为 500mm 一道。主龙骨吊点间距 1200mm。

该装饰面层用石膏板，从平面图上反映为交叉图案布置，用射钉 200mm 间距固定。

该装饰平面图上还可看到，纵向、横向两条折断线符号，是为了将图面缩短而采用的方法。

在装饰施工平面图上还有四个索引符号，它表明各部位做法不同，还需用引到其他图纸上放大构造及细部尺寸来表达各种材料的做法。比如图纸上 = $\frac{57}{20}$ 索引，它表示在第 20 张施工图上反映 57 号节点详图。其次，在圈外横线上有一个粗短黑线，它表示剖切详图方向，是从下往上方向。

（四）图 纸 会 审

审核图纸一般要经过熟悉、汇总、统一、建议四个步骤。

（1）熟悉：各级技术人员、包括施工人员，预算员、质检员等，在接到施工图后要认真阅读，充分熟悉，并重点分析实施的可能性和现实性，了解施工中的难点、疑点。

（2）汇总：对提出来的各类问题应进行系统整理。

（3）统一：对审核图纸提出的问题、统一意见、统一认识。

（4）建议：对统一认识后的意见，提出处理的建议，在会审时提出，并进行充分的讨论，在征得设计单位和建设单位同意后，由设计单位进行图纸修改，并下达设计更改通知书后方可实施。

审核图纸时应重点注意的问题：

1）建筑物结构及各类构、配件的位置，即要注意各部分之间的定位尺寸。例如墙、柱和轴线的关系，以及圈梁、门窗、梁板等的标高，均应加以认真核对。

2）建筑物的构造要求、包括现浇梁、柱、梁板之间的节点做法；墙体与结构的连接；各类悬挑结构的锚固要求；地下室防水构造等。

3）应注意建筑物的地下部分是否穿越原有各类管道，如电缆、煤气管、自来水管等，应加以保护以免损坏。

4）了解土建和设备之间的关系。例如各种穿墙或穿过楼层、屋盖管道的做法，各类预留洞的结构处理，设备对设备基础的要求等。

5）建筑结构和装饰之间的关系。例如各种结构在不同功能时装饰要求以及结构在不同位置(如地下室)时,对装饰的要求。土建应为装饰提供各类方便,如预埋件、预埋木砖、预留洞口等。

6）应注意对结构材料及装饰材料的要求。例如各类结构对混凝土和钢筋的强度等级要求，各类材料特别是装饰材料的质量要求，产地及施工要求。施工中所涉及的防火材料、绝缘材料，保温以及外加剂等的使用、检测乃至采购、保管等。

7）建筑结构图和建筑施工图之间是否有矛盾,所涉及的建筑构件各类型号是否齐全,施工的技术要求是否符合现行规范等。

8）注意所需预埋件的类型，预埋件位置和预留洞口是否有矛盾，以及预埋件是否有遗漏或交代不清等。

9）对涉及的新材料、新工艺要了解发展现状，使用效果，实施的技术要求，施工时的技术关键，质量要求等。研究与本单位施工技术水平的差距，以保质保量地完成任务。

10）应研究施工时是否会产生困难。例如流水作业的安排，吊车运行的路线能否顺利进出，大体积混凝土施工时的降温措施，设计的构件能否加工成型，要求的精度能否满足要求，混凝土浇捣后能否顺利拆模等。

总之，图纸会审是一项细致而复杂的工作，特别对木工来说，不仅涉及混凝土的支模、拆模，而且还涉及一定的装修等，所以必须要认真熟悉图纸，以确保施工的顺利进行。

复 习 题

1. 图样的尺寸由哪几部分组成？标注尺寸应注意哪些内容？

2. 三个正投影图之间有怎样的投影关系？

3. 建筑工程施工图编排的顺序怎样？各专业施工图编排的原则是什么？

4. 识读一套施工图时要注意哪些问题？读一张施工图时应掌握什么方法？

5. 怎样识读建筑平、立、剖面图？

6. 结构平面图主要反映哪些内容？它在施工中起什么作用？在表达上有哪些规定？

7. 什么是构件的配筋图？配筋图中钢筋如何表示？

8. 审核图纸时，应着重注意哪些问题？

二、房 屋 构 造

（一）民用建筑构造

民用建筑的房屋一般由基础、墙或柱、楼地层、楼梯、屋顶、门窗等主要部分组成。如图 2-1 所示。

1. 基础

基础是位于建筑物最下部的承重结构，它承受建筑物的全部荷载，并把荷载传给地基。

民用建筑的基础按构造特点可分为：条形基础、独立基础、整片基础、桩基础等，如图 2-2、图 2-3、图 2-4、图 2-5 所示；按材料可分为：砖基础、毛石基础、混凝土基础、钢筋混凝土基础等，如图 2-6、图 2-7、图 2-8、图 2-9 所示。

2. 墙体

墙体是房屋的主要组成部分。墙体的类型按其所处的位置可分为外墙和内墙；按其方向可分为纵墙和横墙；按其受力情况可分为承重墙和非承重墙；按材料可分为砖墙、石墙、砌块墙、板材墙等。墙的类型如图 2-10、墙的承重方式如图 2-11。

3. 楼板

楼板是房屋中的水平承重构件，它将房屋分隔成若干层。楼板应有足够的强度和刚度，并满足防火、隔声、隔热、防水等要求。楼板的类型主要有预制钢筋混凝土楼板、现浇钢筋混凝土楼板、木楼板、砖拱楼板等，如图 2-12 所示。

现浇整体式楼板主要有板式、梁板式、无梁楼板等，如图 2-13、图 2-14 所示；预制板主要有预制实心板、空心板、槽形板等，如图 2-15、图 2-16、图 2-17 所示。

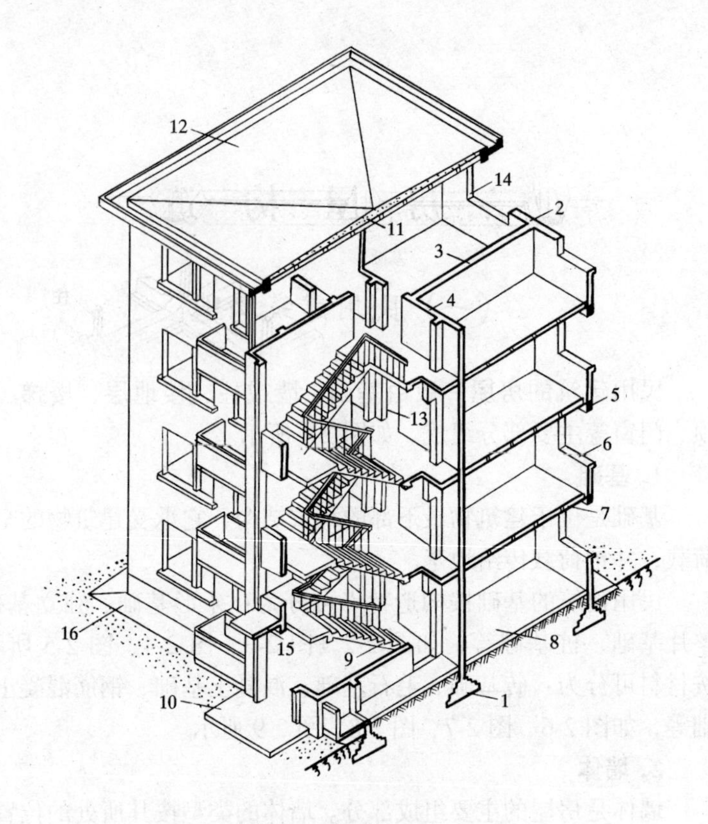

图 2-1 房屋的组成

1—基础；2—外墙；3—内横墙；4—内纵墙；5—过梁；6—窗台；
7—楼板；8—地面；9—楼梯；10—台阶；11—屋面板；12—屋面；
13—门；14—窗；15—雨篷；16—散水

4. 楼梯

楼梯是建筑物内垂直交通设施的主要工具之一。楼梯一般由楼梯段、平台、栏板或栏杆三部分组成，如图 2-18 所示。

楼梯按所在的位置有室外楼梯和室内楼梯；按材料不同有木楼梯、钢楼梯、钢筋混凝土楼梯；按形式有直跑式、双跑式、双分式、双合式、三跑式、四跑式、螺旋式等，如图 2-19 所示。

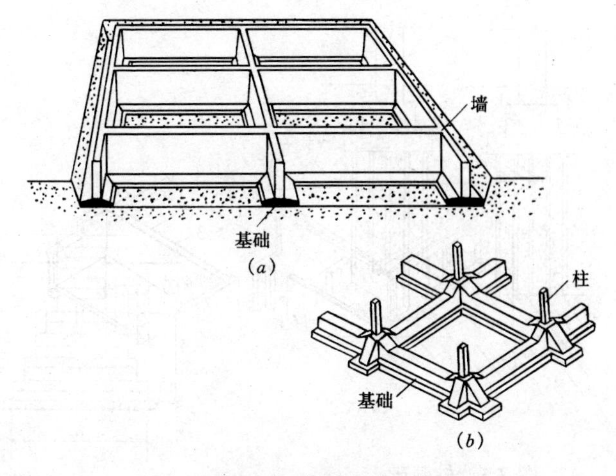

图 2-2　条形基础

(*a*) 墙下条形基础；(*b*) 柱下条形基础

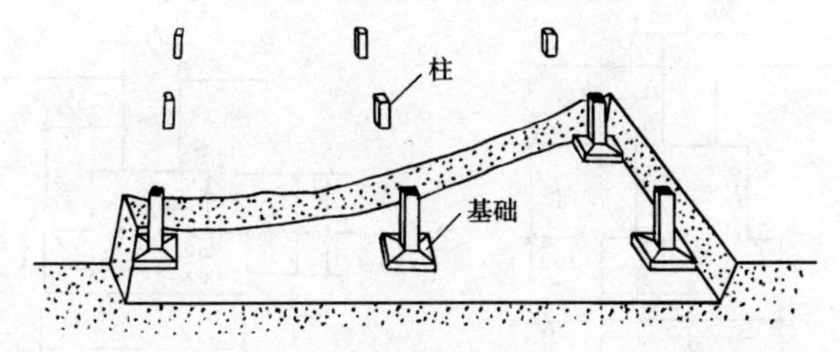

图 2-3　独立基础

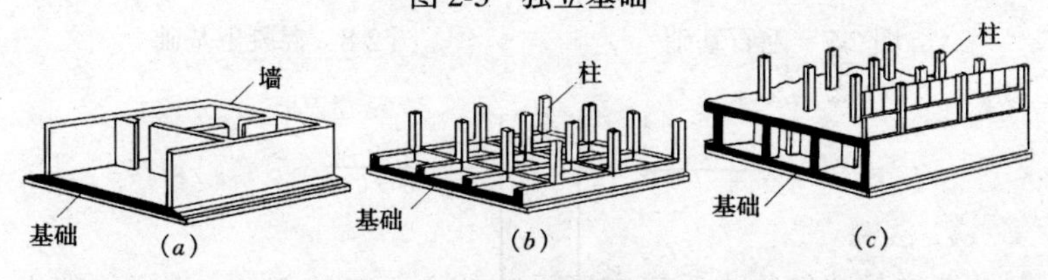

图 2-4　整片基础

(*a*) 板式；(*b*) 梁板式；(*c*) 箱形

5. 屋顶

屋顶是房屋最上面的构造部分。屋顶是由屋面、屋顶承重结构、保温隔热层和顶棚组成，如图 2-20 所示。

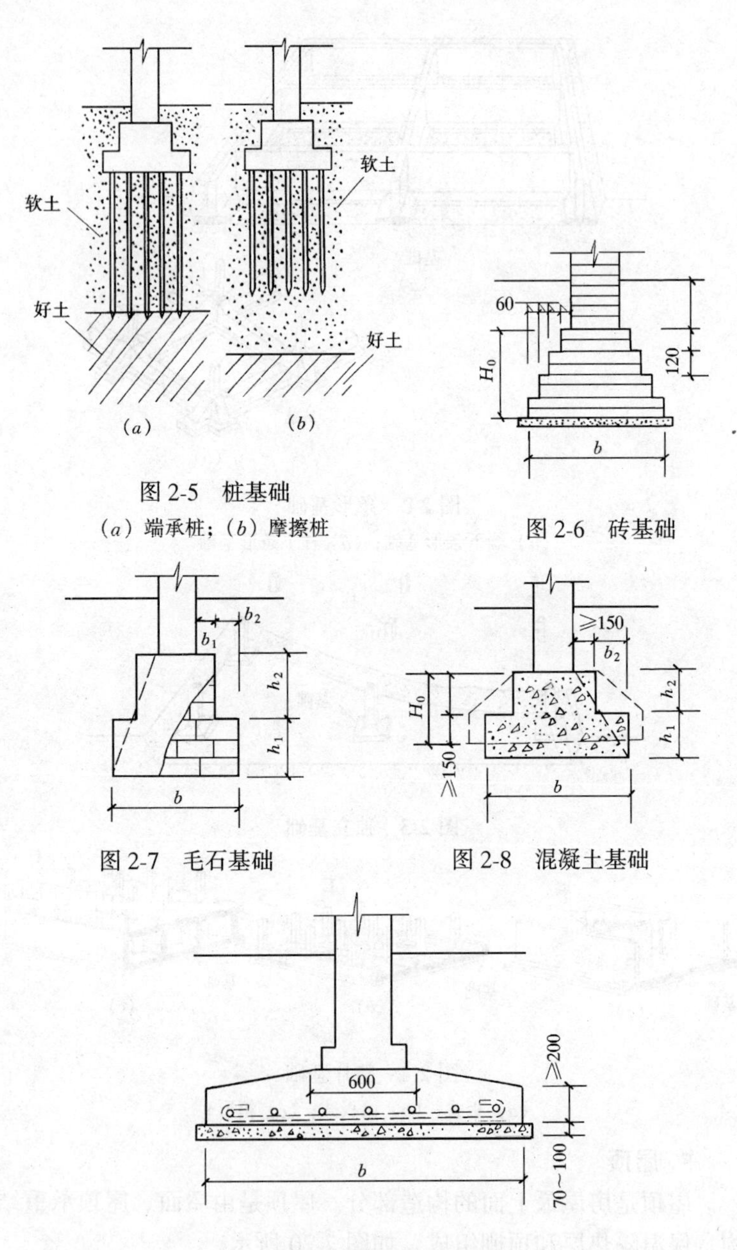

图 2-5　桩基础

（a）端承桩；（b）摩擦桩

图 2-6　砖基础

图 2-7　毛石基础

图 2-8　混凝土基础

图 2-9　钢筋混凝土基础

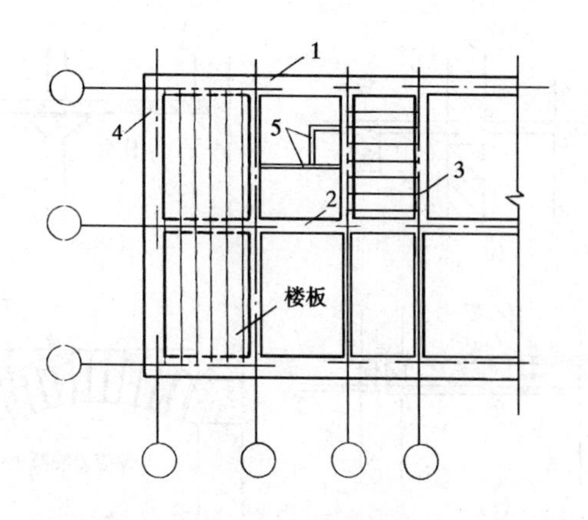

图 2-10　墙的类型

1—纵向承重外墙；2—纵向承重内墙；3—横向承重内墙；4—横向自承重外墙（山墙）；5—隔墙

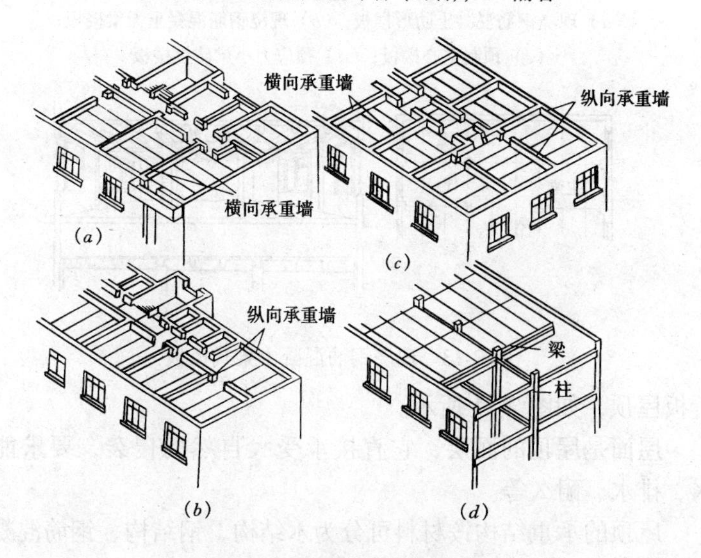

图 2-11　墙体的承重方式

（a）横向承重；（b）纵墙承重；（c）纵横墙混合承重；（d）墙与内框架混合承重

屋顶的类型可分为四类：即为平屋顶、坡屋顶、曲面屋顶和

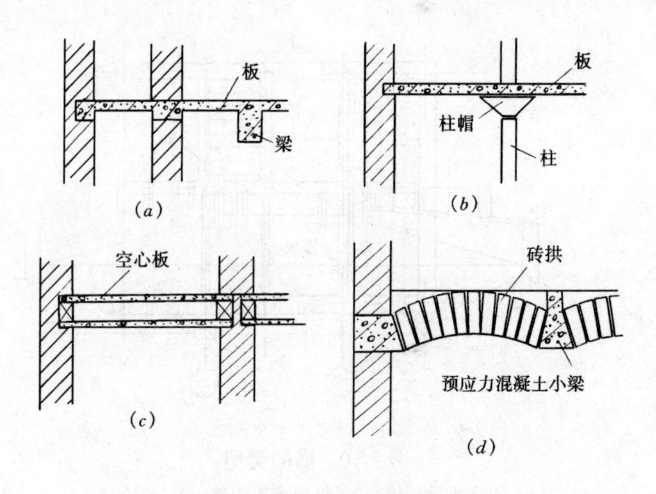

图 2-12　楼板的类型

（a）现浇钢筋混凝土肋形楼板；（b）现浇钢筋混凝土无梁楼板；
（c）预制空心楼板；（d）预应力小梁砖拱楼板

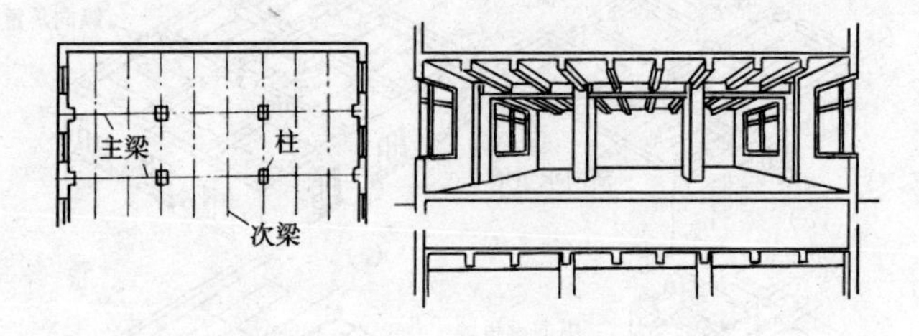

图 2-13　现浇钢筋混凝土梁式楼板

折板屋顶，如图 2-21 所示。

屋面是屋顶的面层，它直接承受大自然的侵袭，要求能防水、排水、耐久等。

屋顶的承重结构按材料可分为木结构、钢结构、钢筋混凝土结构等。屋顶承重层要求能够承受屋面上全部荷载及自重，并将荷载传给墙或柱。

保温层和隔热层应设在屋顶的承重结构层和面层之间，一般采用无机粒状材料和制品块材，如膨胀珍珠岩、沥青珍珠岩、加

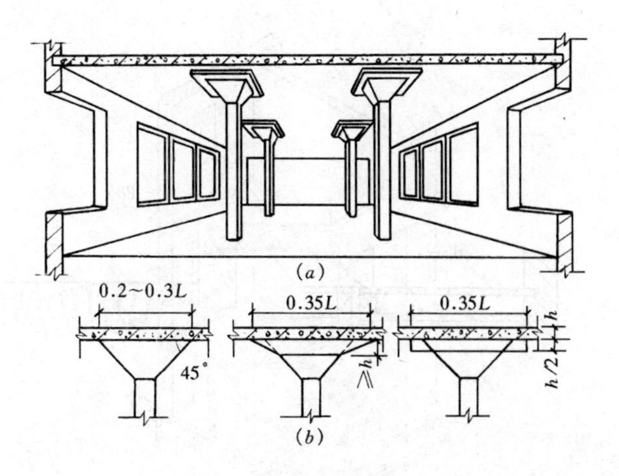

图 2-14　无梁楼板

（a）无梁楼板透视；（b）柱帽形式

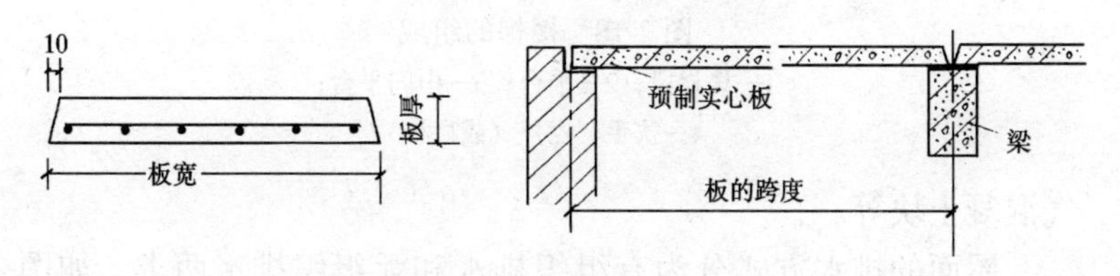

图 2-15　预制实心板

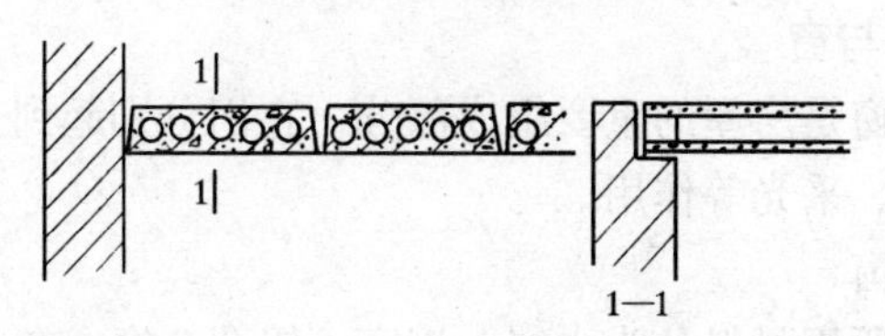

图 2-16　预制空心板

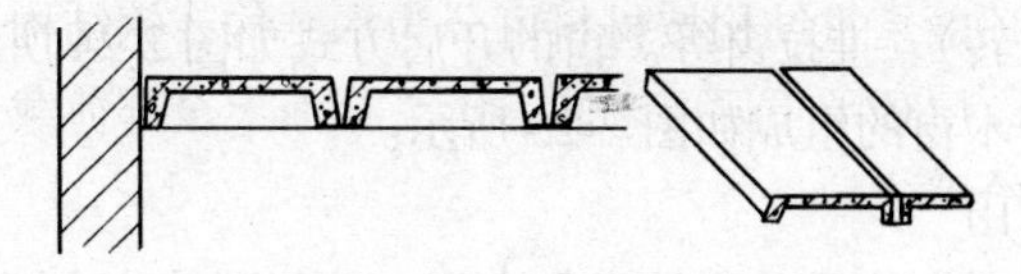

图 2-17　预制槽形板

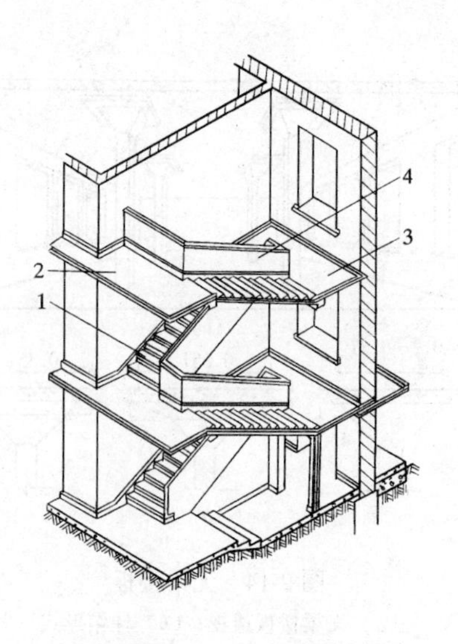

图 2-18　楼梯的组成

1—楼梯段；2—平台；3—中间平台；
4—扶手、栏杆（或栏板）

气混凝土块等。

屋面的排水方式分为有组织排水和无组织排水两类，如图2-22、图 2-23 所示。

6. 门与窗

门与窗是房屋的重要组成部分，它们分别起到交通联系、分隔、通风、采光等作用。

(1) 窗

窗按所用材料分为木窗、钢窗、铝合金窗、塑料窗、玻璃钢窗等；按开启方式可分为平开窗、固定窗、转窗（上悬、下悬、中悬、立转)、推拉窗等。窗的开启方式如图 2-24 所示。

平开木窗的组成如图 2-25 所示。

(2) 门

门按所在位置分为外门和内门；按材料分为木门、钢门、铝合金门、塑料门等；按开启方式分为平开门、弹簧门、推拉门、

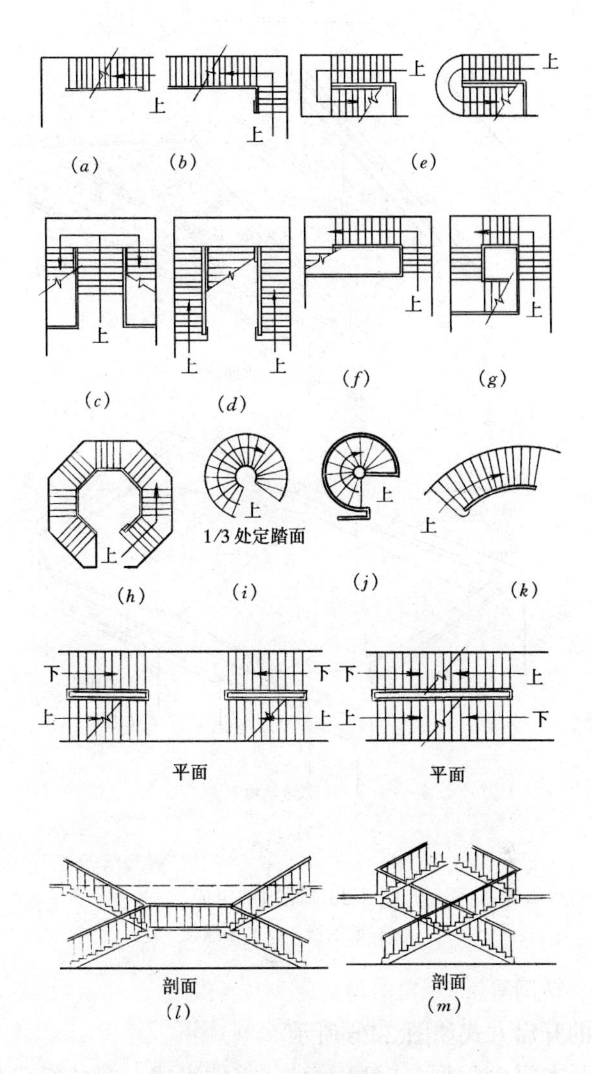

图 2-19　各种楼梯形式

（*a*）直跑式；（*b*）转角式；（*c*）双分式；
（*d*）双和式（*e*）双跑式；（*f*）三跑式；（*g*）四跑式；
（*h*）八角式；（*i*）圆形；（*j*）螺旋式；（*k*）弧线形；
（*l*）剪刀式；（*m*）交叉式

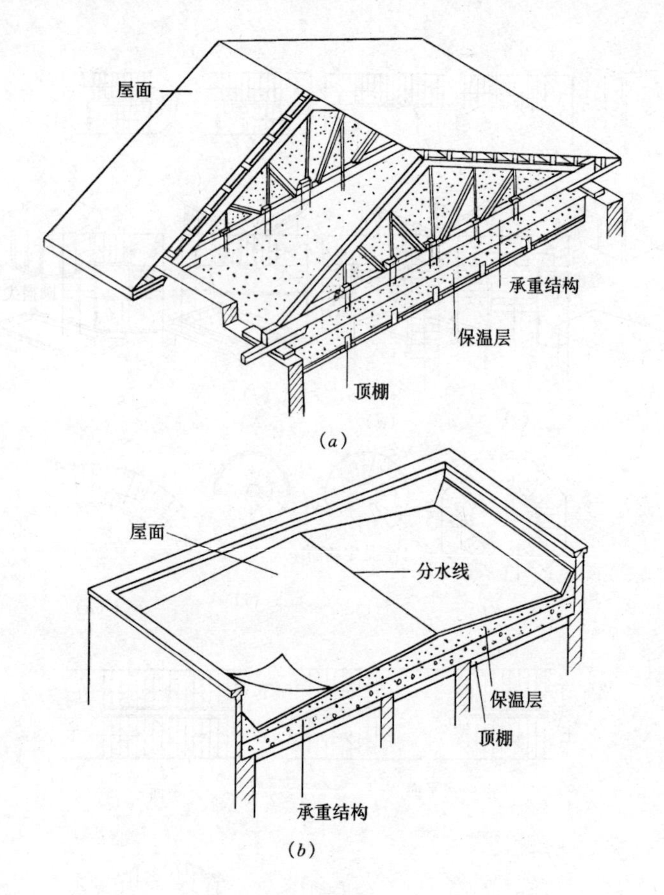

图 2-20 屋顶的组成

(a) 坡屋顶；(b) 平屋顶

折叠门、转门等。

门的开启方式如图 2-26 所示。

平开木门由门框、门扇、五金零件组成。门的组成如图 2-27 所示。

7. 变形缝

房屋受到外界各种因素的影响，会使房屋产生变形、开裂、导致破坏。为了防止房屋破坏，常将房屋分成几个独立变形的部

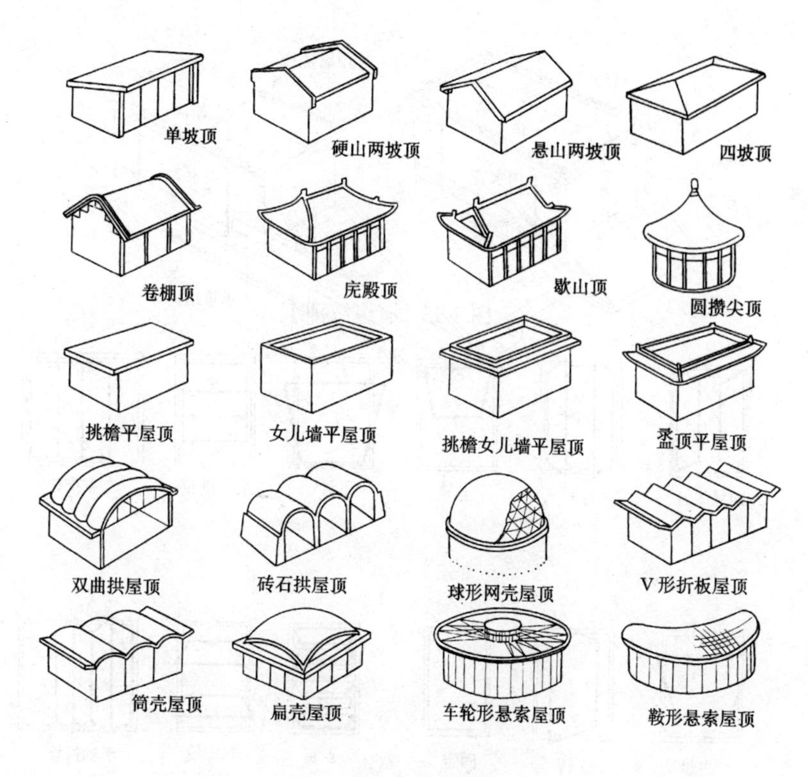

图 2-21　屋顶的类型

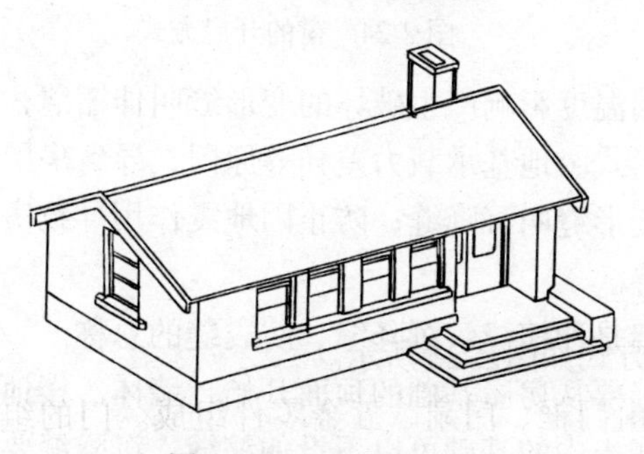

图 2-22　无组织排水

分，使各部分能自由的变形，这种将建筑物垂直分开的缝称变形缝。

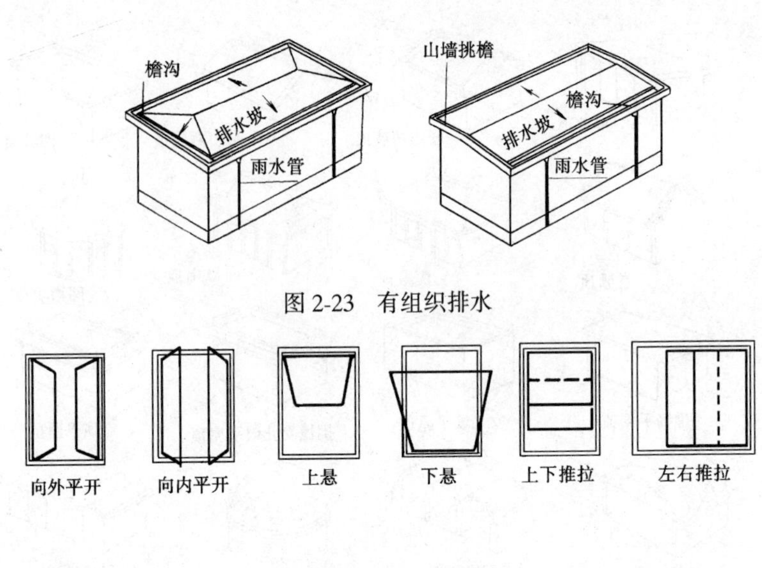

图 2-23　有组织排水

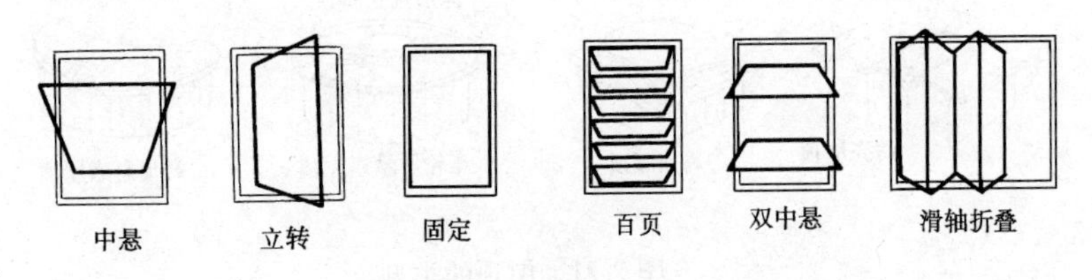

图 2-24　窗的开启方式

防止因温度影响产生破坏的变形缝叫伸缩缝；防止因荷载差异、结构形式、地基承载力差异等原因，导致房屋因不均匀沉降而破坏的变形缝叫沉降缝；防止因地震作用导致房屋破坏的变形缝叫防震缝。

变形缝是伸缩缝、沉降缝、防震缝的总称。

伸缩缝要从房屋基础的顶面开始，墙体、楼地层、屋顶均匀设置，埋在土中的基础可以不设伸缩缝。沉降缝要从房屋的基础到屋顶全部断开。沉降缝可以代替伸缩缝，伸缩缝不能代替沉降缝。

防震缝应沿房屋基础顶面以上全部结构设置。

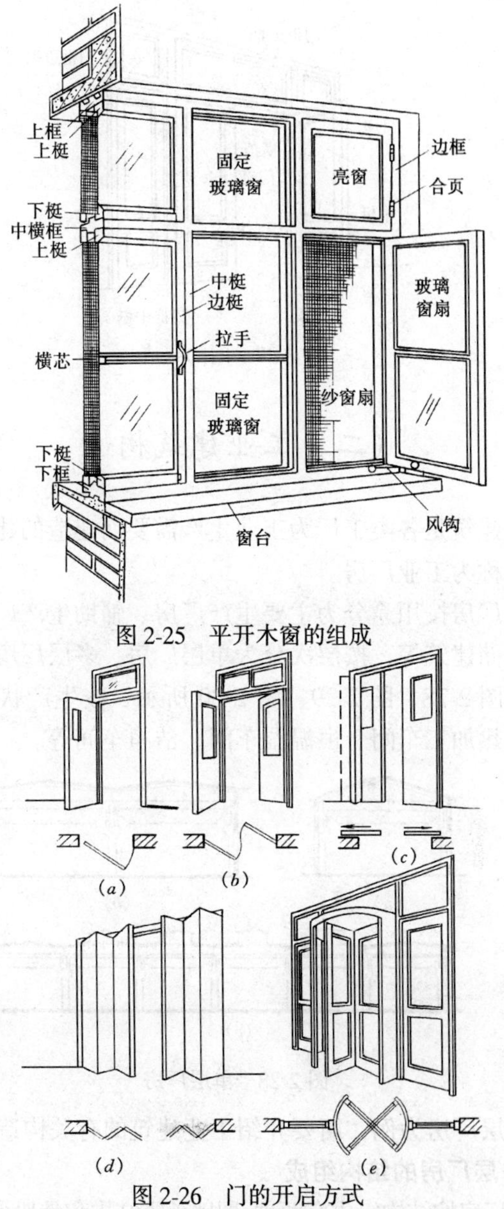

图 2-25　平开木窗的组成

图 2-26　门的开启方式

(*a*) 平开门；(*b*) 弹簧门；(*c*) 推拉门；(*d*) 折叠门；(*e*) 转门

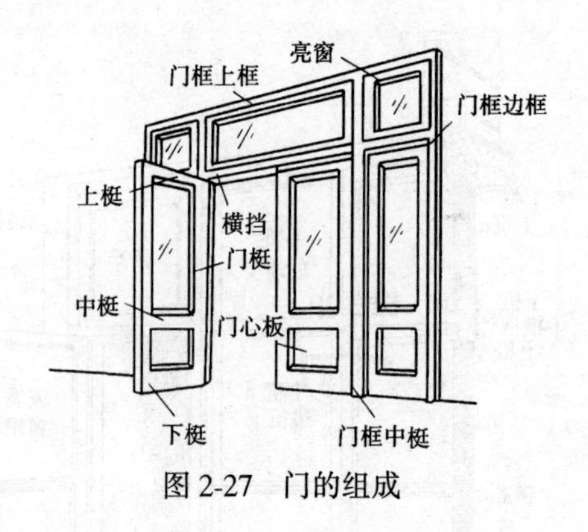

图 2-27　门的组成

（二）工业建筑构造

工业建筑是各类工厂为工业生产需要而建造的建筑物和构筑物，通常称为工业厂房。

工业厂房按用途分为主要生产厂房、辅助生产厂房、动力用厂房、仓储建筑等；按层次分为单层厂房、多层厂房、层次混合厂房，如图 2-28、图 2-29、图 2-30 所示；按生产状况分为冷加工车间、热加工车间、恒温湿车间、洁净车间等。

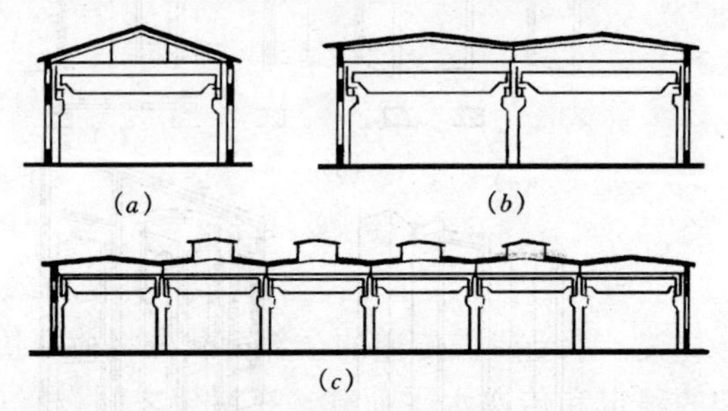

图 2-28　单层厂房

以单层厂房为例，简要介绍工业建筑的有关构造。

1. 单层厂房的结构组成

单层厂房按结构组成有两种：即墙承重结构和骨架承重结构。

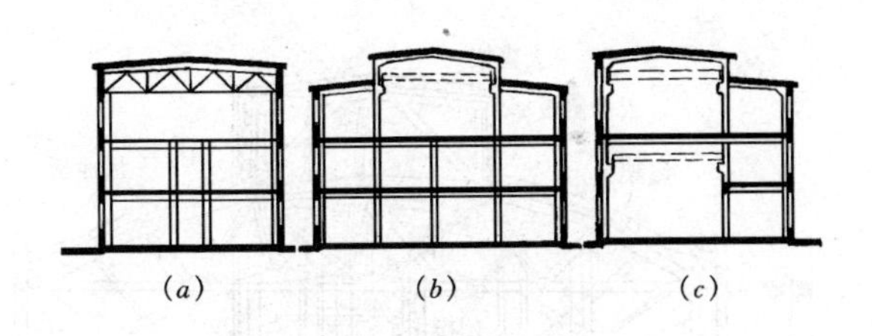

图 2-29　多层厂房

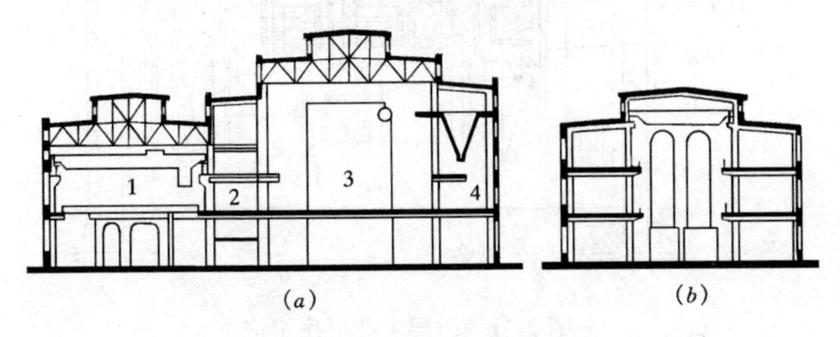

图 2-30　层次混合的厂房

1—汽机间；2—除氧间；3—锅炉房；4—煤斗间

墙承重结构的厂房采用砖墙、砖柱的承重结构，它的构造简单，造价经济、施工方便，但由于砖的强度低，只是用于厂房跨度不大，高度不高，吊车荷载又较小的中、小型厂房。

骨架承重结构是由钢筋混凝土构件组成骨架承重。厂房的骨架由基础、柱、屋架、天窗架、屋面板、吊车梁、基础梁、连系梁和支撑系统等构件组成。墙体仅起维护及传递风荷载作用。如图 2-31 所示。

2. 单层厂房构件的受力情况

(1) 屋面板：直接承受屋面上的荷载，并把荷载传给屋架。

(2) 屋架：承受屋盖传递的全部荷载并将荷载传递给柱子，为了屋架的稳定和传递水平荷载，在屋架之间设置屋面支撑系统。

(3) 柱子：柱是厂房结构中的主要承重构件之一。柱子承受屋盖、吊车梁、外墙和支撑传来的荷载，并把这些荷载传递给基础 。

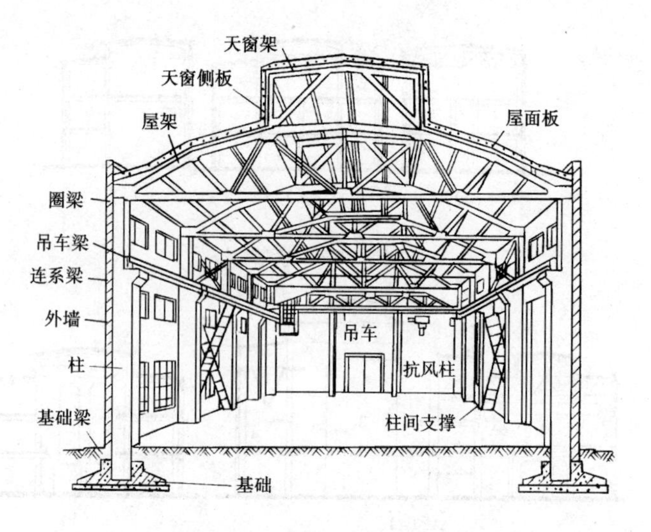

图 2-31　单层工业厂房组成

（4）吊车梁：吊车梁承受吊车荷载及吊车自重并传递给柱子。

（5）墙体：其他承受风荷载，并传递给柱子和基础梁。

（6）连系梁：连系梁承受外墙重量并传递给柱子和基础。

（7）基础梁：基础梁承受外墙重量并传递给基础。

（8）基础：基础承受柱和基础梁传来的荷载并传给地基。

3. 单层厂房柱的类型

单层工业厂房柱的形式很多，按材料分有钢筋混凝土柱、钢柱、砖石柱等。目前应用最为广泛的是钢筋混凝土柱。钢筋混凝土柱基本可分为单肢柱和双肢柱两大类。单层工业厂房常用的几种钢筋混凝土柱见表 2-1。

4. 支撑

支撑的主要作用是保证厂房结构和构件的承载力、稳定和刚度，并传递部分水平荷载。支撑有柱间支撑和屋架支撑两大部分。

（1）柱间支撑：柱间应设有柱间支撑用以加强纵向的刚度和稳定性，传递吊车产生的刹车力、山墙抗风柱传来的风荷载以及地震力等，并把这些荷载传至基础。

单层厂房钢筋混凝土柱类型表 **表 2-1**

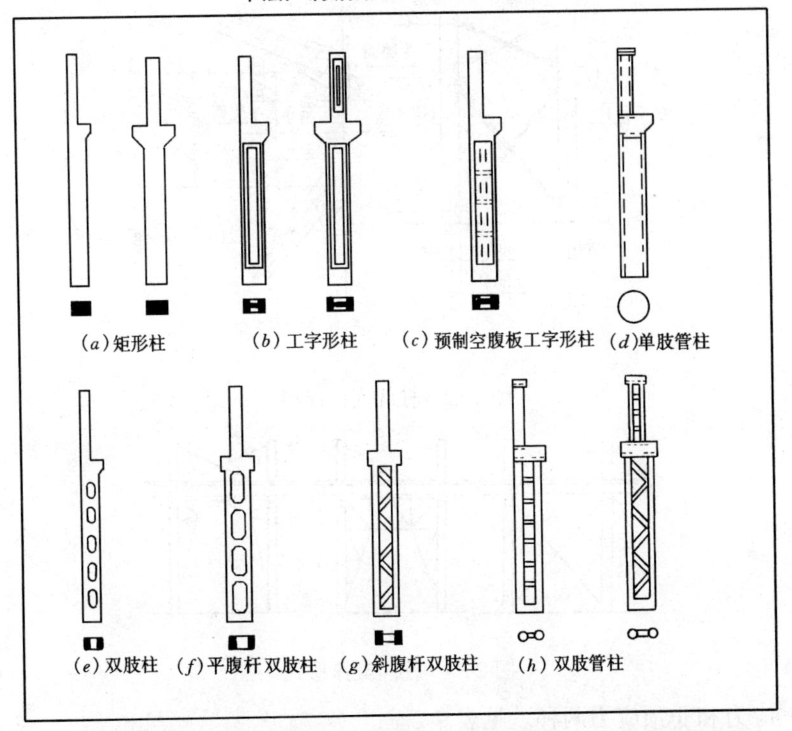

柱间支撑通常设置在厂房中间一个柱间内。一般采用钢材制作，多采用交叉式，如图 2-32。当柱间需布置设备或作通道时可采用门架式，如图 2-33。

(2) 屋架支撑：屋架支撑包括水平支撑（上弦或下弦横向水平支撑）、纵向水平支撑（上弦或下弦纵向水平支撑）、垂直支撑和纵向水平系杆（加劲杆）等，如图 2-34。

5. 吊车梁

吊车梁是直接支承吊车的结构构件，它除了承受吊车在起重、运输、制动时产生的各种动荷载外，还可传递山墙风荷载，并起到增强厂房刚度的作用。

吊车梁一般采用钢筋混凝土或钢材制成，常见的钢筋混凝土吊车梁按截面形式有“T”形、工字形和鱼腹式等。吊车梁有预

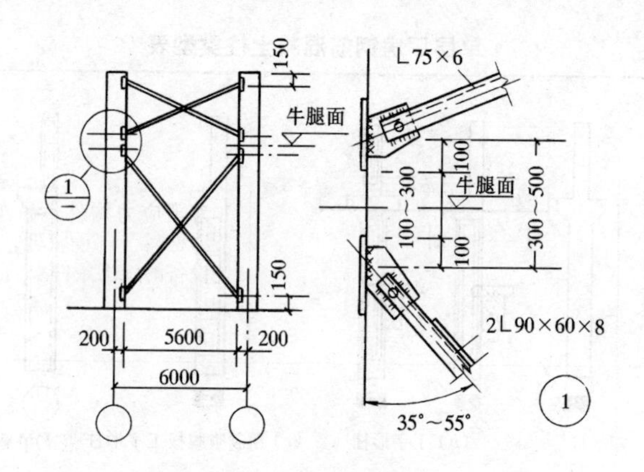

图 2-32　柱间支撑连接

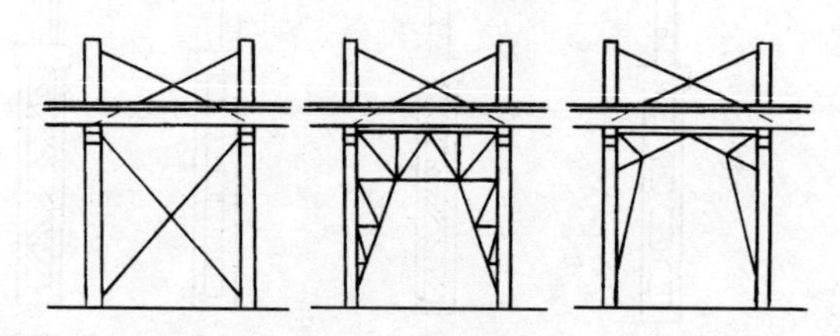

图 2-33　柱间支撑形式

应力和非预应力两种。见表 2-2。

钢筋混凝土吊车梁类型表　　**表 2-2**

类型	简　图	特　　点
T形吊车梁	1—1　2—2	“T”形截面的上部翼缘较宽，可增加梁的受压面积，也便于固定吊车梁的轨道。施工简单，制作方便，但自重大，耗材料多，不甚经济

续表

类型	简图	特点
工字形吊车梁	1—1　2—2	为预应力构件，吊车梁的腹壁薄，节约材料，自重较轻，须有预应力张拉设备的施工条件
鱼腹式吊车梁		梁的腹壁薄，外形象鱼腹，梁截面为工字形，这种形状符合受力原理，因而能充分发挥材料强度和减轻自重、节省材料、可承受较大的荷载，梁的刚度大。但它的构造和制作较复杂，运输、堆放须设专门支垫

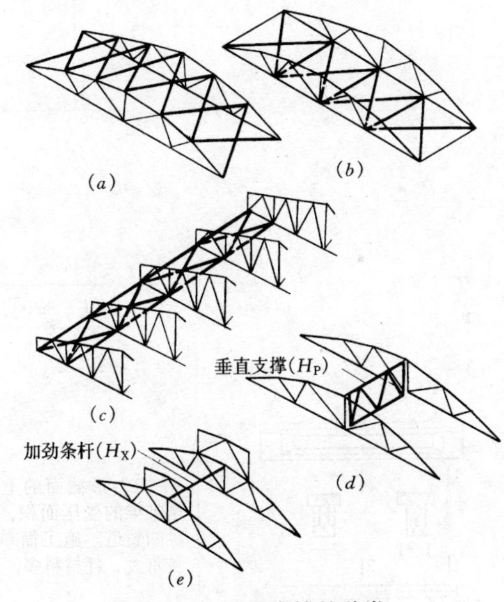

图 2-34　屋盖支撑的种类

(a) 上弦横向水平支撑；(b) 下弦横向水平支撑；

(c) 纵向水平支撑；(d) 垂直支撑；

(e) 纵向水平系杆（加劲杆）

复　习　题

1. 一般民用建筑由哪几部分组成？它们各自的作用是什么？
2. 民用建筑的基础按构造可分为哪几种？
3. 墙体的结构布置方案有哪几种？
4. 楼梯由哪几部分组成？
5. 屋顶按外形可分为哪几种？
6. 屋面排水有哪几种？
7. 什么是工业建筑？单层厂房的骨架由哪些构件组成？
8. 单层厂房的屋架支撑有哪些？

三、常用木材和化学胶料

（一）木　　材

1. 木材的种类、性能与用途

木材的种类、性能与用途见表3-1。

木材的种类、性能与用途　　　　**表3-1**

类别	名　称	性　能	用　途
针叶树	红松	干燥、加工性能良好，风吹日晒不易龟裂、变形，松脂多、耐腐朽	门窗、地板、屋架、檩条、搁栅、木墙裙
	鱼鳞云杉	易干燥、富弹性、加工性能好、弯挠性能极好	屋架、檩条、搁栅、门窗、屋面板、模板、家具
	马尾松	多松脂，干燥时有翘裂倾向，不耐腐，易受白蚁危害	小屋架、模板、屋面板
	落叶松	难于干燥，易开裂及变形，加工性能不好，耐腐朽	搁栅、小跨度屋架、支撑、木桩、屋面板
	杉木	干燥性能好，韧性强，易加工，较耐久	门窗、屋架、地板、搁栅、檩条、椽条、屋面板、模板
	柏木	易加工，切削面光滑，干燥易开裂，耐久性强	门窗、胶合板、屋面板、模板

续表

类别	名 称	性 能	用 途
阔叶树	水曲柳	具有弹性、韧性、耐磨、耐湿等特点，但干燥较困难，易翘裂	家具、地板、胶合板及室内装修、高级门窗
	色木	力学强度高，弹性大，干燥慢，常开裂，耐磨性好	地板、胶合板、家具、室内木装修
	柞木	干燥困难，易开裂翘曲，耐水，耐磨性强，耐磨损，加工困难	地板、家具、高级门窗
	麻栎	力学强度高，耐磨，加工困难，不易干燥，易径裂、扭曲	地板、家具
	柚木	耐磨损，耐久性强，干燥收缩小不易变形	家具、地板、高级木装修
	桦木	力学强度高，富弹性，干燥过程中易开裂翘曲，加工性能好，不耐腐	胶合板、家具、室内木装修、支撑、地板

2. 木材疵病的鉴别和防治

(1) 节子

包含在树干或主枝木材中的枝条部分，称为节子。按木节质地及和周围木材结合程度分为活节、死节和漏节。

节子破坏了木材构造的均匀性和完整性，不仅影响木材表面的美观和加工性质，更重要的是降低了木材的强度。

(2) 虫害

各种昆虫在木材上所蛀蚀的孔道叫虫孔或虫眼。虫眼可分为表皮虫沟、小虫眼和大虫眼。

表皮虫沟：昆虫蛀蚀木材的深度不足10mm的虫沟。

小虫眼：指虫孔的最大直径不足3mm。

大虫眼：指虫孔最小直径在3mm以上。

虫害对材质有一定的影响，不仅降低了力学性能，而且还给木材带来病害，因此必须加以限制，防治虫害。一般将木材进行药剂处理，使虫类不能生长繁殖。

(3) 裂纹

木材纤维与纤维之间的分离所形成的裂隙称为裂纹。裂纹按类型分为经裂、轮裂和干裂。在心材内部，从髓心沿半径方向开裂的裂纹叫经裂；系沿年轮方向开裂的裂纹叫轮裂，轮裂又分为环裂和弧裂两种；由于木材干燥不均而产生的裂纹叫干裂。

裂纹能破坏木材的完整性，影响木材的作用和装饰价值，降低木材强度。在保管不良的情况下，还会引起木材的变色和腐朽。

(4) 斜纹

木材中纤维排列与纵轴方向不一致所出现的倾斜纹理称为斜纹。锯材的斜纹除由圆材的天然斜纹所造成外，如下锯方法不合理，通直的树干也会加工成斜纹锯材，这种斜纹叫人工斜纹。

斜纹对材质的影响主要是降低木材的强度，有斜纹的圆木干燥时容易开裂，有斜纹的板材干燥时容易翘曲并降低强度。

(5) 腐朽

木材由于木腐菌的侵入，逐渐改变其颜色和结构，使细胞壁受到破坏，物理、力学性质随之发生变化，最后变得松软易碎，成筛孔状或粉末状等形状，此种状态称为腐朽。

腐朽严重影响木材的物理力学性能，使木材重量减轻，吸水性增大，强度降低，尤其是褐腐后期，木材强度基本接近于零，故在建筑工程中不容许使用腐朽的木材。

(6) 髓心

在树干横断面上第一年轮的中间部分由脆弱的薄壁细胞组织所构成，呈不同形状，多数为圆形或椭圆形，直径约 20～50mm，其颜色为褐色或较周围颜色浅淡。

具有髓心的木材其强度均较低，且干燥时容易开裂。

3. 木材的干燥和防火

(1) 木材的干燥

木材在使用前，应进行干燥处理，这样不仅可以防止弯曲、变形和裂缝，还能提高强度，便于防腐处理与油漆加工等，以延长木制工程的使用年限。

木材的干燥选择天然干燥法和人工干燥法。

天然干燥法见表3-2。人工干燥法见表3-3。

天然干燥法　　　　表3-2

材种	堆积方法	堆积示意图	要　求
原木	分层纵横交叉堆积法		按树种、规格和干湿情况区别分类堆积。距地不小于50cm，堆积高度不超过3m，也可用实堆法，定期翻堆
板、方材	分层纵横交叉堆积法	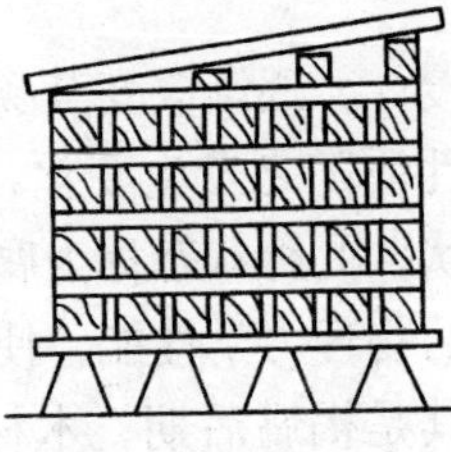	即将板、方材分层纵横交叉堆积，层与层间互成垂直，底层下设堆基，离地不小于50cm。垛顶用板材铺盖，并伸出材堆边75cm
	垫条堆积法	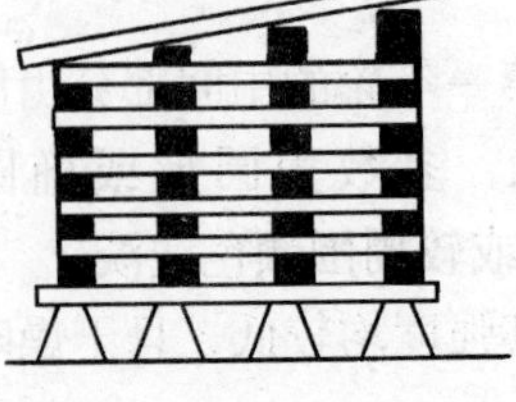	各层板、方材堆积方向相同，中间加设垫条。垫条应厚度一致，上下垫条间应成同一垂直

人工干燥法　表3-3

干燥方法	基本原理	适用范围	优缺点
浸水法	将木材浸入水中，浸泡时间根据不同树种约为2～4个月，使之充分溶去树脂，然后再进行风干或烘干处理	使用于一般的木材加工厂	能减少变形，比天然干燥时间约缩短一半，但强度稍有降低
蒸汽干燥法	利用蒸汽导入干燥室，喷蒸汽增加湿度及升温，另一部分蒸汽通过暖气排管提高和保持室温，使木材干燥	生产能力较大，且有锅炉装置的木材加工厂，在我国使用广泛	1. 设备较复杂；2. 易于调节窑温，干燥质量好；3. 干燥时间短，安全可靠
烟熏干燥法	在地坑内均匀散布纯锯末，点燃锯末，使其均匀缓燃，不得有火焰急火，利用其热量，直接干燥木材	适用于一般条件差的木材加工厂或工地	1. 设备简单，燃料来源方便，成本低；2. 干燥时间稍长，质量较差；3. 管理要求严格，以免引起火灾
水煮法	将木材放在水槽中煮沸，然后取出置于干燥窑中干燥，从而加快干燥速度，减少干裂变形	适用于干燥少量和小件难以干燥的硬质阔叶材	1. 设备复杂、成本高；2. 干燥质量好；3. 可加快难以干燥的硬木干燥时间；4. 只可在小范围内使用
热风干燥法	用暖风机将空气通过被烧热的管道吹进炉内，从炉底下部风道散发出来，经过木垛又从上部吸风道回到鼓风机，往复循环，使木材干燥	适用于一般的木材加工企业	1. 设备较简单，不需锅炉及管道等设备；2. 干燥时间较短，干燥质量好；3. 建窑投资少

另外还有：红外线干燥法、石蜡油干燥法、真空干燥法、微波干燥法等。

(2) 木材的防火

易燃是木材的一种特性。防止木材燃烧一般采取结构防火措施和用防火剂处理两种方法。

1）结构防火措施：在设计和建造建筑物时，应使木构件远离热源，或用砖石、混凝土、石棉板和金属等进行隔离。

2）防火剂处理：一般使用磷酸铵、硫酸铝、氯化铵和硼砂等防火剂。

这些防火剂在高温时软化，形成玻璃状的薄膜覆盖在木材的表面，可以阻止助燃的氧气与木材接触，达到防火目的。

4. 人造木质板材

(1) 胶合板

胶合板是用水曲柳、柳安、椴木、桦木等木材，利用原木经过旋切成薄板，用三层以上成奇数的单板顺纹、横纹 90°垂直交错相叠，采用胶粘剂粘合，在热压机上加压而成。

胶合板由于各层板的纹理胶合时互相垂直，克服了木材翘曲胀缩等缺点，而且厚度小、板面宽大，减少了刨平、拼缝等工序，具有天然的木色和纹理，在使用性能上往往比天然木材优良，不仅节约了木材的消耗，而且增加了制品的美观。目前胶合板的用途非常广泛。

(2) 纤维板

纤维板是将废木材用机械法分离成木纤维或预先经化学处理，再用机械法分离成木浆，再将木浆经过成型、预压、热压而成的板材，纤维板没有木色与花纹，其他特点和性能与胶合板大致相同。在构造上比天然木材均匀，而且无节疤、腐朽等缺陷。

纤维板可分为硬质、半硬质和软质三种。硬质纤维板表面密度大，强度高，半硬质纤维板次之。硬质纤维板可用做地板、隔墙板、夹板门、面板、门心板、天花板、定型模板和家具等。软质纤维板表面密实度小，结构疏松，是保温、隔热、吸声和绝缘的良好材料。

(3) 细木工板

细木工板是一种拼板，分为空心和实心两种，它的中部采用各种拼板片或构成空心骨架，两面再胶合一层或数层旋削的薄木而成的板材。它不易开裂、变形，而强度也比同样厚的木板高，因而多用于细木装修、制作家具等。

另外，人工板材还有木丝板、钙塑板、塑料装饰板等。

（二）胶　　料

胶料是木制品常用的胶粘剂，大体上可分为动物胶、植物胶和合成树脂胶三类。鳔胶、皮胶、骨胶属动物胶；阿拉伯树胶、古巴胶属植物胶；乳胶属合成树脂胶。

1. 鳔胶

鳔胶俗称猪皮鳔。此胶粘度高抗水性强，被胶接的木料不怕受潮和水泡。

2. 皮胶、骨胶

这两种胶料又称水胶。它是用动物的皮或骨头经熬制后而成的固定胶，这种胶呈黄褐色或茶褐色，半透明且有光泽。胶合过程迅速，有足够的胶合强度，且不易使工具受损（变钝）。缺点是耐水性及抗菌性能差，当胶中含水率达到20%以上时，容易被菌类腐蚀而变质。

3. 酚醛树脂胶

醇溶性酚醛树脂胶属合成树脂胶，是由醇溶性酚醛树脂加凝固剂配制而成的。酚醛树脂是一种粘稠状物质，凝固剂为磺酸类，应用最多的是苯磺酸。这种胶耐水性能好，待胶完全固化后，即使把被胶合件放在开水中浸煮也不会脱胶。

4. 乳胶

乳胶也叫白胶，即聚醋酸乙烯乳液树脂胶。这种胶呈乳白色。其特点是活性时间（胶液具有粘结性能的时间）较长，胶压前不致凝结，使用方便，不需熬煮，粘着力强，也不怕低温，适合大面积平面的胶合。胶液过浓，使用时可以加少量的水。白胶一般在6h左右才能硬结。这种胶抗菌性能好，耐水性能好。

复 习 题

1. 树木按树种分为哪两类？红松、落叶松、水曲柳的性能和用途是什么？

2. 木材通常有哪些疵病？怎样防治？

3. 木材为什么要作干燥处理？木材的干燥通常采用哪些方法？

4. 简述木材防火的两种方法。

5. 人造板材有哪几种？其规格、性能、使用范围有哪些？

6. 常用胶料有哪些？其性能如何？

四、常用木工手工工具的操作与维修

目前，木制品加工制作的机械化程度已不断提高，但在施工现场或小规模生产时仍较多采用手工工具。因此熟悉常用手工工具的性能和操作技术是非常必要的。

(一) 画线工具和量具

1. 画线工具

木工常用画线工具见表 4-1。

木工常用画线工具 **表 4-1**

名称	简　图	用途及说明
铅笔		木工铅笔的笔杆呈椭圆形，使用前将铅心削成扁平形，画线时要使铅心扁平面沿着尺顺划，笔尖宜细不宜粗。另外还有竹笔等
勒线器	勒子档 小刀片 勒子杆 活楔	由勒子档、勒子杆、活楔和小刀片等部分组成。勒子档多用硬木制成，中凿孔以穿勒子杆，杆的一端安装小刀片，杆侧用活楔与勒子档楔紧
墨斗	定针	由圆筒、摇把、线轮和定针等组成。圆筒内装有饱含墨汁的丝绵或棉花，筒身上留有对穿线孔，线轮上绕有线轮，线轮上绕有线绳，一端栓住定针
		弹线时，将定针固定在画线的木板的一端，另一端用手指压住，然后拉弹线绳因线绳饱含墨汁，线绳拉弹放下，即留有弹线墨线条

续表

名称	简图	用途及说明
拖线器		由竹片或木板制成，开有各种距离的三角槽口中间用挡块来控制画线尺寸

2. 量具

木工常用量具见表4-2。量具的使用方法见表4-3。

木工常用量具　　表4-2

名称	简图	用途及说明
钢卷尺		由薄钢片制成，装置于钢制或塑料制成的圆盒中。大钢卷尺的规格有长度为5、10、15、20、30、50m等，小钢卷尺有长1、2、3.5m等
木折尺		木折尺用质地较好的薄木板制成，可以折叠，携带方便 使用木折尺时，须注意拉直，并贴平物面
角尺	尺翼 尺柄	有木制和钢制两种。一般尺柄长15～20cm，尺翼长20～40cm，柄、翼互成垂直角，用于画垂直线、平行线及检查平整正直
三角尺	尺翼 尺柄	尺的宽度均为15～20cm，尺翼与尺柄的交角为90°，其余两角为45°，用不易变形的木料制成。使用时使尺柄贴紧物面边棱，可画出45°及垂线
活络三角尺	尺柄 尺翼	可任意调整角度，用于画线。尺翼长一般为30cm，中开有长孔，尺柄端部亦有槽口，以螺栓与尺翼连接。使用时，先调整好角度，再将尺柄贴紧物面边棱，沿尺翼画出所需角度的斜线

续表

名称	简图	用途及说明
水平尺		尺的中部及端部各装有水准管，当水准管内气泡居中时，即成水平。用于检验物面的水平或垂直
线锤		用金属制成的正圆锥体，在其上端中央设有带孔螺栓盖，可系一根细绳，用于校验物面是否垂直。使用时手持绳的上端，锤尖向下自由下垂，视线随绳线，倘绳线与物面上下距离一致，即表示物面为垂直

几种量具的使用方法　　表 4-3

名称	作业内容	示意图	说明
角尺的使用方法	画垂直线		左手握住角尺的尺翼中部，使尺翼的内边紧贴木料的直边，右手执笔，沿角的边线（尺柄外边）画线，即为与直边垂直的线
	画平行线		左手握住角尺的尺翼，使中指卡在所需要的尺寸上，并抵住木料的直边，右手执笔，使笔尖紧贴角尺外角部，同时用无名指和小指拖住短尺边，两手同时用力向后拉画，即画出与木料直边相平行的直线
			如用角尺的尺度画平行线，可用左手握住角尺的尺翼，使拇指尖卡在所需要的尺寸上，并抓住木料的直边，右手执笔，笔尖紧贴角尺外角部，两手同时用力向后拉画即成
	卡方		在刨削过程中，检查相邻面是否直角时，可用角尺内角卡在木料角上来回移动进行检验，如果尺的内边与木料两面贴紧，即表示相邻面构成直角

续表

名称	作业内容	示意图	说明
角尺的使用方法	检查表面平直	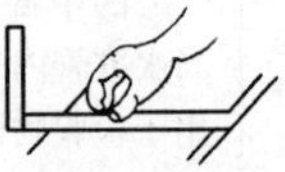	可用手握住角尺的尺翼，将角尺立置与木料面上所要检查的部位，如尺边与木料表面紧贴，并无凹凸缝隙，即知表面已平直
活络三角尺	斜面检查		使用时先将螺栓松动，调整到所需角度，拧紧螺栓，用于校验斜面是否符合要求。图示为六角形体检查方法示例
	画斜向于板边平行线	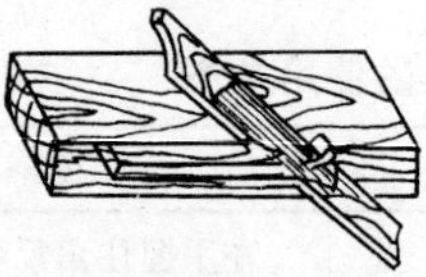	当画斜向于板边平行线，或截成斜向板端具有一定角度的斜度，可调整活络三角尺符合所要求角度进行画线

（二）斧

1. 斧的种类和用途

斧的种类和用途见表4-4。

斧的种类和用途 **表4-4**

名称	简图	用途及说明
双刃斧	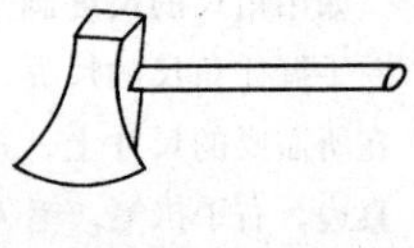	刃锋在中间，能向左或向右两面砍劈木材。一般用于工地支摸、做屋架、砍木桩等
单刃斧	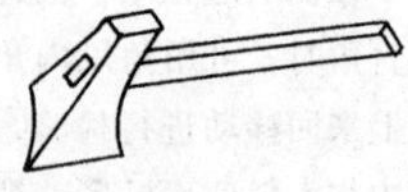	刃锋在一面，适合砍，不适合劈，砍时只能向一面砍。吃料容易，木料易砍直，适用于家具制作等

2. 斧的使用

用斧砍削木料时，应注意以下几点：

(1) 斧子必须磨得锋利，砍料速度快，省劲省工。用钝的斧子，不仅操作费力，而且容易发生安全事故。

(2) 砍料时一定要注意木材的纹理，从顺槎的方向下斧。

(3) 砍削时以墨线为准，并要注意留出刨光的厚度；如果木料砍去的部分较厚，应沿墨线每隔 100mm 左右砍一斜口，待斧砍到缺口处，木屑就容易脱落，如图 4-1。如果在地面或案子上砍劈木料时，下面要加垫木板，以免砍伤斧子或木案。

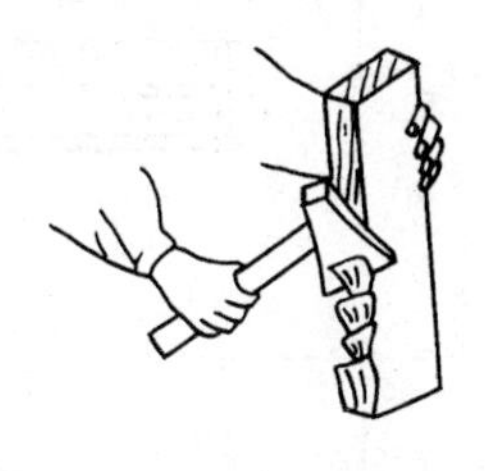

图 4-1　斧的使用方法

(4) 如遇到节子，短料应将木料调头，从另一端再砍。

(5) 长料应从双面砍削，如节子很坚固，则应用锯将其锯掉，不宜硬砍。

(6) 时刻注意斧把的牢固，防止斧把脱出伤人。

3. 斧的研磨

用双手食指和中指压住刃口部分（也可一手握住斧把，另一手压住斧刃口），紧贴在磨石上来回推动。研磨时，斧刃面必须磨平，磨直，不得有鼓肚。当刃口磨得发青、平整，口成一直线时，表示刃口已磨得锋利。双刃斧要磨两面，单刃斧只磨有斜度的一面。

（三）锯

1. 锯的种类和用途

锯的种类和用途见表 4-5。

2. 锯齿构造

锯齿的功能主要决定其料路、料度和斜度。锯齿的构造特征见表 4-6。

锯的种类和用途　　表 4-5

类别	简图	名称	锯片长(mm)	特征	用途
木框锯	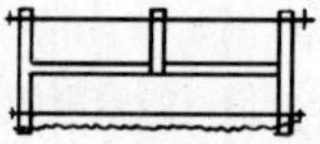	粗锯	800～850	纵锯	顺纹锯割较厚的木料
		中锯	600～650	横锯	锯割薄木料或开榫头
		细锯	500 以下	纵、横锯	开榫头及拉肩
		曲线锯	400～500	锯曲线	锯一般圆弧曲线
手锯	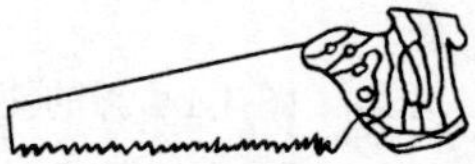	板锯		纵、横锯	用于锯割较宽的木板
钢丝锯		弓锯			锯弧度过大的曲线，切割细小空心花饰及开榫头等
开孔锯	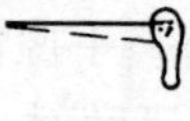	线锯			割物件心内的方孔、圆孔
侧锯		割槽锯			在板上切割槽边

锯齿的构造特征　　表 4-6

构造名称		构造简图	说明
料路	左中右三料路	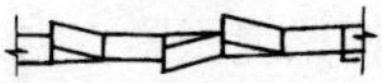	一般纵割锯用此料路
	左中右中三料路		对于锯割潮湿木料或硬木料用此料路
	二料路（人字路）	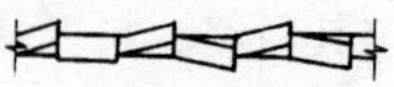	一般横割锯用此料路

续表

构造名称		构造简图	说明
料度（路度）		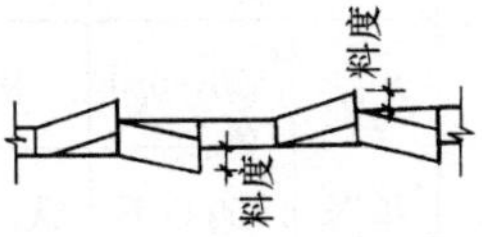 料度 料度	一般纵割锯的料度为锯条厚度的0.8～1倍，横割锯的料度为锯条厚度的1～1.2倍，如锯割潮湿木料时，其料度宜适当加大
斜度	纵割锯（顺锯）	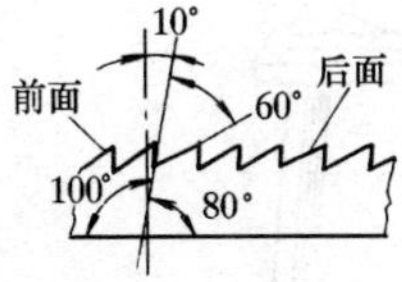 10° 前面 后面 60° 100° 80°	为易于切割和排出锯屑，一般纵割锯的斜度约为80°，而横割锯的斜度为90°直角，齿间夹角均为60°
	横割锯（截锯）	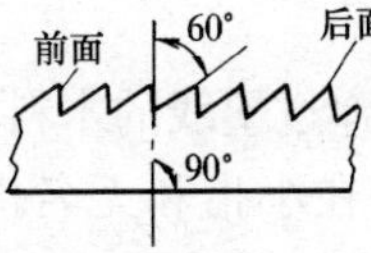 前面 60° 后面 90°	

拨料时的料路，一般沿锯身前端宜大一点，后端宜小一点，这样不容易夹锯。拨料的关键是掌握一个“匀”字，即齿尖要拨得均匀，在用眼睛检查时，不论是左边还是右边，齿尖都要在一条直线上，不得有突出的齿尖，这样的锯才好使用。

3. 锯的使用

使用木框锯之前，要把横梁绳张紧，锯条拨正，木料要放置平稳。使用方法有横向锯割、纵向锯割和曲线锯割三种。

(1) 横向锯割时，操作者应立于木料的左后方左手将木料揿紧，左脚用力踏着木料，右手握框锯上部的锯柄如图4-2所示。起锯时，为了稳定位置，右手大拇指宜引导锯齿上线，轻轻推拉，等锯齿没入后，再加强推拉力量。向下推时，因锯齿产生锯割作用，故用力要大一些；回拉时因锯齿不起锯割作用，可将锯条稍向外顺势提上。要用力均匀，快锯完时要放慢锯割速度，用于稳住木料的端部，防止木料折断。

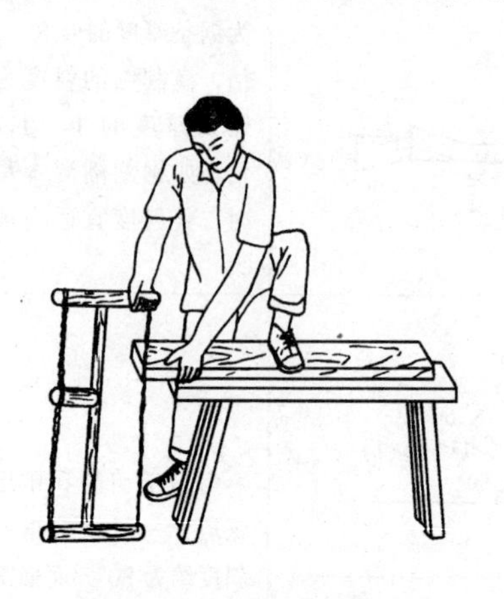

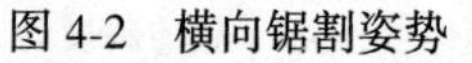
图 4-2 横向锯割姿势

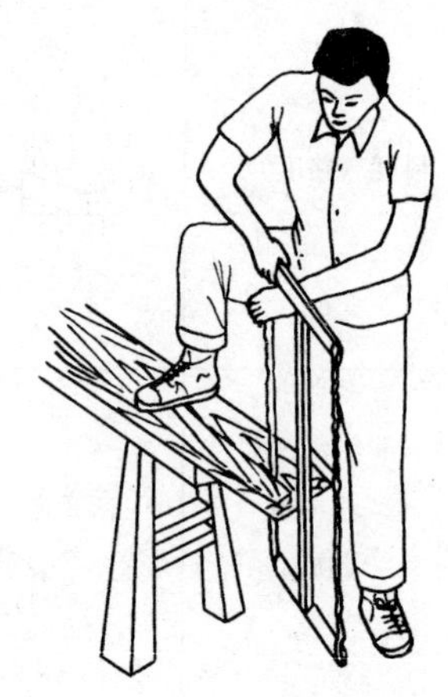

图 4-3 纵向锯割姿势

(2) 纵向锯割时，将弹过墨线的木料放在板凳上，用右脚踏住，右手操锯，将锯钮夹在小指和无名指之间，如图 4-3 所示。开始锯时，用左手拇指引导下锯，锯齿切入后，用左手按住锯条的背部，加速锯身的行动，同时右脚把木料踏住，以防被锯身带起。一般的姿势是上身微俯，可以上下弯动，但不可以左右摇摆，右手肘与右膝盖成垂直状态。锯割时提格要轻，送锯要重，手腕、肘、肩与腰身同时用力，作有节奏的动作。为了锯割正确，眼睛、锯条和锯缝要三点一直线。

(3) 圆弧锯割时，分外圆弧和内圆弧两种，如图 4-4 所示。锯外圆弧时，用右脚踏住工作件的墨线里面，(脚跟稍提起)。锯割时，锯条要与木料垂直，绕不过圆弧线时，不要硬扭，应多锯几次，开出较阔的锯路；锯内圆弧时，在工作件上钻一个适当的小孔，将锯条的上端拆下装进去后，即可进行锯割了。

4. 锯的维修

锯的维修主要是指对锯齿的修理，应先进行拨料，然后再锉

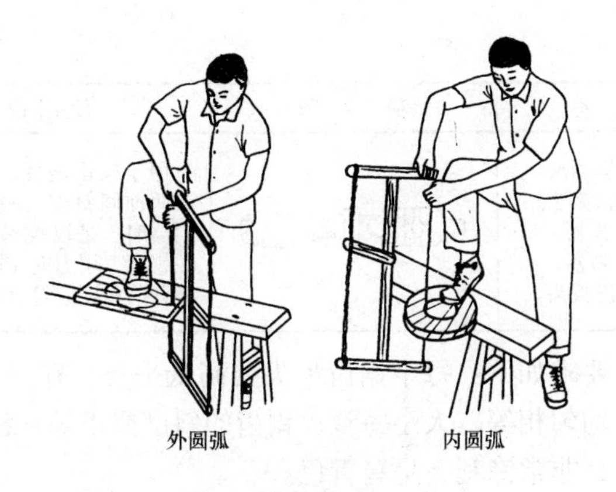

图 4-4　圆弧锯割姿势

锯齿。其维修用的工具及其使用方法见表 4-7。

维修工具及其使用方法　　　　**表 4-7**

名称		简图	使用说明
锉锯齿的钢锉	平锉		用于锉伐手板锯、架锯等齿尖使之平齐
	三棱锉（三角锉）		用于锉伐架锯锯齿
	刀锉		专作锉手板锯用
钢锉锉锯齿的方法	锉锯齿的方向和要求		当选用锉刀时，一般根据齿的大小，采用 100～200mm 长的三角锉，用力均匀，不要或轻或重，并注意每个齿尖都在一直线上，尚有不平，则用平锉锉直
	架锯支稳后进行锉齿的姿势		撑稳架锯锯条，两手各持锉刀端部，使锉刀用力向前推，要使锉面对靠锯齿，锉出钢屑，向后回拉时，则轻轻拖过。如果锯齿磨短，影响木屑排出，则须“镗伐”，亦即用锉的边棱，按锯齿的角度进行掏膛，使两齿间夹角加深，锯齿加长

续表

名称		简图	使用说明
正锯器的使用	正锯器又称正齿器、拨齿器、拨料器、锯齿板头		用于校正锯齿，使锯齿朝锯条两面倾斜成为料路。使用拨料器时，是以拨料器的槽口卡住锯齿，用力向左或向右拨开，拨开的程度应符合料度的要求

锉锯要求如下：每个锯齿齿尖要高低平齐，在一条直线上；各齿距要均匀相等，大小一致；锯齿的斜度要正确；齿尖要锉得有棱有角，非常锋利，呈乌青色。

此外，还要对锯架进行维修。如发现绳索、螺母、施纽以及木架拉榫处有损坏，应即使调整或修理。

（四）刨

刨是木工重要的工具之一，它的作用是把木材刨削成平直、圆、曲线等不同形状。木材经过刨削后，表面会变得平整光滑，具有一定的精度。

1. 刨的种类和用途

刨的种类和用途见表4-8。

刨的种类和用途 **表4-8**

类别	简图	名称	规格尺寸（mm）			用途
			L	h	b	
平面刨	h b l	粗刨	260	50	60、65	刨去木料上的锯纹、毛槎和个别突出部分，使之大致平整
		中刨	400	50	60、65	将木料刨到需要的尺寸，并使其表面达到基本光洁
		光刨	150	50	60、65	修光木料表面，使其平整光滑
		大刨	600	50	60、65	拼板缝用

续表

类别	简图	名称	规格尺寸（mm）			用途
			L	h	b	
槽刨		槽刨	200	60	35	是用在木料上刨削沟槽的工具，可刨沟槽的宽度一般为3～10mm，深10～15mm
线刨		线刨	200	50	20～40	专为成品棱角处刨美术线条用
裁口刨		边刨	300	60	40	适合于刨削木构件的裁口
轴刨		滚刨	240			刨削弯曲工作面的工具

平刨是由刨身、刨柄、刨刃、盖铁、刨架、螺丝及木楔等组成。如图4-5所示。

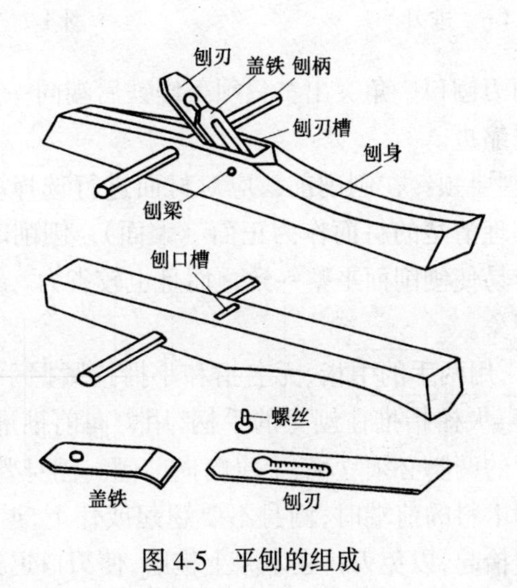

图4-5　平刨的组成

2. 刨的使用

(1) 平刨的使用

1) 刨刃调整:安装刨刃时,先调整刨刃与盖铁两者之刃口距离,用螺丝拧紧,然后将它插入刨身中,刃口接近刨底,加上木楔,稍往下压,左手捏住刨身左侧棱角处,大拇指在木楔、盖铁和刨刃处,用锤轻敲刨刃,使刨刃刃口露出刨口槽。刃口露出多少要根据刨削量而定,一般为0.1~0.5mm,最多不超过1mm,粗刨多一些,细刨少一些。检查刃口的露出量,可用左手拿刨,刨底向上,用单眼沿刨底望去,就可看出。如果刃口露出量太多,需要退出一些,则可轻敲刨身后端,刨刃即可退出,如图4-6、图4-7所示。

图4-6　进刃

图4-7　退刃

如果刨刃刨口一角突出,只须敲刨铁后端同一角的侧面,刃口一角即可缩进。

2) 推刨要领:在刨削前,应对材面进行选择。一般选较洁净整齐,纹理清楚的材面作为正面(大面),刨削时要顺木纹推进,这样容易使刨削面平整一致,而且也较省力,逆纹刨削容易发生呛槎现象。

推刨时,用两手的中指、无名指和小拇指紧握手柄,食指紧揿住刨的前身,大拇指推住刨身的手柄,用力向前推进,如图4-8所示。操作者的两脚必须立稳,上身略向前倾。刨身要保持平稳,尤其是当刨到木料的前端时,刨身不要翘起或仆下,退回时,应将刨身后部稍微抬起,以免刃口在木料上拖磨,使刃口迟钝,如图4-9。

图 4-8　推刨

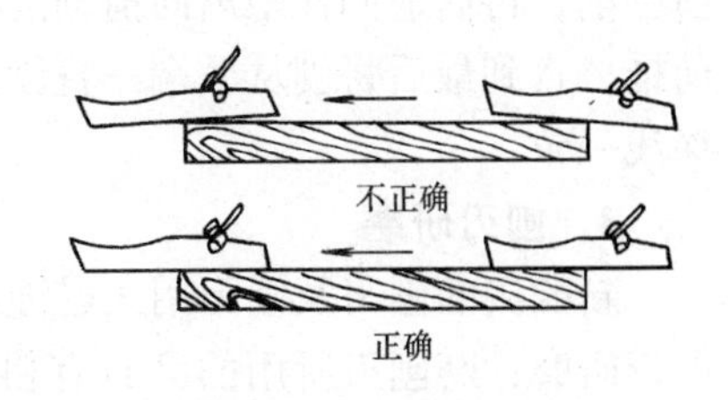

图 4-9　刨削方法

刨较长的木料当刨完第一刨后，退回刨身，即向前跨一步，从第一刨的终点处接刨第二刨，如此连续向前。

在刨弯曲料时，应先刨凹面，后刨凸面，然后再通长地刨削。

第一个面刨好后，应用眼睛检查木料表面是否平直，如有不平之处要进行修刨，认为无误后，即在第一面上划出大面符号。接着再刨相邻侧面，这个面不但要检查其是否平直，还要用角尺沿着正面来回拖动，检查这两个面是否相互成直角。

（2）槽刨、线刨、裁口刨的使用：槽刨、线刨、裁口刨在使用前要调整好刨刃刃口的露出量。推槽刨姿势与推平刨相同；推线刨及边刨则应一手拿住刨，另一手扶住木料，如图 4-10 所示。

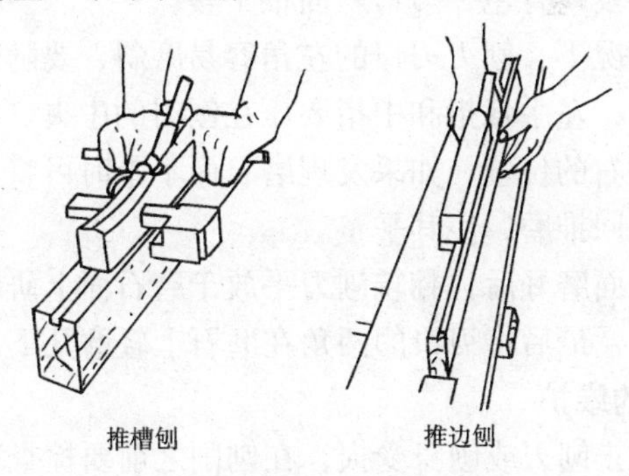

图 4-10　推槽刨、裁口刨姿势

这三种刨的操作方法基本相似，都是向前推送，刨削时不要一开始就从后端刨到前端，应先从离前端150～200mm处开始向前刨削，再后退同样距离向前刨削。按此方法，人往后退，刨向前推，直到最后将刨从后端一直刨到前端，使所刨的凹槽或线条深浅一致。

3．刨刃研磨

新购买的刨刃及刨刃用久迟钝或刨刃出现缺口等情况，必须进行研磨，磨刨刃所用的磨石有粗磨石、细磨石、细粗石三种。粗磨石、细磨石适用于磨缺口和平刃斜口面，磨锋利则用细磨石。

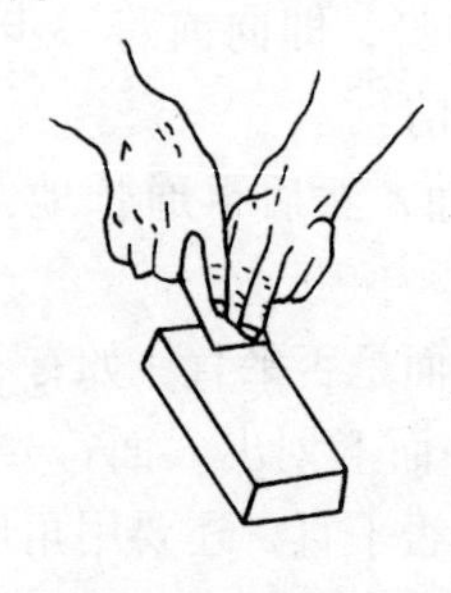

图4-11　磨刨刃

磨刨刃时，先在干净、平整的磨石上洒水。用右手捏住刨刃上部，食指伸出压在刨刃上面，左手食指和中指压在刨刃刃口上面，使刃口斜面紧贴磨石面，在磨石面上前推后拉，如图4-11所示。前推时要轻微加力用力要均衡，刨刃与研磨面的夹角不要变动，否则容易把刃口斜面磨成弧形。后拉时不要用力否则容易磨坏刃口。

研磨过程中要勤洒水，及时冲去磨石上的泥浆；也不要总在一处磨，以保持磨石面平整。磨好后的刃锋，看起来是条极细的墨线，刃口发乌青色，刃口斜面很平整。

一般情况下，刨刃刃口的左角容易磨斜，要随时注意左手用力不要太大，左手食指和中指要压在刨刃的中央。研磨时应随时变换前后左右的位置。如果发现磨石面不平时可将其放在平整的水泥地上来回推磨，使其平整。

刃口斜面磨好后，翻转刨刀平放于磨石面上研磨几下，磨去刃口的卷边，最后将刃口的两角在磨石上轻磨几下，即可使用。

4．刨的维护

为了防止刨刃或刨身受损，在刨削之前要检查和清除木料上的杂质，尤其是铁钉必须拔掉。对硬质或节疤较多的木料，调刃要小些。刨在使用时刨底要经常擦油（机油、植物油均可，以植物油最好）。敲刨身时要敲其后端上方，不要乱敲，以防损坏刨底。木楔不能太紧，以免损坏刨梁。刨用完后，应退松刨刃，如果长期不用，应将刨刃及盖铁退出。要经常检查刨底是否平直、光滑，如果不平整应及时修理，修理方法是：将刨口的镶铁拆除，用细刨进行修理，否则会影响刨削质量。

（五）凿

1. 凿的种类

凿的种类见表 4-9。

凿的种类 表 4-9

种类	简图	名称	刃口宽度 (mm)	用途
平凿	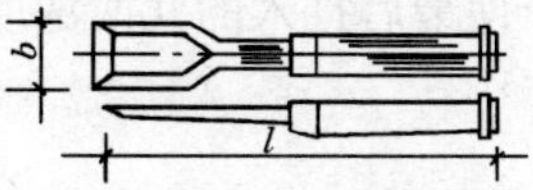	宽刃凿	19mm 以上	适合凿宽眼及深槽
平凿	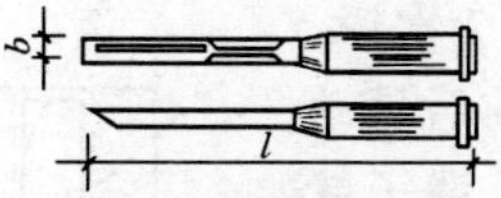	窄刃凿	3～16	适合凿较深的眼及槽
平凿	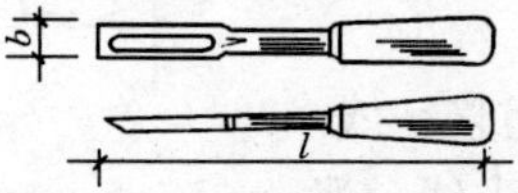	扁铲	12～30	适合切削榫眼的糙面，修理肩、角、线等
斜凿	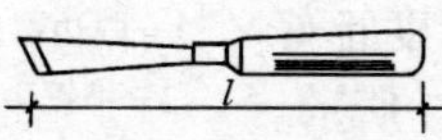	斜刃凿		可作倒楞、剔槽、雕刻之用
圆凿	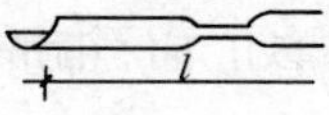	内圆凿		可以切削圆槽
圆凿	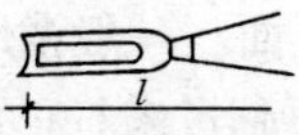	外圆凿		用作凿圆孔及雕刻

2. 凿的使用

将画好榫眼线的木料放在板凳上，用臀部的一边坐在木料上，人坐端正，双眼正对所凿孔眼中心，一手握凿柄，另一手握锤或斧，如图 4-12 所示。第一凿可在近身离线 2～3mm 处，凿刃斜面朝身外，不必重敲。拔出凿子后，随即利用凿刃的两个角当“脚”走，在离前凿 5～10mm 处，将凿扶正放稳，看准猛打，然后将凿柄向身边拉，接着再向外压，即可剔去木屑。当凿到对面线边时，再将凿放回到第一凿位置上猛击一下，剔去全部木屑。凿透榫眼时可将木料翻身，并重复前面动作，将榫眼中间部分首先凿通，再逐步将榫眼前后壁修直。凿不透的榫眼时，用力要恰当，使最后打入的几凿深度基本一致，必要时用凿进行修整。

图 4-12　打凿姿势

在使用凿时应注意以下几点：

(1) 一楔晃三晃。右手每击 1～2 次锤，凿刃打入木料一定深度后，用左手前后晃动凿子。如果只打不晃，则越打越深，凿子就会夹在眼中，不易拔出。

(2) 凿半线，留半线，合在一起整一线。即凿眼要与开榫配合。如果开榫锯半线，凿眼也要凿去半线宽，两者合在一起宽度正好为一线，则合榫严密、平整，如图 4-13 所示。

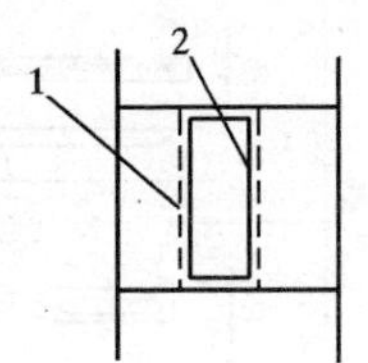

图 4-13　榫眼边线
1—眼边留墨线；
2—榫锯去墨线

(3) 锯不留线凿留线，合在一起整一线。如果开榫不留墨线，则打眼时就要留下墨线，而不能凿半线留半线。

(4) 开榫眼，凿两面，先凿背面再正面。一般凿眼时，要先把背面打到一定深度，暂不要除净渣，再翻过来打正面，可避免正面眼端木材劈裂。

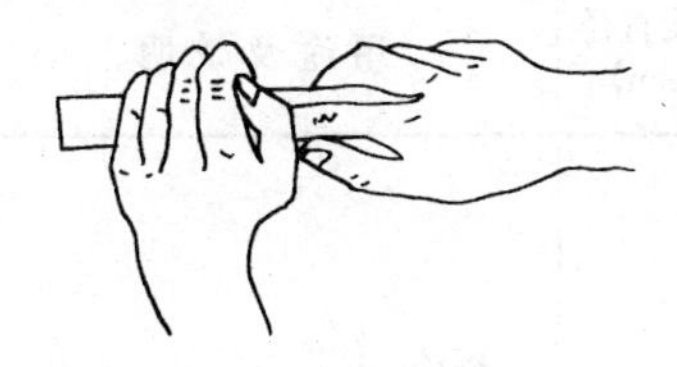

图 4-14　磨凿手势

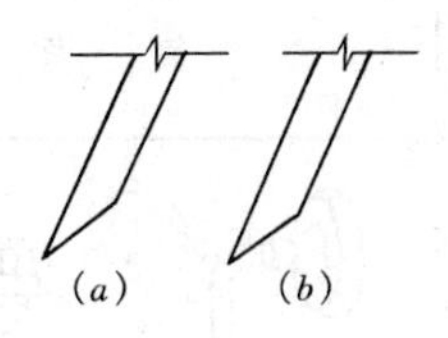

图 4-15　凿刃角度
(a) 正确；(b) 不正确

3. 凿的修理

研磨凿刃时，要用右手紧握凿柄，左手横放在右手前面，拿住凿的中部，使凿刃斜面紧贴在磨石面上，用力压住均匀地前后推动（图 4-14)，要注意凿刃斜面的角度，如图 4-15。刃口磨锋利后，将凿翻转过来，把平面放在磨石上磨去卷边，将刃口磨成直线，切忌磨成凸形，如图 4-16 所示。

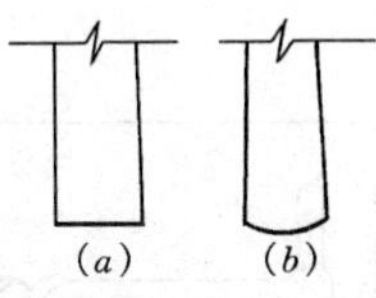

图 4-16　凿刃正面
(a) 正确；(b) 不正确

(六) 钻

1. 钻的种类

钻的种类见表 4-10。

钻　的　种　类　　　　表 4-10

名称	简　图	钻孔直径 (mm)	用途及说明
手钻			手持木把直接钻孔，用于装订五金件前的钻孔定位
罗纹钻		3～6	上下移动钻套，使钻身沿着螺纹方向转动，适用于钻小孔

续表

名称	简　图	钻孔直径 (mm)	用途及说明
弓摇钻	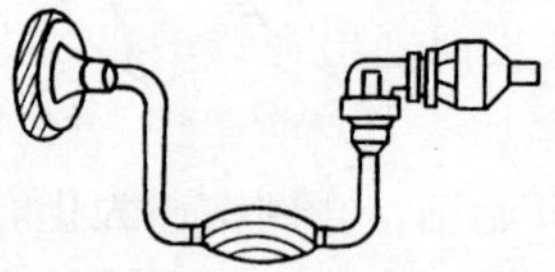	6～20	摇动手把即可钻眼，适用于钻木料上的孔眼
螺旋钻	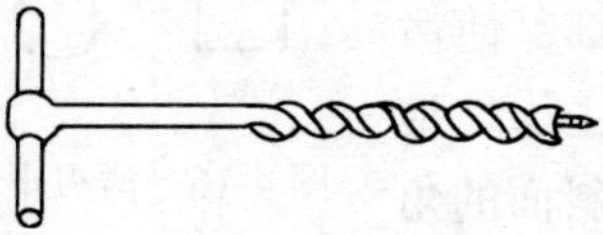	8～50	木件上钻圆孔
手摇钻	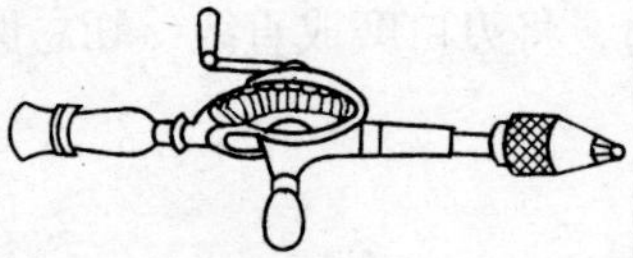	6～20	木件上钻圆孔

2. 钻的使用

(1) 手钻的使用：用手紧握钻柄，钻尖对准孔中心，用力扭转，钻头即钻入木料。在硬木上钻孔，要用四角尖锥的手钻。钻时要使手钻与木料垂直。

(2) 罗纹钻的使用：一手握住握把，另一手握住套把，钻头对准孔中心，然后将套把上提、下压，使钻梗旋转，钻头即钻入木料内。钻时要使钻梗保持垂直不偏。

(3) 弓摇钻、手摇钻的使用：一手握住顶木，另一手将钻头对准孔中心，然后一手用力压住，另一手摇动摇把，按顺时针方向旋转，钻头即钻入木料内，钻进时要使钻头与木料面保持垂直，不要左右摇摆，以免扩大钻孔、折断钻头。如果木料较硬，可将顶木以上身施压，增加钻进速度。钻到孔通时，将倒顺器反向拧紧，摇把按逆时针方向旋转，钻头即行退出。另外也可控制倒顺器开关，顺时针钻头向前旋转，逆时针钻头不动，适用于在墙角等位置钻孔。

(4) 螺旋钻的使用：先在木料正反面划出孔的中心，然后将钻头对准孔中心，两手紧握执手，稍加压力向前扭拧。钻到孔深一半以上时，将钻退出，再从反面开始钻，直到钻通为止。当钻径较大，较深，拧转费劲时，可在钻入一定深度后退转钻头，在孔内推拉几下，清除木屑后再钻。垂直或水平方向钻孔时，要使钻杆与木料面保持垂直；斜向钻孔时，应自始至终正确掌握斜向角度。

复　习　题

1. 画线工具和量具的种类有哪些？各有什么用途？
2. 用斧砍削木料时应注意哪些问题？
3. 对锉锯有何要求？
4. 刨的作用是什么？平刨在使用中应注意些什么？
5. 使用凿时应注意哪些问题？
6. 钻孔工具有哪些种类？怎样使用？

五、常用木工机械的操作与维修

（一）锯 割 机 械

锯割机械是用来纵向或横向锯割原木或方木的加工机械，一般常用的有带锯机、吊截锯机、手推电锯或圆锯机（圆盘锯）等。这里主要介绍圆锯机的使用与维修。

圆锯机主要用于纵向锯割木材，也可配合带锯机锯割板方材，是建筑工地或小型构件厂应用较广的一种木工机械。

1. 圆锯机的构造

圆锯机由机架、台面、电动机、锯比、防护罩等组成，如图 5-1 所示。

2. 圆锯片

圆锯机所用的圆锯片的两面是平直的，锯齿经过拨料，用来

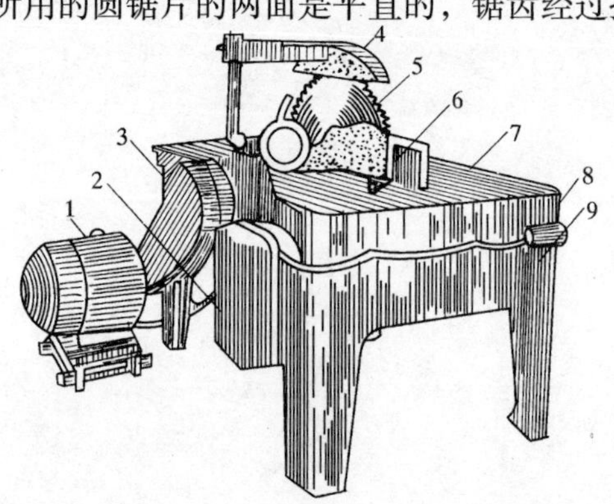

图 5-1 手动进料圆锯机

1—电动机;2—开关盒;3—皮带罩;4—防护罩;5—锯片;6—锯比;7—台面;8—机架;9—双联按钮

作纵向锯割或横向截断板、方材及原木，是广泛采用的一种锯片。

锯片的规格一般以锯片的直径、中心孔直径或锯片的厚度为基数。

3. 圆锯片的齿形与拨料

圆锯片锯齿形状与锯割木材的软硬、进料速度、光洁度及纵割或横割等有密切关系。常用的几种齿形或齿形角度、齿高及齿距等有关数据见表 5-1。

锯齿的拨料是将相邻各齿的上部互相向左右拨弯，如图 5-2 所示。

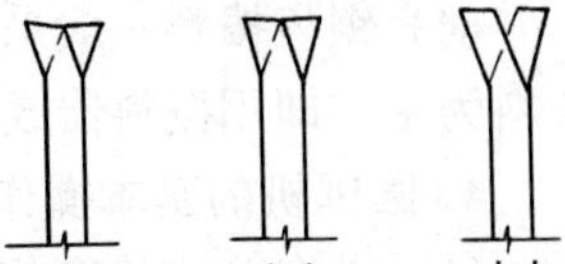

正确　太小　太大

图 5-2　锯齿的拨料

正确拨料的基本要求如下：

(1) 所有锯齿的每边拨料量都应相等。

齿 高 及 齿 距　　表 5-1

锯片名称	类型	简图	用途	特征
圆锯片齿形	纵割锯	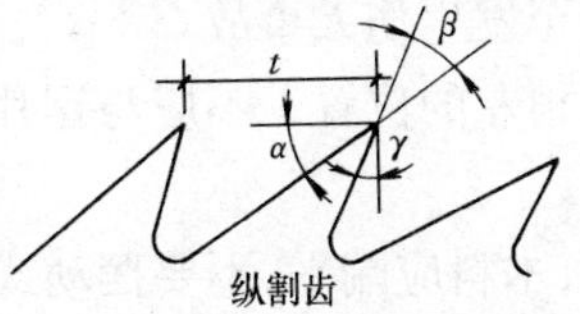 纵割齿（t、α、β、γ）	主要用于纵向锯割，亦用于横割	以纵割为主，但亦可横割，齿形应用较广泛
	横割锯	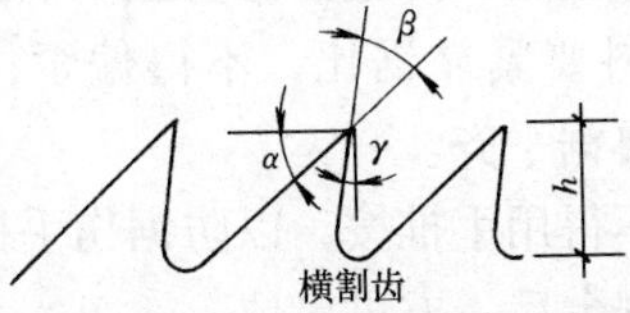 横割齿（h、α、β、γ）	用于横向锯割	锯割时速度较纵向慢，但较光洁

圆锯片齿形角度	锯割方法	齿形角度			齿高 h	齿距 t	槽底圆弧半径 r
		α	β	γ			
	纵割	30°～35°	35°～45°	15°～20°	(0.5～0.7)t	(8～14)s	0.2t
	横割	35°～45°	45°～55°	5°～10°	(0.9～1.2)t	(7～10)s	0.2t

注：表中 s 为锯片厚度。

（2）锯齿的弯折处不可在齿的根部，而应在齿高的一半以上处，厚锯约为齿高的1/3，薄锯为齿高的1/4。弯折线应向锯齿的前面稍微倾斜，所有锯齿的弯折线锯齿尖的距离都应当相等。

（3）拨料大小应与工作条件相适应，每一边的拨料量一般为0.2～0.8mm，约等于锯片厚度的1.4～1.9倍，最大不应超过2倍。软料湿材取较大值，硬材与干材取较小值。

（4）锯齿拨料一般采用机械和手工两种方法，目前多以手工拨料为主，即用拨料器或锤打的方法进行。

4. 圆锯机的基本操作

（1）操作前应检查锯片有无断齿或裂纹现象，然后安装锯片。并装好防护罩和安全装置。

（2）安装锯片应与主轴同心其内孔与轴的间隙不应大于0.15～0.2mm，否则会产生离心惯性力，使锯片在旋转中摆动。

（3）法兰盘的夹紧面必须平整，要严格垂直于主轴的旋转中心，同时保持锯片安装牢固。

（4）先检查被锯割的木材表面或裂缝中是否有钉子或石子等坚硬物，以免损伤锯齿，甚至发生伤人事故。

（5）操作时应站在锯片稍左的位置，不应与锯片站在同一直线上，以免木料弹出伤人。

（6）送料不要用力过猛，木料应端平，不要摆动或抬高、压低。

（7）锯到木节处要放慢速度，并应注意防止木节弹出伤人。

（8）纵向破料时，木料要紧靠锯比，不得偏歪；横向截料时，要对准锯料线，端头要锯平齐。

（9）木料锯到尽头，不得用手推按，以防锯伤手指。如系两人操作，下手应待木料出锯台后，方可接位。

（10）木料卡住锯片时应立即停车，再做处理。

（11）锯短料时，必须用推杆送料，以确保安全。

（12）锯台上的碎屑、锯末，应用木棒或其他工具待停机后清理。

（13）锯割作业完成后要及时关闭电门，拔去插头，切断电源，确保安全。

5. 应注意的安全事项

（1）锯片上方必须安装保险挡板和滴水装置，在锯片后面，离齿10～15mm处，必须安装弧形楔刀。锯片的安装，应保持与轴同心。

（2）锯片必须锯齿尖锐，不得连续缺齿两个，裂纹长度不得超过20mm，裂纹末端应冲止裂孔。

（3）被锯木料厚度，以锯片能露出木料10～20mm为限，夹持锯片的法兰盘的直径应为锯片直径的1/4。

（4）起动后，待运转正常后方可进行锯料。送料时不得将木料左右摇摆或高抬，遇木节要缓缓送料。锯料长度应不小于500mm，接近端头时，应用推棍送料。

（5）操作人员不得站在面对锯片旋转的离心力方向操作，手不得跨越锯片。

（6）如锯片走偏，应逐渐纠正，不得猛扳，以免损坏锯片。

（7）锯片温度过高时，应用水冷却，直径600mm以上的锯片，在操作中应喷水冷却。

（二）刨 削 机 械

刨削机械主要有压刨机、平刨机和四面刨床等，这里主要介绍平刨机。

平刨机主要用途是刨削厚度不同等木料表面。平刨经过调整导板，更换刀具，加设模具后，也可用于刨削斜面和曲面，是施工现场用得比较广的一种刨削机械。

1. 平刨机的构造

平刨又名手压刨，它主要由机座、前后台面、刀轴、导板、台面升降机构、防护罩、电动机等组成，如图5-3所示。

2. 平刨机安全防护装置

平刨机是用手推工件前进，为了防止操作中伤手，必须装有

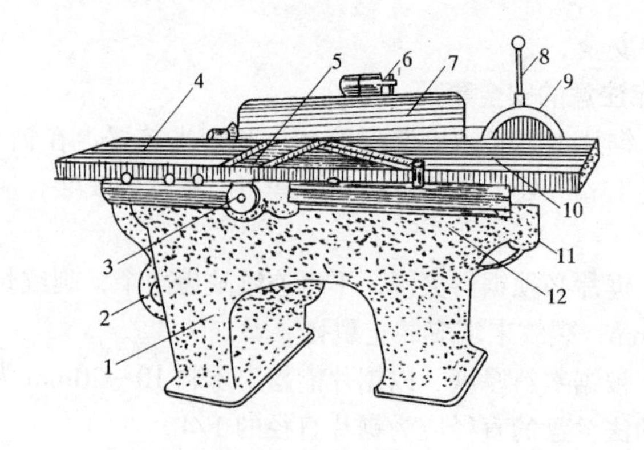

图 5-3　平刨机

1—机座；2—电动机；3—刀轴轴承座；4—工作台面；5—扇形防护罩；6—导板支架；7—导板；8—前台面调整手柄；9—刻度盘；10—工作台面；11—电钮；12—偏心轴架护罩

安全防护装置，确保操作安全。

平刨机的安全防护装置常用的有扇形罩、双护罩、护指键等，如图 5-4 所示。

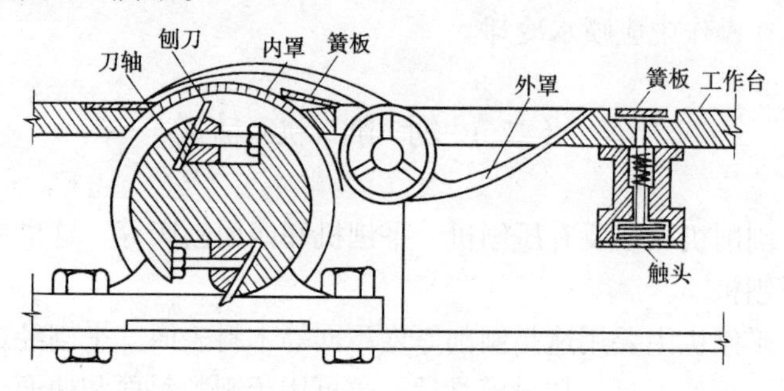

图 5-4　双护罩

3. 刨刀

刨刀有两种：一是有孔槽的厚刨刀；一是无孔槽的薄刨刀。厚刨刀用于方刀轴及带弓形盖的圆刀轴；薄刨刀用于带楔形压条的圆刀轴。常用刨刀尺寸是：长度 200～600mm；厚刨刀厚度 7～9mm；薄刨刀厚度 3～4mm。

刨刀变钝一般使用砂轮磨刀机修磨。刨刀的磨修要求达到刨削锋利、角度正确、刃口成直线等。刃口角度：刨软木为35°～37°，刨硬木为37°～40°。斜度允许误差为0.02%。修磨时在刨刀的全长上，压力应均匀一致，不宜过重，每次行程磨去的厚度不宜超过0.015mm，刀口形成时适当减慢速度。磨修时要防止刨刀过热退火，无冷却装置的应用冷水浇注退热。操作人员应站在砂轮旋转方向的侧边，以防止砂轮万一破碎飞出伤人。

为保证刨削木料的质量，需要精确地调整刀刃装置，使各刀刃离转动中心的距离一致。刀刃的位置，一般用平直的木条来检验，将刨刀装在刀轴上后，用木条的纵向放在后台面上伸出刨口，木条端头与刀轴的垂直中心线相交，然后转动刀轴，沿刨刀全长取两头及中间做三点检验，看其伸出量是否一致。

4. 平刨的操作

(1) 操作前，应全面检查机械各部件及安全装置是否有松动或失灵现象，如有问题，应修理后使用。

(2) 检查刨刃锋利程度，调整刨刃吃刀深度，经试车1～3min后，没有问题才能正式操作。

(3) 吃刀深度一般调为1～2mm。

(4) 操作时，人要站在工作台的左侧中间，左脚在前，右脚在后左手压住木料，右手均匀推送，如图5-5所示。当右手离刨口150mm时即应脱离料面，靠左手用推棒推送。

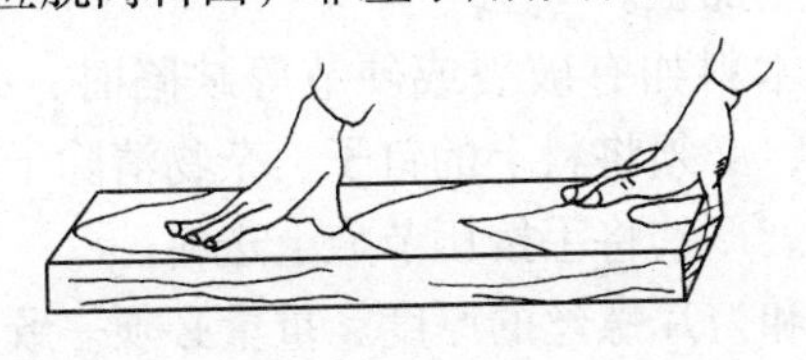

图5-5　刨料手势

(5) 刨削时，先刨大面，后刨小面；木料退回时，不要使木料碰到刨刃。

(6) 遇到节子、呛槎、纹理不顺，推送速度要慢，必须思想集中。

（7）刨削较短、较薄的木料时，应用推棍、推板推送，如图5-6所示。长度不足400mm或薄且窄的小料，不要在平刨上刨削，以免发生伤手事故。

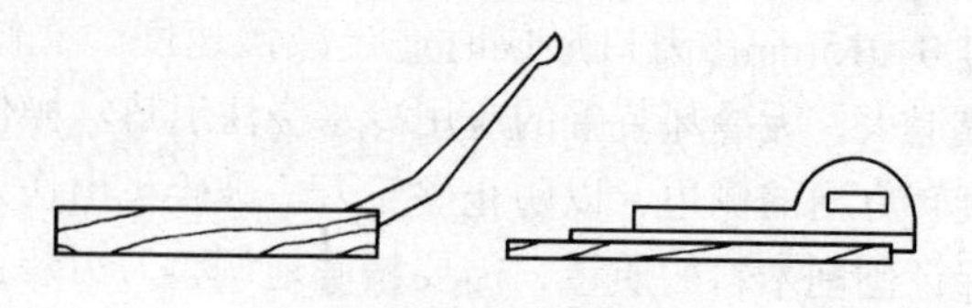

图5-6　推棍与推板

（8）两人同时操作时，要互相配合，木料过刨刃300mm后，下手方可接拉。

（9）操作人员衣袖要扎紧，不得戴手套。

（10）平刨机发生故障，应切断电源仔细检查及时处理，要做到勤检查、勤保养、勤维修。

5. 应注意的安全事项

（1）作业前，检查安装防护装置必须安全有效。

（2）刨料时，手应按在木料的上面，手指必须离开刨口50mm以上。严禁用手在木料后端送料跨越刨口进行刨削。

（3）被刨木料的厚度小于30mm，长度小于400mm时，应用压板或压棍推进。厚度在15mm，长度小于250mm的木料，不得在平刨机上加工。

（4）被刨木料如有破裂或硬节等缺陷时，必须处理后再刨削。刨旧料前，必须将料上的钉子、杂物清除干净。遇木槎、节疤要缓慢送料。严禁将手按压节疤上送料。

（5）刀片和刀片螺丝的厚度、重量必须一致。刀架夹板必须平整贴紧，合金刀片焊缝的高度不得超出刀头，刀片紧固螺丝硬嵌入刀片槽内。槽端离刀背不得小于10mm。紧固刀片螺丝时，用力要均匀一致，不得过松和过紧。

（6）机械运转时，不得将手伸进安全挡板里侧去移动挡板或拆除安全挡板进行刨削。严禁戴手套操作。

（三）轻 便 机 械

轻便机具用以代替手工工具，用电或压缩空气作动力，可以减轻劳动强度，加快施工进度，保证工程质量。轻便机具总的特点是：重量轻、大部分机具单手自由操作；体积小，便于携带与灵活运用；工效快，与手工工具相比，具有明显的优势。常用的有：手锯、手电刨、钻、电动起子机、电动砂光机等。

1. 锯

(1) 曲线锯：又称反复锯，分水平和垂直曲线锯两种，如图5-7所示。

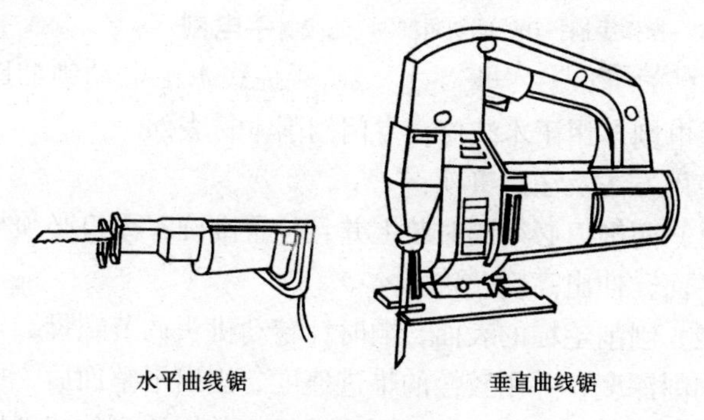

图 5-7　电动曲线锯

对不同对材料，应选用不同的锯条，中、粗齿锯条适用于锯割木材；中齿锯条适用于锯割有色金属板、压层板；细齿锯条适用于锯割钢板。

曲线锯可以作中心切割（如开孔）、直线切割、圆形或弧形切割。为了切割准确，要始终保持和体底面与工件成直角。

操作中不能强制推动锯条前进，不要弯折锯片，使用中不要覆盖排气孔，不要在开动中更换零件、润滑或调节速度等。操作时人体与锯条要保持一定的距离，运动部件未完全停下时不要把机体放倒。

对曲线锯要注意经常维护保养，要使用与金属铭牌上相同的电压。

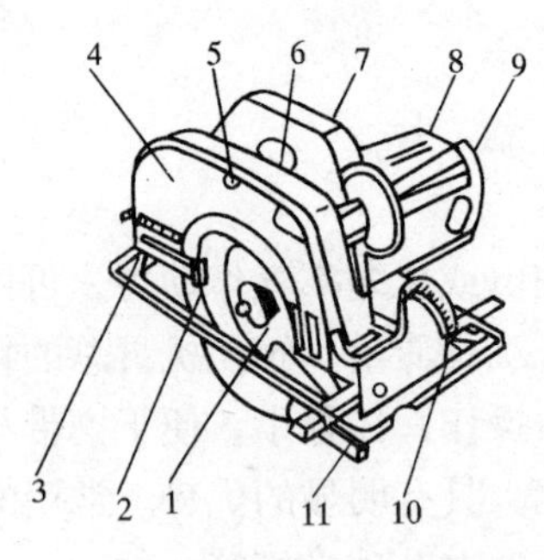

图 5-8　手提式木工电动圆锯

1—锯片；2—安全护罩；3—底架；4—上罩壳；5—锯切深度调整装置；6—开关；7—接线盒手柄；8—电机罩壳；9—操作手柄；10—锯切角度调整装置；11—靠山

(2) 圆锯：手提式电动圆锯如图 5-8 所示。

手提式电锯的锯片有圆形的钢锯片和砂轮锯片两种。钢锯片多用于锯割木材，砂轮锯片用于锯割铝、铝合金、钢铁等。

操作中要注意的事项同曲线锯。

2．手电刨

手提式木工电动刨如图 5-9 所示。手电刨多用于木装修，专门刨削木材表面。

使用方法及注意事项：

(1) 两刨刀必须同时装上并且位置准确，刃口必须与底板成同一平面，伸出高度一致。

(2) 刨削毛糙的表面，顺时针转动机头调节螺母，先取用较大的刨削深度，并用较慢的推进速度，刨出平整面后，再用较小的刨削深度，即逆时针转动调节螺母，并用适当的速度均匀地刨削。

(3) 刨刀的刀刃必须锐利。

(4) 电刨必须经常保持清洁，使用完毕后应进行清理。

(5) 使用时要戴绝缘手套，以防触电。

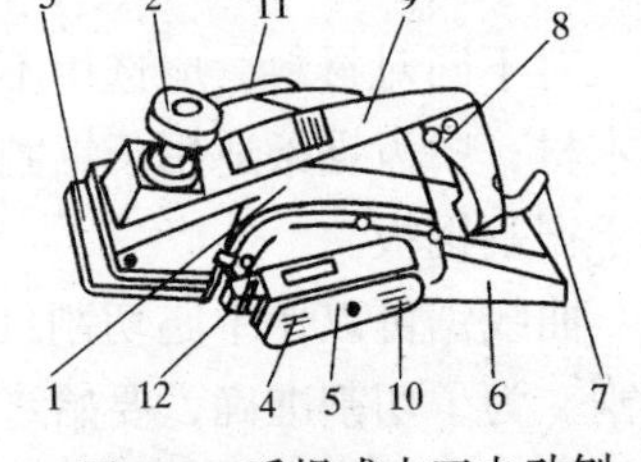

图 5-9　手提式木工电动刨

1—罩壳；2—调节螺母；3—前座板；4—主轴；5—皮带罩壳；6—后座板；7—接线头；8—开关；9—手柄；10—电机轴；11—木屑出口；12—碳刷

3．钻

手提式电钻基本上分为两种：一种是微型电钻；另一种是电动冲击钻，如图 5-10、图 5-11 所示。

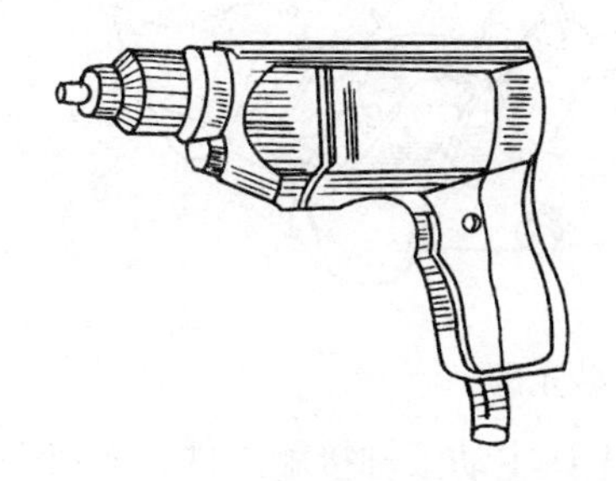

图 5-10　微型电钻

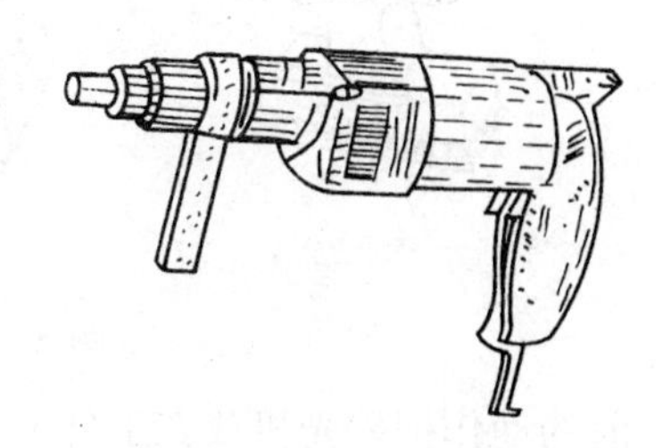

图 5-11　电动冲击钻

手提式电钻是开孔、钻孔、固定的理想工具。

微型电钻适用于金属、塑料、木材等钻孔，电子型号不同，钻孔的最大直径为 13mm。

电动冲击钻适用于金属、塑料、木材、混凝土、砖墙等钻孔，最大直径可达 22mm。

电动冲击钻是可以调节并旋转带冲击的特种电钻。当把旋钮调到旋转位置，装上钻头，像普通电钻一样，可以对部件进行钻孔。如果把旋钮调到冲击位置，装上合金冲击钻头，可以对混凝土砖墙进行钻孔。

操作时先接上电源，双手端正机体，将钻头对准钻孔中心，打开开关，双手加压，以增加钻入速度。操作时要戴好绝缘手套，防止电钻漏电发生触电事故。

4. 电动起子机

电动起子机具有正反转按钮，主要作用是紧固木螺丝和螺母。如图 5-12 所示。

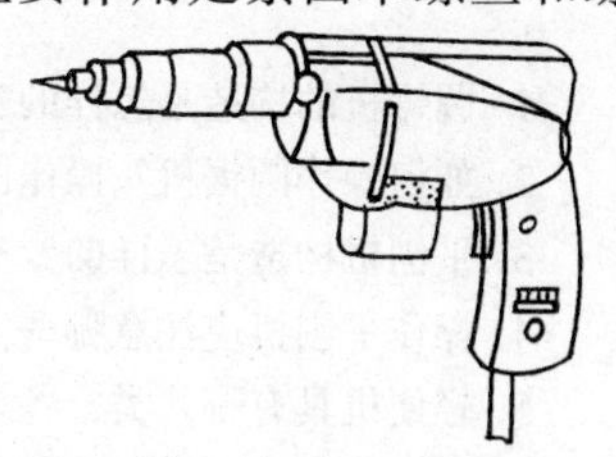

图 5-12　电动起子机

5. 电动砂光机

电动砂光机的主要作用是将工件表面磨光。操作时，拿起砂光机（图 5-13）离开工件并起动电机，当电机达到最大转速时，以稍微向

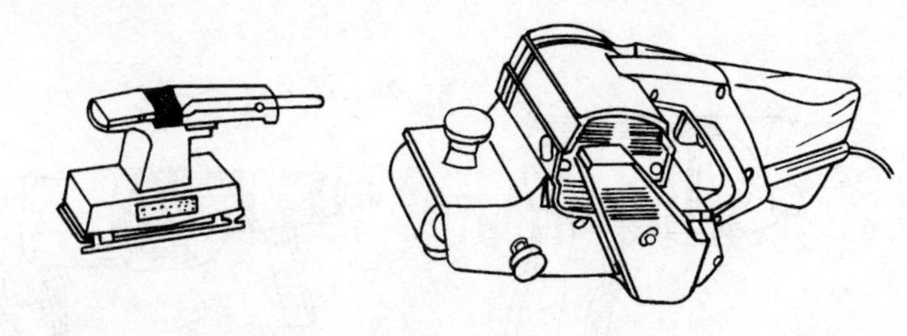

图 5-13　砂光机

前的动作把砂光机放在工件上，先让主动滚轴接触工件，向前一动后，就让平板部分充分接触工件。砂光机平行于木材的纹理来回移动，前后轨迹稍微搭接。不要给机具施加压力或停留在一个地方，以免造成凹凸不平。

为达到木制品表面磨光要求，可用粗砂先做快磨，用细砂磨最后一遍。安装和调换砂带时，一定要切断电源。

6. 应注意的安全事项

（1）操作人员必须戴绝缘手套、穿绝缘鞋或站在绝缘垫上。

（2）刀具应刃磨锋利，完好无损、安装正确、牢固。机具上传动部分不许有防护罩，作业时不得随意拆卸。

（3）启动后，空载运转并检查工具联动应灵活无阻，操作时加力要平稳，不得用力过猛；不得用手触摸刃具、模具、砂轮。发现磨钝、破损情况时，立即停机修换。

（4）作业时间过长，应待冷却后再行作业。发现异常现象，应立即停机检查。

复　习　题

1. 圆锯机的构造是怎样的？怎样磨锉圆锯锯齿？
2. 如何操作圆锯机？操作圆锯机应注意哪些安全事项？
3. 平刨机构造是怎样的？平刨机的安全保护装置有哪些？
4. 操作平刨机应注意哪些安全事项？
5. 轻便机具有哪几类？各自的作用是什么？
6. 操作轻便机具应注意哪些安全事项？

六、榫的制作、拼缝及配料

（一）榫的制作

1. 榫结合

榫结合的基本类型见表6-1。

榫结合的基本类型 **表6-1**

名称		简图	说明
榫头及各部位名称		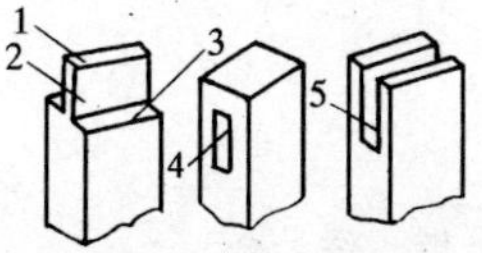	1—榫端；2—榫颊；3—榫肩；4—榫眼；5—榫槽
榫结合的基本类型	按榫头及本身角度区分	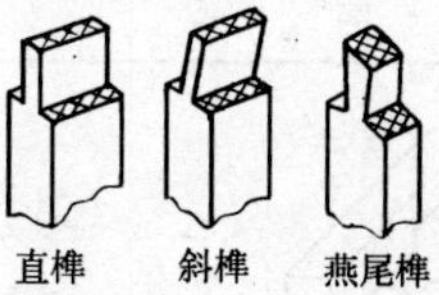 直榫　斜榫　燕尾榫	直榫应用广泛，斜榫很少采用；燕尾榫比较牢固，榫肩的倾斜度不得大于10°，否则易发生剪切破坏
	按榫头与方材本身的整体性分	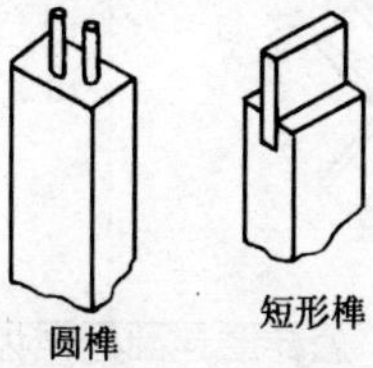 圆榫　短形榫	圆榫可以节约木料，且可省去开榫、割肩等工序。在两个连接工件上钻眼即可结合。短形榫工艺简单，可提高工效
	按榫槽顶面是否开口区分	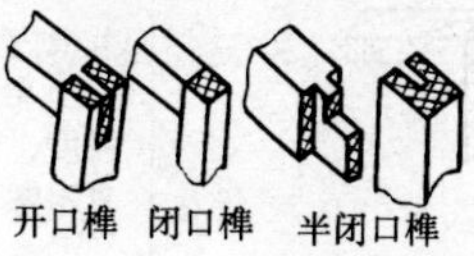 开口榫　闭口榫　半闭口榫	直角开口榫接触面积大，强度高，但榫头一个侧面外露，影响美观；闭口榫接合强度较差，一般用于受力较小的部位；半闭口榫应用较广泛

续表

名称		简图	说明
榫结合的基本类型	按榫头贯通与否区分	 明榫  暗榫	明榫榫眼穿开，榫头贯通，加榫后结实、牢固，应用较广泛；暗榫不露榫头、外表较美观，但连接强度较差
	按榫头多少区分	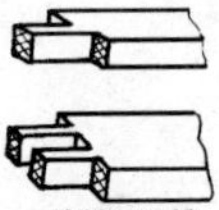 单榫、双榫 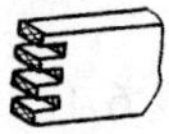 多榫	一般框架多用于单榫、双榫。箱柜或抽屉则常用多榫，榫头多少与断面大小成一定比例

2. 框结合

框结合见表6-2。

框结合 **表6-2**

名称	简图	说明
十字形结合	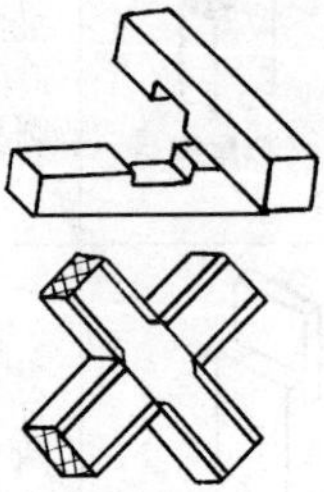	十字相接的两根木料，在结合相对部位各切对称的半口，结合后加木梢紧固。常用于互相交叉的撑子
丁字形结合	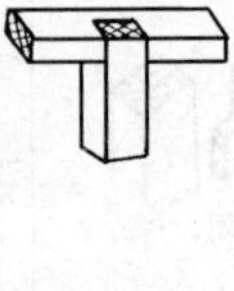	一根方木上作榫槽，另一根方木上作单肩榫头，加工简单、方便，为增加结合强度，须带胶粘结和附加钉或木螺丝

续表

名称	简图	说明
双肩形丁字结合	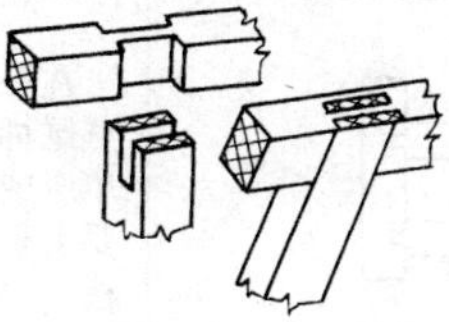	有两种结合形式，一种是中间插入，另一种是中间暗插，可根据木料的厚度及结构要求选用
燕尾榫丁字结合	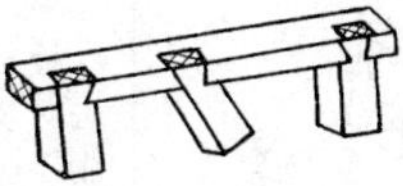	一根方木一侧作成燕尾榫槽，另一根作单肩燕尾榫头，用于框里横、竖斜撑的结合
直角柄榫结合	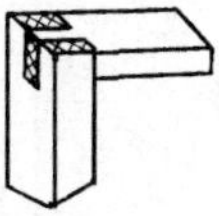	在非装饰的表面，常用钉或销作附加紧固，结合较牢靠，用于中级框的结合
两面斜角结合	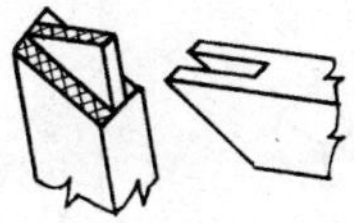	双肩均作为45°的斜肩，榫端露明。适用于一般斜角结合，应用广泛
平纳接	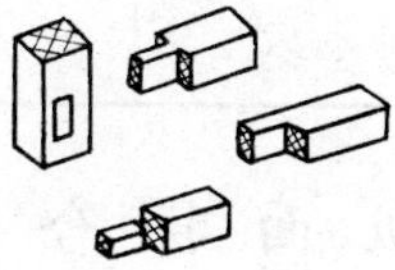	顶面不露榫，但榫头贯通，应用于表面要求不高的各种框架角结合

3. 板的榫结合

板的榫结合见表6-3。

板的榫结合　　表6-3

名称	简图	说明
纳入接	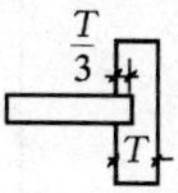 $\frac{T}{3}$ T	一块板上刻榫槽，将另一块板端直接镶入榫槽内。用于箱、柜隔板的T形结合

续表

名 称	简 图	说 明
燕尾纳入接	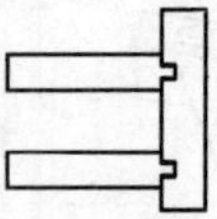	在一块板上刻单肩或双肩燕尾榫槽，在另一块板端做单肩或双肩燕尾榫头。用于要求整体性较高的搁板、隔板
对开交接	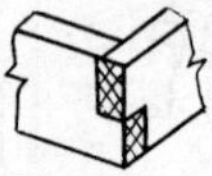	板材不宽时，每块板端切去对应的缺口，相互交接，用于一般简单的结合
明燕尾交接		一块板端刻燕尾榫，另一块板端做燕尾槽，互相交接，结合坚固。用于高级箱类的结合
暗燕尾交接	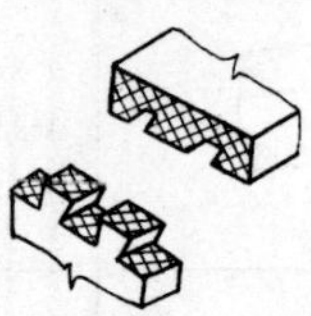	一块板端做燕尾榫，另一块板端做不穿透的燕尾榫槽，结合后正面不露榫头。用于箱类、抽屉面板的结合

（二）板面拼合

1. 板面拼和见表 6-4。

板面拼和 **表 6-4**

名 称	简 图	说 明
胶粘法	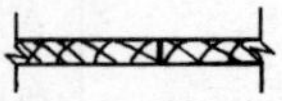	两侧胶合面必须刨平、直、对严，并注意年轮方向和木纹，木材含水率应在 15% 以下，用皮胶或胶粘剂将木板两侧相邻两侧面粘合。用于门心板、箱、柜、桌面板、隔板的粘合，用途广泛

续表

名 称	简 图	说 明
企口接法	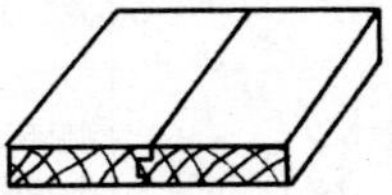	将木板两侧制成凹凸形状的榫、槽，榫槽宽度约为板厚的1/3。常用于地板、门板等
裁口接法	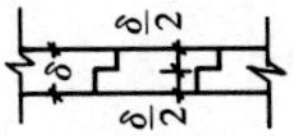 $\frac{\delta}{2}$ δ $\frac{\delta}{2}$	将木板两侧左上右下裁口，口槽接缝须严密，使其相互搭接在一起。多用于木隔断、顶棚板
穿条接法	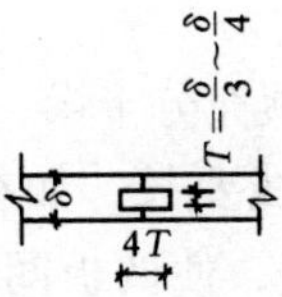 $T=\frac{\delta}{3}\sim\frac{\delta}{4}$ δ $4T$	将相邻两板的拼接侧面刨平、对严、起槽，在槽中穿条连接相邻木板。用于高级台面板、靠背板等较薄的工件上
裁钉接法	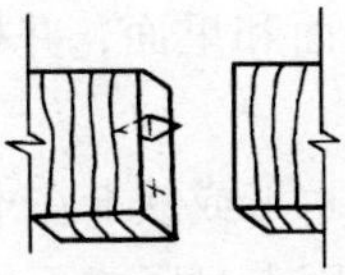	将拼接木板相接两侧面刨直、刨平、对严，在相接触侧面对应位置钻出小孔，将两端尖锐的铁钉或竹钉钉入一侧木板的小孔中，上胶后对准另一木板的孔，轻敲木板侧面至密贴为止。这是胶粘法的辅助方法
销接法	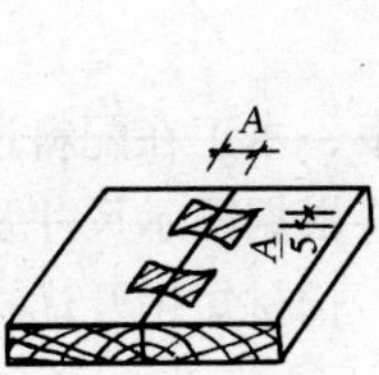 A $\frac{A}{5}$	在相邻两块木板的平面上用硬木制成拉销，嵌入木板内，使两板结合起来，拉销的厚度不宜超过木板厚度的1/3，如两面加拉销时，位置必须错开。用于台面或中式木板门等较厚的木板结合中

续表

名称	简图	说明
暗榫接法	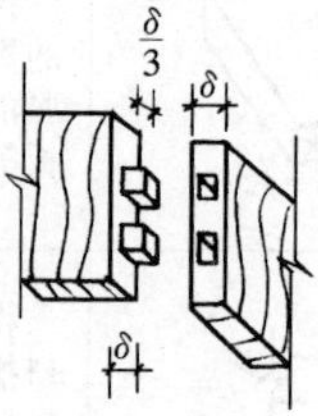 $\frac{\delta}{3}$ δ δ	在木板侧面栽植木销，并将接触侧面刨直对严，涂胶后将木销镶入销孔中。用于台面板等较厚的结合

2. 拼板缝的操作要点

在拼板缝操作时，木料必须充分干燥，刨削时双手按刨子用力要均匀平衡，刨削时的起止线要长，如在拼 2m 左右的板时，全长推 2～3 刨就可将板缝刨直，使两板间的拼缝严密、齐整平滑。板面之间要配合均匀，防止凹凸不平。

拼合的时候，要根据木板的厚薄，采取直拼（把木板直立）或平拼（木板放平）；检查拼合面是否完全密接。木纹理的方向要一致，应能分辨出木材的表面和里面，并按形状配好接合面，画上标记。

胶料接合时，涂胶后要用木卡或铁卡在木板的两面卡住，并注意卡的位置是否适当，防止因卡过紧或不均匀使木板弯曲。

（三）配　　料

在确保工程质量的前提下，木工在配料过程中必须要考虑到节约木材的原则。在配料时要根据图示尺寸及设计要求，认真合理选用木材，避免大材小用，长材短用及优材劣用。

1. 圆木制材

圆木制作半圆木、圆木制作方木、圆木制作板材等见表 6-5。

表 6-5

类别	示意图	说明
圆木制作半圆木	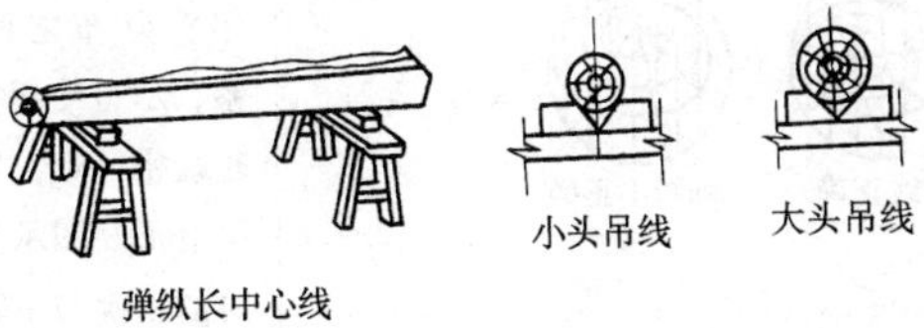 弹纵长中心线 小头吊线 大头吊线	将圆木放在木马架或凳子上，在圆木的小头端用眼吊看，确定弯曲较大的一面，将其转动到顶面，然后在顶面上弹一条墨线，再用线锤在木材两端吊看，并画出垂直中心线，划完后把木底面转向顶面以两端截面中心线的端点在顶面弹出一条纵长中心线，依纵长中心线锯开即得两根半圆木
圆木制作方木	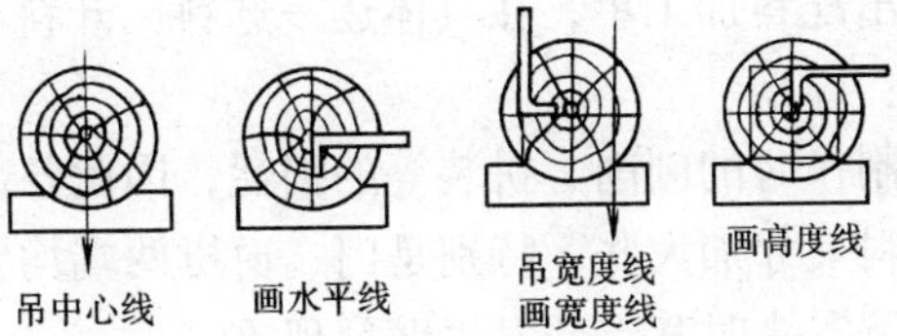 吊中心线 画水平线 吊宽度线 画宽度线 画高度线	先在圆木大小头截面用吊线法画出垂直中心线，用尺平分为二等分，中间的点为方木的中心，再用角尺通过中心画一水平线，然后按照要求的尺寸，利用十字线画出方木边线。在大头同样画出边线，用墨斗线连接两截面画出方木棱角线，弹出纵长墨线。依线锯掉四边边皮即可得到方木
圆木制作板材	 吊中心线 画水平线 吊厚度线 画厚度线	一般要用较平直的圆木，在端截面上用线锤吊中心线，用角尺画出水平线，在水平线上按板材厚度(加上锯缝宽)，由截面中心向两边划平行线，然后连接相应的板材棱角点，用墨斗弹出纵长墨线，最后再锯出各块板材。 圆木锯解板材时，应注意年轮分布情况，使一块板材中的年轮疏密一致，以免发生变形

续表

类别	示意图	说明
偏心圆木画分板材	 画线正确　画线不正确	对于偏心的圆木，须注意划分板材时与年轮分布之间的关系，尽量使板材中年轮疏密一致，以免发生变形。图示为画线时的正确与不正确的画线方法

2. 门窗配料

在配门窗料时，首先要根据图纸或样板上所示的门窗各部件的断面和长度，写出配料加工单，在具体逐一选料、开料和截料过程中，应注意到：

（1）门窗料在制作时的刨削、拼装等的损耗，因此各部件的毛料尺寸要比其净料尺寸加大些，特别是门、窗梃两端均要放长一些，防止拼接上下冒头时其端部发生劈裂现象。

（2）应先配长料，后配短料，先配大料，后配小料。

（3）配料时还要考虑到木材的疵病，不要把节疤留在开榫、打眼或起线的地方，对腐朽、斜裂的木材应不予采用。

（4）据毛料尺寸，在木材上划出截断线或锯开线时要考虑锯解的损耗量（即锯路大小），锯开时要注意到木料的平直，截断时木料端头要兜方。

复习题

1. 榫结合的基本类型有哪些？
2. 框结合的基本类型有哪些？
3. 板的榫结合有哪些？
4. 一般拼缝有哪几种方法？拼板缝的操作要点是什么？

5. 圆木制材有哪些方法?

6. 木工在配料过程中应考虑的原则是什么?

7. 门窗配料时应注意哪些事项?

七、建筑力学知识

（一）力的基本概念

1. 力的概念

力是物体间的一种相互作用，这种作用的效果，使物体的运动状态发生变化，或使物体产生变形。

力的三要素：大小、方向和作用点。力的单位是牛顿（N）或千牛顿（kN）。

力作用的效果，是由它的大小、方向和作用点三个因素确定的。在力的三要素中，改变力的任何一个要素，就会改变力对物体的作用效应。

2. 力的运算法则

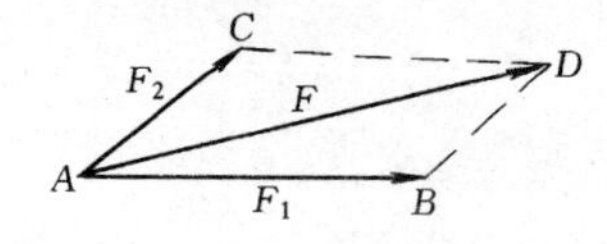

图 7-1　力的平行四边形法则

（1）力的平行四边形法则

作用在某一刚体上同一点的两个力可以合成为作用于该点的一个合力，它的大小和方向可以由此这两个力为临边所构成的平行四边形的对角线表示，如图 7-1 所示。

（2）力的三角形法则

力的平行四边形法则可以简化为力的三角形法则，即用力的平行四边形的一半来表示，如图 7-2 所示。

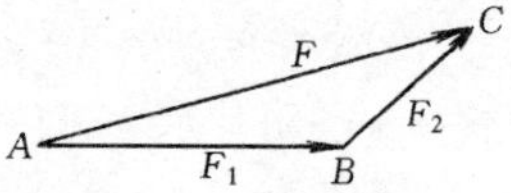

图 7-2　力的三角形法则

（3）力的分解

应用力的平行四边形法则，不仅可以将两个已知力合成一个合力，而且也可以将一个已知力分解成两个分力。但力的合成只有一个结果，而力的分解则可以能有多种结果，如图 7-3 所示。

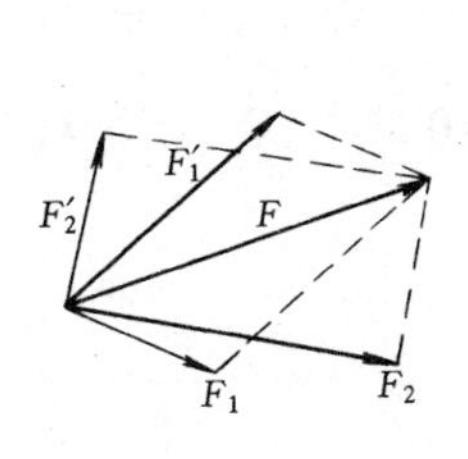

图 7-3　力的分解

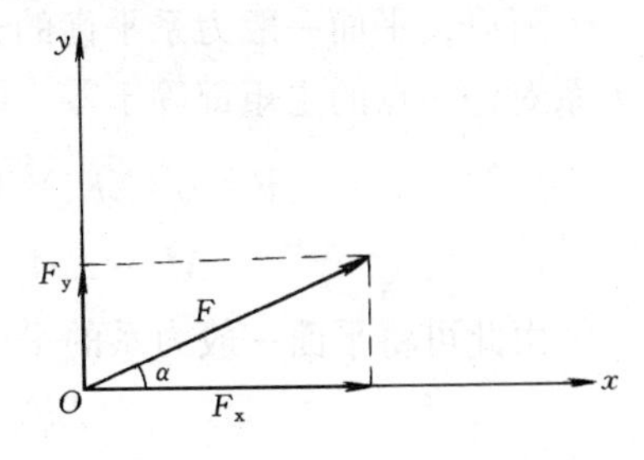

图 7-4　分解成水平力和竖向力

工程中常用的方法是将一个力 F 沿坐标轴 x、y 分解成两个相应垂直的力 F_x 和 F_y，如图 7-4 所示。其大小由三角公式确定：

$$F_x = F \cdot \cos\alpha$$
$$F_y = F \cdot \sin\alpha$$

式中 α 为力 F 与 X 轴之间的夹角。

(4) 合力投影定理

合力投影定理：合力在任一轴上的投影，等于各分力在同一轴上投影的代数和，如图 7-5 所示。

由公式　$F_x = F_{1x} + F_{2x} + \cdots\cdots + F_{nx}$

$F_y = F_{1y} + F_{2y} + \cdots\cdots + F_{ny}$

合力 $F = \sqrt{F_x^2 + F_y^2}$

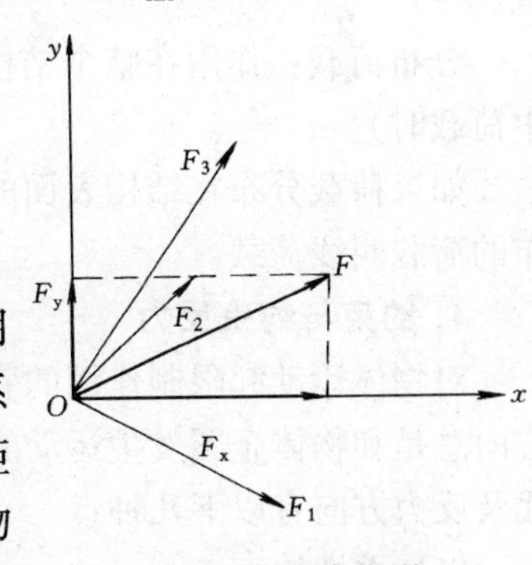

图 7-5　合力投影

(5) 平面力系平衡的条件

物体在一平面一般力系作用下，若处于平衡状态，则此力系向任一点简化所得的主矢和主矩均必须为零，反之，若作用于物体的平面一般力系向任一点简化所得的主矢与主矩同时为零，则说明此力系对物体不产生任何平移运动与转动，物体必处于平衡状态。

所以，平面一般力系平衡的充分必要条件是：力系的主矢和力系对任一点的主矩都等于零。即

$$F=\sqrt{(\Sigma F_x)^2+(\Sigma F_y)^2}=0$$

$$M_o=\Sigma M_o(F)=0$$

由此可将平面一般力系的平衡方程为：

$$\Sigma F_x=0$$

$$\Sigma F_y=0$$

$$\Sigma M_o(F)=0$$

3. 荷载

（1）荷载的分类

1）按时间长短分：

恒荷载：指长期作用在结构上的不变荷载，如屋面、屋架、楼板、墙体等。

活荷载：指作用在结构上的可变荷载，如风荷载、雪荷载、吊车荷载等。

2）按荷载的作用范围分：

集中荷载：分布在很小一块面积上，可认为作用于一点的荷载。

分布荷载：作用在整个结构或结构的一部分上（不能看成集中荷载时）。

如果荷载分布在结构表面的荷载叫面荷载；沿构件长度上分布的荷载叫线荷载。

4. 约束与约束反力

对物体运动起限制作用的装置叫约束。约束对物体的作用力方向总是和物体企图发生运动的方向相反。工程上常见的约束形式及反力方向有以下几种：

（1）柔性约束

软的绳索、皮带、链条等构成的约束叫柔性约束。柔性约束只能承受拉力，如图7-6所示。

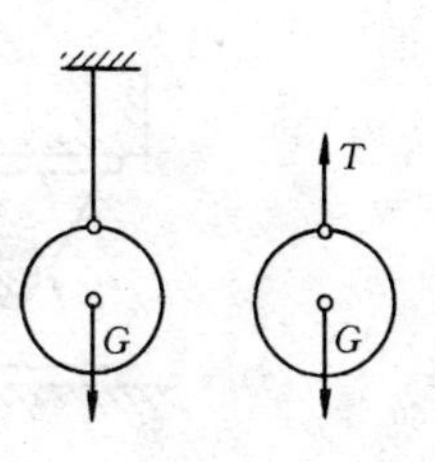

图7-6 柔性约束

（2）可动铰支座

工程上将构件连接在墙、柱、基础等支承物上的装置叫做支座。用销钉把构件与支座连接并将支座置于可沿支承面滚动的辊轴上，这种支座叫可动铰支座，如图7-7所示。这种约束，不能限制构件绕销钉的转动和沿支承面方向的移动，只能限制构件沿垂直于支承面方向的移动。

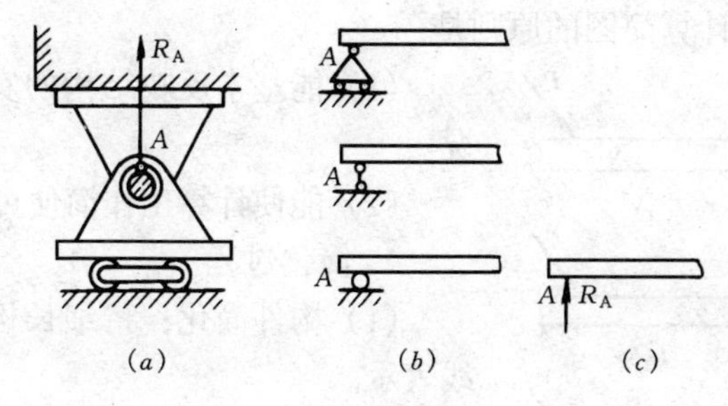

图7-7 可动铰支座

（3）固定铰支座

将构件用圆柱形销钉与支座连接，并将支座固定在支承物上叫做固定铰支座，如图7-8所示。构件可以绕销钉转动，但不能垂直于销钉轴线平面内的任何方向移动。

（4）固定端支座

构件于支承物固定在一起，构件在固定端既不能沿任何方向运动，也不能转动，这种支承叫固定端支座，如图7-9所示。

（二）结构受力分析

1. 确定结构计算简图的原则

实际结构很复杂，完全根据实际结构进行计算很困难。工程

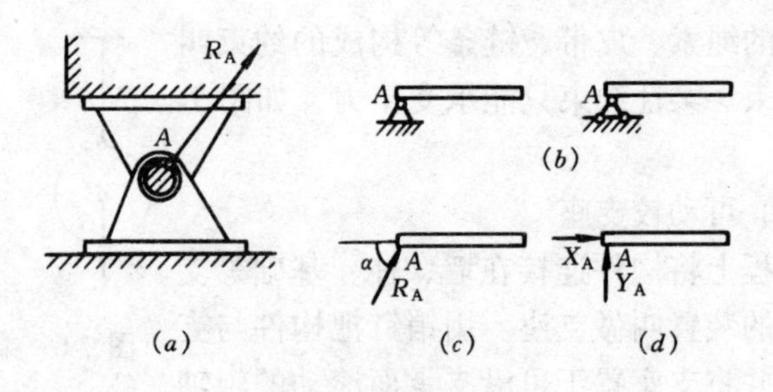

图 7-8　固定铰支座

中将实际结构进行简化，略去不重要的细节，抓住基本特点，用一个简化的图形来代替实际结构。这种图形叫做结构计算简图。确定结构计算简图的原则是：

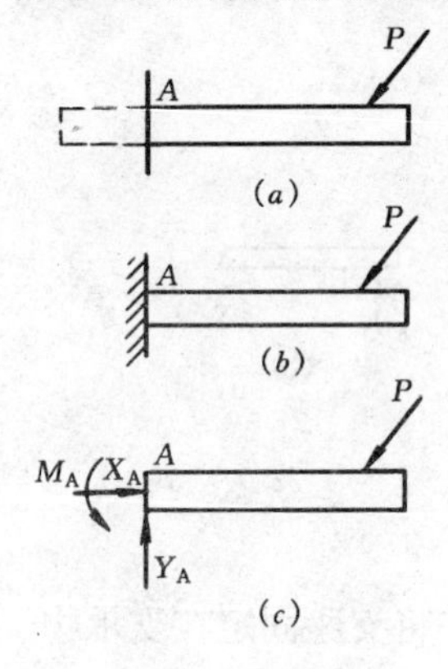

图 7-9　固定端支座

（1）能基本反映结构的实际受力情况。

（2）能使计算工作简便可行。

2. 简化过程

（1）构件简化：将细长构件用其轴线表示。

（2）荷载简化：将实际作用在结构上的荷载以集中荷载或分布荷载表示。

（3）支座简化：支座通常可简化为可动铰支座、固定铰支座和固定端支座三种形式。

（4）节点简化：几个构件相互联结的地点叫节点。在力的作用下，两杆之间的夹角能产生微小转动的可以简化为铰节点；节点处不能发生相对移动或转动的可简化为刚节点。

3. 几何构造分析的概念

一个结构受到任意荷载作用后会发生变形，但这种变形是很小的，如果不考虑这种变形，其结构应该能维持其几何形状和位置不改变，这样一种结构体系称为几何不变体系，如图 7-10

(b) 所示。而另一类体系由于缺少必要的杆件或者杆件布置不适当，以致在任意荷载作用下它的几何形状和位置都会发生改变，这样的体系称几何可变体系，图 7-10（a）所示就是一个几何可变体系。几何可变体系在荷载作用下是不能维持平衡的，故不能用于结构中。

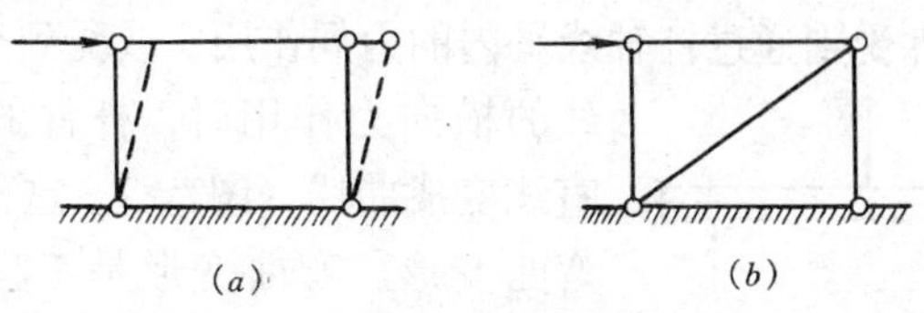

图 7-10　结构的几何构造

（a）几何可变体系；（b）几何不变体系

工程实际证明，如图 7-11 所示的铰接三角形是一个几何不变体系，将三根链杆铰连成三角形，链杆的内力均可由静力平衡方程解出（即没有多余联系），应用此规则可以得到以下组成几何不变体系而且其内力可由静力平衡方程求解的四条规律：

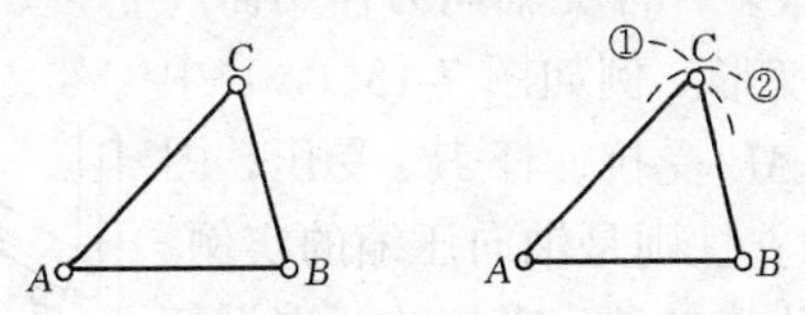

图 7-11　铰接三角形

1）用两个不在一条直线上的链杆连成一个结点；

2）两个构件用不全平行也不同交于一点的三个链杆连接在一起；

3）两个构件用一个铰和轴线不通过此铰的一个链杆连接；

4）三个构件用不在同一直线上的三个铰互相连接。

以上这些规律是判断几何可变或不变的依据，应用时可使用“逐步扩大法”或“逐步排除法”。所谓逐步扩大法是先从体系中找出几何不变部分，然后按规则逐步分析，直到整个结构。所谓逐步排除法是将构造中不影响几何不变的部分逐步排除，使分析对象简化，进而判别其几何组成性质。

（三）梁、板、柱的受力知识

1. 平面弯曲

当杆件受到通过杆轴线平内的力偶作用，或受到垂直于杆轴线的横向力作用时，杆件的轴线将由直线变成曲线（图7-12），这种变形叫做弯曲变形。弯曲变形是工程中常见的一种变形形式。以弯曲变形为主要变形的构件叫梁，轴线是直线的梁叫直梁。在建筑结构中，梁占有重要的地位，例如支承楼面的主梁、次梁、吊车梁（图 7-13），阳台的两根挑梁（图 7-14）也发生弯曲变形。

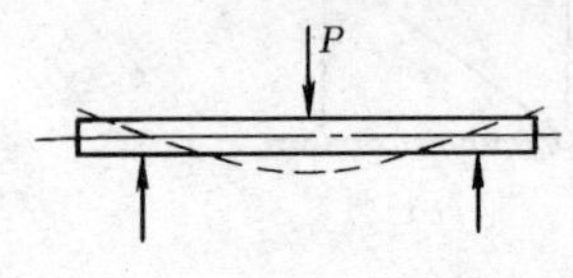

图 7-12　梁的弯曲变形

2. 轴向拉压构件

工程中有很多杆件受轴向力作用而产生拉伸或压缩变形。例如图 7-15（*a*）中的三角架，杆 *AB* 受拉、杆 *BC* 受压；图 7-15（*b*）中的立柱则是轴向压缩的实例。这些杆件受力的特点是：直杆的两端沿杆轴线方向作用一对大小相等，方向相反的力；这些杆变形的特点是：在外力作用下产生杆轴线方向的伸长或缩短。当作用力背离杆端时，作用力是拉力，杆件产生伸长变形，叫做轴向拉伸；当作用力指向杆端时，作用力是压力，杆件产生压缩变形，叫做轴向压缩。

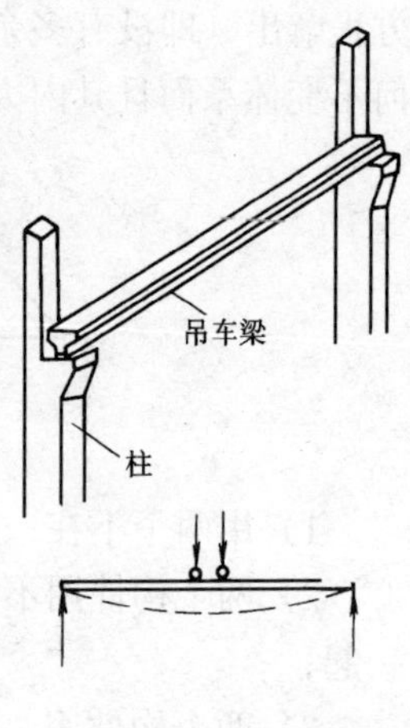

图 7-13　吊车梁弯曲变形

3. 桁架

我们这里所指的桁架必须是几何不变的稳定结构。桁架的特点是它的杆件主要承受沿直杆轴线方向的拉力或压力。各杆均在

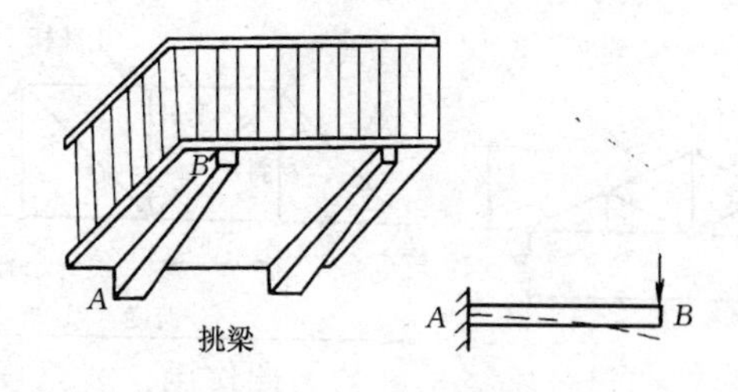

图 7-14　挑梁弯曲变形

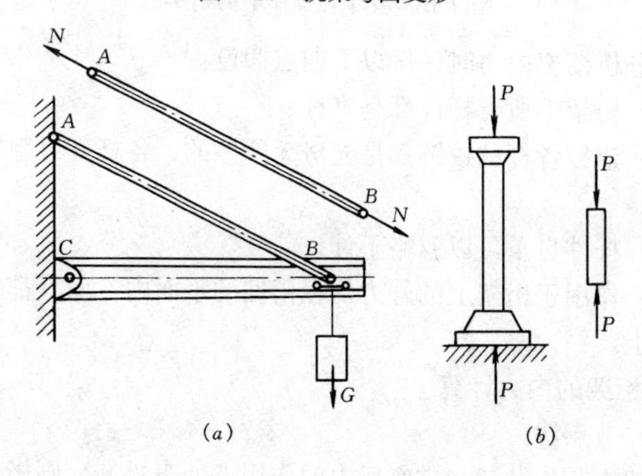

图 7-15　轴向拉伸与压缩

同一平面内的桁架叫平面桁架，各杆不在同一平面内的叫做空间桁架。

图 7-16 是两种形式较简单的桁架，上边缘的杆件叫上弦杆，下边缘的杆件叫做下弦杆，中间的杆件的腹杆，腹杆又可分为竖杆和斜杆。连接各杆件的铰链叫做节点，下弦各节点的距离称节间。

桁架支承在一个固定铰链支座及一个滚动铰链支座上，或者用一根链杆代替滚动铰链支座，如图 7-16 所示。桁架所受的外力包括桁架在节点处承受的荷载和支座给桁架的约束反力。由于外力的作用使桁架各杆产生内力，计算桁架的主要目的就是求出各杆的内力。

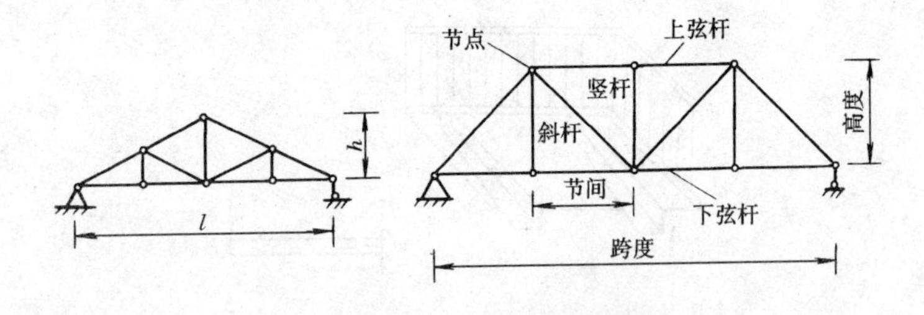

图 7-16　支承在支座上的桁架

在分析桁架内力时，做以下四点假设：

(1) 桁架中所有杆件都是直杆；

(2) 连接各杆的铰链都是光滑无摩擦的，各杆件可绕铰链自由转动；

(3) 杆件自重可以忽略不计；

(4) 作用于桁架上的外力均在桁架的平面内，而且都作用于各节点上。

4. 桁架的内力计算

(1) 节点法

桁架在节点荷载和支座反力的作用下处于平衡，则桁架的每一节点也一定平衡。节点法是取一个节点为脱离体，以被截杆的内力作用外力作用于脱离体上，使所有的力都汇交在节点上，然后由平面汇交力系的平衡条件求出未知力，依次逐点计算就可以求出桁架各杆的内力。应该注意，根据平面汇交力系的平衡条件，每个节点只能求得两个未知力，故所取节点的未知力不能超过两个。现以图 7-17（*a*）所示桁架为例进行研究。

先根据桁架所受外力求支座反力。再求桁架各杆的内力。首先考虑有两个未知力的节点该节点只有两根杆件，以 *A* 节点为脱离体，将联结 *A* 节点的 *AC* 和 *AD* 杆截断，得图 7-17（*b*）。作用在 *A* 节点上的力有支座反力 R_A 和 R_C 杆的内力 S_{AC}和 *AD* 杆的内力 S_{AD}。这两个内力沿杆轴线作用，如图 7-17（*d*）。假定这些内力是拉力，其指向背离节点。R_A、S_{AC}和 S_{AD}组成平面汇交力系。R_A 为已知，求 S_{AC}和 S_{AD}。根据平面汇交力系平衡条件列平衡方程式，求出 S_{AC}和 S_{AD}。如求出的内力是正值，则假定拉力是对的；如求出的内力是负值，则为压力。

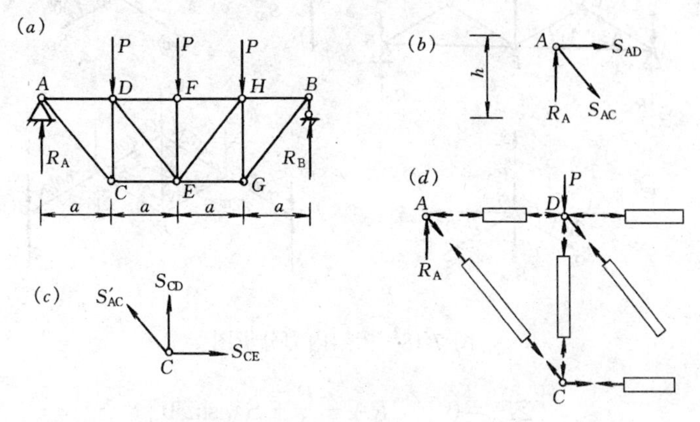

图 7-17　桁架受力分析图

所以是压杆还是拉杆只需看内力的正负值。求出 S_{AC}和 S_{AD}后，再取 C 节点为脱离体如图 7-17（c）C 节点共有三根杆件 AC、CE 和 CD 杆为已知，根据力的作用与反作用公理，杆 AC 对 C 节点的作用力亦是背离节点，大小为 $S'_{AC}=S_{AC}$如图 7-17（c）所示，假定杆 CD 和 CE 为拉力（背离节点），列平衡方程式求 S_{CD}和 S_{CE}。依次截取各节点，本例的次序为 A、C、D、F、E、H、G、B 或 A、C、D、F、E、G、H、B，便可求得桁架各杆件的内力。

【例】　用节点法求 7-18（a）所示桁架的各杆内力，$P=20$kN。

【解】　由于桁架的形式和荷载都是对称的，只需求出半榀桁架的杆件的内力即可。因为支座反力是对称的，所以

$$RA = RB = \frac{4P}{2} = 2P = 2 \times 20 = 40\text{kN}$$

1）取出节点 A 为脱离体绘示力图，坐标轴如图 7-18（b）。

列平衡方程式：

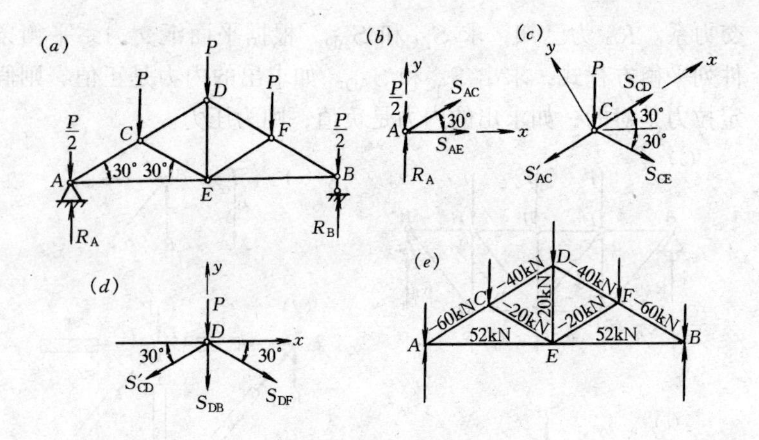

图 7-18 桁架内力分析图

$$\Sigma F_{y}=0 \qquad RA-\frac{P}{2}+S_{AC}\sin 30^{\circ}$$

$$40-\frac{20}{2}+S_{AC}\cdot\frac{1}{2}=0$$

$$S_{AC}=-60\text{kN}（压力）$$

$$\Sigma F_{x}=0 \qquad S_{AE}+S_{AC}\cdot\cos 30^{\circ}=0$$

$$S_{AE}-60\times 0.866=0$$

$$S_{AE}=52\text{kN}（拉力）$$

2）取节点 C 为脱离体绘示力图，坐标轴如图 7-18（c）所示，列平衡方程式：

$$\Sigma F_{y}=0 \qquad -P\cos 30^{\circ}-S_{CE}\cos 30^{\circ}=0$$

$$S_{CE}=-20\text{kN}（压力）$$

$$\Sigma F_{y}=0 \qquad -S'_{AC}+S_{CD}+S_{CE}\sin 30^{\circ}=0$$

$$60+S_{CD}-20\times\frac{1}{2}-20\times\frac{1}{2}=0$$

$$S_{CD}=-40\text{kN}（压力）$$

3）取节点 D 为脱离体绘示力图，如图 7-18（d）所示，由对称关系知：

$$S'_{CD}=S_{DF}=-40\text{kN}\ (压力)$$

$$\Sigma F_y=0 \qquad -P-S_{DB}-S'_{CD}\sin30°-S_{DF}\sin30°=0$$

$$-20-S_{DB}+40\times\frac{1}{2}+40\times\frac{1}{2}=0$$

$$S_{DB}=20\text{kN}\ (拉力)$$

把桁架上求出的内力标在桁架的杆件上，如图 7-18（*e*）所示。

（2）截面法

截面法将桁架的某些杆件截断，使桁架分为两部分，取桁架的任何一部分为脱离体绘示力图。根据平面一般力系平衡条件，一次可求出三个未知力。在截割桁架杆件时一般不能超过三根件。以图 7-19（*a*）所示桁架为例，求 *EG*、*EF*、*DF* 杆的内力。

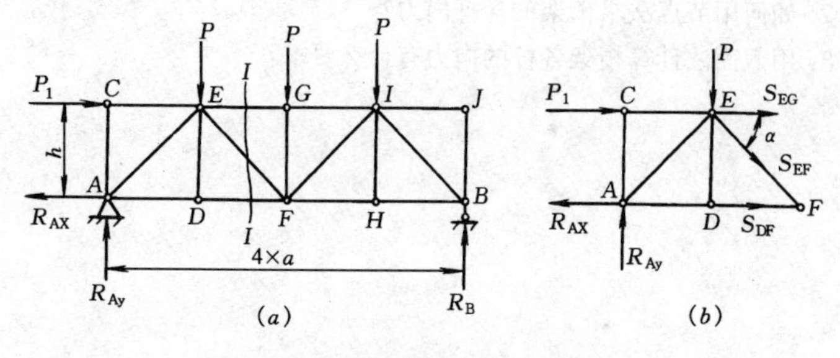

图 7-19 用截面法求桁架内力

（1）根据整榀桁架在荷载作用下的平衡求出支座反力 R_{Ax}、R_{Ay}和 R_B。

（2）沿Ⅰ-Ⅰ截面将桁架截成两部分，取左半部分为脱离体，如图 7-19（*b*）所示。把桁架去掉部分对截取部分的作用力画出。这些力都是通过杆件的轴向力，并分别以拉力 S_{EG}、S_{EF}、S_{DF}表示之。被截桁架由荷载、支座反力和内力组成平面一般力系，列平衡方程式：

$$\Sigma M_E=0 \qquad -R_{Ax}\cdot h-R_{Ay}a+S_{DF}\cdot h=0$$

$$\Sigma M_F=0 \qquad Pa-P_1h-R_{Ay}2a-S_{EG}\cdot h=0$$

$$\Sigma F_y = 0 \qquad RA_y - P - S_{EF}\sin\alpha = 0$$

由以上三个方程式可以解出三根杆件的未知力 S_{DF}、S_{EG}、S_{EF}，如计算所得某杆内力是负值，则该杆为压杆。

求桁架各杆内力时，节点法和截面法可以结合使用。计算时脱离体的外力不能漏掉。

复 习 题

1. 力的三要素是什么？
2. 平面一般力系的平衡条件是什么？
3. 荷载按时间长短分哪几种？按荷载的作用范围分哪几种？
4. 工程上常见的约束形式及反力方向有哪几种？
5. 确定结构计算简图的原则是什么？
6. 如何判断几何不变体系和几何可变体系？
7. 如何用节点法求桁架的各杆内力？
8. 用截面法计算桁架各杆的内力有什么要求？

八、水 准 测 量

（一）水准仪的使用

高程是确定地面点位的要素之一。测定地面点高程的测量工作，称为高程测量。高程测量使用的仪器和施测方法的不同，而分为水准测量、三角高程测量和气压高程测量。水准测量是精确测定地面点高程的一种主要方法。本章着重介绍水准测量原理，微倾水准仪的构造、使用、检验与校正。

1. 水准测量原理

水准测量原理是利用水准仪提供一条水平线，借助竖立在地面点上的水准尺，直接测定地面上各点间的高差，然后根据其中一点的已知高程推算其他各点的高程，如图 8-1 所示。设已知 A 点的高程 A_A，欲测定 B 点的高程 H_B，则可在 A、B 两点上各竖立一根有刻画的水准尺，在其间安置一架水准仪，用水准仪的水平视线分别读取 A、B 尺上的读数 a、b，则 B 点对 A 点的高差为：

$$h_{AB} = a - b \tag{8-1}$$

则 B 点的高程为：$H_B = H_A + h_{AB}$ （8-2）

如果测量是由 A 点向 B 点前进，我们称 A 点为后视点，B 点为前视点，a、b 分别为后视读数与前视读数。因此，地面上两点间的高差，等于后视读数减去前视读数。高差有正、有负。当 h_{AB} 为正值时，表示 B 点高于 A 点，h_{AB} 为负值时，表示 B 点低于 A 点。在计算高程时，高差应连同其符号一并运算。在书写 h_{AB} 时，必须注意 h 的下标，h_{AB} 表示 B 点对于 A 点的高差。

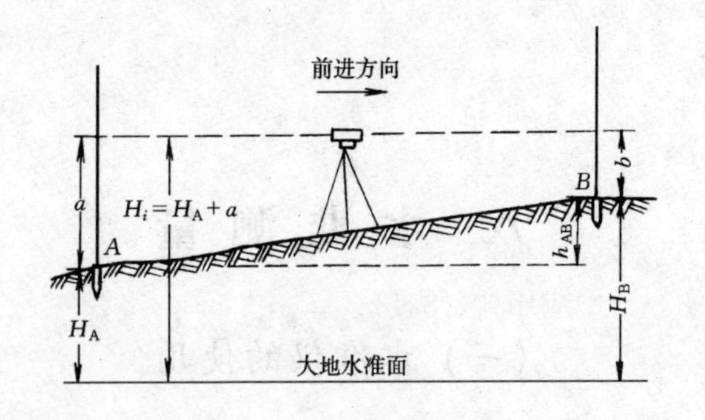

图 8-1　水准测量的原理

B 点的高差也可以通过仪器的视线高程 H_i 求得。如图 8-1 所示：

$$H_i = H_A + a \tag{8-3}$$

$$H_B = H_i - b \tag{8-4}$$

即：已知点高程加后视读数等于视线高程，视线高度减去前视读数等于欲求点高程。

由式（8-2）根据高差推算高程，称为高差法；由式（8-4）利用视线高程推算高程，称为视线高法。当只需安置一次仪器就能确定若干个地面点高程时，使用视线高法比较方便。视线高法在建筑工程测量中被广泛应用。

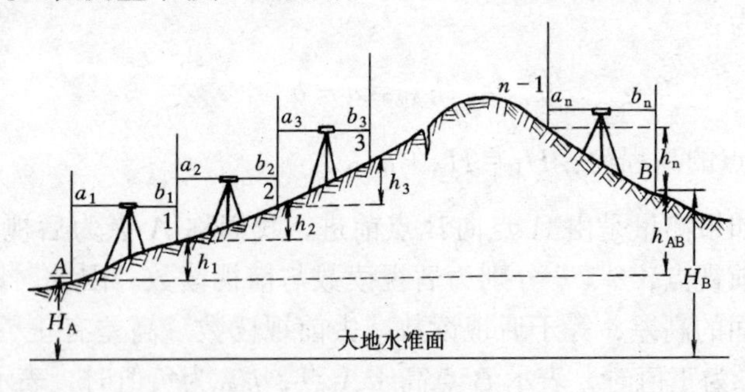

图 8-2　复合水准测量

图 8-1 表示安置一次仪器，称为一个测站，就能测得两点间的高差。如图 8-2 所示，如果 A、B 两点相距较远或高差较大时，就要在两点间，临时选定若干点作为临时传递高程的立尺点，并依次连续地测出各相邻点间的高差 h_1、h_2、……h_n，才能求得 A、B 两点间的高差。

由图 8-2 中应用式（8-1）可写出：

$$h_1 = a_1 - b_1$$

$$h_2 = a_2 - b_2$$

$$\cdots\cdots$$

$$h_2 = a_n - b_n$$

将以上各段高差相加，则得 A、B 两点间的高差：

$$h_{AB} = h_1 + h_2 + h_3 + \cdots h_n = \Sigma h \tag{8-5}$$

或：

$$h_{AB} = (a_1 - b_1) + (a_2 - b_2) + \cdots + (a_n - b_n) = \Sigma a - \Sigma b \tag{8-6}$$

B 点的高程为：

$$H_B = H_A + \Sigma h \tag{8-7}$$

从式（8-5）和式（8-6）可得出：终点对起点的高差，等于中间各段高差的代数和，或者等于各测站后视读数总和减前视读数总和。

图 8-2 中 1、2、…$n-1$ 各点是水准测量过程中临时选定的立尺点，其点上即有前视读数，又有后视读数，这些点称为转点，常用字母 TP 表示。转点在水准测量中起传递高程的重要作用，应该选择在坚实稳固的地面上，以免水准尺下沉。

2. 水准测量仪器及工具

水准测量所用的仪器和工具有：水准仪、水准尺和尺垫三种。

(1) DS3 型微倾水准仪

DS3 是一种光学水准仪，在建筑工程测量中，经常使用。"D"和"S"分别为大地测量和水准仪的汉语拼音的第一个字母，"3"为用该类仪器进行水准测量每公里往、返测得高差中数的偶然误差为 ± 3mm。它是由望远镜、水准器和基座等部件构成，如图 8-3 所示。

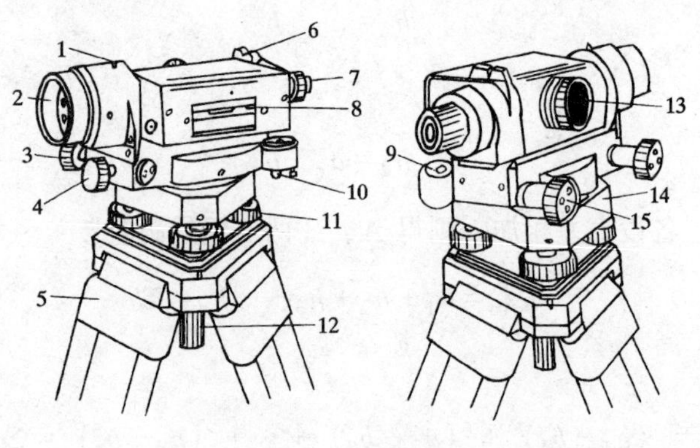

图 8-3 光学水准仪

1—准星；2—物镜；3—微动螺旋；4—制动螺旋；5—三脚架；6—照门；7—目镜；8—水准管；9—圆水准器；10—圆水准校正螺旋；11—脚螺旋；12—连接螺旋；13—对光螺旋；14—基座；15—微倾螺旋

1）望远镜：望远镜是构成水平视线、瞄准目标并对准水准尺进行读数的主要部件。图 8-4 为内对光望远镜。它是由物镜、对光凹透镜、十字丝网和目镜等部分组成。物镜的作用是使远处目标（水准尺）在望远镜内成倒立而缩小的实像，转动目镜对光螺旋，对光凹透镜便沿着光轴方向前后移动，使成像落在十字丝网平面上，十字丝网用来照准目标和读取水准尺上读数。目镜的作用是将十字丝网及其上面的成像放大成虚像。转动目镜对光螺旋，可使十字丝及成像清晰。图 8-5 为望远镜成像原理图。

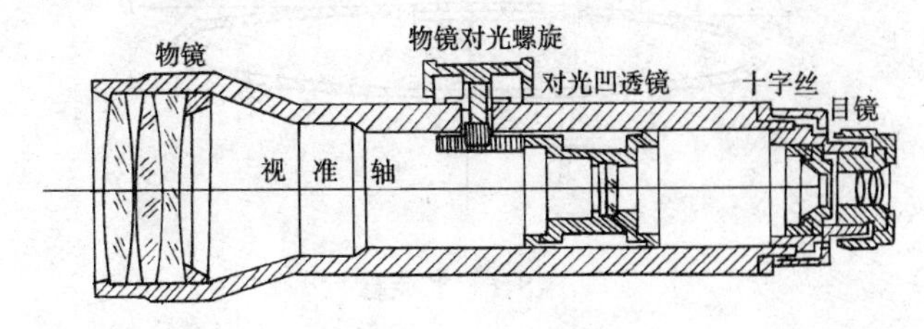

图 8-4　内对光望远镜

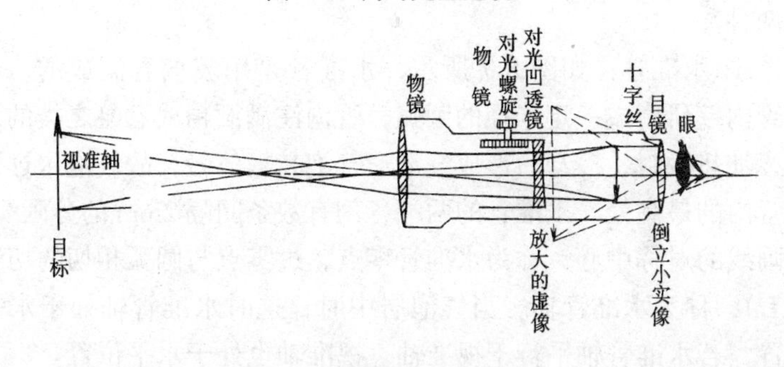

图 8-5　望远镜成像原理图

十字丝网是刻在玻璃上相互垂直的两条细丝。竖直的一条称为纵丝，中间横的一条称为横丝（又称中丝）。横丝上、下还有两条对称的用来测定距离的横丝，称为视距丝。图 8-6 为十字丝网构造图。十字丝交点与物镜光心的连线，称为望远镜的视准轴。

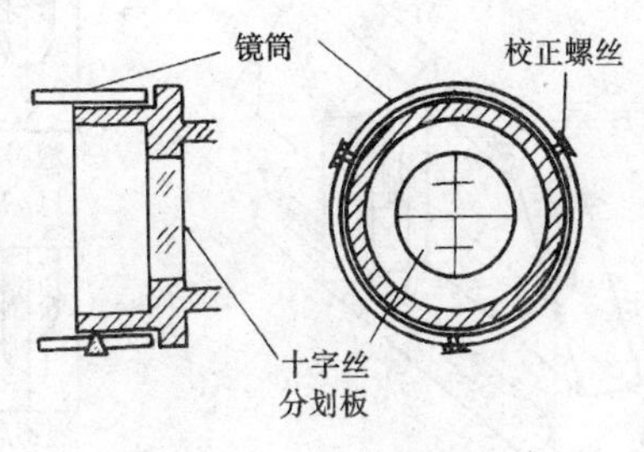

图 8-6　十字丝网构造图

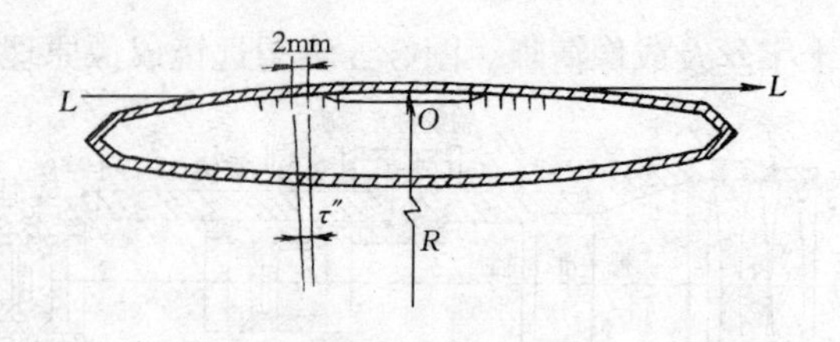

图 8-7　水准管

2）水准器：水准器是整平仪器的装置，有水准管和圆水准器两种。

A. 水准管：如图 8-7 所示，水准管是用玻璃管制成的，玻璃管内壁研磨成一定半径的圆弧，管内注满酒精或乙醚之类的液体，加热融封，冷却后形成气泡，气泡较液体轻，故气泡永远处于管内的最高处。水准管的两端各刻有数条间隔 2mm 的分画线，分画线的对称中心，称为水准管零点，过零点与圆弧相切的切线（*LL*），称为水准管轴。当气泡居中时，这时水准管轴处于水平位置，若水准管轴平行于视准轴，视准轴也处于水平位置。

为了提高水准管气泡居中的精度，设置一组棱镜，如图 8-8（*a*）所示。气泡两端的半边影像，通过棱镜的反射作用，反映到望远镜目镜旁边的气泡观察窗内。如图 8-8（*b*），气泡两端半边影像符合在一起，即气泡居中。

B. 圆水准器：圆水准器装在仪器的基座上，用来对水准仪

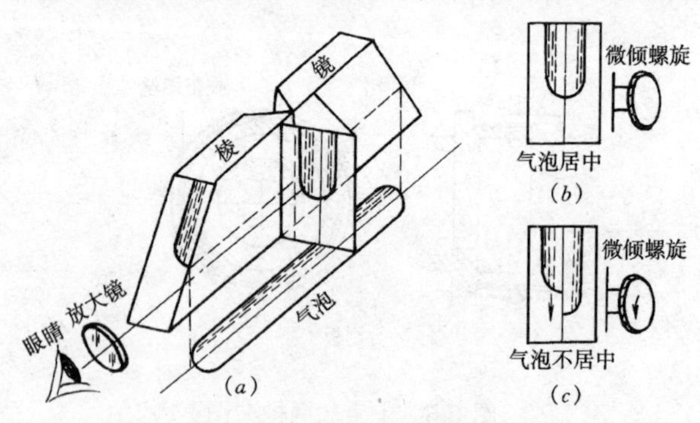

图 8-8　符合水准泡的观察

进行粗略整平，如图 8-9 所示。圆水准器为一密闭的玻璃圆盒，它的顶面内壁研磨成球面，中央刻有小圆圈，圆圈中心称为圆水准器零点，零点与球心的连线（$L'L'$），称为圆心水准器轴。水准盒内装有酒精与乙醚之类的液体，并留有小气泡。当气泡居中，此时圆水准器轴处于竖直位置。若圆水准器轴平行于仪器竖轴，则气泡居中竖轴就处于竖直方向。

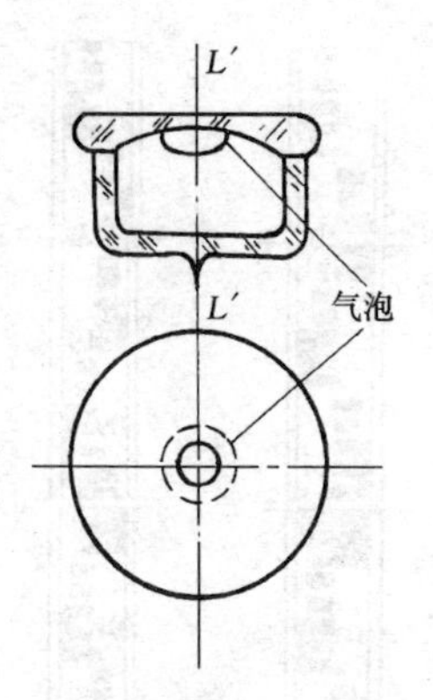

图 8-9　圆水准器

3）基座：基座的作用是支承仪器上部，并通过连接螺旋与三脚架连接。基座主要由轴座、脚螺旋、底板和三角压板构成。转动脚螺旋，可使圆水准器气泡居中，使仪器竖轴处于竖直位置。

2. 水准尺

水准尺是进行水准测量的重要工具，常用的水准尺有双面水准尺和塔尺两种。

（1）双面水准尺（图 8-10*a*）

双面水准尺可用于三、四等水准测量，其尺长为 3m，尺的两面均有刻画，一面漆或黑白格相间的厘米分划，称为黑面尺。尺底从零点起算，每分米处注有数字，数字采用倒注形式，使其在倒像望远镜中成正字，便于读数。另一面漆成红白格相间的厘米分划，称为红面尺，尺底以 4.687m 或 4.787m 起算，4.687m 或 4.787m 就是该尺黑、红面零点差。因此，在视线高度不变的情况下，读取同一根水准尺黑、红两面的读数，其差值是常数 4.687m 或 4.787m。测量时，既以此检查读数是否正确。

（2）塔尺（图 8-10*b*）

塔尺仅用于等外水准测量中，其长度为 5m，分三节套接而成，可以伸缩，尺底从零起算，尺面漆成黑白格相间的厘米分划，有的为 0.5cm 分划，每米和分米处皆注有数字。注字有正字和倒字两种。数字上加红点表示米数，如$\dot{8}$表示 1.8m，$\ddot{5}$表示

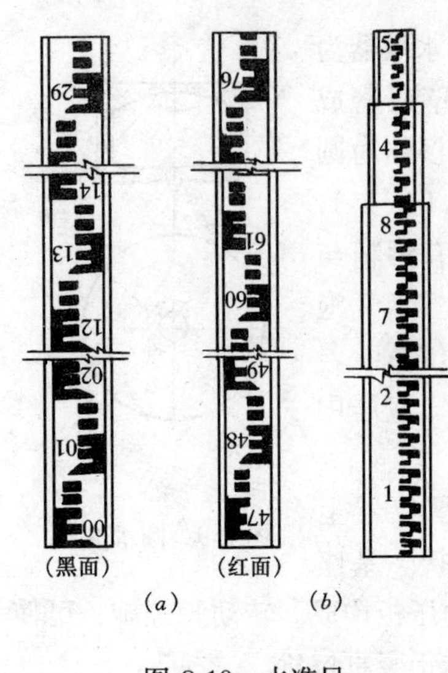

图 8-10　水准尺

2.5m。

(3) 尺垫（图 8-11）

尺垫由生铁铸成，一般为三角形或圆形的板座，其下方有三只脚，可以踏入土中；尺垫上方有一突起的半球体，作为水准测量时竖立水准尺和标志转点用。

3. 水准仪的使用

使用微倾水准仪的基本操作程序为：安置仪器粗略整平→调焦和照准→精确整平→读数。

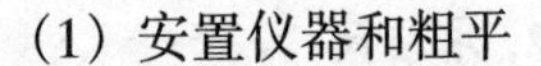

(1) 安置仪器和粗平

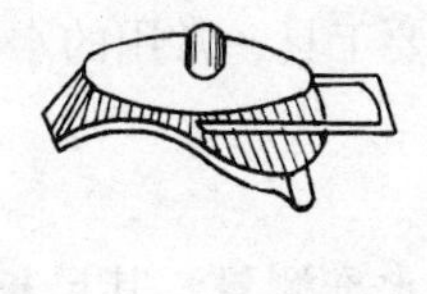

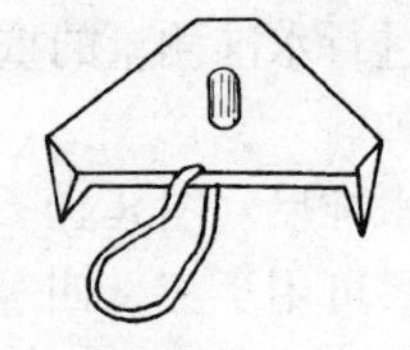

图 8-11　尺垫

首先，在测站上松开架脚的固定螺旋，按需要的高度调整架腿长度，再拧紧固定螺旋，再张开三脚架，然后从仪器箱中取出水准仪，用连接螺旋将仪器固定在三脚架头上。将脚架两条腿的腿尖踏实，用手持第三条脚前后或左右移动，使圆水准器气泡大致居中，并将此脚尖踏实，再转动脚螺旋使圆水准器气泡居中。此时，望远镜视准轴大致处于水平位置，故称为粗平。

利用脚螺旋使圆水准器气泡居中的操作步骤是：如图 8-12 所示，先用两手按箭头所指的相对方向转动脚螺旋 1 和 2，使气泡沿着 1、2 连线方向由 a 移至 b，再用左手按箭头所指方向转动脚螺旋 3，使气泡由 b 移至中心。

整平时注意气泡移动的方向与左手大拇指转动脚螺旋的方向一致。

(2) 调焦和照准

1) 目镜调焦也叫对光。把望远镜对向明亮的背景，转动目镜对光螺旋，使十字丝成像最清晰。

2) 概略照准：先松开制动螺旋，旋转望远镜使照门和准星的连线对准水准尺，再旋紧制动螺旋，把望远镜固定。

3) 物镜调焦：转动物镜对光螺旋，使水准尺的像最清晰，然后转动微动螺旋，使十字丝纵丝照准水准尺边缘或中央，如图 8-13 所示。

图 8-12 圆水准器的调节

4) 消除视差：当尺像与十字丝网平面不重合时，眼睛靠近目镜微微上下移动，可看见十字丝的横丝在水准尺上的读数随之变动，如图 8-14（*a*）所示，这种现象叫视差。因此，它将影响读数的正确性。消除视差的办法是仔细地转动物镜对光螺旋，直至尺像与十字丝网平面重合，如图 8-14（*b*）所示。

(3) 精平和读数

眼睛从符合水准气泡观察窗中观察气泡，用右手缓慢而均匀地转动微倾螺旋，使气泡两端的像重合，参见图 8-8（*b*）。微倾螺旋的旋转方向与左侧半气泡头影像的移动方向一致，如图 8-

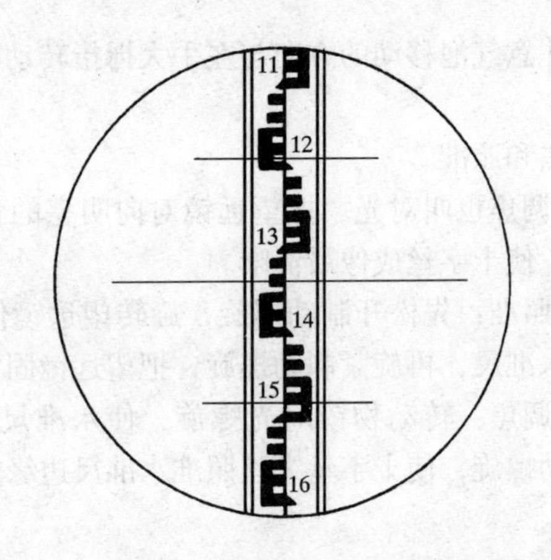

图 8-13　十字丝纵丝照准水准尺中央

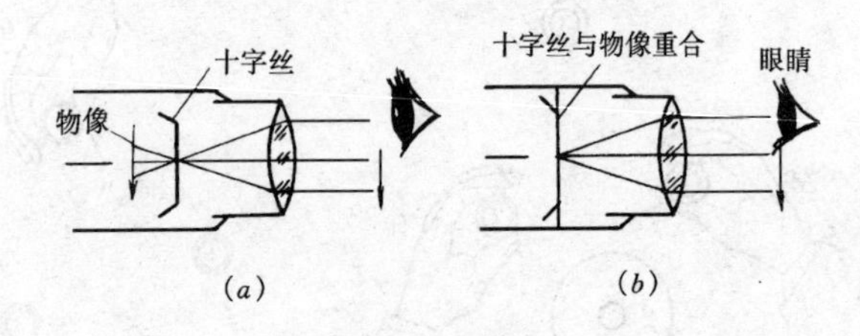

图 8-14

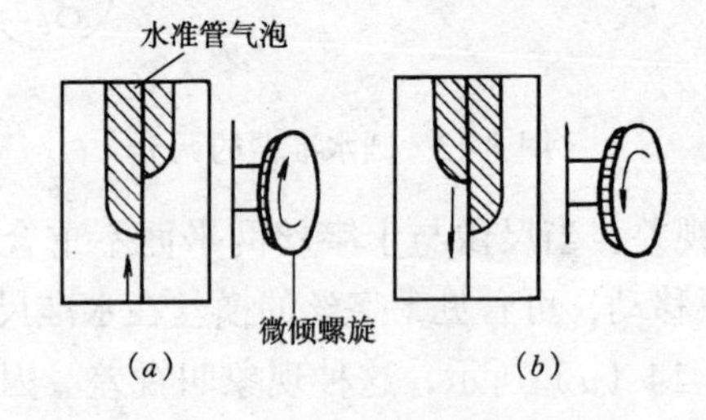

图 8-15　对准气泡

15 所示。

当符合水准器气泡居中时，应立即根据中丝读取读数，读数以注字为准，由大到小的顺序读取米、分米、厘米、估读到毫米。在读取数时，要注意在望远镜中看到的都是倒像，所以在尺上是从上到下的顺序读取。例如图 8-13 所示读数是 1.336m，当分米注记上有红点时，不要漏读点数，以免读错米数。

4. 水准测量方法

(1) 水准点和水准路线

1) 水准点：为了统一全国的高程系统，满足各种比例测图、各项工程建设以及科学研究的需要，在全国各地埋设了许多固定的高程标志，称为水准点，常用“BM”表示。水准测量通常是从某一已知高程的水准点开始，引测其他点的高程。国家等级水准点一般用混凝土制成，顶部凿入半球状金属标志。半球状标志顶点表示水准点的高程和位置如图 8-16 (*a*) 所示。有的用金属标志埋设于基础稳定的建筑物墙脚上，称为墙上水准点，如图 8-16 (*b*) 所示。

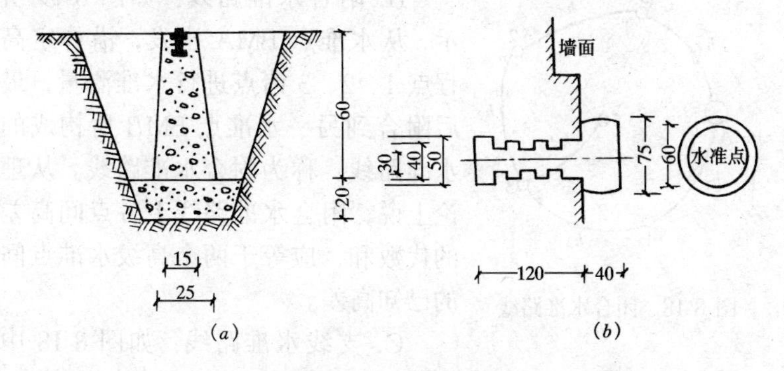

图 8-16　永久性水准点

建筑工地上的永久性水准点，一般用混凝土制成，顶部嵌入半球状金属标志，其型式如图 8-17 (*a*) 所示，临时性水准点可用大木桩打入地下，桩面钉以半球状的金属圆帽钉，如图 8-17 (*b*)所示。

2) 水准路线：在水准测量中，为了避免观测、记录和计算中发生人为误差，保证测量成果达到一定的精度要求，必须布设某种形式的水准路线，利用一定的条件来检核所测成果的正确性。在一般的工程测量中，水准路线主要有以下三种形式。

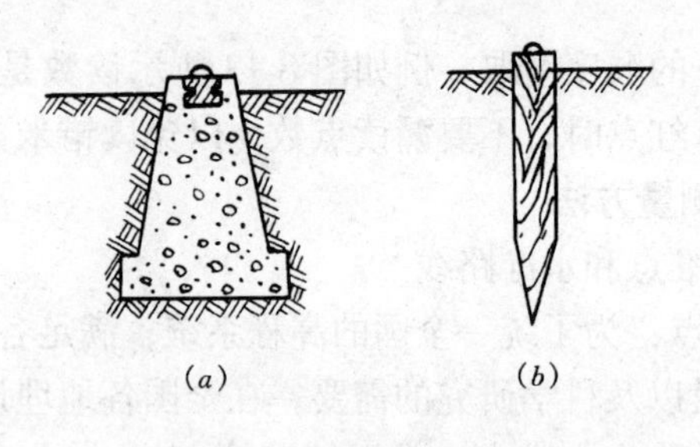

图 8-17　临时性水准点

A. 闭合水准路线：如图 8-18 所示，从水准点 BM*A* 出发，沿待定高程点 1、2、3、4 诸点进行水准测量，最后回到原出发点 BM*A* 的环形路线，称为闭合水准路线，从理论上讲，路线上各点之间的高差代数和应等于零。

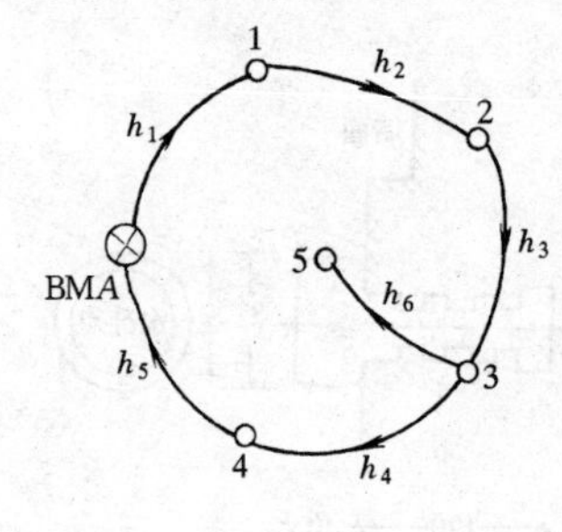

图 8-18　闭合水准路线

B. 附合水准路线：如图 8-19 所示，从水准点 BM*A* 出发，沿待定高程点 1、2、3 诸点进行水准测量，最后附合到另一水准点 BM*B* 所构成的水准路线，称为附合水准路线。从理论上说，附合水准路线上各点间高差的代数和，应等于两个高级水准点间的已知高差。

C. 支线水准路线：如图 8-18 中的 5 点，从已知水准点 3 出发，沿待定高程点 5 进行水准测量，这样即不闭合又不附合的水准路线，称为支线水准路线，支线水准路线要进行往、返观测，以资检验。

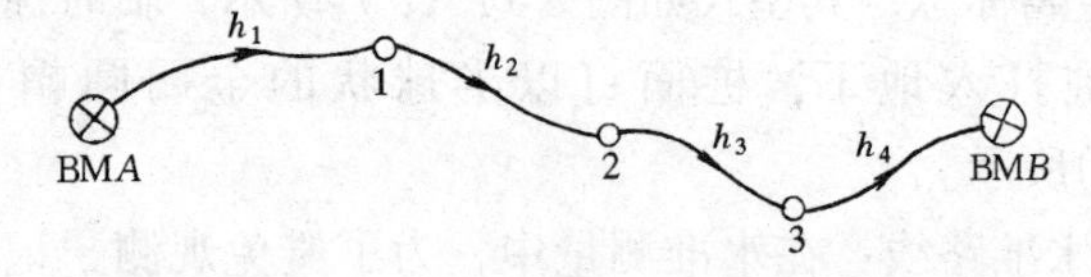

图 8-19　附合水准路线

（2）水准测量的方法和记录

水准点埋设完毕，即可按拟定的水准路线进行水准测量。现以图 8-20 为例，介绍水准测量的具体做法。图中 BMA 为已知高程的水准点，Ⅰ、Ⅱ、为特引测高程新埋设的水准点。

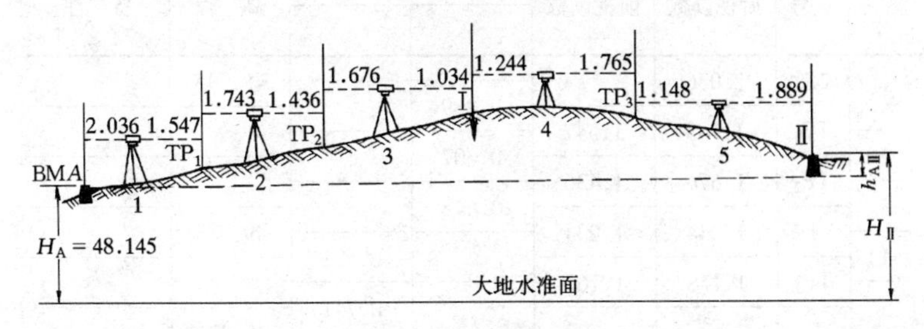

图 8-20 水准测量实例

作业时，先在水准点 BMA 上立尺，作为后视尺，再沿着水准路线方向，选择一测站点安置仪器，同时选择适当位置踏实尺垫，作为转点 TP_1，然后在尺垫上立前视尺，接着进行观测，水准仪至前、后视标尺的距离应尽可能相等。视线长度，最长不应超过 100m。

在第一测站上的观测程序为：

1）安置仪器，使圆水准器气泡居中。

2）照准后视（A 点）尺，并转动微倾螺旋使水准管气泡精确居中，用中丝读后视尺读数 $a_1=2.036$ 记录员复诵后记入手簿，见表 8-1。

3）照准前视（即转点 TP_1）尺，精平，读前视尺读数 $b_1=1.547$。记录员复诵后记入手簿，（表 8-1），并计算出 A 点与转点 TP_1 之间的高差：

$$h=2.036-1.547=+0.489$$

当第一个测站测完后，随即将水准仪移至第二测站，A 点的水准尺前移至转点 TP_2 上作为前视尺，第一测站的前视尺在转点 TP_1 原处不动，将尺面反转过来，作为第二测站的后视尺，接着进行第二站观测。如此连续观测的记录和计算的成果见表

8-1。

水准测量手簿　　表 8-1

测站	点号	后视读数	前视读数	高差 +	高差 −	高程	备注
1	BMA	2.036				48.145	
				0.489			
2	TP_1	1.743	1.547				
				0.307			
3	TP_2	1.676	1.436				
				0.642			
4	Ⅰ	1.244	1.034			49.583	
					0.521		
5	TP_3	1.148	1.765				
					0.741		
	Ⅱ		1.889			48.321	
计算检核		Σ7.847 −7.671 +0.176	Σ7.671	Σ+1.438 −1.262 +0.176	Σ−1.262	48.321 −48.145 +0.176	

（二）一般工程水准测量

一般建筑工程的水准测量就是将水准测量的测量原理和测量方法应用到工程实际。根据工程的需要测设出施工的依据，为工程施工定出质量控制手段。

1. 测设已知高程的点

测设给定的高程是根据附近一个已知高程的水准点，用水准测量的方法，将设计高程测设到地面上。施工现场的±0.000 的测量就是属于这种测量。因为±0.000 在施工图中给出其高程是已知高程，设计部门给出的高程为已知高程的水准点，根据已知高程设计水准点。将建筑物的±0.000 测量确定。

如图 8-21 所示，将水准仪安置在已知水准点 A 和待测设点 B 之间，后视 A 点水准尺的读数为 a，要在木桩上标出 B 点设计高程H_B位置，则B点的前视读数$b_{应}$为视线高减去设计高程，即 $b_{应}=(H_A+a)-H_B$

【例1】 如某工程，设计部门给出的已知高程为+5.42m，而施工图±0.000相当于+5.12m，在进行引测时，将塔尺立在已知高程A点上的后视读数$a=1.52$m，求±0.000的前视读数为多少？

【解】 $H_A=5.42$m $H_B=5.12$m $a=1.52$m

±0.000的前视读数 $b_{应}=(H_A+a)-H_B$

$=(5.42+1.52)-5.12$

$=1.82$m

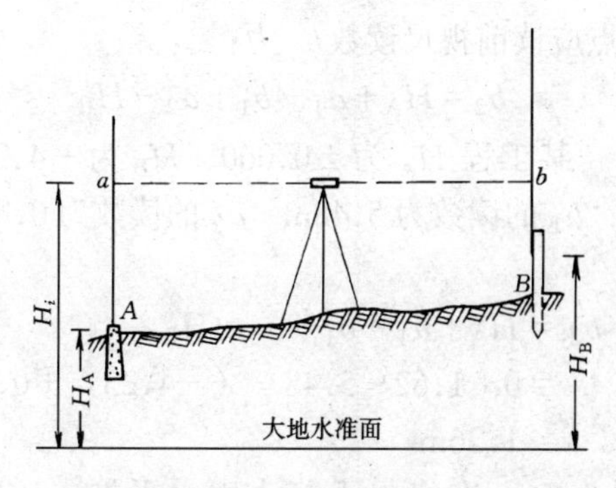

图8-21 水准测量例1

测设时，将B点水准尺贴靠在木桩上的一侧，上、下移动尺子，直至尺读数为$b_{应}$时，再沿尺底面在木桩侧面画出一红线，此线即为设计高程H_B的位置。

若测设的高程点和水准点之间的高差很大时，可用悬挂钢卷尺来代替水准尺，以测设给定的高程。如图8-22所示，设已知水准点A的高程为H_A，要在基坑内侧测设出高程为H_B的B点位置。现在悬挂一根带重锤的钢卷尺，零点在下端，先在地面上安置水准仪，后视A点读数a_1，前视钢尺读数b_1；再在坑内安置水准仪，后视钢尺读数a_2，当前视尺读数恰在b_2时，沿尺子底面在基坑侧面订设木桩，则木桩顶面即为B点设计高程为H_B

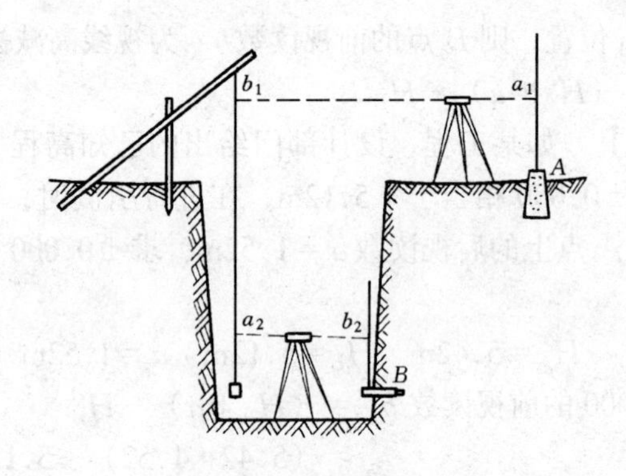

图 8-22　水准测量例 2

的位置。B 点应读前视尺读数 b_2 为：

$$b_2 = H_A + a_1 - b_1 + a_2 - H_B$$

【例 2】　某工程 H_A 为 ± 0.000，H_B 为 -4.25m，a_1 的读数为 1.62m，b_1 的读数为 5.48m，a_2 的读数为 0.87m，求 b_2 的读数。

【解】　$b_2 = H_A + a_1 - b_1 + a_2 - H_B$

$= 0 + 1.62 - 5.48 - (-4.25) + 0.87$

$= 1.26$m

b_2 读到 1.26m 在塔尺下打入木水平桩，B 的高程 H_B 为 -4.25m。

2. 墙体工程施工测量

(1) 皮数杆的设置

在墙体砌筑施工中，墙身上各部位的标高通常是用皮数杆来控制和传递的。

皮数杆是根据建筑物剖面图画有每皮砖和灰缝的厚度，并注明墙体上窗台、门窗洞口、过梁、雨篷、圈梁、楼板等构件高度位置的专用木杆，如图 8-23 所示。在墙体施工中，用皮数杆可以控制墙身各部位构件的准确位置，并保证每皮砖灰缝厚度均匀，每皮砖都处在同一水平面上。

皮数杆一般都立在建筑物转角和隔墙处（图 8-23）。立皮数

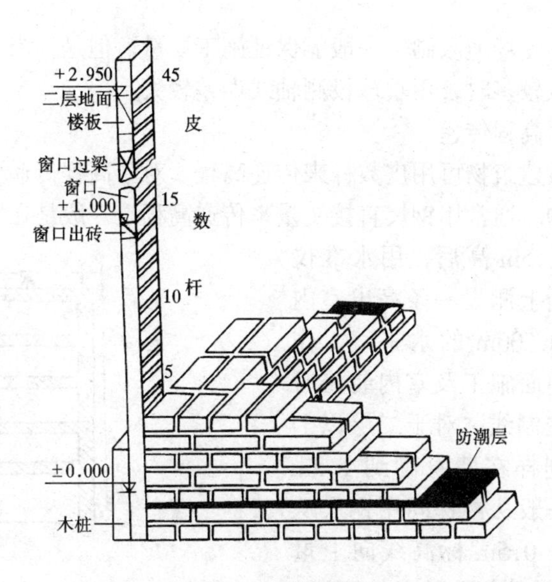

图 8-23 皮数杆设立

杆时，先在地面上打一木桩，用水准仪测出±0.00标高位置，并画出一横线作为标志；然后，把皮数杆上的±0.00与木桩上±0.00对齐，钉牢。皮数杆钉好后要用水准仪进行检测，并用垂球来校正皮数杆的竖直。为施工方便，采用里脚手架砌砖时，皮数杆应立在墙外侧；如采用外脚手架时，皮数杆应立在墙内侧；如采用框架或钢筋混凝土柱间墙时，每层皮数可直接画在构件上，而不立皮数杆。

(2) 轴线投测

一般建筑在施工中，常用悬吊垂球法将轴线逐层向上投测。其做法是：将较重垂球悬吊在楼板或柱顶边缘，当垂球尖对准基础上定位轴线时，线在楼板或柱顶边缘的位置即为楼层轴线端点位置，画一短线作为标志；同样投测轴线另一端点，两端的连线即为定位轴线。同法投测其他轴线，再用钢尺校核各轴线的间距，然后继续施工，并把轴线逐层自下向上传递。为减少误差累积，宜在每砌二、三层后，用经纬仪把地面上的轴线投测到楼板或柱上去，以校核逐层传递的轴线位置是否正确。悬吊垂球简便易行，不受场地限制，一般能保证施工质量。但是，当有风或建筑物层数较多时，用垂球投测轴线误差较大。

(3) 高程传递

一般建筑物可用皮数杆来传递高程。对于高程传递要求较高的建筑物，通常用钢尺直接丈量来传递高程。一般是在底层墙身砌筑到 1.5m 高后，用水准仪在内墙面上测设一条高出室内地坪 + 0.500m 的水平线，作为该层地面施工及室内装修时的标高控制线。对于二层以上各层，同样在墙身砌到 1.5m 以后，一般从楼梯间用钢尺从下层的 + 0.5m 标高线向上量取一段等于该层层高的距离，并作标志。然后，再用水准仪测设出上一层的 +0.5m标高线。这样用钢尺逐层向上引测。根据具体情况也可采用悬挂钢尺代替水准尺，用水准仪读数，从下向上传递高程。如图 8-24 所示，由地面上已知高程点 A，向建筑物数面 B 传递高程，先从楼面向下悬挂一支钢尺，钢尺下端悬一重锤。在观测时为了使钢尺比较稳定，可将重锤浸于一盛满水的容器中，然后在地面及楼面各置一台水准仪，按水准测量方法同时读得 a_1、b_1 和 a_2、b_2 则楼面上 B 点的高程 H_B 为：

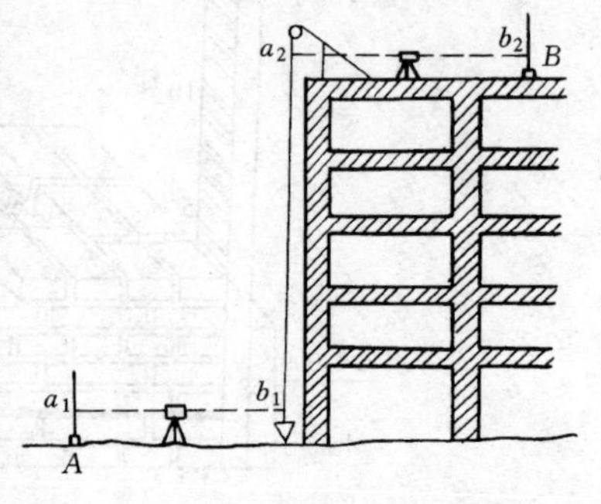

图 8-24　高程传递

$$H_B = H_A + a_1 - b_1 + a_2 - b_2$$

复　习　题

1. 水准测量的原理是什么？
2. 什么是前视点？什么是后视点？
3. 怎样计算两点的高差？
4. 怎样利用视线高程计算欲求点的高程？
5. 使用水准仪的操作程序是什么？

6. 怎样进行水准仪的粗平?

7. 怎样消除水准仪的视差?

8. 怎样进行水准仪的精平和读数?

9. 什么叫水准路线?

10. 怎样测设已知高程点?

11. 怎样测立皮数杆?

12. 怎样传递高程?

九、木结构工程

（一）木屋架的构造与要求

木屋架有多种形式，其中以三角形屋架应用最广。下面以三角形屋架为例介绍木屋架的制作与安装。

1. 屋架的基本组成

三角形屋架主要由上弦（又称人字木）、下弦（又称大柁）、斜杆、竖杆（又称拉杆）等杆件组成。斜杆和竖杆统称为腹杆。上弦、下弦、斜杆用木料制成，竖杆用木料或钢制成，如图 9-1 所示。

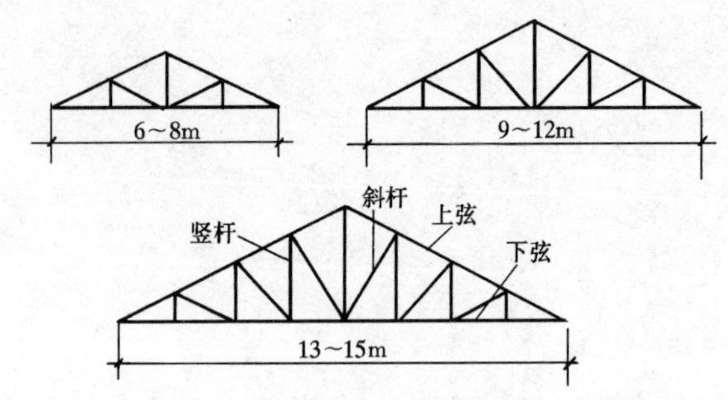

图 9-1　三角形木屋架的组成

屋架各杆件的联结处称为节点，如图 9-2 所示。两节点之间的距离称为节间，屋架的两端节点称为端节点，两端节点的中心距离称为屋架的跨度，木屋架的适用跨度一般为 6～15m。屋脊处的节点称为脊节点。脊节点中心到下弦轴线的距离称为屋架高度（又称矢高），木屋架的高度一般为其跨度的 1/4～1/5。屋架中央下弦与其他杆件联结处称为下弦中央节点，其余各杆件联结处称为中间节点。

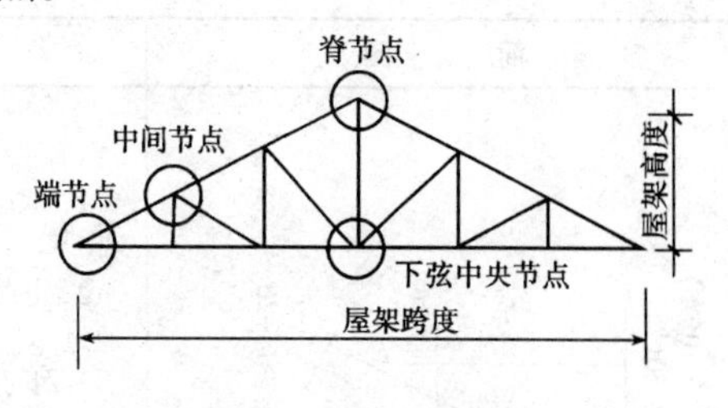

图 9-2　屋架的各节点

两榀屋架之间的中心距离称为屋架间距，木屋架间距一般为 3～4m。

2. 屋架各杆件受力情况

木屋架承受面荷载时，如果檩条仅放在屋架上弦节点处，而下弦无吊顶，则屋架的上弦承受压力，下弦承受拉力，斜杆承受压力，竖杆承受拉力；如果檩条放在屋架上弦点和节间处，则上弦不但受压而且受弯，成为压弯构件；当下弦有吊顶时，下弦成为拉弯构件，斜杆及杆件仍然受压和受拉。

上弦承受的压力从脊节点处向端节点处逐渐增大，即靠近脊节点的节间受压力较小，靠近端节点的节间受压力较大。因此，当用原木做上弦时，原木大头应置于端节点处。

3. 木屋架各节点的构造

木屋架各节点构造见表 9-1。

木屋架各节点构造　　表 9-1

部位	名称	简　图	构 造 要 求
端节点	单齿联结	$h_c<h/3$ >20(方) >30(圆) $>4.5h_c$ 90° h	1. 承压面与上弦轴线垂直 2. 上弦轴线通过承压面中心 3. 下弦轴线，方木：通过齿槽下净截面中心；原木：通过下弦截面中心 4. 上、下弦轴线与墙身轴线交汇于一点上 5. 受剪面避开木材髓心

续表

部位	名称	简　　图	构　造　要　求
端节点	双齿联结	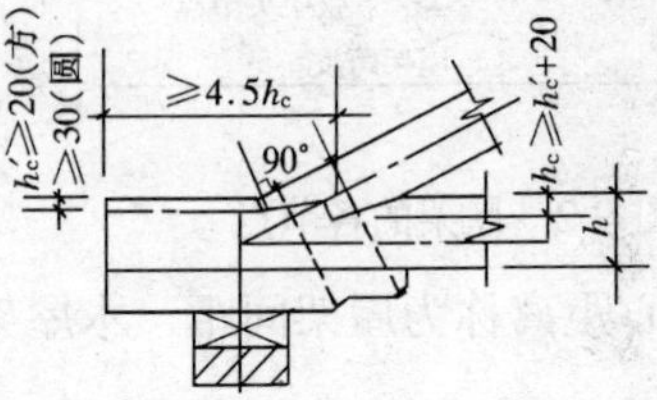 $h_c' \geqslant 20$(方) $\geqslant 30$(圆)；$\geqslant 4.5h_c$；90°；$h_c \geqslant h_c'+20$；h	1. 承压面与上弦轴线垂直 2. 上弦轴线由两齿中间通过 3. 下弦轴线，方木：通过齿槽下净截面中心：原木：通过下弦截面中心 4. 上、下弦轴线与墙身轴线交汇于一点上 5. 受剪面避开木材髓心 6. 适用于跨度 8～12m
脊节点	钢拉杆结合	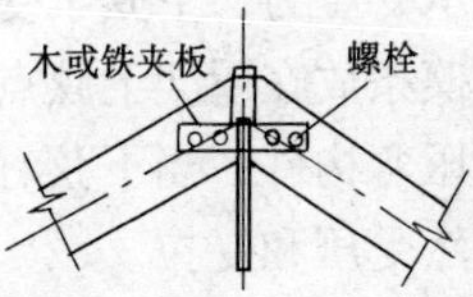 木或铁夹板；螺栓	1. 三轴线必须交汇于一点 2. 承压面紧密结合 3. 夹板螺栓必须拧紧
	木拉杆结合	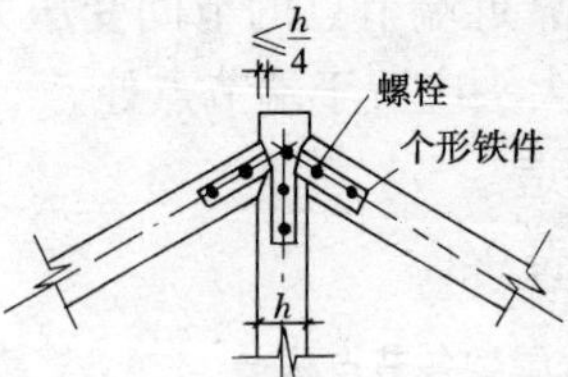 $\leqslant \frac{h}{4}$；螺栓；个形铁件；h	1. 上弦轴线与承压面垂直 2. 两边加个字形铁件锚固 3. 一般用于小跨度屋架
下弦中央节点	钢拉杆结合	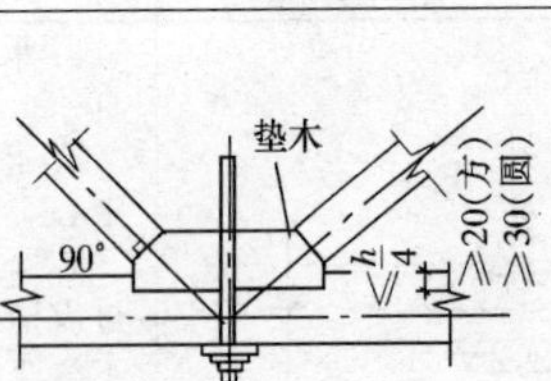 垫木；90°；$\leqslant \frac{h}{4}$；$\geqslant 20$(方) $\geqslant 30$(圆)	1. 五轴线必须交汇于一点 2. 斜杆轴线与斜杆和垫木的结合面垂直 3. 钢拉杆应用两个螺母

续表

部位	名称	简 图	构 造 要 求
下弦中央节点	木拉杆结合	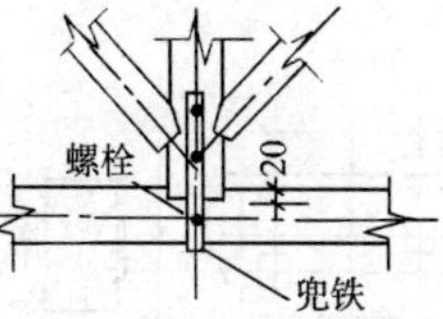 螺栓 20 兜铁	1. 承压面与斜杆轴线垂直 2. 立木刻入下弦 2cm 3. 立木与下弦用 U 形兜铁加螺栓连接 4. 一般用于小跨度屋架
上弦中央节点	单齿联结	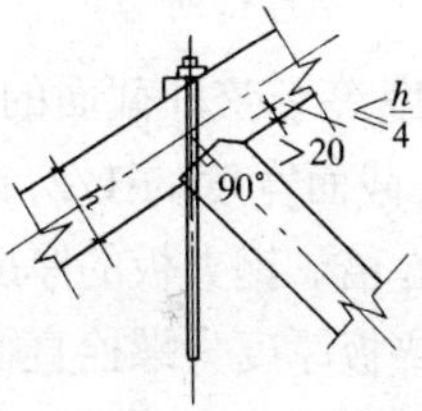 $\leqslant\frac{h}{4}$ >20 90° h	1. 斜杆轴线与节点承压面垂直 2. 斜杆与上弦接触面紧密
下弦中央节点	单齿联结	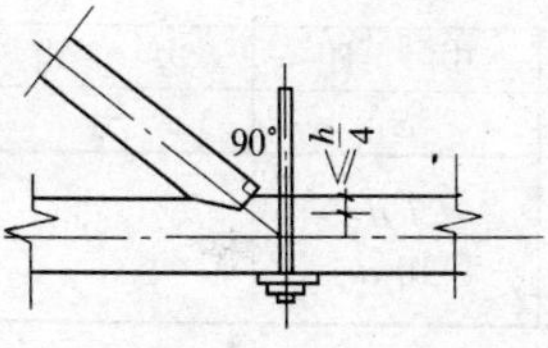 90° $\leqslant\frac{h}{4}$	1. 承压面与斜杆轴线垂直 2. 斜杆轴线通过承压面中心 3. 三轴线交汇于一点

4. 弦杆的接长

弦杆的木料如不够长，可将其接长，常用的接长方法是螺栓联结，即在接头处弦杆两侧用硬木夹板（或钢夹板）夹住，穿上螺栓，加垫板，将螺栓拧紧。螺栓的排列可按两纵行齐列或错列布置，如图 9-3 所示。

螺栓的数量及直径要根据接头处弦杆受力大小计算或构造要求而定，其直径应不小于 12mm。对于上弦接头，每侧螺栓至少 2 个，对于下弦接头，每侧螺栓至少 4 只。螺栓排列的最小间距要符合表 9-2 规定。

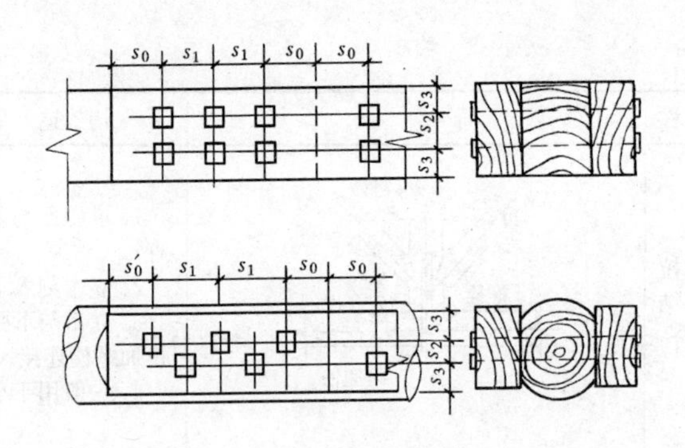

图 9-3　螺栓排列

一般情况下,木夹板的宽度等于弦杆截面的高度(原木弦杆则略小于弦杆直径),厚度为弦杆截面宽度的1/2,长度依螺栓排列要求而定,但不小于弦杆宽度的5倍。钢夹板的厚度不小于6mm。螺栓垫板为螺栓直径的3.5倍,垫板厚度为螺栓直径的1/4。

螺栓排列的最小间距　　　　**表 9-2**

构造特点	顺纹		横纹	
	端距	中距	边距	中距
	S_0 和 S'_0	S_1	S_3	S_2
两纵行齐列 两纵行错列	$7d$	$7d$ $10d$	$3d$	$3.5d$ $2.5d$

注：1、d—螺栓直径。

2. 用湿材制作时，顺纹端距 S'_0 应加大 7cm。

3. 用钢夹板时，钢板上的端距 $S'_0=2d$、边距 $S_3=1.5d$。

弦杆的接头不要布置在临近端节点或脊节点的节间内，可放在其他节间内，并尽量靠近节点处，上弦杆最多只能有一处接头，下弦杆接头最多可有二处。

(二) 木屋架放大样的方法

1. 放大样

放大样就是根据设计图纸将屋架的全部详细构造用1:1的比

例画出来，以求出各杆件的正确尺寸和形状、保证加工的准确。

放大样前要先熟悉设计图纸，如屋架的跨度、高度；各弦杆的截面尺寸；节间长度；各节点的构造及齿深等。同时根据屋架的跨度，计算屋架的起拱值。

(1) 屋架放大样的方法及步骤

放大样时，先画出一条水平线，在水平线一端定出端节点中心，从此点开始在水平线上量取屋架跨度之半，定出一点，通过此点作垂直线，此线即为中竖杆的中线。在中竖杆中线上，量取屋架下弦起拱高度（起拱高度一般取屋架跨度的1/200）及屋架高度，定出脊点中心。连接脊点中心和端节点中心，即为上弦中线。再从端节点中心开始，在水平线上量取各节点长度，并作相应的垂直线，这些垂直线即为各竖杆的中线。竖杆中线与上弦中线相交点即为上弦中间节点中心。连接端节点中心和起拱点，即为下弦轴线（用原木时，下弦轴线即为下弦中线；用方木时，下弦轴线是端节点处下弦净截面中线，不是下弦中线）。下弦轴线与各竖杆中线相交点即为下弦中间节点中心。连接对应的上、下弦中间节点中心，即为斜杆中线，如图9-4所示。

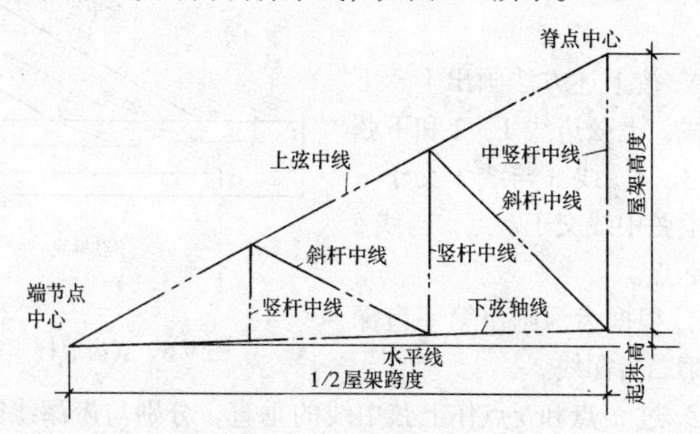

图 9-4　屋架各杆件中线

各杆件的中线和轴线放出后，再根据各杆件的截面高度（或宽度），从中线和轴线向两边画出杆件边线，各线相交处要互相出头一些。对于原木屋架，各杆件直径以小头表示。在画杆件边线时，要考虑其直径的增大，一般每延1m直径增大8～10mm。接着，要逐个画出各节点的详细构造及细部尺寸。

(2) 端节点齿连接的放样方法与步骤

1）单齿联结，如图9-5所示。

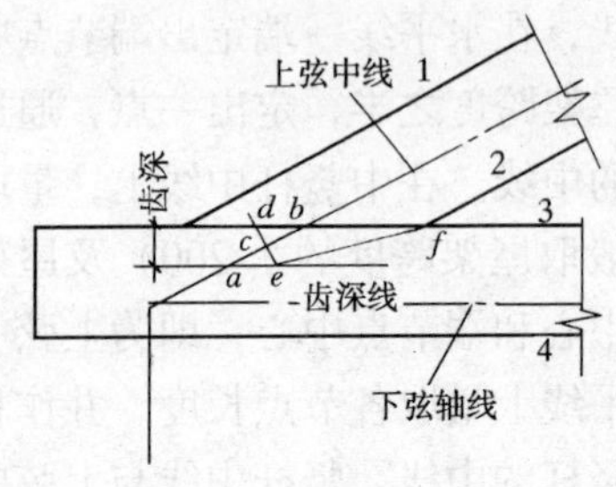

图9-5　单齿放样

A. 画出上、下弦的中线。

B. 根据上、下弦的中线，分别画出上弦线1、2和下弦边线3、4。线3与上弦中线交于b点。线2与3交于f点。

C. 根据齿深，在下弦上画一条与下弦中线平行的齿深线。齿深线与上弦中线交于a点。

D. 过ab线的中点c作上弦中线的垂线。该垂线与线3交于d点，与齿深线交于e点。

E. 连接ef，则def所构成的图形即为单齿的位置和形状。

2）双齿联结，如图9-6所示。

A. 按上述方法画出上、下弦中线，上弦边线1、2和下弦边线3、4。线3与线1交于a点与上弦中线交于b点，与线2交于c点。

B. 根据齿深画出第一齿深线、第二齿深线。

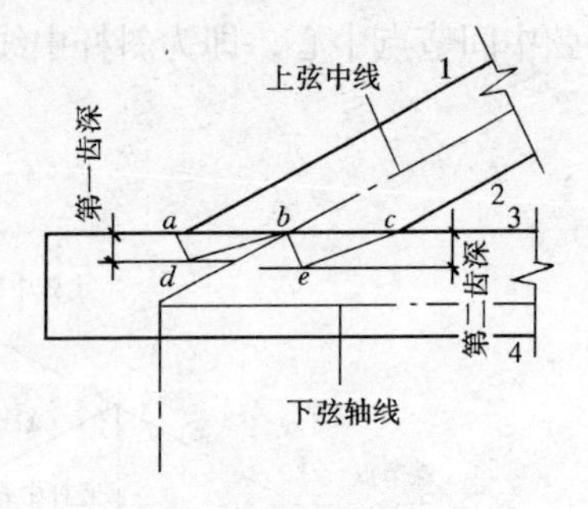

图9-6　双齿放样

C. 过a点和b点作上弦中线的垂直，分别与齿深线交于d点和e点。

D. 连接db、ec，则$adbec$所构成的图形即是双齿的位置和形状。

中间各节点的齿联结，可参照上述步骤放样。

各节点详细构造画出后，即把上、下弦接头处的夹板尺寸及螺栓排列位置画出，最后将其他铁件等按实际尺寸和形状画出。

大样画好后，要仔细校核一遍，检查各部分有无差错，如有差错要及时纠正。

大样对设计尺寸的允许偏差见表9-3。

大样对设计尺寸的允许偏差限值 **表9-3**

屋架跨度（m）	允许偏差（mm）		
	跨　度	高　度	节点间距
≤15	±5	±2	±2
>15	±7	±3	±2

2. 出样板

大样经复核无误后，即可出样板，样板必须用木纹平直、不易变形且含水率不超过18%的板材制作。先按各杆件的宽度分别将各种板开好，边上刨光，放在大样上，将各杆件的榫、槽、孔等形状和位置画在样板上，然后按形状再锯好和刨光。每一杆件中要配一块样板。全部样板配好后，放在大样上拼起来，检查样板与大样是否相等，样板对大样的允许偏差值不应超过1mm。最后在样板上弹出中心线。样板经检查合格后才准使用，使用过程中要妥善保管，注意防潮、防晒和损坏。

（三）木屋架的制作

1. 木屋架材料的选用

屋架各杆件的受力性质不同，根据木材的物理力学性能，要选用不同等级的木材。上弦是受压或压弯构件，可选用Ⅲ等材或Ⅱ等材；斜杆是受压构件，可选用Ⅲ等材，下弦是受拉或抗弯构件，竖杆是受拉构件，均应选用Ⅰ等材料。

2. 木屋架配料方法

配料时，要综合考虑木材的质量、长短、阔狭等情况，做到合理安排、避让缺陷。具体要求如下：

（1）木结构的用料必须符合设计要求的材种和材质标准。

（2）当上、下弦材料和断面相同时，应当把好的木材用于下弦。

（3）对下弦木料，应将材质好的一端放在端节点；对上弦木料，应将材质好的一端放在下端。

（4）对方木上弦将材质好的一面向下；对有微弯的原木上弦，应将弯背向下，用原木做下弦时，应将弯背向上。

（5）上弦和下弦杆件的接头位置应错开，下弦接头最好设在中部。如有原木时，大头应放在端节点一端。

（6）不得将有疵病的木料用于支座端节点的榫结合处。

3. 木屋架的制作

（1）所有齿槽都要用细锯锯割，不要用斧砍，用刨或凿进行修整。齿槽结合面必须平整、严密。结合面凹凸倾斜不大于1mm。弦杆接头处要锯齐锯平。

（2）钻螺栓孔的钻头要直，其直径应比螺栓直径大1mm。每钻入50～60mm深后需要提起钻头加以清理，眼内不得留有木渣。

（3）在钻孔时，先将需要结合的杆件按正确位置叠合起来，并加以临时固定，然后用钻一气钻透，以提高结合的紧密性。

（4）对于拉力螺栓，其螺栓孔的直径可比螺栓直径略大1～3mm，以便于安装。

4. 木屋架的装配

（1）在平整的地面上先放好垫木，把下弦在垫木上放稳垫平，然后按照起拱高度将中间垫起，两端固定，再在接头处用夹板和螺栓夹紧。

（2）下弦拼接好后，即安装中柱，两边用临时支撑固定，再安装上弦杆。

（3）最后安装斜腹杆，从屋架中心依次向两端进行，然后将各拉杆穿过弦杆，两头加垫板，拧上螺母。

（4）如无中柱而是用钢拉杆的，则先安装上弦杆，最后将拉杆逐个装上。

(5) 各杆件安装完毕并检查合格后，再拧紧螺母，钉上扒钉等铁件，同时在上弦杆上标出檩条的安放位置，钉上三角木。

(6) 在拼装过程中，如有不符合要求的地方，应随时调整或修理。

5. 木屋架制作的质量标准

木屋架制作的质量标准见表 9-4。

木桁架梁、柱制作的允许偏差 **表 9-4**

项次	项目			允许偏差(mm)	检验方法
1	构件截面尺寸	方木构件高度、宽度板材厚度、宽度原木构件梢径		−3 −2 −5	钢尺量
2	结构长度	长度不大于 15m 长度大于 15m		±10 ±15	钢尺量桁架支座节点中心距离梁、柱全长（高）
3	桁架高度	跨度不大于 15m 跨度大于 15m		±10 ±15	钢尺量脊节点中心与下弦中心距离
4	受压或压弯构件纵向弯曲	方木结构 原木结构		$L/500$ $L/200$	拉线钢尺量
5	弦杆节点间距			±5	钢尺量
6	齿连接刻槽深度			±2	
7	支座节点受剪面	长度		−10	钢尺量
		宽度	方木	−3	
			原木	−4	
8	螺栓中心间距	进孔处		$\pm0.2d$	
		出孔处	垂直木纹方向	$\pm0.5d$ 且不大于 $4B/100$	
			顺木纹方向	$\pm1d$	

续表

项次	项　　目	允许偏差（mm）	检 验 方 法
9	钉进孔处的中心间距	±1d	
10	桁架起拱	+20 −10	以两支座节点下弦中心线为准，拉一水平线，用钢尺量跨中下弦中心线与拉线之间距离

（四）木屋架安装

1. 木屋架安装的操作工艺顺序

准备工作→放线→加固→起吊→安装→设置支撑→固定

2. 木屋架安装的操作工艺要点

（1）准备工作

1）墙顶上如是木垫块，则应用焦油沥青涂刷其表面，以作防腐。

2）清除保险螺栓上的脏物，检查其位置是否准确，如有弯曲要进行校直。

3）将已拼好的屋架进行吊装就位。

（2）放线：在墙上测出标高，然后找平，并弹出中心线位置。

（3）加固：起吊前必须用木杆将上弦水平加固，保证其在垂直平面内的刚度如图 9-7 所示。

（4）起吊

1）吊装用的一切机具、绳、钩必须事先检查后方可使用，起吊时应由有经验的起重工指挥；

2）当屋架起吊离地面 300mm 后，应停车进行检查，没有问题才可继续施工；

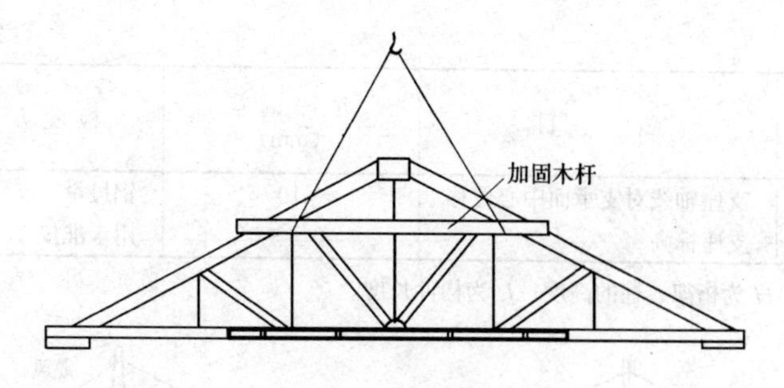

图 9-7　屋架加固

3）屋架两头绑上回绳，以控制起吊时屋架的晃动；

4）起吊到安装位置上方，对准锚固螺栓，将屋架徐徐放下，使锚固螺栓穿入孔中，屋架放落到垫块上。

（5）安装

1）第一榀屋架吊上后，立即用线锤找中、找直，用水平尺找平，并用临时拉杆（或支撑）将其固定；认为无误后，在锚固螺栓上套入垫板及螺母，初步上紧。

2）从第二榀起，应在屋架安装的同时，在屋架之间钉上檩条。两屋架间至少钉三根檩，脊檩一定要钉上。

（6）设置支撑：为了防止屋架的侧倾，保证受压弦杆的侧向稳定，按设计要求，在屋架之间设置垂直支撑、水平系杆和上弦横向支撑，如图 9-8 所示。

（7）固定：屋架安装校正完毕后，应将屋架端头的锚固螺栓的螺母全部上紧。

3. 木屋架安装的质量标准

木屋架安装的允许偏差见表 9-5。

木桁架梁、柱安装的允许偏差　　　表 9-5

项次	项　　目	允许偏差 (mm)	检验方法
1	结构中心线的间距	±20	钢尺量
2	垂直度	$H/200$ 且不大于 15	吊线钢尺量
3	受压或压弯构件纵向弯曲	$L/300$	吊（拉）线钢尺量

续表

项次	项　　目	允许偏差 (mm)	检验方法
4	支座轴线对支承面中心位移	10	钢尺量
5	支座标高	±5	用水准仪

注：H 为桁架、柱的高度；L 为构件长度。

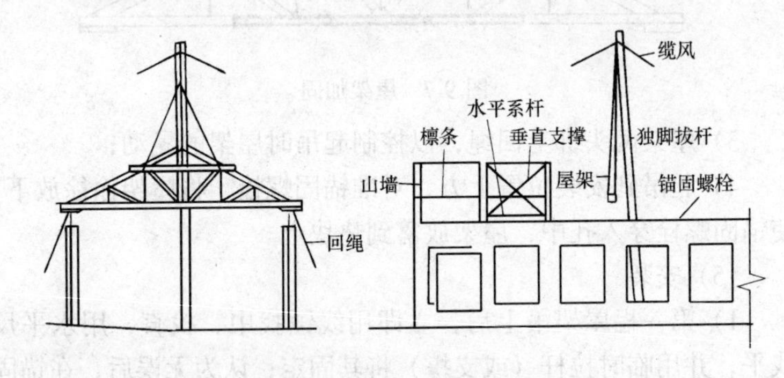

图 9-8　屋架的安装

4. 木屋架安装应注意的质量问题

运输和吊装时应进行必要的加固，以防止节点错位，损坏或变形。支撑与屋架应用螺栓连接，不得用钉连接或抵承连接，屋架支座应用螺栓锚固，并检查螺栓是否拧紧，确保木屋架安装后形成整体的稳定体系。

屋架与支座接触处设计要求做药物防腐处理：支座边应留出足够的空隙，使能得到空气流通，避免木材腐朽，以使木结构延长使用寿命。

（五）应注意的安全事项

(1) 在坡度大于25°的屋面上操作，应有防滑梯、护身栏杆等防护措施。

(2) 木屋架应在地面拼装。必须在上面拼装的应连续进行，中断时应设临时支撑。屋架就位后，应及时安装脊檩、拉杆或临时支撑。吊运材料所用索具必须良好，绑扎要牢固。

复　习　题

1. 木屋架由哪些构件组成？
2. 木屋架节点构造是怎样的？槽齿结合有哪些要求？
3. 木屋架放样方法是怎样的？
4. 试述木屋架制作的操作工艺顺序。
5. 木屋架的加工要注意哪些事项？
6. 试述木屋架拼装的操作过程。
7. 木屋架在安装过程中要注意哪些问题？

十、门窗及木制品工程

（一）木门窗的构造

1. 木门的构造

（1）木门的各部分名称

木门一般是由门框（门樘）、门扇及五金零件组成。门框由边梃、冒头、中贯档组成。门扇是由门梃、冒头、中梃和门心板（门肚板）等组成。木门各部分名称如图 10-1 所示。

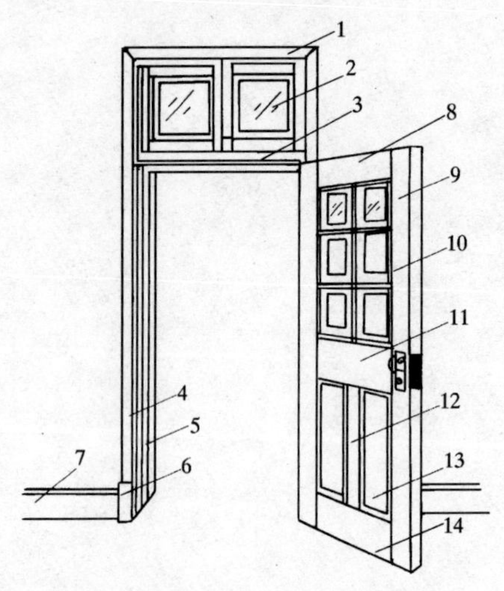

图 10-1　木门的各部分名称

1—门樘冒头；2—亮子；3—中贯档；4—贴脸板；5—门樘边梃；6—墩子线；7—踢脚板；8—上冒头；9—门梃；10—玻璃芯子；11—中冒头；12—中梃；13—门肚板；14—下冒头

(2) 木门的种类与结合

木门的种类按开关形式不同，分为开关门、推拉门、折门和转门等。按照构造形式不同可分为镶板门、拼板门、夹板门和玻璃门等。现以镶板门为例，说明其构造。

1) 门樘结合：门樘结合是门樘边梃与门樘冒头的结合。在樘子冒头两端打眼，樘子梃端头做榫。当采用立樘子（即先立樘后砌墙）施工时则应在樘子冒头两端留出走头，走头一般长约120mm，如图 10-2 所示。

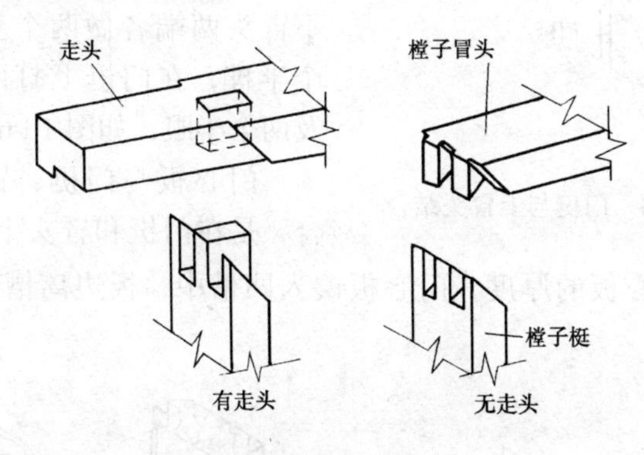

图 10-2　樘子梃与樘子冒头结合

樘子梃与中贯档的结合，是在中贯档两端作榫，在樘子梃上打眼。当采用立樘子时，应在樘子梃外侧凿出燕尾榫眼，每侧至少三个，以备砌墙时将燕尾榫木砖嵌入眼中固定门樘，如图 10-3 所示。

2) 门扇结合：门梃与上冒头结合，是在上冒头两端做榫，

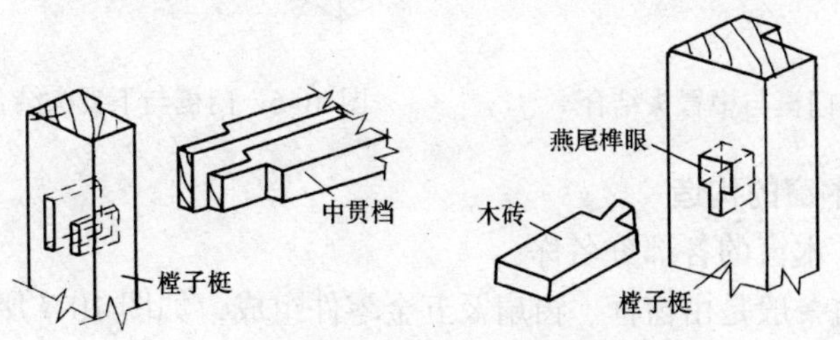

图 10-3　樘子梃与中贯档的结合

上半部做半榫，下半部做全榫，门梃上打眼，如图 10-4 所示。

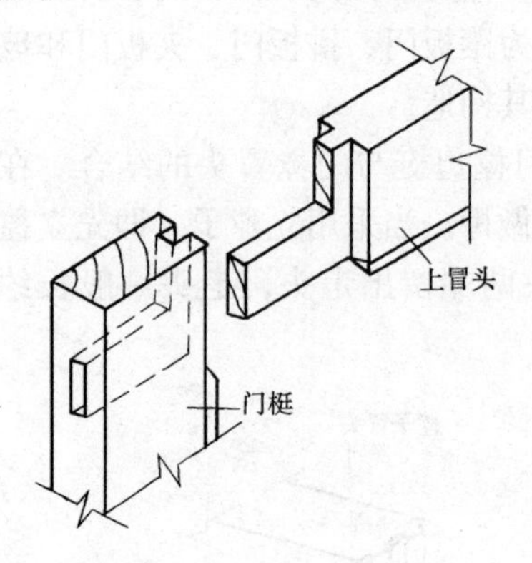

图 10-4　门梃与上冒头结合

门梃与中冒头结合，是在中冒头两端各做两个全榫和中间一个半榫，在门梃上打两个全眼及一个半眼，如图 10-5 所示。

门梃与下冒头结合，是在下冒头两端各做两个全榫及两个半榫，在门梃上打两个全眼及两个半眼，如图 10-6 所示。

门心板与门梃、冒头的结合，是在门梃和冒头上开凹槽，槽宽为门心板的厚度，门心板镶入凹槽中，板边离槽底为 2～3mm。

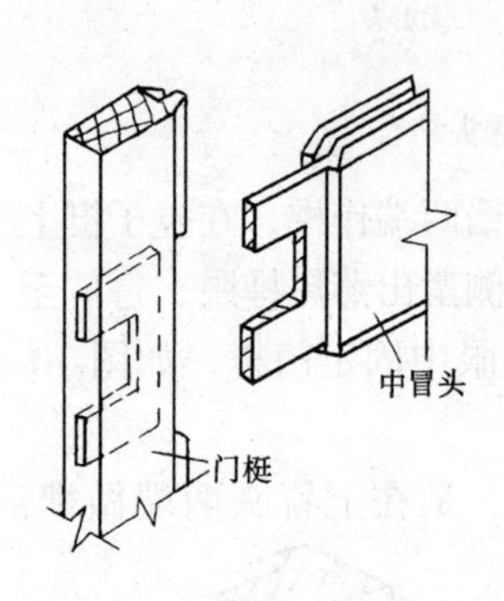

图 10-5　门梃与中冒头结合

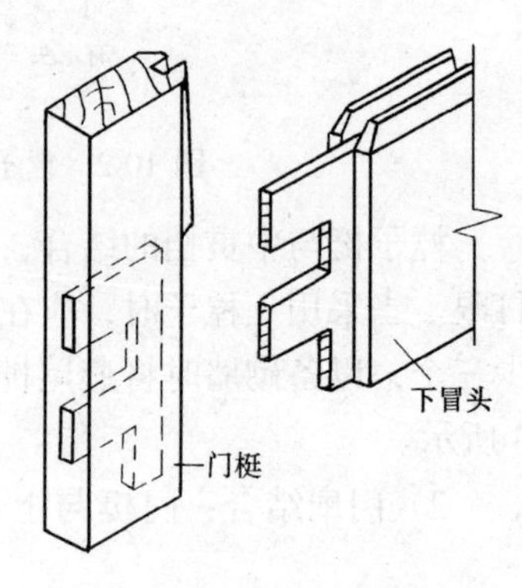

图 10-6　门梃与下冒头结合

2. 木窗的构造

（1）木窗的各部分名称

木窗一般是由窗框、窗扇及五金零件组成，如图 10-7 所示。窗框由边框、中梃（三扇窗以上加设）上、下冒头、中贯档等组成。

窗扇是由窗梃、上、下冒头、窗棂子等组成。

(2) 木窗的种类与结合

木窗按其开关方式可分为：平开窗、悬窗、推拉窗、固定窗等。按使用要求不同可分为：玻璃窗、纱窗、百叶窗等。

1) 窗樘的结合：窗樘边梃与上、下冒头、中贯档的结合同门樘。

2) 窗扇的结合：冒头与窗梃的结合，是在冒头两端做榫，窗梃上打眼，如图 10-8 所示。窗梃和冒头均裁口，玻璃装入裁口内，用油灰或木条固定。

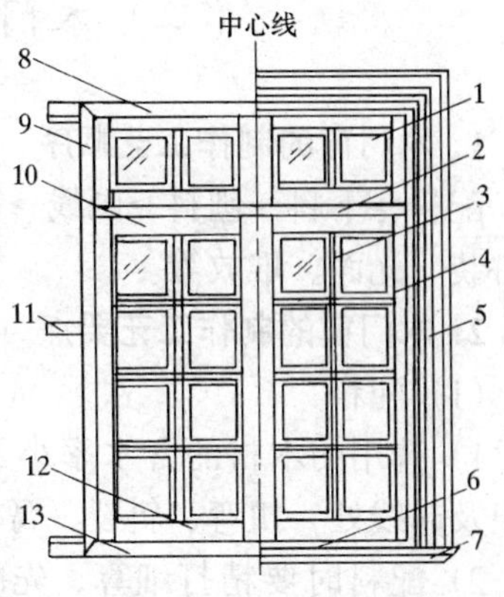

图 10-7 木窗各部分名称

1—亮子；2—中贯档；3—玻璃芯子；4—窗梃；5—贴脸板；6—窗台板；7—窗盘线；8—窗樘上冒头；9—窗樘边梃；10—上冒头；11—木砖；12—下冒头；13—窗樘下冒头

窗梃与窗棂结合，是在窗棂两端做榫，窗梃上打眼，如图 10-9 所示。窗梃、窗棂都裁口，玻璃装入后，用油灰或木条固定。

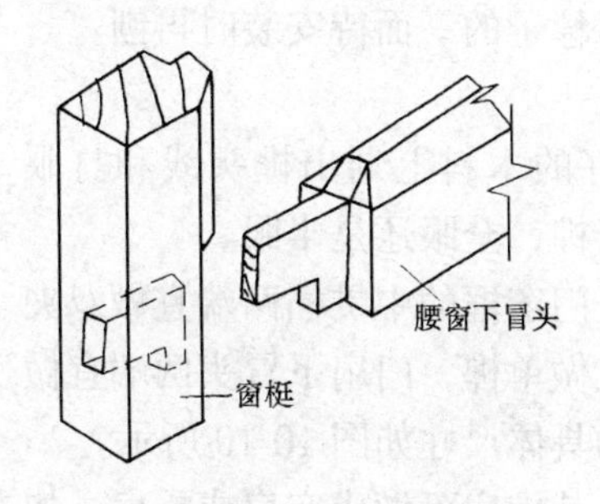

图 10-8 下冒头与窗梃结合

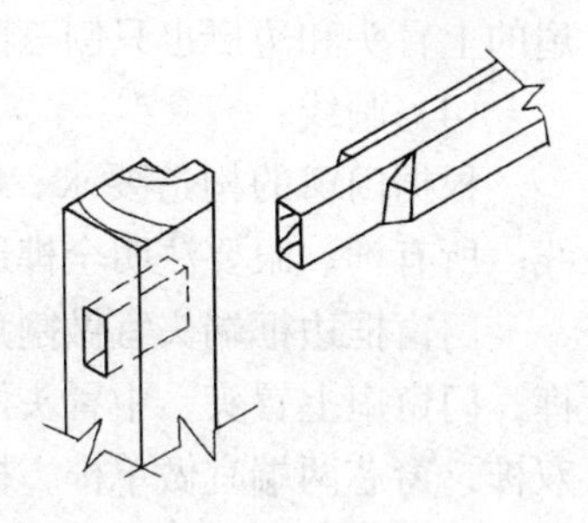

图 10-9 窗梃与窗棂结合

（二）木门窗的制作

1. 木门窗的制作工艺顺序

配料→下料→刨料→画线→打眼→开榫→拉肩→槽口、起线→拼装、光面、堆放等。

2. 木门窗的制作工艺要点

（1）配料

1）选用的木材的含水率小于12%，不要把节子留在开榫、打眼及起线处，扭弯、斜裂、腐朽的木材不予采用。

2）配料时要精打细算，先配长料，后配短料，长短搭配；先配门窗框料，后配门窗扇料。

（2）下料

1）合理确定加工余量，手工刨光每面留2～3mm，机械刨光适当加大。

2）锯开时应注意木料平直，截断时木料端头要平整、兜方。

（3）刨料

1）刨料时，把纹理清晰的木材面作为正面，门窗框料任选一个窄面为正面，扇料选一个宽面为正面，正面应划出符号。

2）门、窗樘的梃及冒头只刨三面，靠墙的一面不刨；门窗扇的上冒头和边梃也只刨三面，靠樘子的一面待安装时再刨。

（4）画线

根据门窗的构造要求，在刨好的木料上划出榫头线和打眼线。所有榫、眼要注明全榫还是半榫，全眼还是半眼。

门窗框边框端头宜做割角榫、门窗框的中贯档两端宜做双夹榫，门窗扇上冒头、中冒头两端宜做单榫，门扇下冒头两端宜做双榫，窗芯两端宜做单榫，榫头的具体尺寸如图10-10所示。

铲有裁口及起线后的门窗料，其榫肩可做成实肩或飘肩，如图10-11所示。

（5）打眼

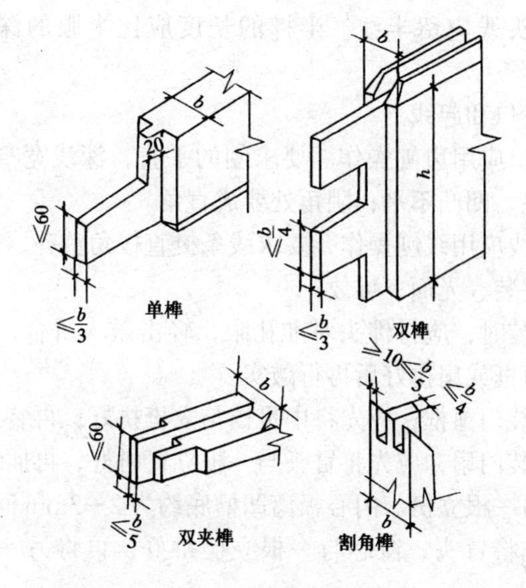

图 10-10　各种榫头尺寸

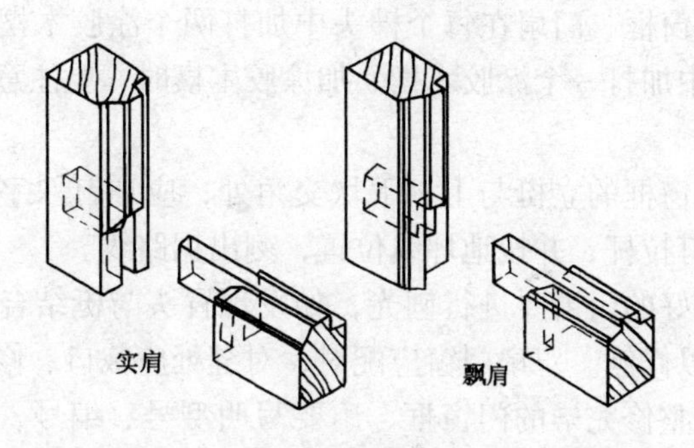

图 10-11　榫肩做法

1）打榫眼要选用与眼宽同尺寸的凿。先打全眼，后打半眼。打全眼时眼的正面要留半条墨线，背面不留。

2）榫眼要方正，先凿背面，后凿正面，不留木渣。

（6）开榫和拉肩

1）榫头应用细锯锯成。开好的榫头应方正平直，拉肩时不得损伤榫眼。

2）榫头线应留半线。半榫的长度应比半眼的深度少2～3mm。

（7）裁口和起线

1）裁口应用边刨操作。要求刨的平直，深浅宽窄一致，不得呛槎起毛、凹凸不平；阴角处要成直角。

2）起线应用线刨操作，要求线条挺直棱角整齐，表面光洁。

（8）拼装、光面、堆放

1）拼装时，应将榫头对准孔眼，轻击敲入拼合，所有榫头待整个门窗框或扇拼好后再行敲实。

2）拼装门窗框，应先将中贯档与立梃拼好，再装上下坎。

3）拼装门扇，应先将冒头与一根立梃拼好，再插装门心板，最后装上另一根立梃。门心板离凹槽底约为2～3mm间隙。拼装窗扇，应先将冒头、窗芯与一根立梃拼好，再将另一根立梃装上。

4）门窗框、门扇在每个榫头中加打两个涂胶木楔，窗扇在每个榫头中加打一个涂胶木楔。加涂胶木楔时，要注意是否归方和翘曲。

5）门窗框的立梃与上、下坎交角处，应加钉八字撑。门框下端应加钉拉杆，并按地坪线位置，刻出锯路线。

6）拼好的门窗要进行刨光，如发现冒头与梃结合处表面不平，应加以修刨。双扇门窗应配对，对缝处应裁口、修刨。

7）经整修完毕的门窗框、扇要写明型号、编号、分类整齐堆放。门窗框靠墙的一面，应涂刷防腐剂。

3．木门窗的制作质量标准

（1）主控项目

1）木门窗的木材品种、材质等级、规格、尺寸、框扇的线型及人造木板的甲醛含量应符合设计要求。

2）木门窗应采用烘干的木材，含水率应符合规定。

3）木门窗的防火、防腐、防虫处理应符合设计要求。

4）木门窗的结合处和安装配件处不得有木节或已填补的木

节。木门窗如有允许限值以内的死节及直径较大的虫眼时，应用同一板质的木塞加胶填补。对于清漆制品，木塞的木纹和色泽应与制品一致。

5）门窗框和厚度大于50mm的门窗扇应用双榫连接。榫槽应采用胶料严密嵌合，并应用胶楔加紧。

6）胶合板门、纤维板门和模压门不得脱胶。胶合板不得刨透表层单板，不得有戗槎。制作胶合板门、纤维板门时，边框和横楞应在同一平面上，面层、边框及横楞应加压胶结。横楞和上、下冒头应各钻两个以上的透气孔，透气孔应通畅。

(2) 一般项目

1）木门窗表面应洁净，不得有刨痕、锤印。

2）木门窗的割角、拼缝应严密平整。门窗框、扇裁口应顺直，割面应平整。

3）木门窗上的槽、孔应边缘整齐，无毛刺。

4）木门窗制作的允许偏差和检验方法应符合表10-1的规定。

木门窗制作的允许偏差和检验方法　　表10-1

项次	项目	构件名称	允许偏差（mm）		检验方法
			普通	高级	
1	翘曲	框	3	2	将框、扇放在检查平台上，用塞尺检查
		扇	2	2	
2	对角线长度差	框、扇	3	2	用钢尺检查，框量裁口里角，扇量外角
3	表面平整度	扇	2	2	用1m靠尺和塞尺检查
4	高度、宽度	框	0；−2	0；−1	用钢尺检查，框量裁口里角，扇料外角
		扇	+2；0	+1；0	
5	裁口、线条结合处高低差	框、扇	1	0.5	用钢直尺和塞尺检查
6	相邻楔子两端间距	扇	2	1	用钢直尺检查

（三）木门窗的安装

1. 木门窗安装操作工艺顺序

立樘子（或塞樘子）→门窗扇安装→选配门窗五金→门窗五金安装

2. 木门窗安装操作工艺要点

（1）立樘子

1）当砌墙刨地坪时，可立门框，砌到窗台高度时，可立窗框。各门窗框应对准墙上所划中线及边线立起，校正垂直后用支撑撑住，并检查上、下坎的水平，如有偏差应随时纠正。

2）同一墙面的门窗框应统一整齐、进出一致。标高相同的门窗框应先立两头，拉通线后再立中间部分，上、下对应的窗框要对齐。

3）立门窗框应注意门窗扇的开启方向。当墙面有抹灰层时，框里面应突出墙面约15～18mm。双层门窗多居墙中立框。门框下部用木板或铁皮设临时施工保护。

（2）塞樘子

1）安装门窗框时，先将框试装于洞口中，四边用木楔临时固定，校正梃的垂直及上、下坎的水平，再用钉将框钉牢在墙内木砖上，每处至少打两只钉。钉帽砸扁冲入樘子梃内。

2）塞门窗框应注意门窗开启方向，框到墙面距离应一致。门框的锯路线与室内地坪平。

（3）门窗扇的安装

1）安装前，应先量出框口净尺寸，考虑风缝大小，再在扇上确定高度及宽度，进行修刨。先用粗刨，再用细刨刨至光滑平直，使其符合设计尺寸要求。

2）将扇放入框子中试装合格后，按扇高的1/8～1/10在框子上按铰链大小画线，并凿出铰链槽，槽深一定要与铰链的厚度相适应，槽底要平。

3）门窗扇安装后，冒头、窗芯应呈水平，双扇或三扇窗其窗芯应互相对齐。纱窗扇的窗芯应正对玻璃扇的窗芯。

(4) 门窗五金的选用与安装

门窗五金包括：铰链、插销、拉手、门锁、风钩等。

1）装铰链（以普通铰链为例）

A. 门窗铰链的位置：门铰链距扇上边 175～180mm，下边 200mm；窗铰链距扇上、下的距离应等于扇高的 1/10，但应错开上、下冒头。

B. 画线。

C. 梃上凿凹槽。

D. 装合页。

2）装拉手

A. 门窗拉手的位置应在门窗扇中线以下。窗拉手距地面 1.5～1.6m；门拉手距地面 0.8～1.1m。

B. 同规格门窗上的拉手位置及高低应一致。

C. 安装时先画线，再装订。

3）装插销

明插销竖装在门窗扇梃的上部或下部；横装在中冒头上；暗插销竖装在门梃边侧的上部和下部。

4）装门锁

A. 按图纸要求将安装锁头部位钻孔。

B. 按要求凿削座槽，剔除门边棱角凹槽，在门梃侧边居中画出周边线，剔凿出方孔槽。

C. 安装弹子锁，用木螺丝将锁身固定。

3. 木门窗安装的质量标准

(1) 主控项目

1）木门窗的开启方向、安装位置及连接方式应符合设计要求。

2）木门窗框的安装必须牢固，预埋木砖的防腐处理、木门窗框固定点的数量、位置及固定方法应符合设计要求。

3）木门窗扇必须安装牢固，开关灵活，关闭严密，无倒翘。

4）木门窗配件的型号、规格、数量应符合设计要求，安装应牢固，位置应正确，功能满足使用要求。

（2）一般项目

1）木门窗与墙体间缝隙的嵌缝材料应符合设计要求，填嵌应饱满。

2）木门窗批水、盖口条、压缝条、密封条的安装应顺直，与门窗结合应牢固、严密。

3）木门窗的留缝限值、允许偏差和检验方法见表10-2。

木门窗的留缝限值、允许偏差和检验方法　　表 10-2

项次	项目		留缝限值（mm）		允许偏差（mm）		检验方法
			普通	高级	普通	高级	
1	门窗槽口对角线长度差		—	—	3	2	用钢尺检查
2	门窗框的正、侧面垂直度		—	—	2	1	用 1m 垂直检测尺检查
3	框与扇、扇与扇接缝高低差		—	—	2	1	用钢直尺和塞尺检查
4	门窗扇对口缝		1～2.5	1.5～2	—	—	用塞尺检查
5	工业厂房双扇大门对口缝		2～5	—	—	—	
6	门窗扇与上框间留缝		1～2	1～1.5	—	—	
7	门窗扇与侧框间留缝		1～2.5	1～1.5	—	—	
8	窗扇与下框间留缝		2～3	2～2.5	—	—	
9	门扇与下框间留缝		3～5	3～4	—	—	
10	双层门窗内外框间距		—	—	4	3	用钢尺检查
11	无下框时门扇与地面间留缝	外门	4～7	5～6	—	—	用塞尺检查
		内门	5～8	6～7	—	—	
		卫生间门	8～12	8～10	—	—	
		厂房大门	10～20	—	—	—	

4. 木门窗安装应注意的质量问题

（1）木门框的位置：门框标高应以下端锯口线作为设计所指定的地坪标高。

（2）门窗框的固定点每边应不小于两处，其间距不大于1.2m。

（3）木门窗框扇安装时，不允许在开关过程中发生扇与框子、地面、扇与扇之间存在碰擦现象，以及门窗扇关闭时，产生倒翘、自开、自关和回弹等现象。

（4）门窗小五金安装应齐全。小五金均用木螺丝固定，不得用钉子代替。

（四）异形窗扇的制作

1. 六边形硬百叶窗

六边形硬百叶窗，窗框的内角为120°，窗框间采取割角榫接，百叶板与窗框嵌槽加榫结合，百叶板与窗平面的倾斜角一般为45°；百叶板之间留有一定的空隙，且上面百叶板的下端与下面百叶板的上端有适当的重叠遮盖。常见的硬百叶窗有平顶和尖顶两种，如图10-12所示。

（1）正六边形的画法

正六边形的边长与正六边形外接圆的半径相等。若正六边形的边长为 r，则画法如图10-13所示。

1）以正六边形的边长 r 为半径作圆。

2）作圆直径 AD。分别以 A、D 为圆心，以 r 为半径作弧交圆于 B、F、C、E 点。

3）连接 AB、BC、CD、DE、EF、FA，即得正六边形 $ABCDEF$。

（2）六边形硬百叶板的操作工艺顺序

放样→求百叶板与料框的交角→计算百叶板尺寸→杆件制作→拼装

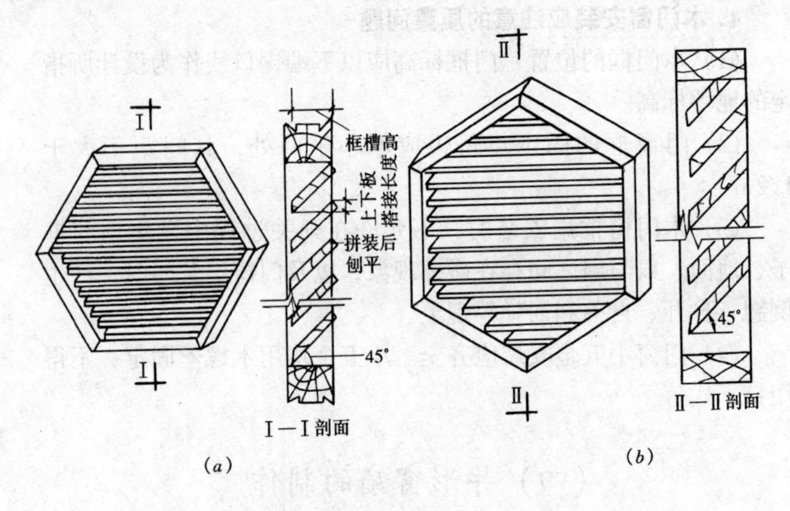

图 10-12　六边形硬百叶窗示意图

(*a*) 六边形平顶百叶窗；(*b*) 六边形尖顶百叶窗

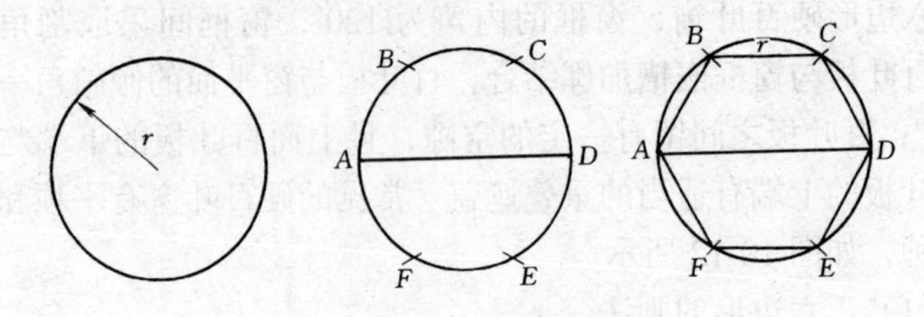

图 10-13　正六边形作法

(3) 六边形硬百叶板的操作工艺要点

举例叙述尖顶和平顶六边形百叶窗的操作工艺

【例 1】　六边形尖顶百叶窗，窗框料 50mm×50mm，百叶板厚 10mm，窗框边长 250mm（外包尺寸），百叶板 10 块，框上凹槽一端开通，一端离框 5mm（即框上凹槽的高度为 50－5＝45mm）。

1）放样

A. 作边长为 250mm 的正六边形 *abcdef*。在正六边形内部，分别画其平行线，且间距为 50mm，得另一正六边形 $a'b'c'd'e'$

f'，如图 10-14 所示。

B. 因为百叶板厚度为 10mm，百叶板与窗平面的倾斜角为 45°，所以成品百叶板小面宽度为：$10\times1.414=14.14$mm。由图 10-14，量出 $a'd'$ 长度为 385mm。故

$$百叶板间距=\frac{385-14.14\times10}{10+1}=22.1\ (\text{mm})$$

C. 在 $a'd'$ 上依次截取 22.1mm 和 14.1mm，然后利用曲尺分别画出各块百叶板的平面位置，如图 10-16。

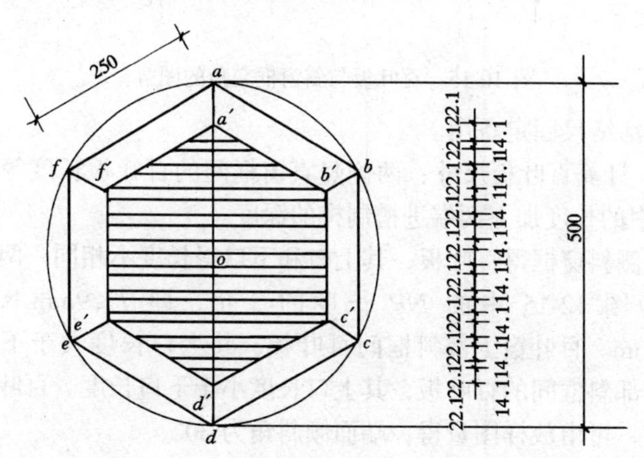

图 10-14　百叶窗平面放样图

2）图解法求百叶板与斜窗框得交角

A. 作一直线三角形 MNP，使 $MN=45$mm（凹槽高度），$\angle PMN=60°$（六边形内角得 1/2）。则可量得：$MP=90$mm、$NP=77.9$mm（NP 长度即为百叶板一端长、短角的差值，在后面计算百叶板下口长度时，可直接选用）。如图 10-15 所示。

B. 过 P 点作 PM 的垂直线 PS，且 $PS=45$mm（凹槽高度）。连接 SM，则 $\angle PMS$ 的大小即为百叶板与斜窗框的交角。可量得：$\angle PMS=26.57°$，凹槽长度 $SM=100.6$mm。如图 10-15。

然后，用活络尺（搭尺）按图固定活络尺的角度备用。百叶板与竖直窗框的交角等于百叶板与窗平面的倾斜角，即为 45°。

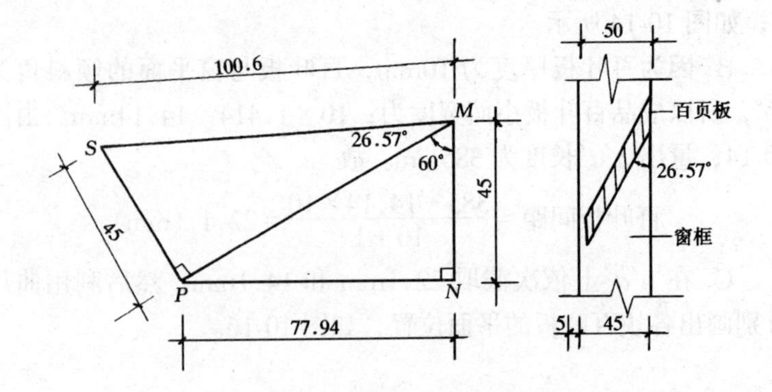

图 10-15　百叶板与斜窗框交角的图解

也应用活络尺固定备用。

3）计算百叶板尺寸：两侧竖直窗框间的百叶板长度等于图10-17中的长度加上两端进槽制榫的深度。

两侧斜窗框得百叶板，其上口和下口得长度不相同。两者的差值为图12-15中的 *NP* 长度的2倍，即 $77.9\text{mm} \times 2 = 155.8\text{mm}$。百叶窗上部斜框间百叶板，其上口长度大于下口长度；下部斜框间的百叶板，其上口长度小于下口长度。百叶板上口尺寸，可由放样图量得，端面倾斜角为30°。

百叶板宽度可由图解法求得：成品宽度 $= 45 \times \sqrt{2} = 73.7\text{mm}$；配料宽度 $= 45 \times \sqrt{2} + 10 = 73.7\text{mm}$。如图10-16所示。

百叶板平面图形如图10-17所示。

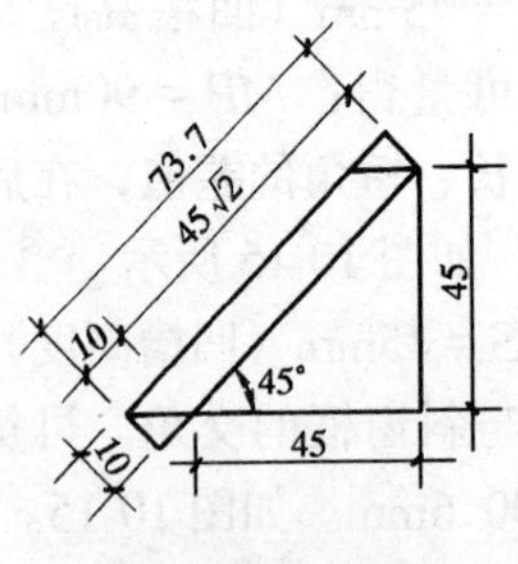

图 10-16　百叶板宽度图解

4）杆件加工制作

A. 将窗框料、百叶板料按图纸尺寸要求刨削平直、兜方。

B. 划出窗框间连接的燕尾榫、槽线和割角线。窗框间的割角为60°。然后，将窗框放在放样图上，引出百叶板的位置，在斜框上用26.57°的活络尺、在竖直框上用45°的活络尺，分别划出凹槽线，榫眼位于凹槽得中央，一端为

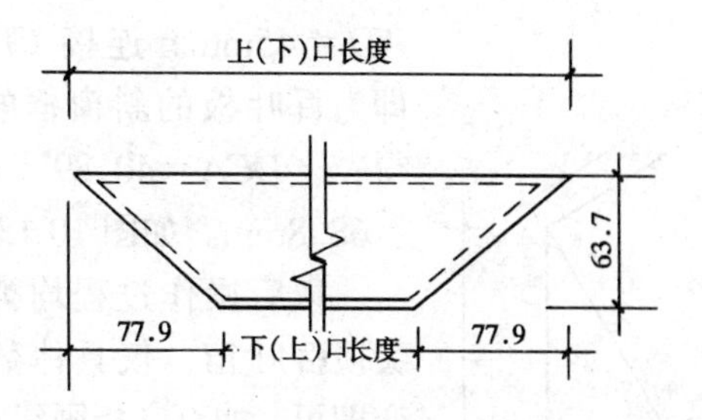

图 10-17　百叶板平面图

半眼。

百叶板画线时，榫头的位置、大小、长短，必须与凹槽中的榫眼相符。上部第一块百叶板的宽度应根据第一条凹槽的实际长度配制。

C. 按线锯割，刨削、凿眼制作窗框和百叶板。百叶板一小面刨成 45°，另一小面待拼装后，统一刨平。

5）拼装：拼装前，应认真检查各杆件的制作质量。确认无误后，先将三根窗框拼装成一体，然后将百叶板逐一插入，最后将另三根拼成一体的窗框拼装上去，连接成型，并刨平凸出的百叶板及四周净面。

【例 2】　某六边形平顶百叶窗，窗框料 50mm×50mm，百叶板厚 10mm，窗框边长 250mm（外包尺寸），百叶板 8 块。框上凹槽一端开通，一端离框边 5mm（即凹槽高为 45mm）。

1）弹出窗框平面图：具体做法见例 1，量得的水平窗框料间距为 333mm。

2）计算百叶板的间距：百叶板的间距 $=\dfrac{333-14.14\times 8}{8}=$ 27.5（mm），并在窗框平面图上弹出百叶板位置。

3）求百叶板与斜窗框的交角：作一直角三角形 ABC，使 $AB=45$mm，$\angle CAB=30°$。则可量得：$AC=52$mm、$BC=26$mm（BC 长度即为百叶板一端长、短角的差值，在计算百叶板下口长度时，可直接选用）。过 A 点作 AC 的垂直线 AD，且

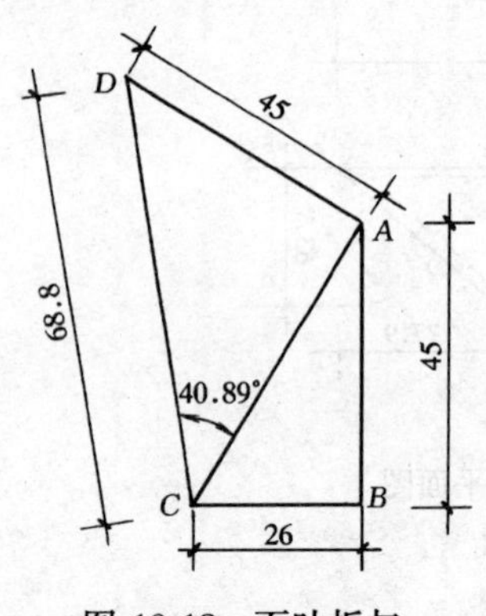

图 10-18　百叶板与斜窗框交角的图解

$AD=45$mm。连接 CD，则$\angle DCA$即为百叶板的斜窗框的交角。可量得：$\angle DCA=40.89°$，凹槽长度 $CD=68.8$mm。如图 10-18 所示。

以后操作过程均类似于六边形尖顶百叶窗，仅具体数字作相应改变即可，如百叶板画线时其端面得倾斜角度应为 60°等。

（4）质量标准，六边形硬百叶窗制作的质量标准同木门窗。

（5）常见质量通病和防治方法见表 10-3。

常见质量通病和防治方法　　**表 10-3**

序号	质量通病	产生原因	防治方法
1	百叶板的倾斜角度不准	画线不准确	通过图解或运用三角函数计算，求得做斜角度，准确画线
2	百叶板不平行	画线、加工有误差	窗框画线时，对称的窗框料应一起划，凹线槽位置应从大样图上引出 准备多把活络尺，使用时轻拿轻放
3	接缝不严密	制作时剔槽不正、割角不准	画线准确，百叶板厚度与凹槽要吻合；剔槽时应留半线，榫眼方正

2. 圆弧形窗

圆形弧窗常见得有圆形和椭圆形两种，这里主要介绍椭圆形窗的制作。椭圆形窗如图 10-19 所示。

（1）椭圆形的画法

1）钉线法

A. 作椭圆之长短轴 AB、CD 互相垂直平分

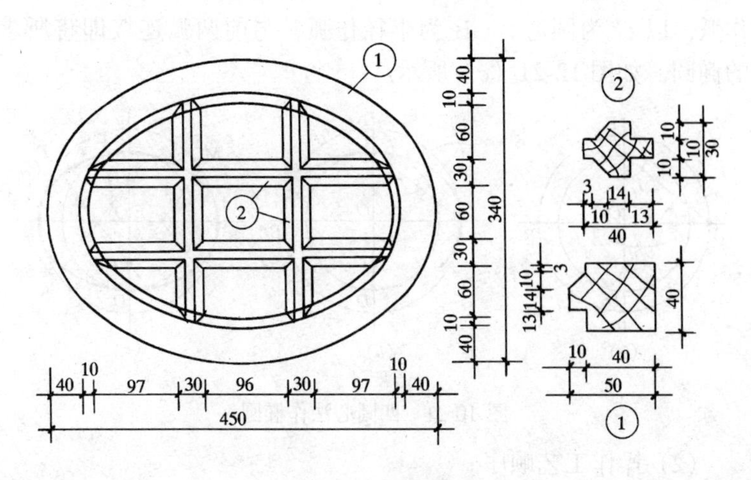

图 10-19　椭圆形窗

B. 以 D 为圆心，$AB/2$ 为半径作弧交 A、B 于 M、N 二点。

C. 取一无伸缩性之长线，令其长度等于长轴 AB，将线两端固定于 M、N 上，用笔扯紧线绳移动一周，所得的曲线即为椭圆，如图 10-20 所示。

2）四圆心法

A. 长轴 AB、短轴 CD 互相垂直平分，交点为 O。以 AB、CD 为直径作同心圆。连接 AC，以 C 为圆心，$OA-OC=CK$ 为半径作弧，交 AC 于 L 点，作 AL 的中垂线交 AB 于 E，交 CD 于 F。如图 10-21（a）所示。

B. 以 C 为圆心，FC 为半径作弧。再以 E 为圆心，EA 为半径作弧，两弧连接，为所求椭圆的 1/4。如图 10-21（b）所示。

C. 同理在长轴及短轴上，求 E、F 之对称点，G、H 两点。以 H 为圆心，HD 为半径

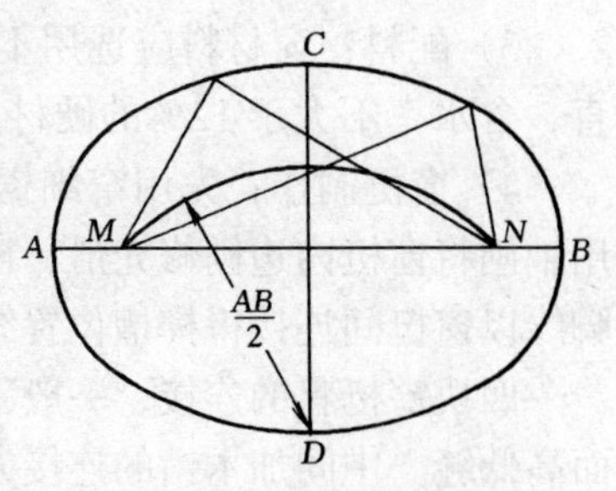

图 10-20　钉线法作椭圆

作弧，以 G 为圆心，GB 为半径作弧，与前两弧连接即将所求的椭圆。如图 12-21（c）所示。

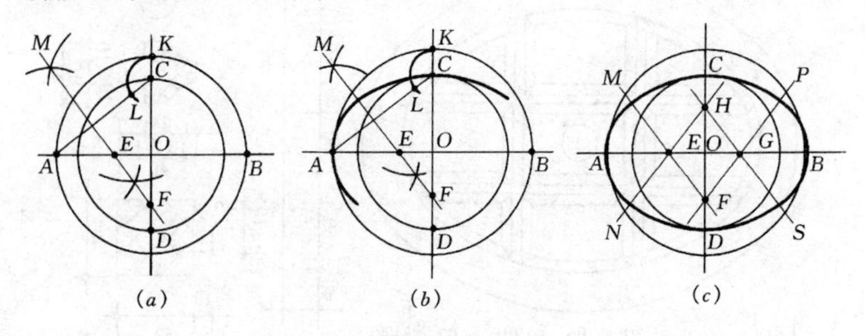

图 10-21　四圆心法作椭圆

（2）操作工艺顺序

放大样→出墙板→配料→窗梃制作→窗棂制作→拼装

（3）操作工艺要点

本例椭圆形窗长轴为 450mm，短轴为 340mm，窗框尺寸 50mm×40mm，窗棂尺寸为 40mm×30mm。

1）放大样：按照设计要求，根据椭圆的作法，做出长轴为 450mm，短轴为 340mm 的椭圆。同理再做出里面另外两个椭圆。

2）椭圆形窗棂一般由块材拼接而成，且两两对称。拼接的位置宜设在 MF、NH、DF 与椭圆的相交处，如图 10-21（c）。

样板制作要准确，误差不得超过 0.2mm。窗棂榫接位置也应在拼板上画出，同时画出窗棂样板。

3）配料：窗材料应选用不得有节子、斜纹和裂缝的木纹顺直，含水率不大于 12%的硬材。

4）窗梃制作：先用窄细锯（线锯）留半线锯割成型，然后用轴刨将窗梃内边刨修光滑，窗梃刨好后，即可划出榫眼线，线脚线以窗梃间连接得榫槽位置线。窗梃凿眼时位置要正确。

四块窗梃料的连接，一般采用带榫高低缝，中间加木销或斜面高低缝。中间加木销的连接方法，如图 10-22 所示。木销的位置、方向要正确。木销的两个对角应在窗梃的直线上，即窗梃的连接缝上。木销材料应用硬木，厚 3mm，长度比销孔长 5～10mm。木销大面为梯形，上口比下口长 4～6mm。销孔的形状、尺寸应与木销吻合，用细齿锯锯割，阴角要方正，且不锯割过线，以免损伤窗梃。

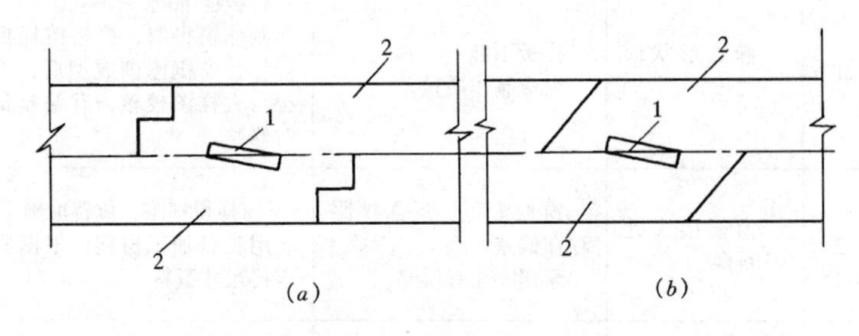

图 10-22 窗梃的连接形式

(*a*) 带榫高低缝，中间加木销；(*b*) 斜面高低缝，中间加木销

1—木销；2—窗梃

窗梃高低缝结合面应平整，兜方，且企口缝的榫、槽大小相等。制作企口缝榫、槽时，榫头和凹槽的外边线应留半线，结合面处不留线；斜面锯割时，外口应留半线，里口不留线。这样拼装能保证高低缝结合面严密无缝隙。

榫眼、结合面等加工完毕后，最后加工窗梃内周边的线脚(起线)。

5) 窗棂制作：按要求的尺寸，对窗棂进行全长刨削成型，然后根据相应的安装尺寸，锯断为多根短窗棂，并做好编号，以便拼装。窗棂和窗梃，采用半榫，飘扇结合的方法。

6) 拼装：先将窗棂拼装成型，四块窗梃两两相连，然后，将窗棂与连成一体的两块窗梃榫接，最后将另两块连接成一体的窗梃拼装，并用木销楔紧。拼装时，榫头、榫眼、凹槽、木销、高低缝结合面等都应涂胶加固。

窗扇拼装成型后，应按大样图校核，24h 后，修整接头，细刨净面。

(4) 质量标准：同木门窗的制作。

(5) 常见的质量通病和防治方法见表 10-4。

常见的质量通病和防治方法表　　表 10-4

序号	质量通病	原　因	防治方法
1	椭圆形状误差大	样板不准 窗梃制作质量差	样板应准确 制作窗梃时，严格按样板操作，窗梃刨削成型后，逐根与大样图校核，有偏差及时修整
2	窗棂接头处不顺直	窗棂上正、反面榫眼存在偏差 窗棂断面有误差	窗棂得榫眼，位置准确 用长料加工窗棂，根据要求得尺寸截料
3	割角不严密	加工存在误差	按大样板精心加工，锯割时宁放线而不去线，拼接时若有不合，及时修整

(五) 楼梯扶手的制作与安装

1. 木扶手

(1) 木扶手的断面形式和构造

常见楼梯木扶手断面形式如图 10-23 所示，靠墙扶手的构造如图 10-24 所示。

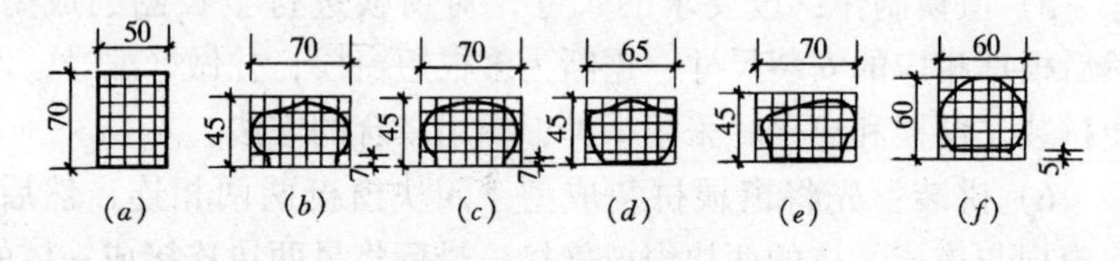

图 10-23　扶手断面

(2) 操作工艺顺序

直扶手制作→弯头制作→钻孔凿眼→安装→修整

(3) 操作工艺要点

1) 直扶手制作：按设计要求划出扶手横断面样板。先将扶

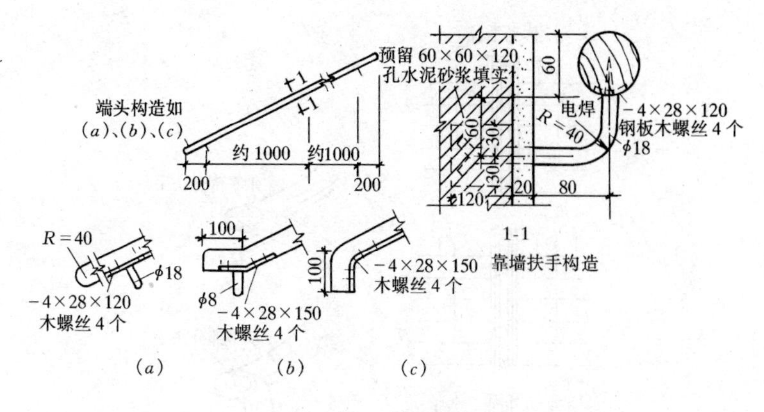

图 10-24　靠墙扶手

手底面刨直刨平。然后画出中线，在两端对好样板划出断面，刨出底部凹槽，再用线脚刨沿端头的断面线刨削成型，刨时须留半线。

2）弯头制作：木扶手弯头按其所处得位置不同，有拐弯、平盘和尾弯等。木扶手弯头一般运用樟木，当楼梯栏板之间的距离在 200mm 以内时，弯头可以整只做，当大于 200mm 时，可以断开做。一般弯头伸出的长度不小于踏步宽度的 1/2，如图 10-25 所示。

A. 斜纹出方：先将做弯头的整料从斜纹出方，如图 10-26 所示

B. 划底面线：根据楼梯三角样板和弯头的尺寸，在弯头料的两个直角上划出弯头的底面线

C. 做准底面：按线锯割、刨平底面，并在底面上开好安装扶手铁板的凹槽，要求槽底平整、槽深与推板厚度一致。

D. 划侧面线、断面线和加工成型：锯割、刨削弯头时应留半线，内侧面要锯得平直。

3）钻孔凿眼：弯头成型后，在弯头断面安装双头螺栓处垂直钻孔，孔深比双头螺栓长度的一半稍深些，钻头直径比螺栓直径大 0.5～1mm。同时在弯头底面离端面 50mm 以外凿眼或打

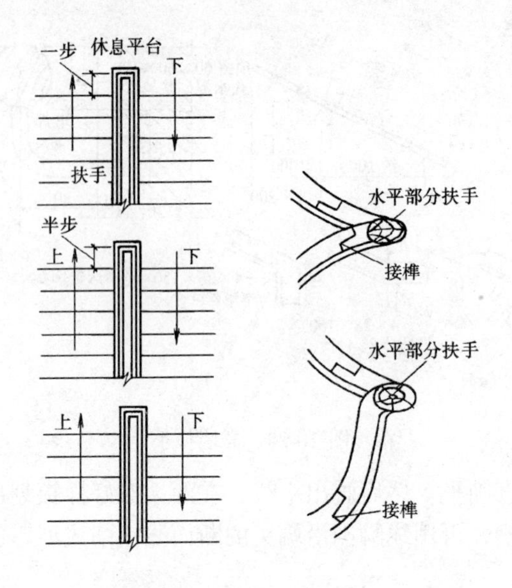

图 10-25　扶手接头图

眼。

4）安装：扶手安装，一般由下向上进行。先将每段直扶手与相邻得弯头连接好，如图 10-27 所示。

然后，再放在铁板上作整体连接。

5）修整：弯头和扶手安装好后，要将接头之间修理平整，使之外观平直、和顺、光滑。

2. 塑料扶手

（1）塑料扶手安装的操作工艺顺序

准备工作→塑料扶手安装→塑料扶手对接→表面处理

（2）塑料扶手安装的操作工艺要点

1）准备工作：栏杆扶手的支承托板要求平整顺直；拐弯处的托板角度要方正平直；并将托板上的残留焊渣清除干净；每个单元楼梯应选用颜色一致的塑料扶手。

除了常用工具外，还需准备焊接设备和加热工具（如热吹风等）。

2）塑料扶手安装：先将扶手材料加热到65～80℃这时材料变软，很容易自上而下地包覆在支承上，应注意避免将其拉长。支承的最小弯曲半径为3″（76mm），对这些小半径的扶手，安装时可用一些辅助工具。塑料扶手的断面及安装如图10-28所示。

3）塑料扶手对接

A. 对接焊缝：焊接的断面可以是垂直的，也可以是倾斜的。焊接时，手持焊条，施加压力应均匀合理，焊条施力方向与母体材料的焊缝成90°。焊好的焊缝表面不得有裂纹或断裂。

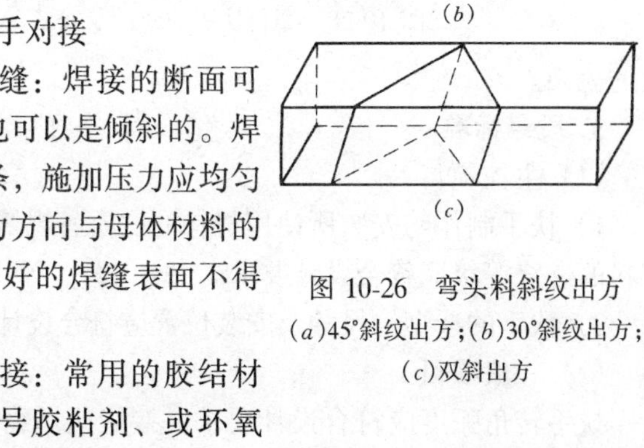

图10-26　弯头料斜纹出方
(a)45°斜纹出方；(b)30°斜纹出方；(c)双斜出方

B. 对缝胶接：常用的胶结材料有天津601号胶粘剂、或环氧型、橡胶型和聚氨酯等胶粘剂。对缝胶接时，缝要严密，胶粘剂涂抹要饱满，粘接要牢固，胶接要平整。

C. 表面处理：塑料扶手对接后的表面必须用锉刀和砂纸磨光，但注意不要使材料发热，如果发热，可用冷水冷却，最后用一块布沾些干溶剂轻轻擦洗一下，再用无色蜡抛光，就可得到光

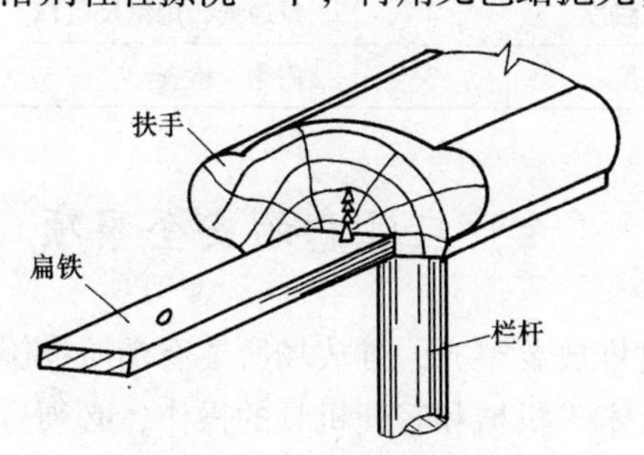

图10-27　木扶手的固定

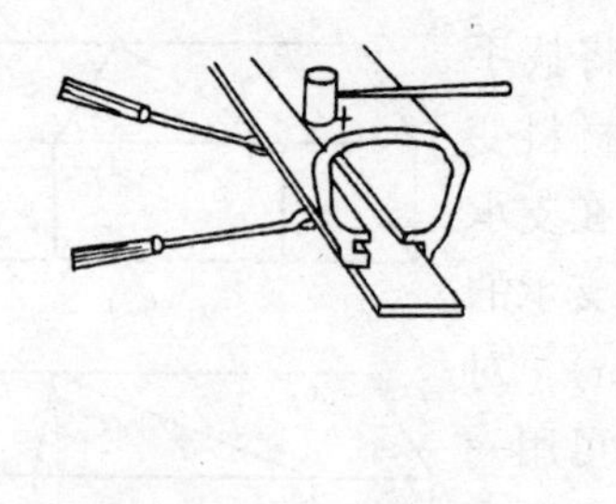

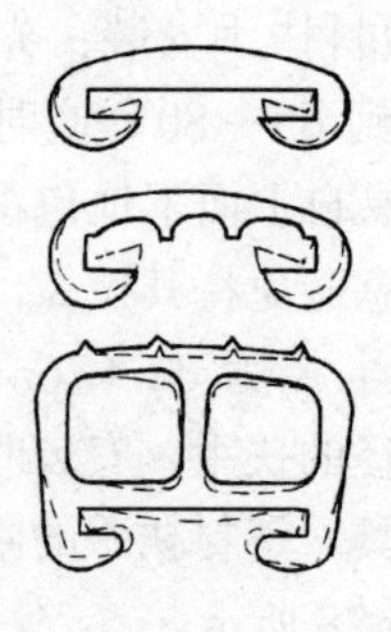

图 10-28　塑料扶手的断面及安装

滑的表面。

3. 质量标准

（1）主控项目

1）扶手制作与安装所使用材料的材质、规格、数量和木材、塑料的燃烧等级应符合设计要求。

2）扶手的造型、尺寸及安装位置应符合设计要求。

（2）一般项目

扶手转角弧度应符合设计要求，接缝应严密，表面应光滑，色泽应一致，不得有裂缝、翘曲及损坏。

（3）楼梯扶手制作和安装的允许偏差和检验方法见表 10-5。

楼梯扶手制作和安装的允许偏差和检验方法　　表 10-5

项次	项　目	允许偏差	检　验　方　法
1	扶手直线度	4	拉通线，用钢尺检查
2	扶手高度	3	用钢尺检查

（六）应注意的安全事项

（1）木材堆放要整齐，堆放场所要有消防措施。

（2）进行木工机械和轻便机具的操作，必须遵守安全操作规程。

(3) 操作地点的刨花、碎木料要有专人负责清理，不得在操作地点吸烟和用火。

(4) 在二层以上安装窗框、扇时要搭脚手架、安全网或系安全带，并注意防止工具坠落。

(5) 工作前要检查所有工具是否牢靠，以免斧、锤等脱柄飞出伤人。

(6) 使用电气设备要有接地，机器要有专人负责，使用完毕后要切断电源。

复 习 题

1. 说明木门、窗各部分的名称。
2. 木门窗有哪几种类型?
3. 木门窗的各部分是用什么榫头结合的? 榫头尺寸有哪些规定?
4. 说明普通木门窗的制作方法。
5. 怎样安装木门窗?
6. 木门窗五金有哪些种类? 举例说明 1～2 种的安装方法。
7. 木门窗制作、安装的质量标准有哪些? 允许偏差是多少?
8. 木门窗制作时应注意哪些质量问题?
9. 木门窗安装时应注意哪些质量问题?
10. 简述平顶六边形硬百叶窗的操作工艺顺序和施工要点。
11. 试述椭圆形窗配料、制作、拼装的施工要点。
12. 椭圆形弧窗常见的质量通病有哪些? 怎样防治?
13. 试述楼梯木扶手制作、安装的操作工艺顺序。
14. 塑料扶手安装的施工顺序是什么?
15. 木门窗制作、安装时应注意哪些安全事项?

十一、模 板 工 程

模板是浇捣混凝土的模壳。模板系统包括模板和支撑两大部分。模板与混凝土直接接触，使混凝土有结构构件所要求的形状尺寸和空间位置。支撑系统则是支撑模板，保持其位置正确，以及承受模板、混凝土、钢筋及施工等荷载部分。如果模板本身不牢固，接缝不严密，就容易引起混凝土漏浆，造成混凝土蜂窝麻面，减弱结构的强度。如果支撑不牢固，在浇捣混凝土过程中模板会产生变形、变位，使结构构件的断面尺寸及位置出现偏差，甚至造成倒塌事故。因此，模板制作安装质量的好坏，直接影响到混凝土的结构构件的质量。

模板按其形式不同可分为整体式模板、定型模板、滑升模板、移动式模板、台模等。

模板按其材料不同可分为木模板、钢模板、塑料模板、玻璃钢模板等。

（一）定型组合钢模板

定型组合钢模板是一种工具式定型模板，由钢模板和配件组成，配件包括连接件和支承件。

1. 钢模板

钢模板包括平面模板、阴角模板、阳角模板和连接角模，如图 11-1 所示。除外还有一些异形模板。

钢模板采用模数制设计，宽度模数以 50mm 进级，长度为 150mm 进级，可以适应横竖拼装，拼接成以 50mm 进级的任何尺寸的模板的规格见表 11-1 所列。

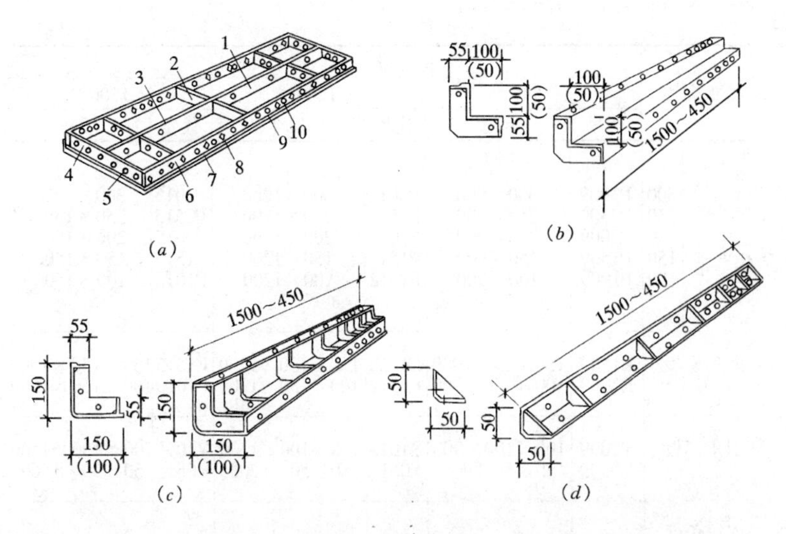

图 11-1 钢模板类型

（*a*）平面模板；（*b*）阳角模板；（*c*）阴角模板；（*d*）连接角模

1—中纵肋；2—中横肋；3—面板；4—横肋；5—插销孔；6—纵肋；7—凸棱；8—凸鼓；9—U形卡孔；10—钉子孔

如拼装时出现不足模数的空缺，则用镶嵌木条补缺，用钉子或螺栓将木条与钢模板边框上的孔洞连接。

钢模板规格编码表　　表 11-1

模板名称			模板长度（mm）					
			450		600		750	
			代号	尺寸	代号	尺寸	代号	尺寸
平面模板（代号P）	宽度（mm）	300	P3004	300×450	P3006	300×600	P3007	300×750
		250	P2504	250×450	P2506	250×600	P2507	250×750
		200	P2004	200×450	P2006	200×600	P2007	200×750
		150	P1504	150×450	P1506	150×600	P1507	150×750
		100	P1004	100×450	P1006	100×600	P1007	100×750
阴角模板（代号E）			E1504	150×150×450	E1506	150×150×600	E1507	150×150×750
			E1004	100×150×450	E1006	100×150×600	E1007	100×150×750
阳角模板（代号Y）			Y1004	100×100×450	Y1006	100×100×600	Y1007	100×100×750
			Y0504	50×50×450	Y0506	50×50×600	Y0507	50×50×750
连接角模（代号J）			J0004	50×50×450	J0006	50×50×600	J0007	50×50×750

续表

模板名称		模板长度（mm）					
		900		1200		1500	
		代号	尺寸	代号	尺寸	代号	尺寸
平面模板（代号P）	宽度（mm） 300	P3009	300×900	P3012	300×1200	P3015	300×1500
	250	P2509	250×900	P2512	250×1200	P2515	250×1500
	200	P2009	200×900	P2012	200×1200	P2015	200×1500
	150	P1509	150×900	P1512	150×1200	P1515	150×1500
	100	P1009	100×900	P1012	100×1200	P1015	100×1500
阴角模板（代号E）		E1509	150×150×900	E1512	150×150×1200	E1515	150×150×1500
		E1009	100×150×900	E1012	100×150×1200	E1015	100×150×1500
阳角模板（代号Y）		Y1009	100×100×900	Y1012	100×100×1200	Y1015	100×100×1500
		Y0509	50×50×900	Y0512	50×50×1200	Y0515	50×50×1500
连接角模（代号J）		J0009	50×50×900	J0012	50×50×1200	J0015	50×50×1500

为了便于板块之间的连接，钢模板边框上有连接孔，孔距均为150mm，端部孔距边肋为75mm。

2. 连接件

如图11-2所示，定型组合钢模板的连接件包括：U形卡：L形插销、钩头螺栓、对拉螺栓、紧固螺栓和扣件等。

(1) U形卡

如图11-2（*a*）所示，用于相邻模板的拼接，其安装的距离不大于300mm，即每隔一扎卡插一个，安装方向一顺一倒相互交错，以抵消因打紧U形卡可能产生的位移。

(2) L形插销

如图11-2（*b*）所示，用于插入钢模板端部横肋的插销孔内，以加强两相邻模板接头外的刚度和保证接头处板面平整。

(3) 钩头螺栓

钩头螺栓用于模板与内外钢楞的加固，安装间距一般不大于600mm，长度应与采用的钢楞尺寸相适应，如图11-2(*c*)所示。

(4) 紧固螺栓

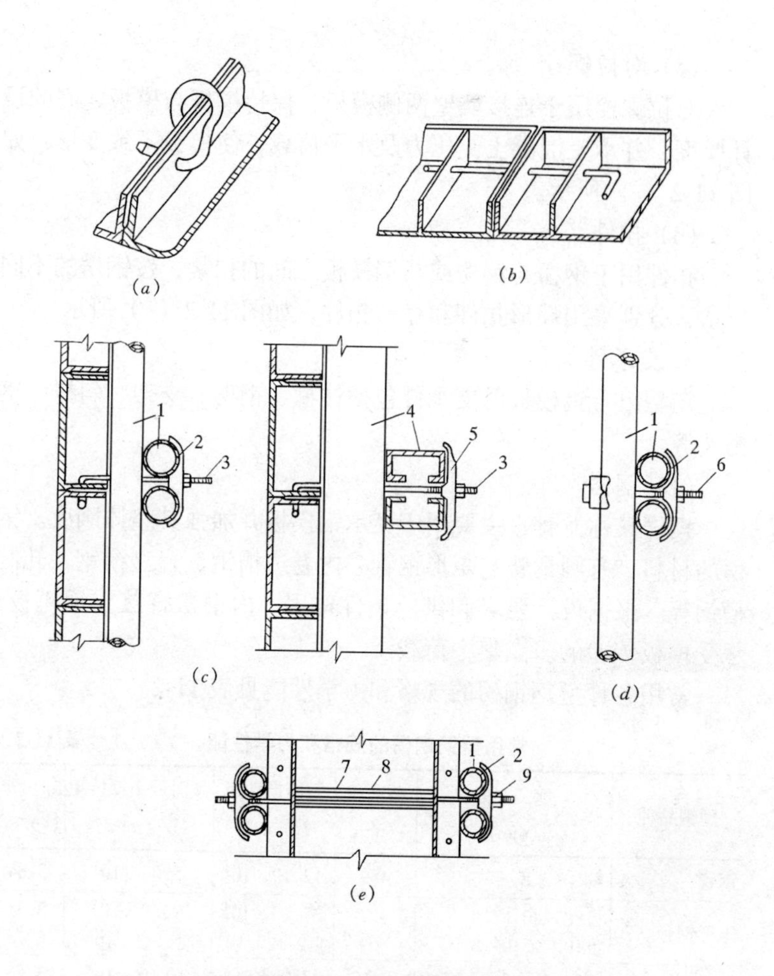

图 11-2 钢模板连接件

(a) U形卡连接；(b) L形插销连接；(c) 钩头螺栓连接；
(d) 紧固螺栓连接；(e) 对拉螺栓连接
1—圆钢管钢楞；2—3形扣件；3—钩头螺栓；4—内卷边槽钢钢楞；
5—蝶形扣件；6—紧固螺栓；7—对拉螺栓；
8—塑料套管；9—螺母

紧固螺栓用于紧固内外钢楞，长度应与采用的钢楞尺寸相适应，如图 11-2 (*d*) 所示。

(5) 对拉螺栓

对拉螺栓用于连接墙壁两侧模板，保持模板与模板之间的设计厚度，并承受混凝土侧压力及水平荷载，使模板不致变形，如图 11-2（*e*）所示。

(6) 扣件

扣件用于钢楞与钢楞或与钢模板之间的扣紧，按钢楞的不同形状，分别采用蝶形扣件和弓形扣件，如图 11-2（*c*）所示。

3. 支承件

定型组合钢模板的支承件包括柱箍、钢楞、支架、斜撑、钢桁架等。

(1) 钢楞

钢楞又称龙骨，主要用于支承钢模板并加强其整体刚度。钢楞的材料，有圆钢管、矩形钢管、内卷边槽钢、轻型槽钢、轧制槽钢等。根据设计要求和供应条件选用。内钢楞直接支承模板，承受模板传递的多点集中荷载。

常用各种型钢钢楞的规格和力学性能见表 11-2。

常用型钢钢楞的规格和力学性能　　表 11-2

型钢品种	规　格 (mm)	截面积 $A(mm^2)$	截面惯性矩 $I_x(mm^4)$	截面最小抵抗矩 $W_x(mm^3)$	重　量 (kg/m)
钢管	ϕ48×3.5	489	12.19×10^4	5.08×10^3	3.84
矩形钢管	□80×40×2.0	452	37.13×10^4	9.28×10^3	3.55
	□100×5.0×3.0	864	112.12×10^4	22.42×10^3	6.78
冷弯薄壁槽钢	[80×40×3.0	450	43.92×10^4	10.98×10^3	3.53
	[100×50×3.0	570	88.52×10^4	12.20×10^3	4.47
内卷边槽钢	□80×40×15×3.0	508	48.92×10^4	12.23×10^3	3.99
	□100×50×20×3.0	658	100.28×10^4	20.06×10^3	5.16
轧制槽钢	[80×43×5.0	1024	101.30×10^4	25.30×10^3	8.04

注：由 Q235 钢管、钢板、槽钢制成。

(2) 柱箍

柱箍又称柱卡箍，定位夹箍，用于直接支承和夹紧各类柱模的支承件，可根据柱模的外形尺寸和侧压力的大小来选用。

常用柱箍的规格和力学性能 表 11-3

材料	简图	规格 (mm)	夹板长度 (mm)	截面积 A (mm^2)	截面惯性矩 I_x (mm^4)	截面最小抵抗矩 W_x (mm^3)	适用柱宽范围 (mm)	重量 (kg/根)
角钢	1 2 3 1200 75 夹板 插销 限位器	∠75×50×5	1068	612	34.86×10^4	6.83×10^3	250~750	5.01
轧制槽钢	1 2 夹板 插销	[80×43×5 [100×48×5.3	1340 1380	1024 1074	101.30×10^4 198.30×10^4	25.30×10^3 39.70×10^3	500~1000 500~1200	11.69 15.21

续表

材料	简　图	规　格 (mm)	夹板长度 (mm)	截面积 A (mm^2)	截面惯性矩 I_x (mm^4)	截面最小抵抗矩 W_x (mm^3)	适用柱宽范围 (mm)	重　量 (kg/根)
钢管	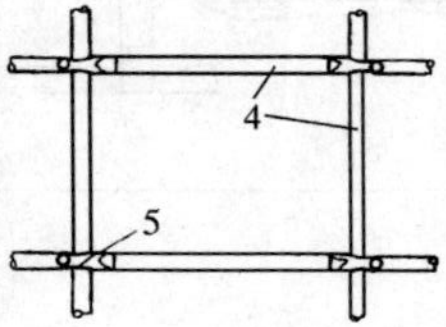 (a) 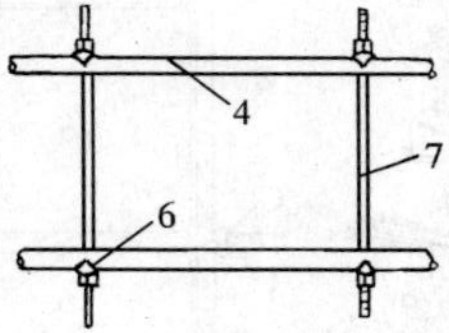(b)	$\phi48\times3.5$	1200	489	12.19×10^4	5.08×10^3	300～700	4.61

注：1. 图中：1—插销；2—夹板；3—限位器；4—钢管；5—直角扣件；6—方形扣件；7—对拉螺栓。
2. 由 Q235 角钢、槽钢、钢管制成。

常用柱箍的规格和力学性能见表11-3。

(3) 梁卡具

梁卡具又称梁托架。是一种将大梁、过梁等钢模板夹紧固定

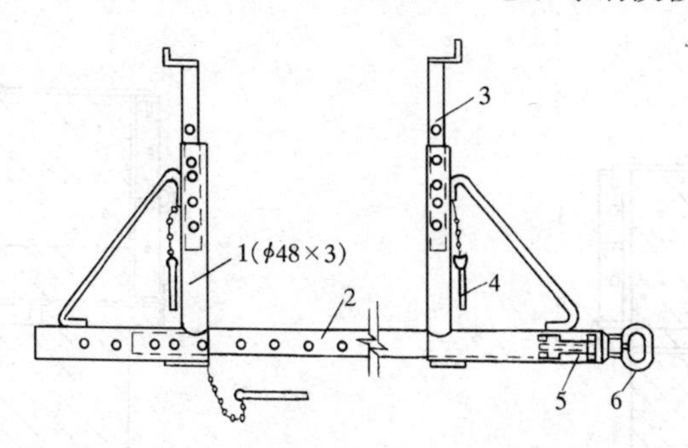

图 11-3 钢管形梁卡具

1—三角架；2—底座；3—调节杆；4—插销；5—调节螺栓；6—钢筋环

的装置，并承受混凝土侧压力，种类较多。其中钢管形梁卡具(图11-3)，适用于断面为700mm×500mm以内的梁；扁钢和圆钢管组合梁卡具（图11-4)，适用于断面为600mm×500mm以内的梁，上述两种梁卡具的高度和宽度都能调节。

(4) 圈梁卡

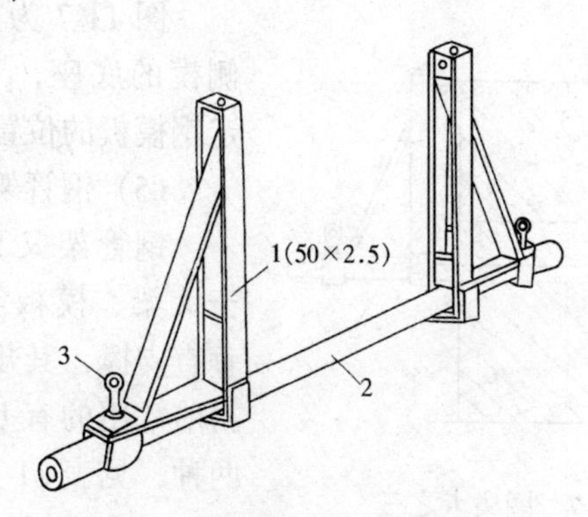

图 11-4 扁钢和圆钢管组合梁卡具

1—三角架；2—底座；3—固定螺栓

用于圈梁、过梁、地基梁等方形梁侧模的夹紧固定。目前各地使用的形式多样，现介绍以下几种施工简便的圈梁卡，如图 11-5、图 11-6 和图 11-7 所示。

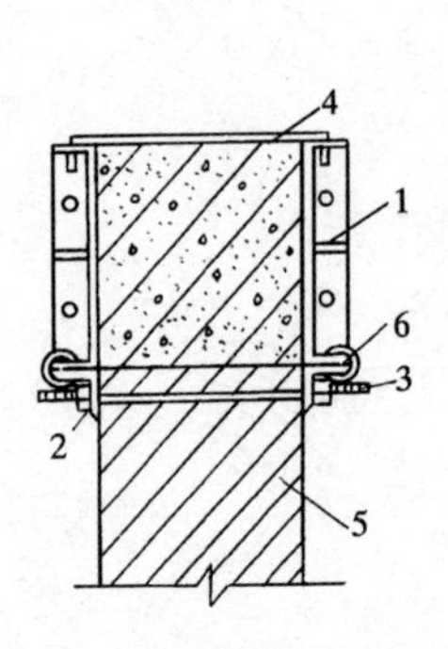

图 11-5　圈梁卡之一

1—钢模板；2—连接角模；3—拉结螺栓；4—拉铁；5—砖墙；6—U形卡

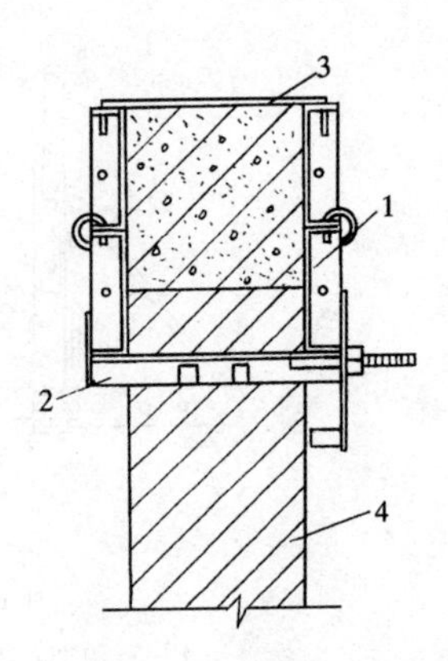

图 11-6　圈梁卡之二

1—钢模板；2—卡具；3—拉铁；4—砖墙

图 11-5 为用连接角模和拉结螺栓作梁侧模底座，梁侧模上部用拉铁固定。

图 11-6 为用角钢和钢板加工成的工具式圈梁卡。

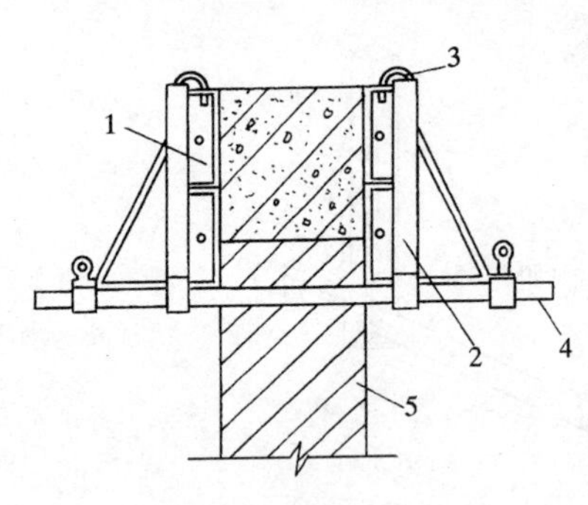

图 11-7　圈梁卡之三

1—钢模板；2—梁卡具；3—弯钩；4—圈钢管；5—砖墙

图 11-7 为用梁卡紧作梁侧模的底座，上部用弯钩固定钢模板的位置。

(5) 钢管架

钢管架又称钢支柱。用于大梁、模板等水平模板的垂直支撑，其规格型式较多，目前常用的有 CH 型和 YJ 型两种，见表 11-4。

表 11-4

简图	CH型			YJ型		
项目	CH-65	CH-75	CH-90	YJ-18	YJ-22	YJ-27
最小使用长度（mm）	1812	2212	2712	1820	2220	2720
最大使用长度（mm）	3062	3462	3962	3090	3490	3990
调节范围（mm）	1250	1250	1250	1270	1270	1270
螺旋调节范围（mm）	170	170	170	70	70	70
容许荷载 最小长度时（kN）	20	20	20	20	20	20
容许荷载 最大长度时（kN）	15	15	12	15	15	12
重量（kg）	12.4	13.2	14.8	13.87	14.99	16.39

注：1. 图中：1—预板；2—套管；3—插销；4—插管；5—底板；6—螺管；7—转盘；8—手柄；9—螺旋套。

2. CH型相当于《组合钢模板技术规范》GBJ214—89 的 C-18 型、C-22 型和 C-27 型，其最大使用长度分别为 3112、3512、4012mm。

钢管支架也可以采用扣件式钢管脚手架、碗扣式钢管脚手架和门式支架等支撑梁、楼板等水平模板。

(6) 平面可调桁架

用于楼板、梁等水平模板的支架，用它支设模板，可以节省模板支撑和扩大楼层的施工空间，有利于加快施工速度。

平面可调桁架采用的类型较多，其中轻型桁架（图 11-8）采用角钢、扁钢和圆钢筋制式，由两榀桁架组合后，其跨度可调整到 2100～3500mm，一个桁架的承载力为 20kN（均匀放置）。

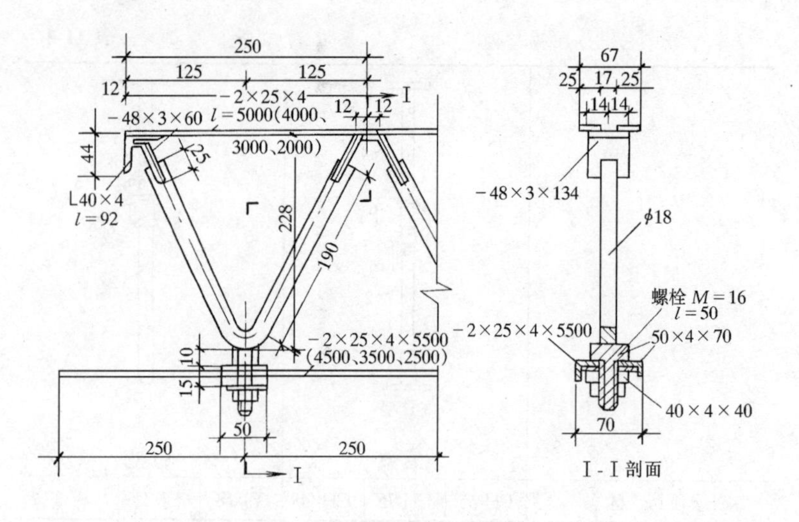

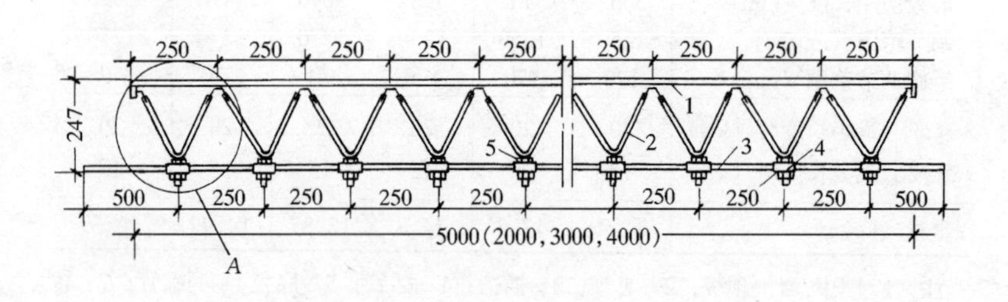

图 11-8　可变桁架示意图

1—内弦；2—腹筋；3—外弦；4—连接件；5—螺栓

（二）组合钢模板基础、柱、梁模板设计基本知识

组合钢模板又称组合式定型小钢模，是目前使用较广泛的一种通用性组合模板。用它进行现浇钢筋混凝土结构施工，可事先按设计要求组拼成基础、梁、柱、墙等各种大型模板，整体吊装

就位，也可以采用散装散拆方法，比较方便灵活。

利用组合钢模板支模，首先要进行模板设计、绘制模板施工图，根据模板施工图的要求，进行备料、安装、拆除。

1. 组合钢模板的支模设计步骤

（1）根据施工组织设计对施工段的划分，施工工期和流水作业的安排，首先明确需要配置模板的层、段数量。

（2）根据工程情况和现场施工条件，决定模板的组装方法，如在现场散装散拆，还是进行预拼装，整体安装拆除。采用的主要支撑是木方还是钢支撑等。

（3）根据已确定配模的层数，按照施工图中梁柱等构件尺寸，进行模板组配设计。

（4）明确支撑系统的布置、连接和固定方法。

（5）进行加固和支撑件等的设计计算和选配工作。

（6）确定预埋件的固定方法，管线埋设方法，以及特殊部位（如预留孔洞等）的处理方法。

（7）绘制模板施工图，列出材料单。

以上是组合钢模板一般的设计步骤的原则要求。在进行不同构件支模时，还要针对构件的具体承受荷载的特点进行具体的设计，以下是每个单一构件模板设计的要求。

2. 条形基础、独立基础的模板设计

由于条形基础、独立基础的模板高度比较小，侧向模板受力较小，所以一般不需要进行荷载计算，只要模板符合构造要求，就可以达到使用上的要求。只需要进行模板的配板设计，支撑按构造要求设置。

（1）条形基础、独立基础模板的配置构造要求：一般条形基础、独立基础和厚度较小的筏基的侧模板采用配模为横向，且配板高度可以高出混凝土浇筑表面。在模板上弹出混凝土浇筑厚度线，模板高度方向如用两块以上模板组拼时，一般应用竖向钢楞连固。其模板接缝齐平布置时，竖楞间距一般宜为750mm；当接缝错开布置时，竖楞间距最大可为1200mm。基础模板由于在基槽内，可以在基槽内设置锚固桩支撑侧向模板。

（2）条形基础模板两边侧模，一般采用横向配置，模板下端外侧用通长横楞连固，并与预先埋设在垫层上的锚固件楔紧。竖楞可用 48mm×3.5mm 钢管，用 U 形钩与模板连固，竖楞上端用扣件固定对接。当条形基础是阶梯形时，可分次支模，先支下阶侧模板，在下阶浇筑完毕混凝土后，再在其上支上阶模板。当基础下阶段宽、厚时，可按计算设置对拉螺栓。上阶模板可用工具卡固定，亦可用钢管支架固定，如图 11-9 所示。

（3）独立基础分为带地梁、不带地梁、台阶式等。其模板布置与多阶条形基础基本相同。但是上阶模板应搁置在下阶模板上，各阶模板的相对位置要固定结实，以免浇筑混凝土时模板位移。杯形基础的芯模可用楔形木条与钢模组合而成。各台阶的模

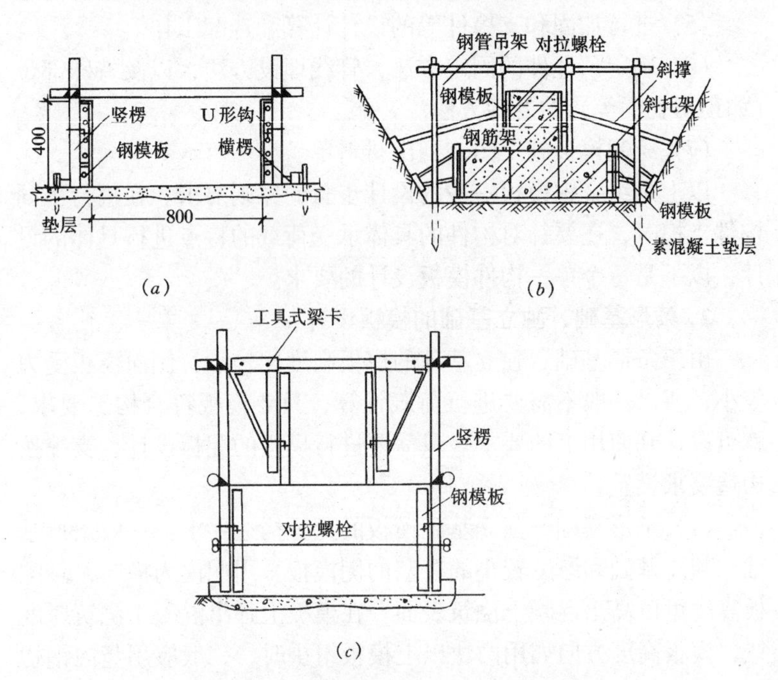

图 11-9 条（阶）形基础支撑示意图

（*a*）竖楞上端对拉固定；（*b*）斜撑；（*c*）对拉螺栓

板用角模连接成方框，模板宜横排，不足部分设用竖排组拼。竖楞、横楞、和抬杠均可采用 48mm×3.5mm 钢管，钢管用扣件连接固定。

3．柱的模板设计

柱模板的施工设计,首先应按单位工程中不同断面尺寸和长度的柱,所需配置模板的数量做出统计(图 11-10),并编号、列表。

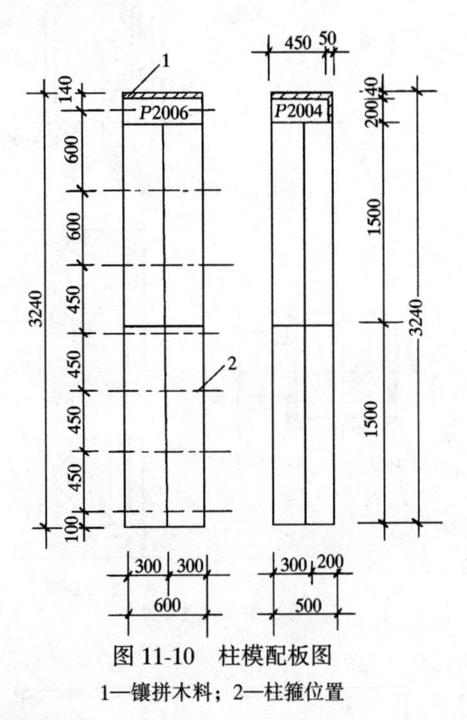

图 11-10　柱模配板图

1—镶拼木料；2—柱箍位置

4．梁的模板设计

梁模板往往与柱、墙、楼板模板相交接，故配板比较复杂。另外梁模板既要承受混凝土的侧压力，又要承受垂直荷载，故支撑布置比较特殊。因此，梁模板的施工设计有它的独特情况。梁模板的配板，宜沿梁的长度方向排，端缝一般都可以错开，但是配板的长度和高度要根据与柱、墙、大梁的模板基础上，用角模和不同规格的钢模板嵌补模板拼出梁口。其配板长度为梁净跨减

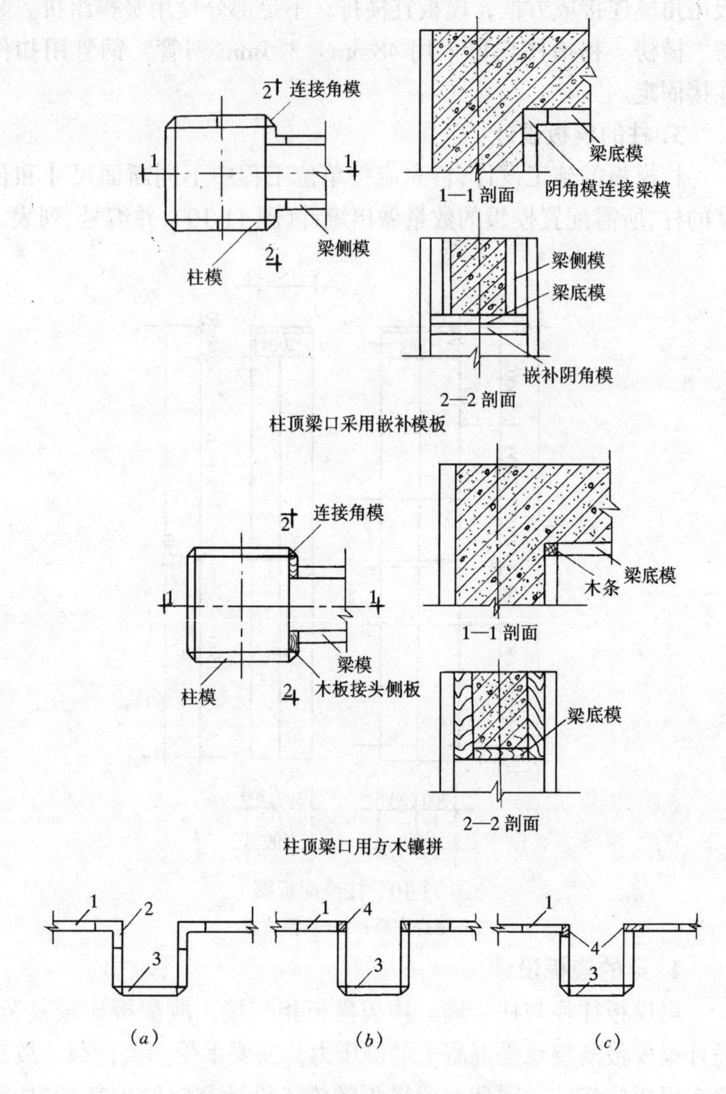

图 11-11　梁模板与楼板模板交接

（*a*）阴角模连接；（*b*）、（*c*）木材拼镶

1—楼板模板；2—阴角模板；3—梁模板；4—木材

去补模板的宽度，或在梁口用木方相拼，不使梁口处的板块边肋与柱混凝土接触，在柱身适当高度位置设柱箍，用以搁置梁模，如图 11-11 所示。

梁模板与楼板模板交接，可采用阴角模板或木材拼镶。

梁模板侧模的纵、横楞布置，主要与梁的模板高度和混凝土侧压力有关，应该通过计算确定。直接支撑梁底模板的横楞，其间距与梁侧模板的纵楞间距相适应，并照顾楼板的支撑布置情况。具体设计步骤如下：

（1）根据梁的尺寸计算模板块数及拼镶木模的面积，通过比较做出选择木拼板最少的方案。

（2）确定模板的荷载。

（3）进行模板验算。

（三）基础、梁、柱组合钢模板安装

组合钢模板的安装和拆除，是以模板工程施工设计为依据，根据结构工程流水分段施工的布置和施工进度计划，将钢模板、配件和支撑系统组装成基础、柱、墙、梁、板等模板结构，供混凝土浇筑使用。

1. 施工前的准备工作

（1）模板的定位基础工作（图 11-12）

组合钢模板在安装前，要做好模板的定位基准工作，其工作步骤是：

1）进行中心线和模板位置线的放线：首先引测建筑物的边柱或墙轴线，并以该轴线为起点，引出每条线，模板放线时，应先清理好现场，然后根据施工图用墨线弹出模板的内边线和中心线，墙模板要弹出模板的内边线和外侧控制线，以便于模板安装和校正。

2）做好标高测量工作：柱、墙模板的标高，用水准仪转移到柱、墙的钢筋上，在钢筋上做好明显标记，一般标记高度可比

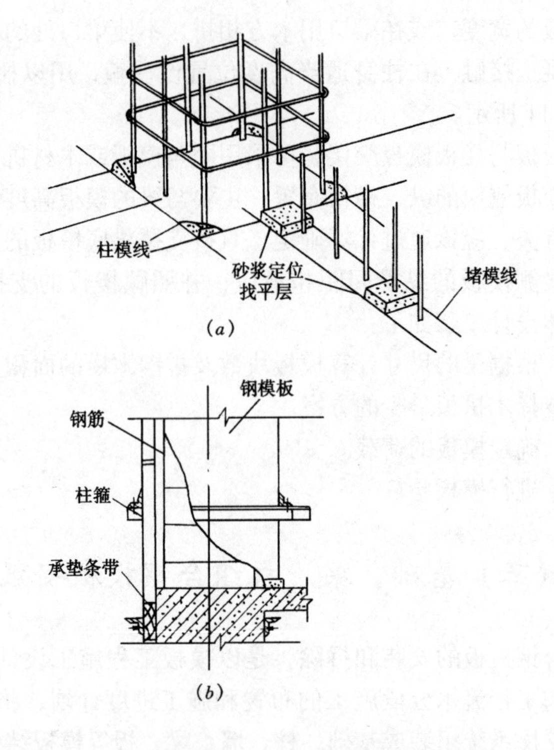

图 11-12　墙、柱模板找平

（a）砂浆找平层；（b）外柱外模板设承垫条带

混凝土地面高 1m，然后据此标高用 1∶3 水泥砂浆沿模板内边线拉平，在外墙、外柱部位，安装模板前，要设置模板支承垫条带，以支撑模板。

3）设置模板定位基准：一种做法是采用钢筋定位，即根据构件断面尺寸切割一定长度的钢筋（或角钢筋）点焊在主筋上；另一种做法是在柱、墙边线抹定水泥砂浆块，然后将模板紧贴在定位砂浆块上，也可用水泥专用钉将模板直接钉在找平水泥砂浆地面上。

(2) 模板、配件的检查及预拼装

1）按施工需用的模板及配件对其规格、数量逐项清点检查，未经修复的部件不得使用。

2）采取预拼装模板施工时，预拼装工作应在组装平台或经平整处理的地面上进行，并按表要求逐快检验后进行试吊，试吊后再进行复查，并检查配件数量，位置和紧固情况。

（3）辅助材料准备

1）嵌缝材料：用于模板堵缝，防止板缝漏浆，常用有木条、橡皮条、密封条等。

2）脱模剂：保护模板，便于脱模，常用的品种有肥皂下脚料、海藻酸钠、甲基硅树脂等。

2. 模板支设安装的有关要求

（1）模板支设安装的规定

组合钢模板的支设安装，应遵守下列规定：

1）按模板设计要求循序拼装，保证模板系统的整体稳定。

2）配件必须装插牢固，支柱和斜撑下的支撑面应平整垫实，并有足够的受压面积。

3）预埋件与预留孔洞必须位置准确，安设牢固。

4）支柱所设的水平撑与剪刀撑，应按构造与整体稳定性布置。

5）多层支撑的支柱，上下应对应设置在同一竖向中心线上。

6）同一条拼接缝上的U形卡，不宜向同一方向卡紧，应交错方向插入卡紧。

7）墙模板的对拉螺栓孔应平直相对，穿插螺栓不得斜拉硬顶，穿孔用手电钻钻孔，严禁采用电、气焊灼孔。

（2）组合钢模板支撑安装的安全操作要求

1）模板上架设的电线和使用的电动工具，应采用36V的低压电源或其他有效的安全措施。

2）登高作业时，各种配件或工具应放在工具带内，严禁放在模板或脚手板上，防止掉落伤人。

3）装拆模板时，上下应有人接应，随拆随运，并要把活动部位固定牢固，严禁将模板大量堆放在脚手板上和抛掷。

4）装拆模板时，必须采用稳固的登高工具，高度超过3.5m

时，必须搭设脚手架，装拆施工时除操作人员外，下面不得站人。高出作业时，操作人员应挂上安全带。

5）安装墙、柱模板时，应随时支撑牢固，防止倾覆。

6）预拼装模板安装时，垂直吊运时应采取两个以上的吊点，水平吊运应采取四个吊点，吊点应做受力计算，合理布置。模板边就位，边校正，安设连接件，并加设临时支撑稳固。

7）预拼装模板应整体拆除，拆除时，先控好吊索，然后拆除支撑及拼接两片模板的配件，待将模板撬开结构表面后再起吊。

3. 模板的安装方法

组合钢模板安装方法基本上有两种，即单块就位组拼和预组拼，其中预组拼又可分为分片组拼和整体组拼两种。采用预组拼方法，可以加快施工速度，提高模板的安装质量，但必须具备相适应的吊装设备和有较大的拼装场地。

（1）基础模板安装

条形基础：条形基础可根据土质情况确定支模方法。如土质较好，下阶可原槽灌注不吊支模，上阶条用吊模；如土质较差，则上下两阶均需支撑。

下阶模板根据基础边线就地组拼模板，将基槽土壁修整后用短木将钢模板支撑在上壁上。

下阶模板安装是在基槽两侧地坪上打入钢管锚固柱。搭钢管吊架，使吊架保持水平，用线锤将基础中心引测到水平杆上，按中心线安装模板，用钢管、扣件将模板牢钉在吊架上。

（2）柱模板安装（图 11-13、图 11-14）

1）单块就位组拼的方法是：先将柱子第一节四面模板就位用连接角组拼号，角模宜高出平模，校正调整好对角线，并用柱箍固定，然后以第一节模板上依附高出的角模连接件为基础，用同样方法组拼第二节模板，直到柱全高。各界组拼时，其水平接头和竖向接头要用 U 形卡正反交替连接，在安装到一定高度时，要进行支撑或拉节，以防倾倒，并用支撑或拉杆上的调节螺栓校

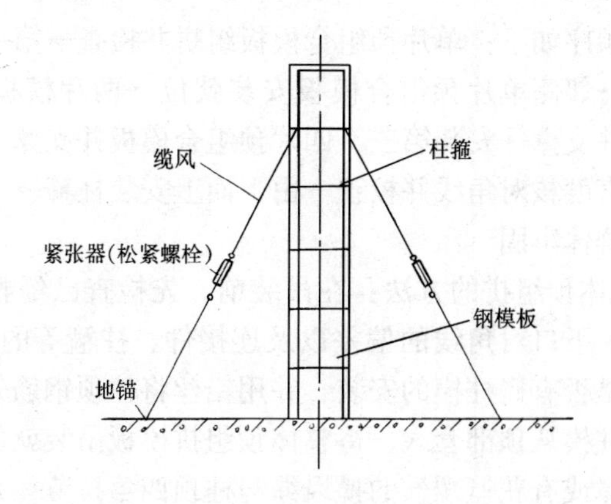

图 11-13　校正柱模板

正模板的垂直度。

安装顺序如下：搭结安装架子→第一节钢模板安装就位→检查对角线、垂直度和位置→安装柱箍→第二、三等结模板及柱箍安装→安装有梁扣的柱模板→全面检查校正→群体牢固

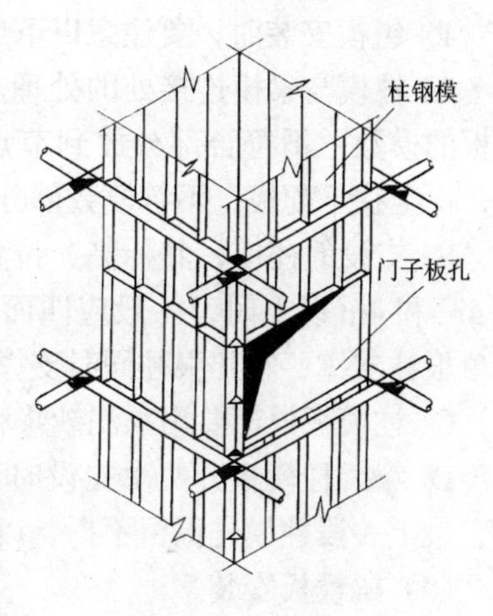

图 11-14　柱模门子板

2）单片预组拼的方法是：将事先预组拼的单片模板，经检查其对角线、板边平直度和外形尺寸合格后，吊装就位并做临时支撑，随即进行第二片模板吊装就位，用U形卡与第一片模板组合成L形，同时做好支撑。如此在完成第三、第四片的模板吊线就位、组拼，模板就位组拼后，随即检查其位移、垂直度、对角线情况，经校正无误后，立即自下而上的安装柱箍。柱模板全部安装后，再进行一次全面检查，合格后与相邻柱群或四周支架临时拉结牢固。

安装顺序如下：单片预组合模板组拼并检查→第一片安装就位并支撑→邻侧单片预组合模板安装就位→两片模板呈L形用角模连接并支撑→安装第三、四片预组合模板并支撑→检查模板位移、垂直度核对角线并校正→由下而上安装柱箍→全面检查安装质量→群体牢固

3）整体预组拼的方法：在吊装前，先检查已经整体预组拼的模板上、下口对角线的偏差以及连接件、柱箍等的牢固程度，检查钢筋是否有碍柱模的安装，并用铅丝将柱顶钢筋先绑扎在一起，以便柱模从顶部套入，待整体预组拼模板吊装就位后，立即用四根支撑或有花篮螺丝的揽风绳与柱顶四角拉节，并校正其中心线和偏斜，全面合格后，再群体固定。安装顺序如下：吊装前检查→吊装就位→安装支撑或揽风绳→全面质量检查→群体固定。

4）组模安装时，要注意以下事项

A. 柱模与梁模连接处的处理方法是：保证柱模的长度符合模板的模数，不符合部分放到节点部位处理：或以梁底标高为准，由上往下配模，不符模数部分放到柱根部位处理。

B. 支设的柱模，其标高、位置要准确，支设应牢固。高度在4m和4m以上时，一般应四面支撑，当柱高超过6m时，不宜单根柱支撑，宜几根柱同时支撑连成构架。

C. 柱模板根部要用水泥砂浆堵严，防止跑浆。

D. 梁、柱模板分两次支设时，在柱子混凝土达到拆模强度时，最上一段柱模先保留不拆，以便于与梁模板连接。

（3）梁模板安装

1）安装支撑梁模板的钢支柱：安装梁钢支柱之前，如果支撑在土地面时，土地面必须夯实，支柱下垫通常脚手板、支柱的间距应由模板设计规定，支柱之间架水平拉杆。按设计标高调整支柱模楞的高度。

2）梁模板单块就位组拼：复核梁底横楞标高，按要求起拱，一般跨度大于4m时，起拱0.2%～0.3%。校正梁模板轴线位

置，再在横楞放梁底板，拉线找直，并用钩头螺栓与横楞固定，拼接角模，然后绑扎钢筋，安装并固定两侧模板拧紧锁口管，拉线调查梁口平直，有楼板模板时，在梁上连接好阴角模，与楼梯模板拼接。

3）安装后校正梁中线、标高、断面尺寸。将梁模板内杂物清理干净，检查合格后再预检。

安装梁模板工艺流程：弹线→支立柱→拉线、起拱、调整梁底横楞标高→安装梁底模板→绑扎钢筋→安装侧模板→预检

（四）现浇楼板组合钢模板的设计和安装

楼板模板通常都是水平方向的模板，但也有坡度较缓的模板。楼板模板种类比较多，但是，组合钢模板仍用的相当普通。在肋形楼盖一类的楼盖施工中更较合适。

1. 楼板组合钢模板的组成

楼板组合钢模板是由立柱、内外背楞、钢模板组成。

图 11-15 所示为组合钢模板拼装楼板模板。采用齐缝拼装。用阴角模与梁模拼接，四角尺寸不足之处用拼木。采用钢管做双层背楞，可调钢支柱做顶撑。钢支主要有水平拴结杆拴结，以谋求整体稳定性。

组合钢模板图刚度较大。当混凝土板的厚度不大时，可充分利用组合钢模板的刚度，最好采用错缝拼装，设置单层背楞。这样可以节省模支撑材料，提高材料周转率。

单梁、柱先行施工，板下空间很高，或者板下有空间作业时，可采用吊柱支模。吊模支模就是将板下的支撑翻到板上来，支吊在已先行施工的梁柱上。图 11-16 所示为楼板模板吊柱支模的施工方式。

2. 楼板模板设计计算

楼板模板一般采用散支散拆或拼装两种方法。模板设计可在编号后，对每一平面进行设计，其步骤如下：

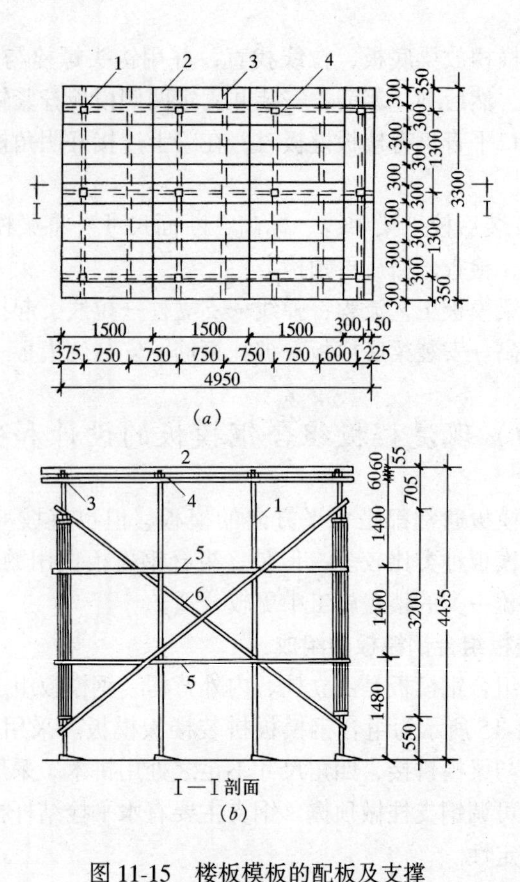

图 11-15　楼板模板的配板及支撑

(a) 配模板；(b) 剖面图

1—ϕ48×3.5 钢管支柱；2—钢模板；3—2□60×40×2.5 内钢楞；4—2□60×40×2.5 外钢楞；5—ϕ48×3.5 水平撑；6—ϕ48×3.5 剪刀撑

(1) 按表 11-5 沿长边配板和按表沿短边配板，计算模板块数及拼镶木模的面积，通过比较做出选择。

(2) 确定模板的荷载。

(3) 确定钢楞间距；对模板进行验算。

(4) 对钢楞进行验算

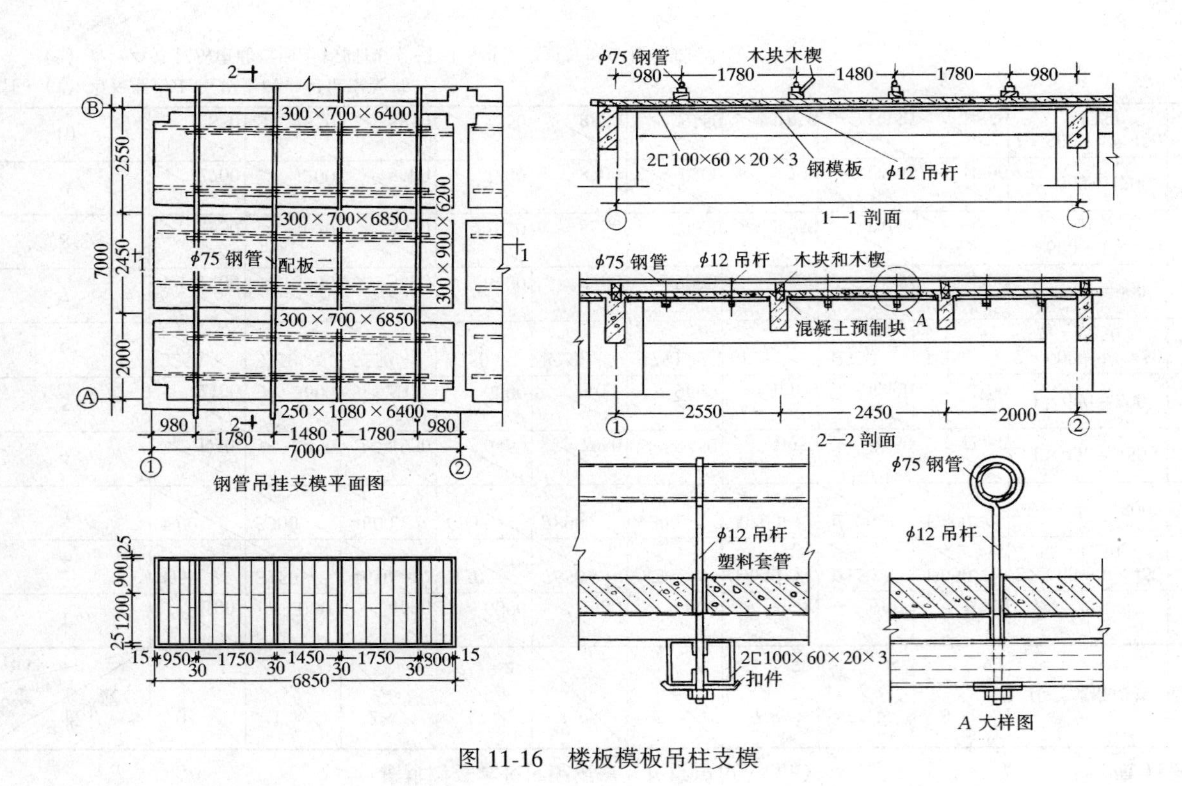

图 11-16 楼板模板吊柱支模

横排时基本长度配板表（长度单位：mm） **表 11-5**

序号 \ 主板块数 \ 配模长度	0	1	2	3	4	5	6	7	8	9	其余规格块数	备注
1		1500	3000	4500	6000	7500	9000	10500	12000	13500		
2	1650	3150	4650	6150	7650	9150	10650	12150	13650		2×600+1×450=1650	△
3	1800	3300	4800	6300	7800	9300	10800	12300	13800		2×900=1800	☆
4		1950	3450	4950	6450	7950	9450	10950	12450	12450	1×450=450	
5		2100	3600	5100	6600	8100	9600	11100	12600	14100	1×600=600	
6	2250	3750	5250	6750	8250	9750	11250	12750	14250		2×900+1×450=2250	△
7		2400	3900	5400	6900	8400	9900	11400	12900	14400	1×900=900	☆
8		2550	4050	5550	7050	8550	10050	11550	13050	14550	1×600+1×450=1050	△
9		2700	4200	5700	7200	8700	10200	11700	13200	14700	2×600=1200	
10		2850	4350	5850	7350	8850	10350	11850	13350	14850	1×900+1×450=1350	

注：（1）当长度为 15m 以上时，可依次类推。

（2）☆（△）表示由此行向上移两档（一档），可获得更好的配板效果。

(5) 计算确定立柱规格型号，并做出水平支撑和剪刀撑的布置。

(6) 绘制楼板模板施工图，统计出材料用量。

3. 楼板组合钢模板安装

(1) 工艺流程

地面夯实→支立柱→安横楞→铺模板→校正标高→加立杆的水平拉杆→预检

(2) 安装操作方法

1) 土地面应夯实，并垫通长脚手板，楼层地面立支柱前也应垫通长脚手板，采用多层支架支模时，支柱应垂直，上下层支柱应在同一竖向中心线上。

2) 从边跨一侧开始安装，先按第一排支柱和背楞，临时固定，再依次逐排安装。支柱与背楞间距应根据模板设计规定。

3) 拉线，起拱，调节支柱高度，将背楞找平，起拱。

4) 当采用梁、墙作支撑结构时，一般应预先支好梁、墙模板，然后将吊架按模板设计要求支设在梁侧模通长的型钢式方木上，调节固定后再铺设模板。

5) 当梁、柱以先得施工，板下有空间作业时，可采用吊挂支模，以节约支撑材料。

6) 楼板模板当采用单块就位组拼时，宜从每个节间，从四周先用阴角模板与墙，梁模板连接，然后向中央铺设，相邻模板边助应按设计要求用 U 型卡连接，也可用钩头螺栓与钢楞连接。

7) 预组拼模板在吊运前应检查模板的尺寸，对角线。平整度上及预埋件和预留孔洞的位置，安装就位后，立即用角模与梁、墙模板联结。

8) 平台板铺完后，用水平仪测量模板标高，进行校正并用靠尺找平。

9) 标高校完后，支柱之间应加水平拉杆，根据支柱高度决定水平拉杆设几道。一般情况下离地面 20～30cm 处一道。往上纵横方向每离 1.6m 左右一道，并应经常检查，保证完整牢固。

10）将模板内杂物清理干净，准备预检。

（五）组合钢模板墙的模板设计和安装

1. 墙的模板构造组成

用组合钢模板组装的墙模板是由有平面钢模板、拚木条、内钢楞、外钢楞、对拉螺栓、扣件、支撑等组成，如图 11-17。

用组合钢模板配置墙模板时，由于模数制的定型模板，但尺寸不能凑足时，可在顶端和测边相拼木条。配模原则是尽量使钢模板的规格少，数量少，拚木量少。墙模板可以齐缝配罪，也可以错缝配置。齐缝配置时，可以预先将打好穿墙螺栓孔洞的模板配置在规定的位置上，免去现场打孔。错缝配置时，模板整体刚度较好。当墙高度不大，或浇筑速度很慢时，可以只用单层背楞就能满足要求。横排模板采用竖向内楞，竖排模板采用横向内楞。内楞和外楞可以采用槽钢，也可以采用钢管。当采用钢管时，用对拉螺栓加弓形扣件将内楞和外楞固定在模板上。

对拉螺栓有不能回收和可多次回收重复使用的两种形式。有防水要求的外墙，地下室等处一般采用一次性的防水对拉螺栓。用于没有防水要求的内墙时，采用多次周转使用对拉螺栓，以降低成本。

2. 墙的模板设计

按图纸，统计所有配模平面的尺寸并进行编号，然后对每一种平面进行配板设计。其具体步骤如下：

（1）根据墙的平面尺寸，分别采用横排原则和竖排原则，计算出模板块数和需镶拚木模的面积。

（2）对横竖排的方案进行比较。择优选用拚木面积较小的布置方案。

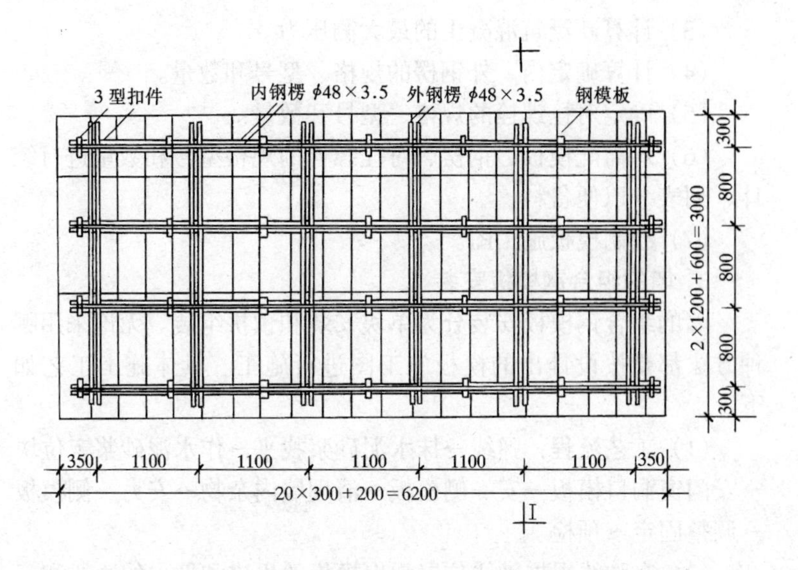
3 型扣件
内钢楞 ϕ48×3.5
外钢楞 ϕ48×3.5
钢模板
300
800
800
800
300
2×1200+600=3000
350
1100
1100
1100
1100
1100
350
20×300+200=6200
I

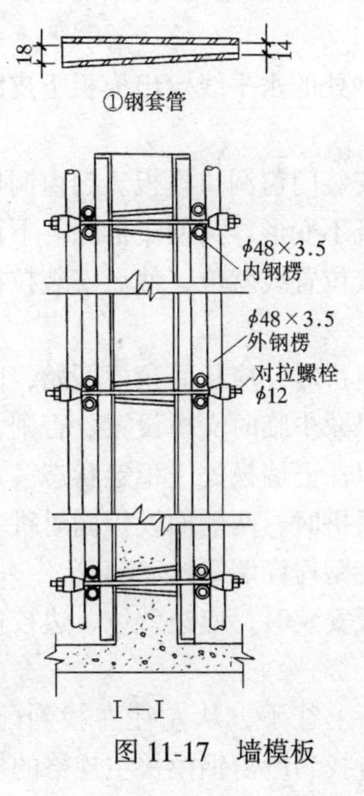
18
14
①钢套管
ϕ48×3.5
内钢楞
ϕ48×3.5
外钢楞
对拉螺栓
ϕ12
I—I

图 11-17 墙模板

（3）计算新泛筑混凝土的最大测压力。

（4）计算确定内、外钢楞的规格、型号和数量。

（5）确定对拴螺栓的规格、型号和数量。

（6）对需配模板、钢楞、对拴螺栓的规格型号和数量进行统计、列表、以便备料。

（7）绘制模板施工图。

3. 墙的组合钢模板安装

墙的组合钢模板安装分为单块安装和预拼组装。无论采用哪种方法都要按设计出的模板施工图进行施工。具体施工工艺如下：

（1）工艺流程：弹线→抹水泥砂浆找平→作水泥砂浆定位块→安门窗洞口模板→安一侧模板→清理墙内杂物→安另一侧模板→调整固定→预检

（2）在弹线根据轴线位置弹出模板的里皮和外皮的边线和门窗洞口的位置线。

（3）按水准仪抄处的水平线定出模板下皮的标高，并用水泥砂浆找平。

（4）按位置线安装门窗洞口模板。门窗洞口的模板，应有锥度，安装要牢固，既不变形，又便于拆除。下预埋件或木砖。

（5）墙面模板按位置线就位，然后安装拉杆或斜撑，安装穿墙螺栓和套管。

（6）单块就位组拼时，应从墙角模开始，向相互垂直的两个方向组拼，这样可以减少临时支撑设置。否则，要随时注意拆换支撑或增加支撑，以保证墙模处于稳定状态。

（7）单块就位组拼时，两侧面模板同时拼装。当安成第一步钢楞处，就可以安装钢楞穿墙螺栓和套管。

（8）预组拼模板安装时，应边就位，边校正，并随即安装各种连接件。

使用时，首先从上往下，从左往右找到配板长度的数字范围，然后由最上一行找到所需钢模板主规格的模板数量，不足之处。再由其余规格块数栏中查处。表中从斜线分为两种情况，分别各自对应采用。

模板竖排时，可看作将该配板平面旋转 90°即将高度当作横向长度，将长度尺寸当成高度再按表查出主规格钢模板块数。任何高度需镶拼的木料宽度，均不超过 40mm。

按横排原则：查表取序号 1，长度方向为 2×1500mm 并镶拼竖向 200mm 及 152mm 各一列于 20mm。高度方向为 8×30 + 150 + 100 = 2650mm 余 20mm。则共需模板 26 块，拼木面积为 1.7%。

按竖排原则：在 2670mm 方向，查表取序号 8 竖向 1500 + 600 + 450 = 2500mm，再配上 100mm 宽横向一行，余 20mm。在 3370mm 方向，按表序号 6，取 10×300 + 200 + 150 = 3350mm，余 20mm。这样共需模板 39 块，拼木模面积约为 1.4%。

通过横，竖排比较，决定采用横排方案，如图 11-18。支撑

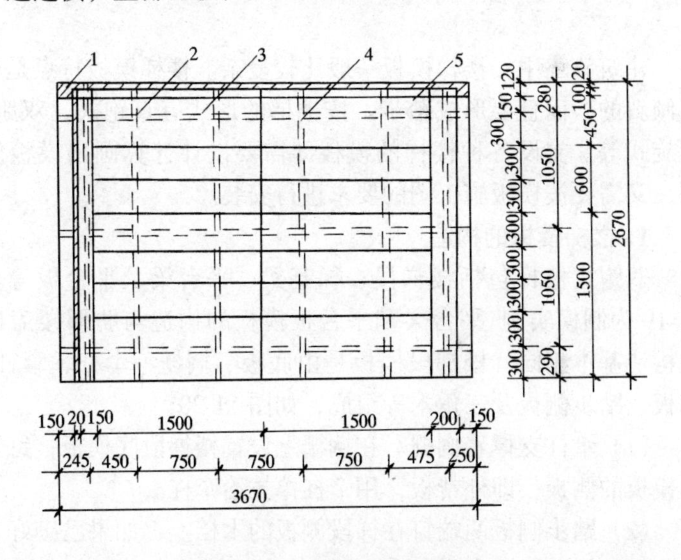

图 11-18 墙体模板配板图

1—拼木；2—对拉螺栓；3—外钢楞；4—内钢楞；5—钢模板

件或加设件临时支撑。必须待模板支撑稳固后，才能脱钩。

（9）当墙面较大，模板需分几块预拼安装时，模板之间应按设计要求增加纵横附加钢楞。附加钢楞的位置在接缝处两边，与预组拼模板上钢楞的搭接长度，一般为预组拼模板全长的15%～20%。

（10）清扫墙内杂物，再安装另一侧模板，调整斜撑或拉杆使模板垂直后，拧紧穿墙螺栓。

（11）上下层墙模板接槎的处理：当采用单块就位组拼时，可在下层模板上端设一道穿墙螺栓，拆模时该层模板暂不拆除，在支上层模板时，作为上层模板的支撑面，当采取预组拼模板时，可在下层混凝土墙上端往下200mm左右处，设置水平螺栓，紧固一道通长的角钢作为上层模板的支撑。

（六）楼梯模板的设计和安装

建筑施工中，楼梯模板一般比较复杂。楼梯模板特点是要支成倾斜的，而且要形成踏步。按楼梯的形式有直跑式、双跑式、螺旋式等。支设各种楼梯的模板即需要设计计算画出模板施工图，又需要按模板施工图的要求进行安装。

1. 楼梯模板的构造

双跑式楼梯包括楼梯段、梯基梁、平台梁及平台板等。图11-19为制模实例。平台梁和平台板模板的构造与肋形楼盖模板的构造基本相同。楼梯段模板是由底板、搁栅、牵杠、牵杠撑、侧板、踏步侧板及三角木等组成，如图11-20。

（1）牵杠支撑着搁栅。在搁栅上设置楼梯段底模板，钉上楼梯模板的侧板，即外帮板，用牵杠撑拉给牵杠。

（2）踏步侧板两端钉在梯段侧板的木档上，如果已砌好，则靠墙一段钉在反三角木上。

（3）梯段侧板的高度要不小于板厚加踏步高长度依梯段长度而定。在梯段侧板内侧划出各踏步形状与尺寸，并在踏步高度线

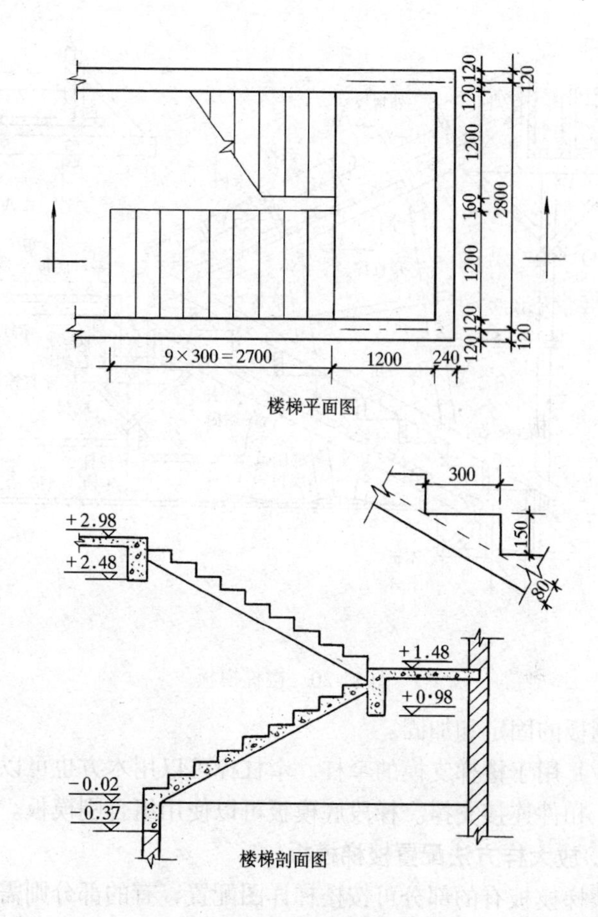

图 11-19　楼梯详图

一侧留出踏步侧板厚度钉上木档，作钉踏步侧板用。

（4）梯段侧板也可以做成三角梯段侧板，侧板的形状与楼段的纵剖面相同，踏步侧板可以直接钉在梯段侧板上。

（5）反三角木是与若干三角木块钉在方木上而成的。三角木踏步长的边等于踏步宽度加踏步侧板的厚度。高的边等于踏步高度。

（6）反三角木用于靠墙一侧或宽度大于 600mm 的楼梯模板

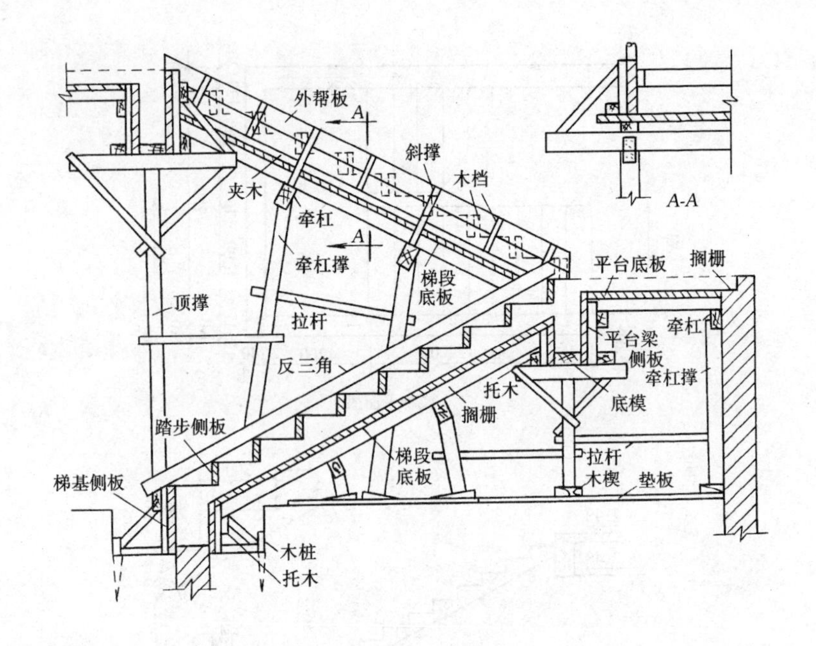

图 11-20　楼梯模板

踏步侧板的固定和加固。

(7) 用于楼梯支模的牵杠。牵杠撑可以用木方也可以用架子钢管、扣件连接支撑。梯段底模板可以使用组合刚模板。

2. 放大样方法配置楼梯模板

楼梯模板有的部分可按楼梯详图配置，有的部分则需要放出楼梯的大样图，以便量出模板的准确尺寸。放大样的方法如下：

(1) 找一块平整的水泥地坪，用 1∶1 或 1∶2 的比例放大样。先弹出水平基线 $x-x$ 及其垂线 $y-y$。

(2) 根据已知尺寸及标高，先弹出梯基梁，平台梁和平台板。

(3) 定出踏步首末两级的角部位置 A、a 两点及根部位置 B、b 两点，并于两点之间弹出连线。并弹出与 B-b 平行距离等于梯板厚度的平行线，与两边相交得 C、c。

（4）在 A、a 及B、b 两线之间，通过水平等方式垂等分画处踏步。

（5）按模板厚度弹出梯段底模、侧板的模板边线。

（6）按支撑系统的构造要求弹出栏栅、牵杠、牵杠撑。

（7）按大样图分别做用梯段及三角、正三角牵杠等大样。

3. 计算方法配置楼梯模板

楼梯踏步的高和宽构成的直角三角形，与梯段和水平线构成直角三角形是相似三角形。一次踏步的坡度和坡度系数就是样段的坡度和坡度系数。如图 11-21 所示。

（1）踏步高＝150mm

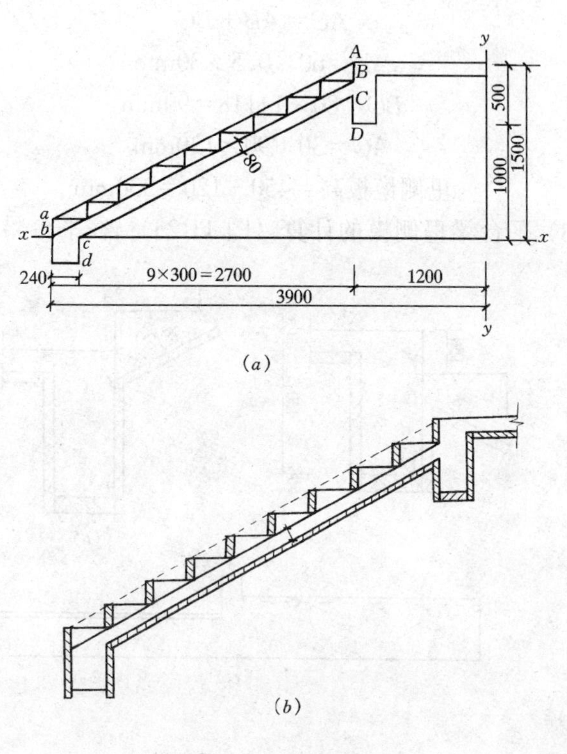

图 11-21　楼梯放样图

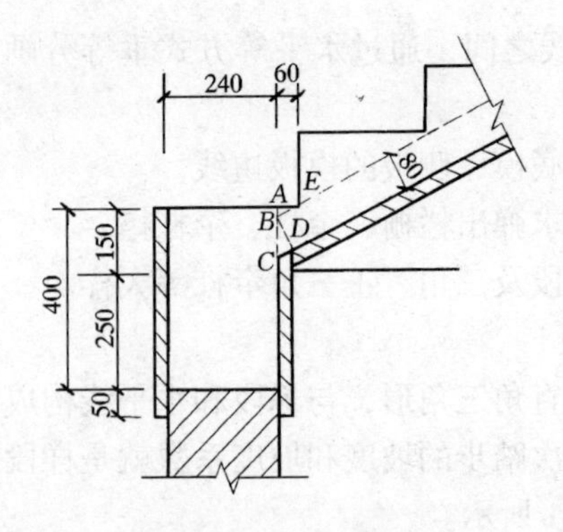

图 11-22　梯基梁模板

踏步宽 = 300mm

踏步斜边长 = $\sqrt{150^2 + 300^2} = 335.4$mm

坡度 = 短边/长边 = 150/300 = 0.5

坡度系数 = 斜边/长边 = 335/300 = 1.118

(2) 梯基梁两侧模的计算：外侧模板全高为 450mm，里侧模板高度 = 外侧模板 − AC（图 11-22）。

$$AC = AB + BC$$

$$AB = 60 \times 0.5 = 30\text{mm}$$

$$BC = 80 \times 1.118 = 90\text{mm}$$

$$AC = 30 + 90 = 120\text{mm}$$

$$\text{里侧模板高} = 450 - 120 = 330\text{mm}$$

(3) 平台梁里侧模的计算（图 11-23）：在平台梁与下梯段

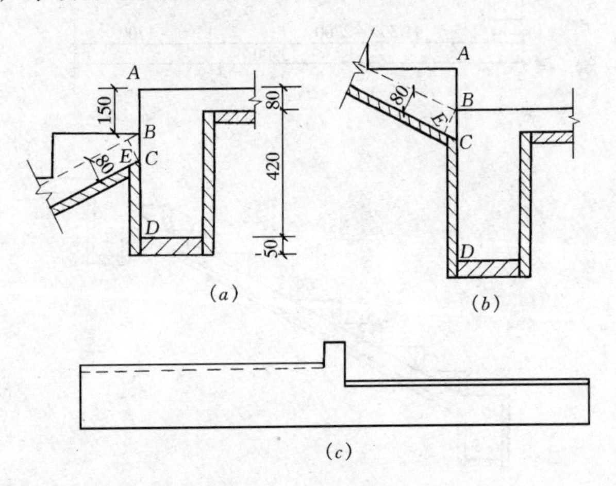

图 11-23　平台梁模板

相接部分以及上梯段相接部分的高度不相同，模板上口到斜口的方向也不相同，两梯段之间平台梁末与梯段相接部分一小段模板的高度为全高。里侧模全高 $=420+80+50=550$mm 平台梁与梯段相接部分高度为 $BC=80\times1.118=90$mm

踏步高为 AB，$AB=150$mm。与下梯段连接的里侧模高 $=550-150-90=310$mm。与上梯段连接的里侧模高 $=550-90=460$mm。侧模上口斜高度 = 模板厚度 × 坡度 $=30\times0.5=15$mm，下梯段平台两侧模外边倒口 15mm，里边高度应为 310mm。

上梯段平台两侧模里边倒口 15mm，外边高度为 $460+15=475$mm

（4）梯段板底模长度计算

梯段模板底模长度 = 底模水平投影长度 × 坡度系数

底模水平投影长 $=2700-240-30-30=2400$mm

底模长度 $=2400\times1.118=2683$mm

（5）梯段侧模计算（图 11-24）：取踏步侧板厚为 20mm，模档宽为 40mm

$$AB=300+20+40=360\text{mm}$$

$$AC=360\times0.5=180\text{mm}$$

$$AD=180/1.118=160\text{mm}$$

$$\text{侧模宽度}=160+80=240\text{mm}$$

$$\begin{aligned}\text{侧模长度}&=\text{梯段斜长}+\text{侧模宽度}\times\text{坡度}\\&=2700\times1.118+240\times0.5\\&=3139\text{mm}\end{aligned}$$

侧模四角编号为 $bDey$，bD 端锯去 $Aabc$，$Aabc$ 为与楼梯坡度相同的直角三角形。

$$ac=\text{踏步高}+\text{梯板厚}\times\text{坡度系数}=150+80\times1.118=240\text{mm}$$

$$bc=240/1.118=214\text{mm}$$

$$ab=214\times0.5=107\text{mm}$$

ai 必须等于梯板底面斜长。模板长度如有误差，在满足以

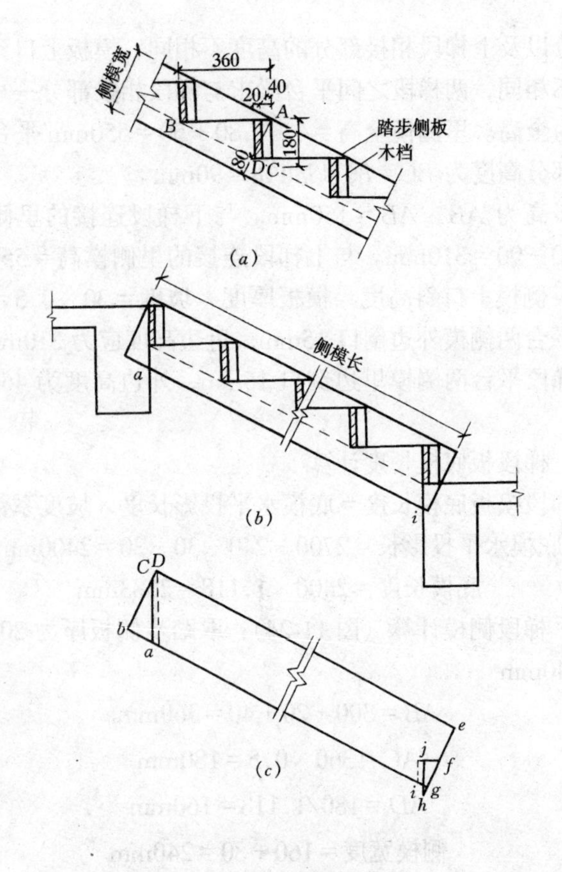

图 11-24　梯段侧模

(a) 踏步尺寸；(b) 侧模长；(c) 侧模成型

上两条件下，可以平移 ji 进行调整。虚线部分为最后接平台两侧模板厚度锯去部分。

4. 楼梯模板安装

现以先砌墙后浇楼梯的情况，简述楼梯模板的安装步骤：

(1) 先点好平台梁、平台班的模板以及梯基的侧板。

(2) 在平台梁和梯基侧板上钉托木，将搁栅支于托木上。在搁栅下立起牵杠及牵杠撑。

（3）在搁栅上铺梯段底板，在底板面上弹出梯段亮度线，依线立起外帮板，外帮板用夹木或斜撑固定。

（4）在靠墙的一面把反三角立起，反三角的两端可钉牢于平台梁和梯基的侧板上。

（5）在反三角与外帮板之间逐块钉踏步侧板，踏步侧板一头钉在外帮板的木档上，另一头钉在反三角的三角木块侧面上。

（6）当梯段宽度大于 800mm 时，应在梯段中间在加设反三角，以免发生踏步侧板凸肚现象。

（7）为了确保梯板符合要求厚度，在踏步侧板安装时下面可以垫上小木块，这些小木块在浇捣混凝土时随手取出。

（七）组合钢模板安装质量和拆除

1. 组合钢模板安装要求

组合钢模板安装完毕后，应按《混凝土结构工程施工及验收规范》（GB50204—2002）和《组合钢模板技术规范》（GBJ204—89）的有关规定，进行全面检查，验收合格后才能进行下一道工序的施工。

（1）组装的模板必须符合施工设计的要求。

（2）各种连接件、支撑件、加固配件必须安装牢固，无松动现象。模板拼缝要严密，各种预埋件、预留孔洞位置要准确，固定要牢固。

（3）预制构件的模板安装允许偏差应符合表 11-6。

（4）现浇结构模板安装允许偏差应符合表 11-6。

（5）预埋件和预留孔洞允许偏差应符合表 11-6。

2. 组合钢模板安装应注意的质量问题

（1）梁、板模板

1）主要质量问题：梁、板底不平，下垂。梁侧模板不直。梁上下口涨模。

表 11-6

项目		允许偏差（mm）
轴线位置		5
底模上表面标高		±5
截面内部尺寸	基　础	±10
	柱、墙、梁	+4 −5
层高垂直度	全高≤5m	6
	全高>5m	8
相邻两板表面高低差		2
表面平整（2m 长度上）		5
预埋钢板中心线位置		3
预留管、预留孔中心线位置		3
预埋螺栓	中心线位置	2
	外露长度	+10 0
预留洞	中心线位置	10
	截面内部尺寸	+10 0

2）防治的方法是：梁、板底模板的搁栅、支柱的截面尺寸及间距应通过设计计算决定，使模板的支撑系统有足够的强度和刚度。作业中应认真执行设计要求，以防混凝土浇筑时模板变形。模板支柱下沉，使梁、板产生下垂，梁、板模板应按设计或规范起拱。梁模板上下口应设销口楞，再进行侧向支撑，以保证

上下口模板不变形。

（2）柱模板

1）涨模、断面尺寸不准。防治的方法是：根据柱高和断面尺寸设计核算柱箍自身的截面尺寸和间距，以及对大断面柱使用穿柱螺栓和竖向钢楞，以保证柱模的强度、刚度以抵抗混凝土的侧压力，施工应认真按设计要求作业。

2）柱身扭向。防治的方法是：支模前线校正柱筋，使其首先不扭向，安装斜撑式拉锚，吊线找垂直时，相邻两片柱模从上端每面吊两点，使线坠到地面，线坠所示两点到柱位置线距离相等，即使柱模不扭向。

3）轴线位移：一排柱不在同一直线上。防治的方法是：成排的柱子，支模前要在地面上弹出柱轴线及轴边通线，然后分别弹处每柱的另一方向轴线，再确定柱的另两条边线。支模时先立两端柱模，校正垂直与位置无误后，柱模顶拉通线，再支中间各柱模板。柱距不大时，通排支设水平栏杆及剪刀撑；柱距较大时，每柱分别四面支撑，保证每柱垂直和位置正确。

（3）墙模板

1）墙体薄厚不一，平整度差。防治方法是：模板设计应有足够的强度和刚度，龙骨的尺寸和间距、穿墙螺栓间距、墙体的支撑方法等在作业时按要求认真执行。

2）墙体烂根，模板接缝处跑浆。防治方法是：模板根部砂浆找平，要用橡皮条、木条等塞严。模板间卡固措施要牢靠。

3）门窗洞口混凝土的变形。防治方法是：门窗模板与墙模或墙体钢筋固定要牢固。门窗模板内支撑要满足强度和刚度的要求。

3. 组合钢模板的拆除

（1）模板的拆除，除了侧模应以能保证混凝土表面及棱角不受损坏时方可拆除外，底模应按《混凝土结构工程施工及验收规范》（GB50204—2002）的有关规定执行。

（2）模板拆除的顺序和方法，应按照配板设计的规定进行，遵循先支后拆，后支先拆，先非承重部位和后承重部位以及自上而下的原则。拆模时，严禁用大锤和撬棍硬撬。

(3) 单块组拼的模板：先拆除钢楞、柱箍和对拉螺栓等连接和支撑件，再由上而下逐块拆除；预组拼的柱模：先拆除钢楞、柱箍，对拉螺栓、U形卡后，待吊钩挂好，再拆除支撑，方能脱模起吊。

(4) 单块组拼的墙模，再拆除穿墙螺栓、大小钢楞和连接件后，从上而下逐块水平拆除，预组拼的墙模，应在挂好吊钩，检查所有连接件是否拆除后，方能拆除支撑脱模起吊。

(5) 梁、楼板模板应先拆除底模，在拆梁侧模，最后拆梁底模。

(6) 拆模时，操作人员应钻在安全处，以免发生安全事故，待该片段模板全部拆除后方准将模板、配件、支架等运出堆放。

(7) 拆下的模板等配件，严禁抛扔，要有人接应传递，按指定地点堆放，并做到及时清理、维修和涂刷好隔离剂，以备待用。

(八) 圆形结构模板

圆形结构模板一般属于异形模板。采用木模板进行配制。

1. 圆柱模板

(1) 构造

圆柱模板一般由20～25mm厚、30～50mm宽的木板拼钉而成。木板钉在木带上，木带是由30～50mm厚的木板锯成圆弧形，木带的间距为700～800mm。圆柱模板一般要等分二块或四块，分块的数量要根据柱断面的大小及材料的规格确定。

圆柱模板在浇筑混凝土时，木带要承受混凝土的侧压力。因此规定在拱高处的木带净宽应不小于50mm。

(2) 制作

木带的制作采取放样的方法。模板分为四块时，以圆柱半径加模板厚作为半径画圆，再画圆的内接四边形，即可量出拱高和弦长。木带的长度取弦长加 200～300mm，以便于木带之间钉接。宽度为拱高加 50mm，根据圆弧线锯去圆弧部分，木带即成图 11-25。

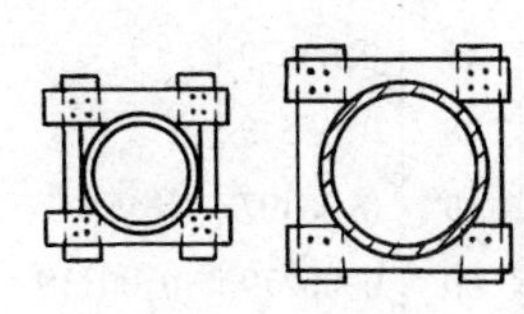

图 11-25　圆形模板

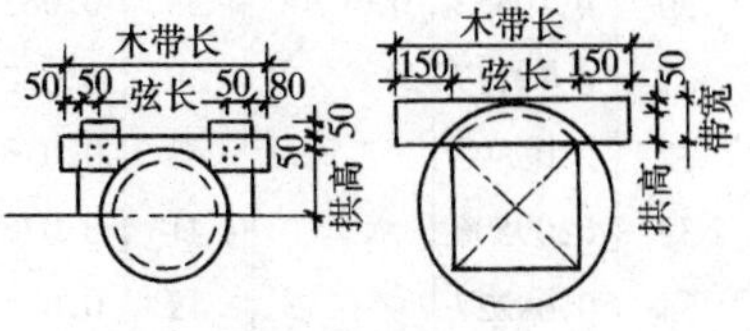

图 11-26　木带样板

(3) 安装

木带制作后，即可与木板条钉成整块模板（图 11-26），应留出清碴口和混凝土浇筑口。木带上要弹出中线，以便于柱模安装时吊线校正，柱箍与支撑设置与方柱模板相同。

2. 圆形水池模板

圆形水池由于直径大，模板分块多，可根据多边形分块及拱高系数表（表 11-7）计算。

多边形分块及拱高系数表　　**表 11-7**

分块数	分块系数	提高系数	分块数	分块系数	提高系数	分块数	分块系数	提高系数
1			10	0.30902	0.02447	19	0.16459	0.00685
2	1.00000	0.50000	11	0.28173	0.02030	20	0.15643	0.00620
3	0.86603	0.25000	12	0.2582	0.01705	21	0.14904	
4	0.70711	0.14645	13	0.23932	0.01460	22	0.14232	
5	0.58779	0.09560	14	0.22252	0.01250	23	0.13617	
6	0.50000	0.06700	15	0.20791	0.01090	24	0.13053	
7	0.43388	0.04950	16	0.19509	0.00926	25	0.12533	0.00400
8	0.38268	0.03805	17	0.18375	0.00850	26	0.12054	
9	0.34202	0.03020	18	0.17365	0.00761	27	0.11609	

续表

分块数	分块系数	提高系数	分块数	分块系数	提高系数	分块数	分块系数	提高系数
28	0.11197		36	0.08716		44	0.07134	
29	0.10812		37	0.08481		45	0.06976	0.00126
30	0.10453	0.00260	38	0.08258		46	0.06824	
31	0.10117		39	0.08047		47	0.06679	
32	0.09802		40	0.07846	0.00160	48	0.06540	
33	0.09506		41	0.07655		49	0.06407	
34	0.09227		42	0.07473		50	0.06279	0.00110
35	0.08964	0.00205	43	0.07300				

按下列公式，根据圆的直径算出拱高和弦长：拱高＝直径×拱高系数

弦长＝直径×分块系数

例如：水池直径为 8m，高 4m，池壁和池底厚都是 200mm（图 11-27），进行池壁内外模板配料计算。

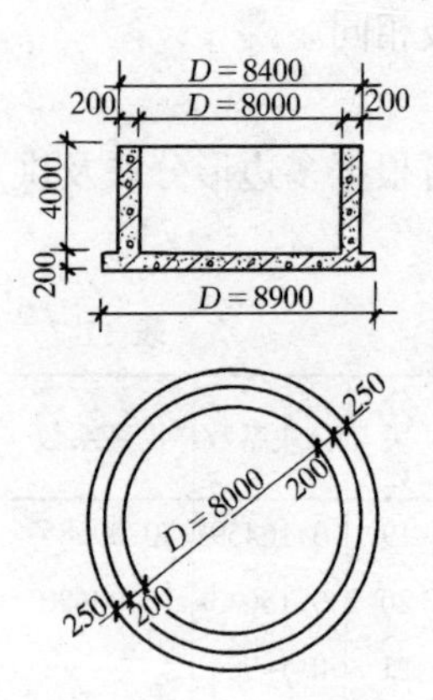

图 11-27　钢筋混凝土水池示意

（1）配料计算

首先确定模板分块数，分块数尽量用双数以便木带成对钉接，如确定内外模都分为 20 块，外模木带圆弧直径为水池直径加模板厚：8400 + 2 × 20 = 8440mm，查表 11-4 得：分块系数 = 0.15643，拱高系数＝0.0062

外模弦长＝8440×0.15643＝1320mm

外模拱高＝8440×0.0062＝52mm

木带长为弦长加 200mm，长＝1320＋200＝1520mm

木带宽为拱高加 50mm，宽＝52＋50＝102mm，取 110mm 宽，木带厚取 50mm，木带规格确定后，即可放样。

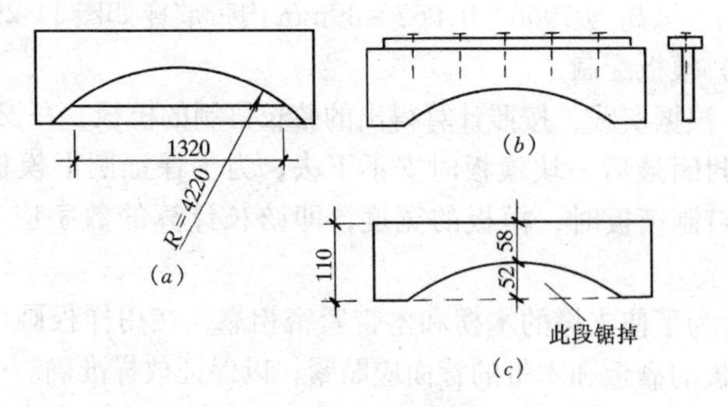

图 11-28　外带示意

（a）外带放样；（b）外带样板；（c）外带

（2）木带放样

选一块大于木带规格的木板作为样板，以 4220mm 为半径画弧线，在弧线上截取弦长 1320mm，此为拼块模板的宽度，1320mm 以内的弧线就是模板带的弧线（图 11-29），模板内带的放样方法，与外带放样基本相同。

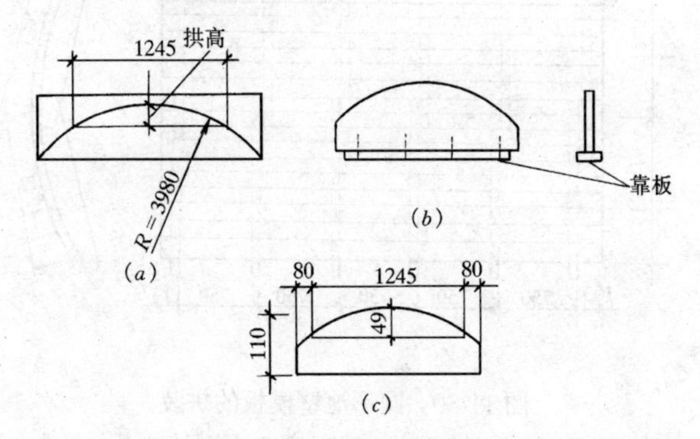

图 11-29　内带示意

（a）内带放样；（b）内带样板；（c）内带

为便于安装和支撑，内外模板分块数应相同，即内模板也为 20 块，以利于立楞的支撑。

内带的圆弧半径是水池内径减去两模板的厚度，即 $8000-2\times20=7960$mm，则内木带的弦长为：$7960\times0.15643=$

1245mm，拱高为 7960×0.062＝49mm 内带放样如图 11-29。

(3) 模板配制

1) 根据实践，按照计算得出的弦长钉制的模板，在安装时，往往在封闭最后一块模板时安不下去，为了保证圆形模板的规格，在钉制模板时，模板的宽度，即弦长计算的数字应窄 1～2mm 为妥。

2) 为了使支撑的木楞和木带紧密相靠，在用样板画出木带时，样板的靠板和木带的背面应贴紧，以保证放样准确。

3) 钉制圆形内外池壁模板，模板带应错开，即分成甲乙块模板，且甲乙块数相同。甲模板在划分好木带距离线的上面钉带；乙模板在线的下面钉带，甲乙带之间应留出 2～3mm 的距离，以便拼镶（图 11-30）。

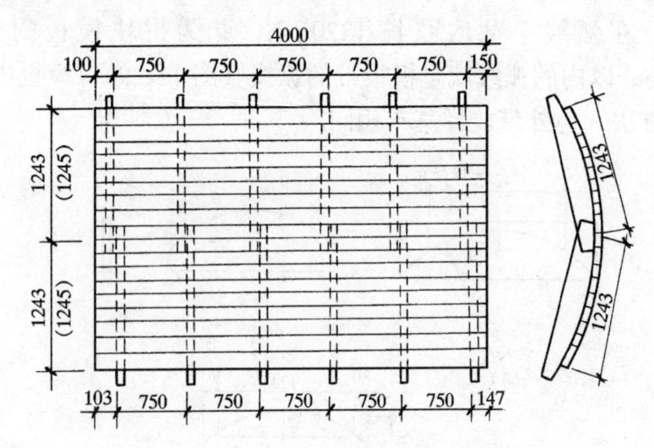

图 11-30　圆形池壁模板的拼装

注：宽度 1245 是计算尺寸；宽度 1243 是实际钉制模板尺寸。

为了解决钢筋较密、捣固困难的问题，可将外壁采用花钉法，如图 11-31。即模板不全钉在木带上，而是在模板的两边钉两块长板，下部钉一节短板，其余的空隙，待混凝土浇筑到接近本部位时，随时加上短模板。

(4) 模板安装

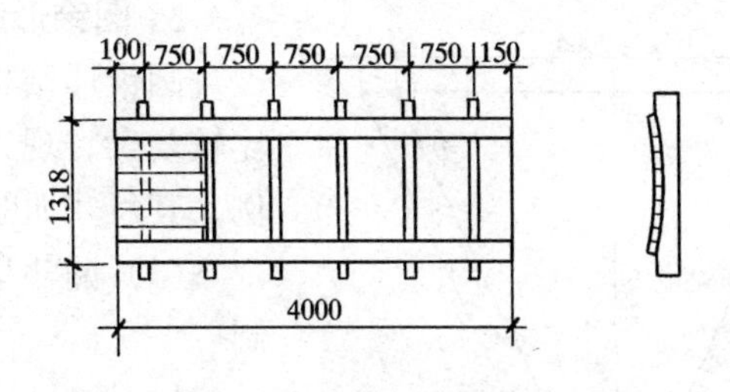

图 11-31　模板花钉法

在混凝土池底上弹线放样，以4000mm和4200mm为半径分别放出水池内壁和外壁圆。

先立内壁模板,下部要按圆弧线固定,上部用铁丝和外楞拉紧,内模安装后再绑池壁钢筋,然后立外壁模板。外壁模板甲块和乙块的位置要和内壁模板的甲、乙块模板位置相对,内外楞计算设计要求用焊有止水片的对拉螺栓拉结,再加支撑,如图 11-32。

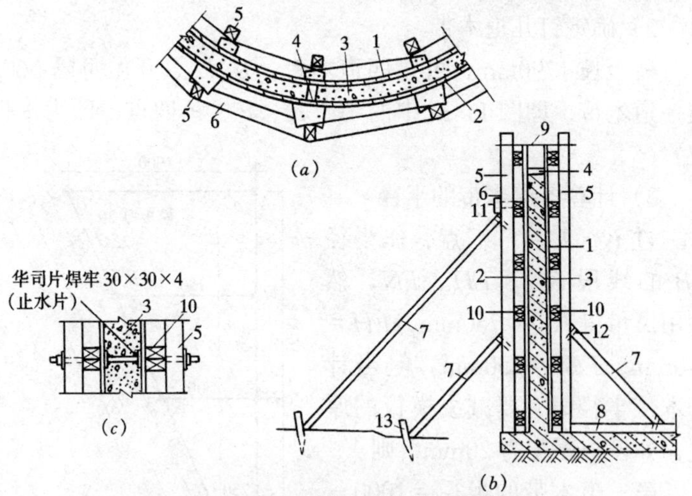

图 11-32　水池池壁模板的组装

（*a*）水池模板组装平面（局部）;（*b*）水池池壁模板局部剖面;

（*c*）水池模板栓固定剖面（局部）

1—内壁模板; 2—外壁模板; 3—水池池壁; 4—临时支撑; 5—加固立楞; 6—加固钢箍; 7—加固支撑; 8—附加底楞; 9—加固铁丝; 10—弧形木带; 11—防滑木; 12—圆钉; 13—木桩

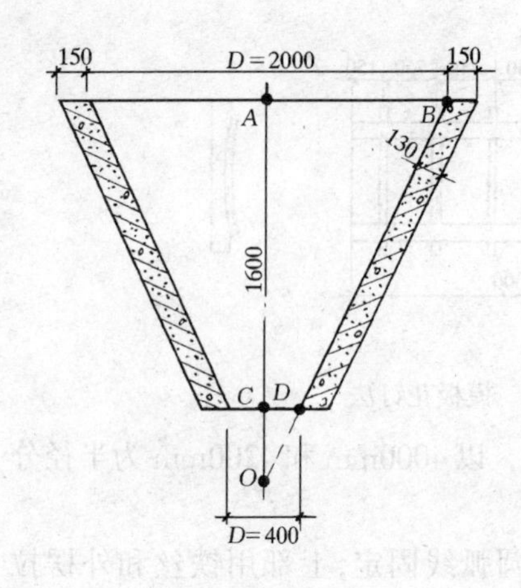

图 11-33　漏斗断面

3. 圆锥形结构模板

圆锥形结构模板的配制比较复杂，现以圆形漏斗为例，其尺寸如图 11-33。

(1) 漏斗里侧模板的配制

1) 放足尺大样

用墨线放出 $ABDC$ 图形，使 AB = 1000mm，AC = 1600mm，CD = 200mm，然后量出延长 AC 和 BD 相交于 O 点，然后用尺量出漏斗上口的倾斜半径 OB = 2237mm，下口的倾斜半径 OD = 447mm。

2) 确定钉几道木带

模板长 1790mm，可钉四道木带，从 B 点开始每隔 560mm 设一道木带，即图 11-34 中的 B、K、E、F 四点，即为木带的位置。

3) 计算各道木带的半径

过 K、E、F 三点，作半径 AB 的线段 KQ、EH、FN，然后用尺量得 KQ = 750mm，EH = 500mm，FN = 250mm。但当计算木带半径时，要减去模板的厚度，如模板厚度为 20mm，则：

第一道木带的半径 = 1000 − 20 = 980mm

第二道木带的半径 = 750 − 20 = 730mm

第三道木带的半径 = 500 − 20

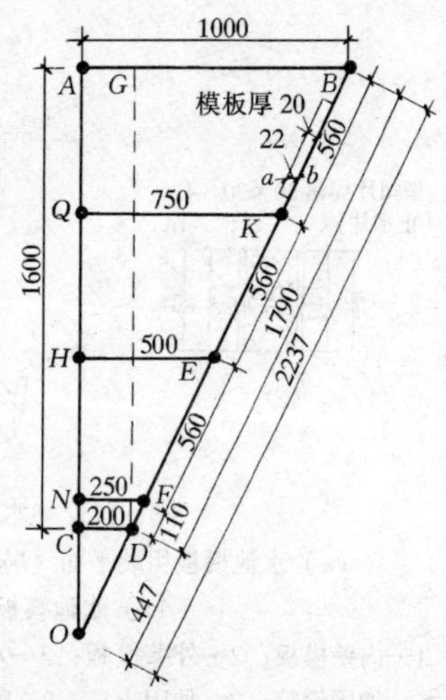

图 11-34　里帮模板的放样

=480mm

第四道木带的半径=250－20=230mm

4）确定模板的分块数

模板的分块数要根据漏斗上口直径的大小和木带的木料长度、宽度来确定。并要考虑便于运输和安装。如木带用料长为1000mm、宽150mm，确定将模板分为6块，则查表11-4可得：

第一道木带的弦长=直径×分块系数=980×2×0.5=980<1000mm

第一道木带的拱高=直径×拱高系数=980×2×0.067=131<150mm

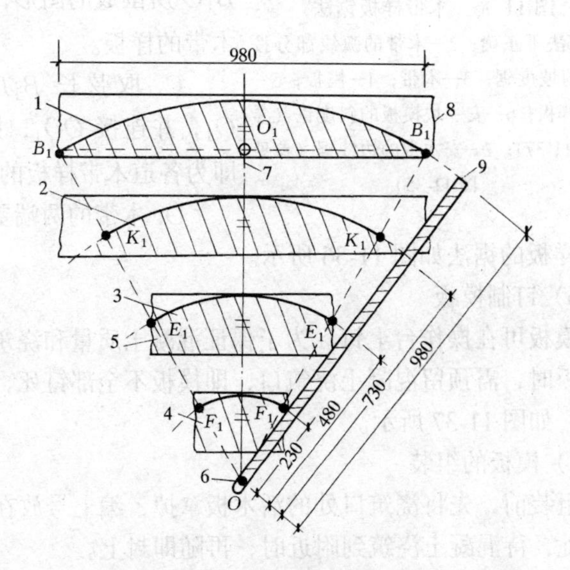

图11-35　里帮木带样板的做法

1—第一道带的样板；2—第二道带的样板；3—第三道带的样板；4—第四道带的样板；5—木带的边线；6—钉子；7—木带中心线；8—木板；9—木杆

验算结果证明：采用6块模板进行组装合适。

5）制作木带

每道木带做一个标准样板，其余木带可按样板进行加工，木带样板的做法如图 11-35 所示。其步骤如下：

A. 以 O 点为中心，以 230、480、730、980mm 的长在木带上画弧。

B. 在第一道木带的弧线上，截取弦长 $B_1B_1 = 980$mm，然后用墨线连接 B_1O。则在各个木板上，由弧线和两条边线 B_1O 所围成的图形，即为四道木带的样板。

C. 取弦长 B_1B_1 的中点 O_1，并连接 OO_1，则 OO_1 线即为各道木带样板的中心线。

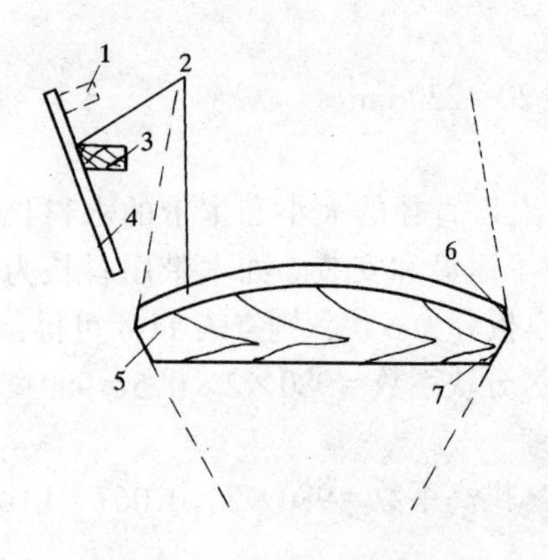

图 11-36 木带样板锯法

1—钉法不正确；2—木带的弧线部分按 0.5 的坡度锯；3—木带；4—模板；5—木带样板；6—安一块模板的斜度锯（参见图 11-37）；7—安木带的边线锯（参见图 11-35）

D. 木带的两端要锯准，其木带样板的锯法如图 11-36 所示。

6）钉制模板

模板可在操作台上钉。为了保证混凝土质量和浇筑方便，在钉模板时，需预留混凝土浇筑口，即模板不全部钉死，留几块活木板，如图 11-37 所示。

7）模板的组装

组装前，先将浇筑口处的活木板拿掉，编上号放在一起，以免弄乱，待混凝土浇筑到附近时，再随即封上。

8）配制时应注意的事项

A. 如木带的弧线部分不按 0.5 的坡度锯去斜度，木带和模板垂直相钉，则模板组装后，就会出现如图 11-38 所示的情况。

B. 如木带没钉在原来计算的 K、E、F 等点的位置上，往上移，则木带的半径缩小，模板组装后会出现图 11-38 中的第一种情况；如果木带往下移，则木带半径扩大，模板组装后就会出现图中的第二种情况。

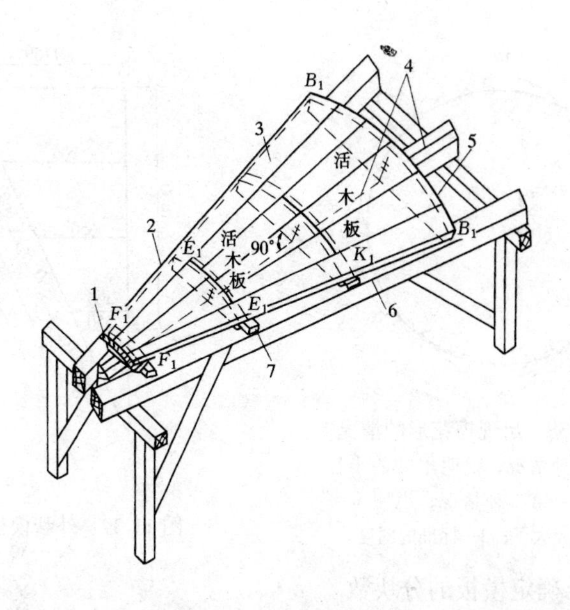

图 11-37　锥形模板钉法

1—模板下口按木带的弧度锯成弧形；2—一块模板的斜度，3—模板要预先刨光；4—在木楞上弹出的模板中心线用来控制木带中心位置；5—模板的上口沿木带的弧度锯齐；6—操作台；7—利用木档控制木带的位置

(2) 漏斗外侧模板的配制

1) 放足尺大样

外模大样放法与里侧模板相同，只是把图 11-39 中的 B、K、E、F、D 各点处的半径加上漏斗壁的水平厚度 15mm 即可如图 11-39。

2) 计算各道木带的半径

计算各道木带的半径要加模板的厚度，即

第一道木带半径＝1150＋20＝1170mm

第二道木带半径＝900＋20＝920mm

第三道木带半径＝650＋20＝670mm

第四道木带半径＝400＋20＝420mm。

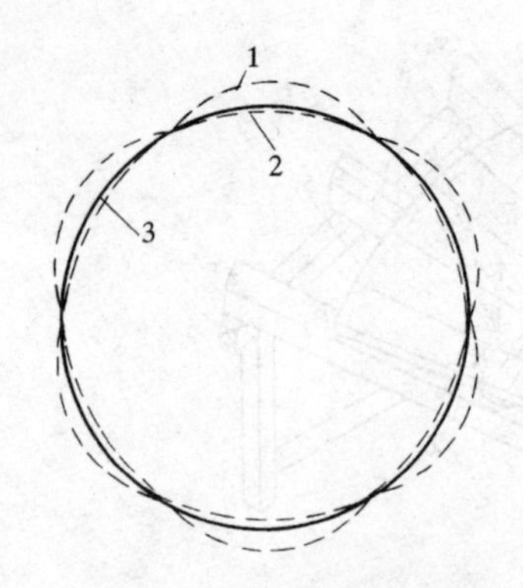

图 11-38 出现梅花形的情况

1—第一种情况，说明木带的半径小了；2—第二种情况，说明木带的半径大了；3—标准的圆度

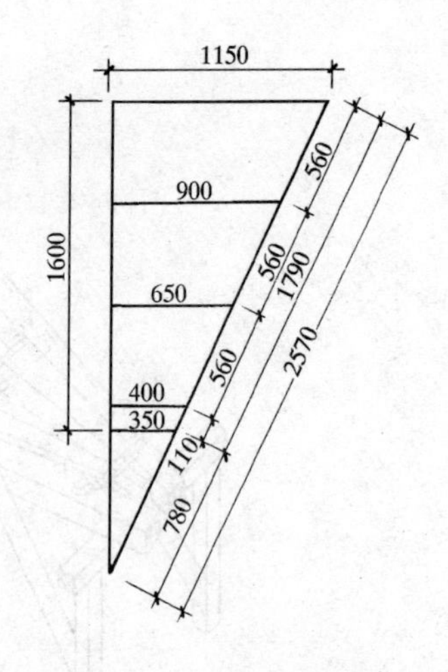

图 11-39 外帮模板的放样

3）确定模板的分块数

如模板仍分为 6 块，则：第一道木带的弦长 = 直径 × 分块系数 = 1170 × 2 × 0.5 = 1170mm ＞木料长 1000mm。第一道木带挖土的拱高 = 直径 × 拱高系数 = 1170 × 2 × 0.067 = 156.8mm ＞木料宽 150mm。

验算的结果说明：木带的弦长和挖去的拱高，大于做木带用的木料尺寸，不符合要求。所以外模的分块数改为 8 块，则：第一道木带的弦长 = 直径 × 分块系数 = 1170 × 2 × 0.3827 = 895.5mm ＜木料长 1000mm、第一道木带挖去的拱高 = 直径 × 拱高系数 = 1170 × 2 × 0.038 = 88.9mm ＜木带宽 150mm。

4）制作木带

木带的做法如图 11-40。

5）钉制模板

外模钉法可参照里模钉法。但外模可不留浇筑口。

（3）模板组装要点

1）安装漏斗出料口处平台。由于施工时出料口处荷载很大，因此一般应采用多根立柱加纵横枕木铺成平台作底模。

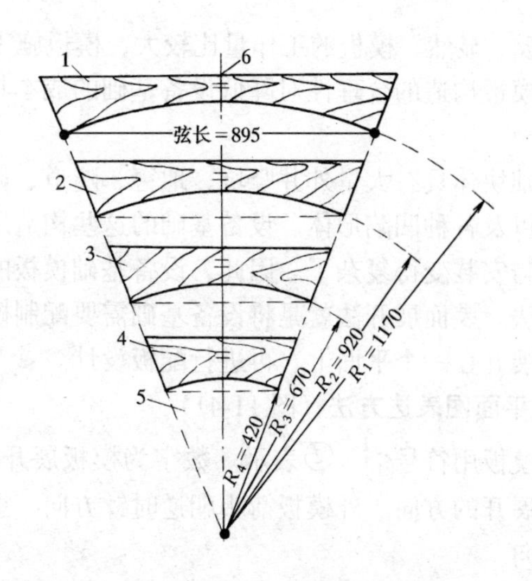

图 11-40　外帮带的做法

1—第一道木带；2—第二道木带；3—第三道木带；4—第四道木带；5—木带边线；6—木带中心线

2）按照设计布置，搭设支撑排架，立外模支柱，安设牵杠和支柱拉杆，所有支柱可均铺垫木板。

3）铺设外模。木带与牵杠之间的空隙，应用木楔垫实。

4）铺设支柱和拉杆，用木楔调整标高。

5）绑扎钢筋。

6）铺设内模。为了加强内外模的整体和确保漏斗壁厚一致，内外模牵杠应用铅丝拉结，同时在内外模之间应垫混凝土垫块。

（九）设备基础模板

大型设备的基础，特别是冶金工业的设备基础，其特点在于尺寸大，构造和外形复杂。例如轧钢设备或其他设备的基础所浇捣的混凝土体积近万立方米，每浇捣 $1m^3$ 混凝土平均需要 1～

1.3m^2 的模板。显然，模板的工作量比较大，模板施工的技术性也比较强。模板构造的合理性对降低设备基础的成本具有很大的意义。

设备基础块体具有大量外井竖坑、地窖、隧道、调整孔、壁龛、凸出体以及各种凹陷形体。设备基础的这些构造形状，使得模板的配制与安装变得复杂了。因此，设备基础模板的配制可采用表面展开法。表面展开法就是将设备基础需要配制模板部分的结构表面，展开在一个平面上，再进行配板设计。

1. 模板平面图表达方法（图 11-41）

（1）侧模板用符号①、②表示。数字为模板展开面的编号，箭头为模板展开的方向。外模板箭头朝逆时针方向，里模板箭头朝顺时针方向。

（2）平台板、孔洞、沟道之类的顶板用符号④表示。因模板背阴则圆圈用虚线。

（3）孔洞、沟道的墙壁之类的侧模板展开用符号③表示，箭头均朝顺时针方向。

（4）倾斜部分的展开面用符号⑤表示。

（5）背阴的倾斜面展开用符号⑤表示。

2. 展开面的画法

根据模板平面图，按模板展开符号内的编号顺序，分别按照箭头的方向，沿箭头将所经过的侧面逐个画出，并连成一个展开平面。例如图 11-41（*a*）①号模板展开图。

带有斜坡类似挡土墙的模板展开图如图 11-42。

带有斜坡托板的模板展开画法如图 11-43。

当有两个或几个互不垂直的面，可拉直成垂直的面来展开，这样可避免分二次展开。在斜面部分除表明上下的标高外，还须注上它的实际长度（斜长 1414），如图 11-44。

带有不需支模的斜面而使模板吊空的展开画法如图 11-45。

若遇到很小凹进部分的展开面，可按展开方向越过凹进部分，然后用木方或木条填补在凹进部分，固定在模板上，使模板

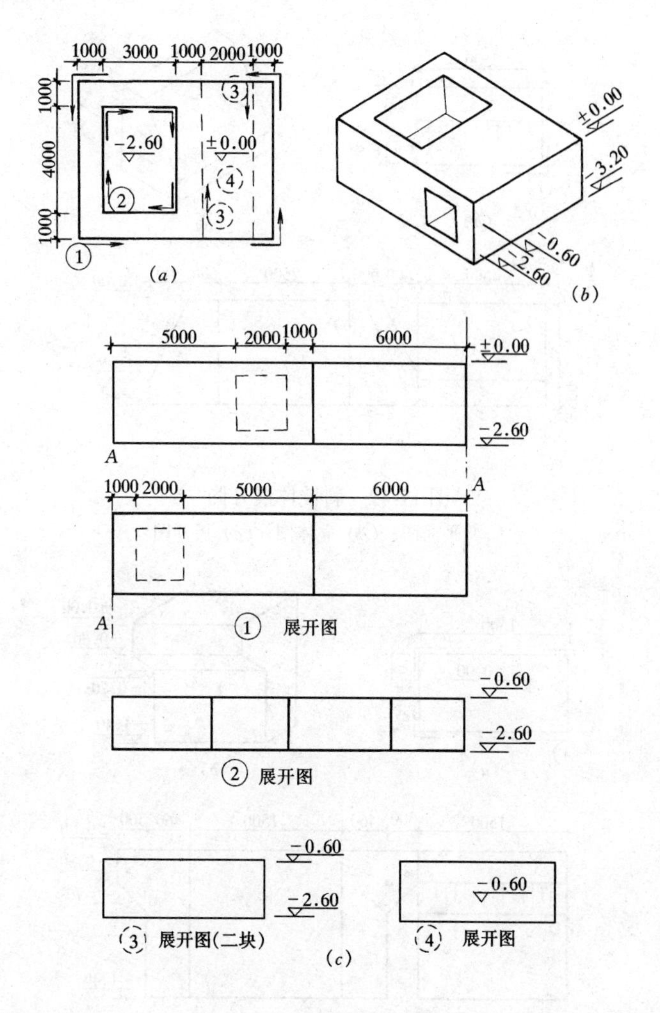

图 11-41　基础展开图

（*a*）平面图；（*b*）立体图；（*c*）展开图

安装方便、坚固，又充分利用了标准模板。标准模板可以采用组合钢模板。

3. 展开面的选择原则

展开的方法很多，展开面的合理选择关系到模板施工的简单

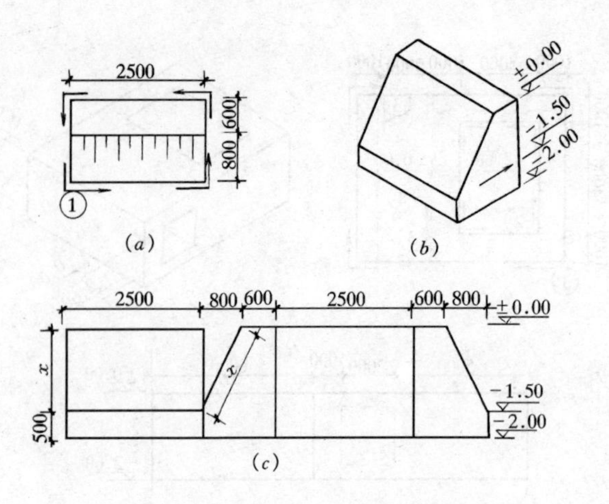

图 11-42　斜坡体展开图

(a) 平面图；(b) 立体图；(c) 展开图

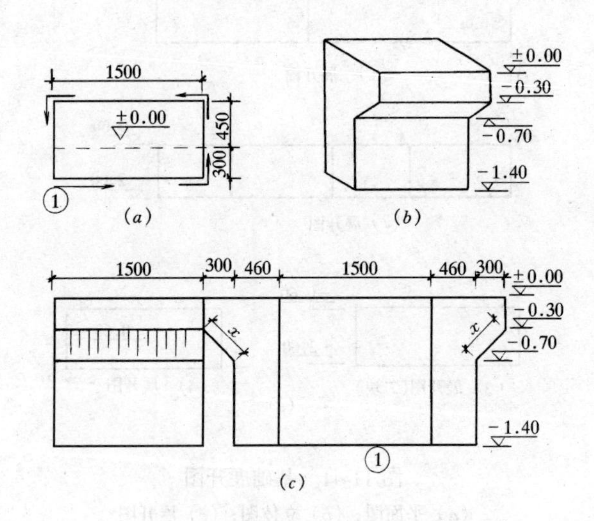

图 11-43　带有斜坡托板体展开图

(a) 平面图；(b) 立体图；(c) 展开图

与繁杂，施工进度、质量、经济等问题。

(1) 首先必须符合于展开方向所规定的原则下，将最多的面

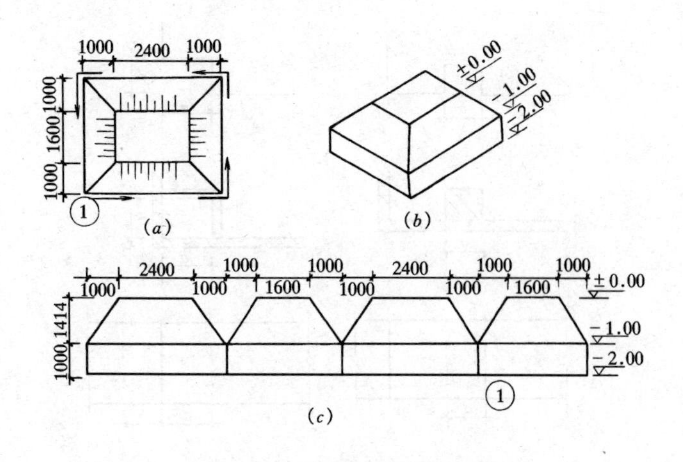

图 11-44　四面斜坡体展开图

（a）平面图；（b）立体图；（c）展开图

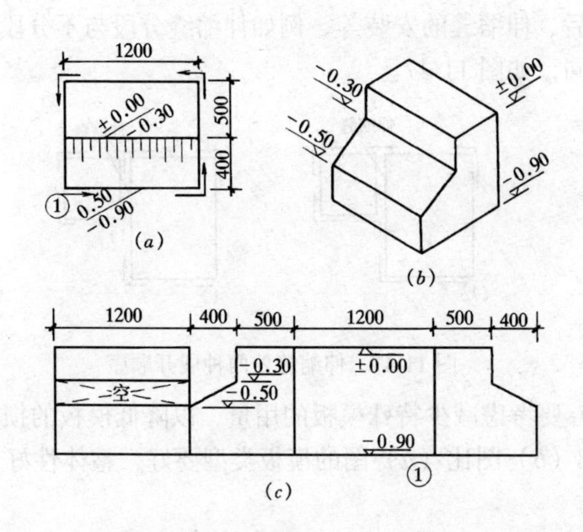

图 11-45　斜面吊空展开图

（a）平面图；（b）立体图；（c）展开图

连贯起来。

（2）必须符合施工工序，安装方便。

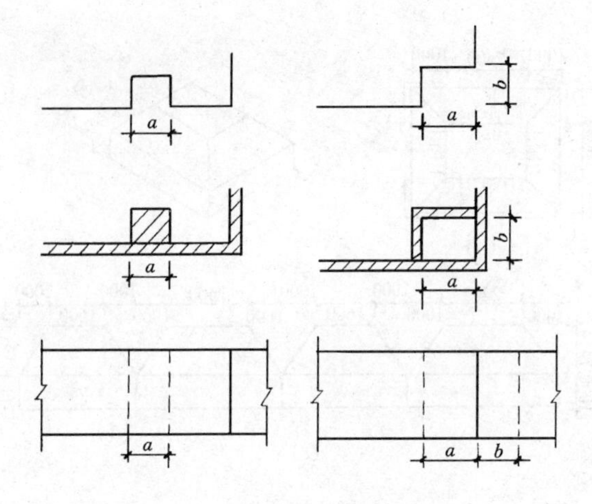

图 11-46　局部凸凹体展开图

(3) 根据基础的施工方案，特别是混凝土的浇捣方法、层次、先后、伸缩缝的安装等，例如伸缩缝分段与不分段的展开方法就不同，如图 11-47。

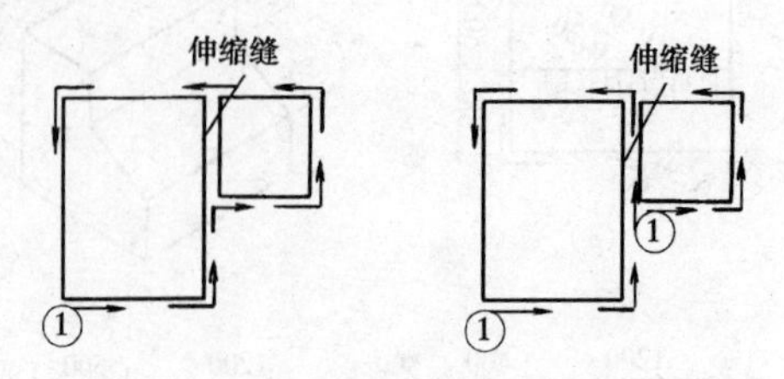

图 11-47　伸缩缝处两种展开顺序

(4) 要考虑减少特殊模板的用量，以降低模板的损耗率。如图 11-48（*b*）图比（*a*）图的模板类型要好，整体性好，装拆方便。

(5) 要考虑施工工序，先装深处（下部）模板，后装上部，区分层次以便装拆，如图 11-49 中（*a*）图内部展开的方向完全符合展开的原则，但不如（*b*）图。（*b*）图的模板形式简单，上、下层次有所区分，便于安装，符合施工顺序。

(6) 展开面画法举例，如图 11-50。

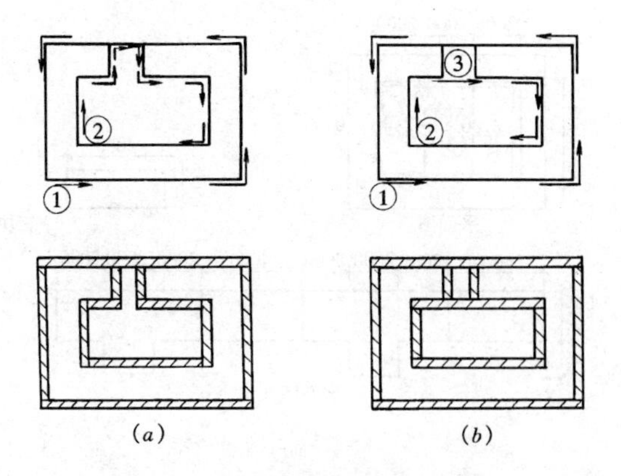

图 11-48 两种内模展开比较

4. 模板的配制

根据展开面的形状和尺寸的大小，选用最合适于该结构物类型的标准模板，采用组合钢模板与木模板相结合，满配于整个展开面。

(1) 模板配制的原则

1) 首先考虑模板安装和拆除的方便，并保证模板本身牢固。

2) 在运输和吊装条件较好的情况下，尽量采用大规格的模板。也可以采用组合钢模板，在拼装台上按展开面的尺寸拼成大块模板，由吊车吊装就位，进行模板安装。

3) 配制的模板必须符合结构物的尺寸和原设计的要求。

(2) 配制模板的方法

1) 首先确定模板的高度，按组合钢模板的模数进行配板设计，恰好与混凝土设计标高齐平。

2) 一般情况下模板允许高于混凝土标高，但在地脚螺丝的部分，模板不应高出 100mm，以免安装时受固定架妨碍而损坏模板。

3) 结构中金属防水层的墙壁部分，如可代替模板的作用，这部分就可以不配模板，画展开面时用×号表示。

4) 遇有管道或其他附属零件部分的模板，应采用特殊模板。

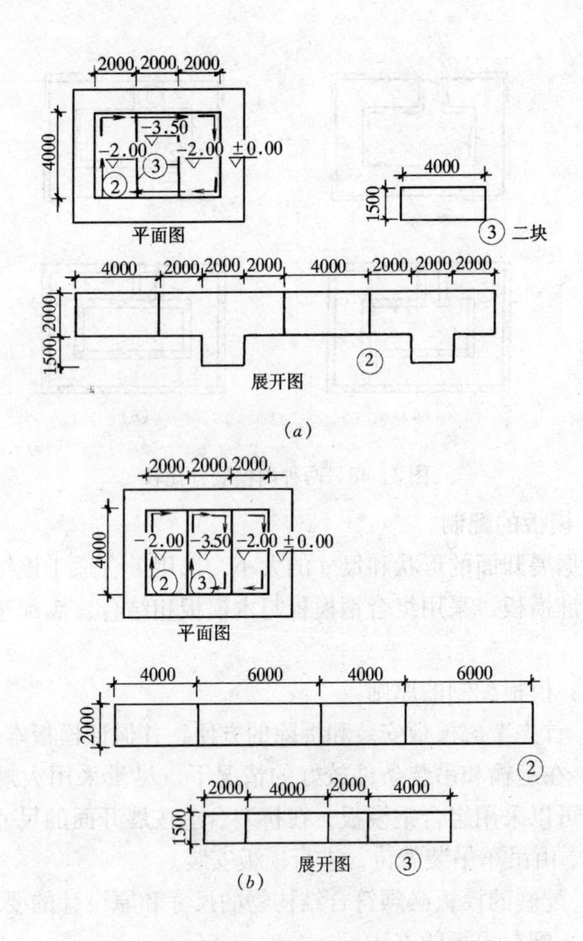

图 11-49　两种内模展开比较

（a）平面图；（b）展开图

5）按展开面画出模板布置图。

5. 地脚螺栓的埋设

大型设备基础中，常埋设有大量直径 36～180mm 的大地脚螺栓。为了保证螺栓的安装精度以及螺栓与混凝土的粘结力和抗震强度，一般都要求一次埋设、地脚螺栓的埋设，各地使用的主要有用固定架固定地脚螺栓和用环氧砂浆粘结地脚螺栓两种方

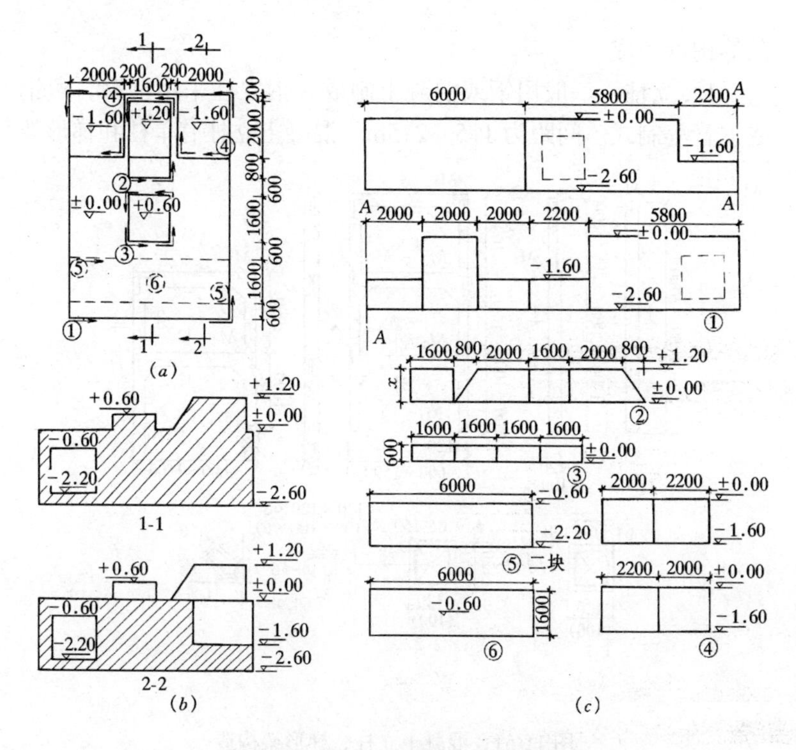

图 11-50 复杂形体基础展开图

（*a*）平面图；（*b*）剖面图；（*c*）展开图

法。用固定架固定地脚螺栓的方法，是在基础支模绑钢筋的同时，将螺栓用固定架固定在设计位置，然后和设备基础一起浇捣混凝土。

（1）固定架的设置

地脚螺栓固定架，按使用材料不同，有钢制、钢筋混凝土制两种。钢固定架重量轻，易焊接，安装方便，使用较多。但每立方米基础混凝土要多耗 10～20kg 的钢材。混凝土固定架刚度大，耗钢量较少，同时可兼作脚手架，但重量大，移动安装不方便。在有吊装设备的情况下使用较适合。

固定架的设置型式，根据结构特点，螺栓大小以及使用材料而定。由立柱（或梯形架），横梁和螺栓固定框以及斜撑、拉结条等构件组成。

1）立柱：一般用钢或混凝土制成。钢立柱采用槽钢、角钢或钢管等制式。间距为1.5～2.5m。混凝土立柱有单柱和梯形架

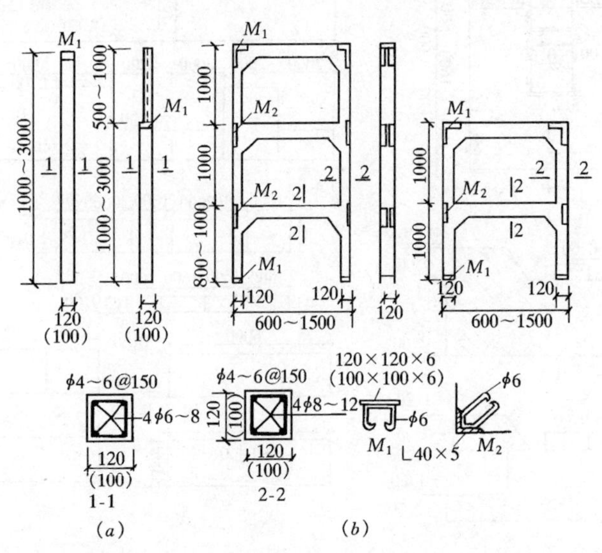

图 11-51　混凝土立柱、梯形架构造

（a）混凝土立柱；（b）混凝土梯形架

两种型式如图 11-51。混凝土单柱常用高度为1～3m，间距1.5～3.5m，梯形架常用高度为2、3、5m，宽度为0.6、1、1.2、1.5m四种。高度大于一榀时，用两节或三节相叠接长，或在顶部焊接角钢，槽钢支柱接长。在立柱四角及顶部埋设铁件，以便于焊接横梁，或直接打掉局部混凝土保护层与钢筋焊接。安装时，每两根（或两榀梯形架）一组，用角钢横梁连接，间距0.7～3m。立柱下端与混凝土垫层内预埋的钢板等焊接固定。

2）横梁：用于连系立柱和支承螺栓固定框，一般用角钢或槽钢制成。当跨度不大时亦可用木横梁。

3）螺栓固定框：用来固定地脚螺栓，保证位置和标高正确，要有一定的刚度和强度。一般用角钢、槽钢、等组合制成如图

11-52 所示。

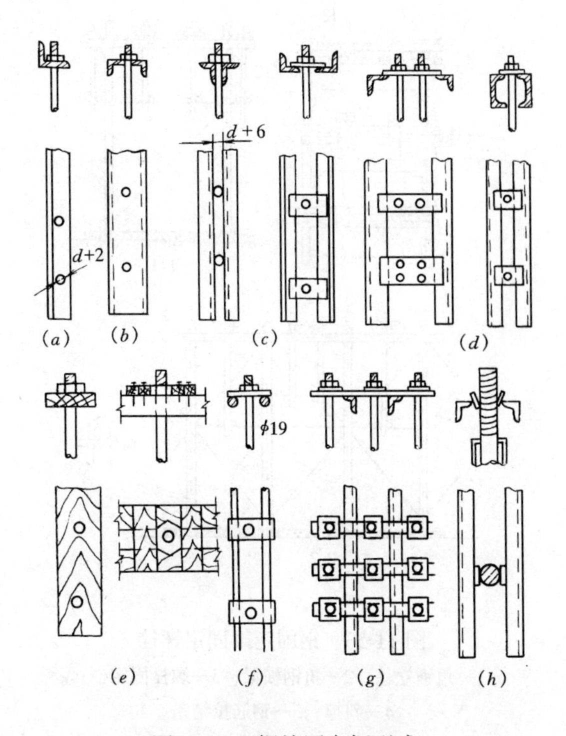

图 11-52　螺栓固定框型式

(*a*) 单角钢；(*b*) 单槽钢；(*c*) 双角钢；(*d*) 双槽钢；(*e*) 木固定框；(*f*) 钢筋固定框；(*g*) 角钢与钢筋组合；(*h*) 大螺栓固定

4) 斜撑和拉结条：其作用为保持固定架的稳定和拉固地脚螺栓，避免在浇捣混凝土时，地脚螺栓发生偏移。斜撑多采用角钢或钢筋。拉结条用钢筋纵横设置，与螺栓下部点焊固定，以防晃动，如图 11-53 所示。

(2) 固定架及螺栓的安装程序

1) 先在基础混凝土垫层内预埋固定立柱的钢板

2) 在垫层上按固定架平面进行放线，安设立柱并临时固定。

3) 绑基础底板钢筋，接着安固定架横梁及螺栓固定框。

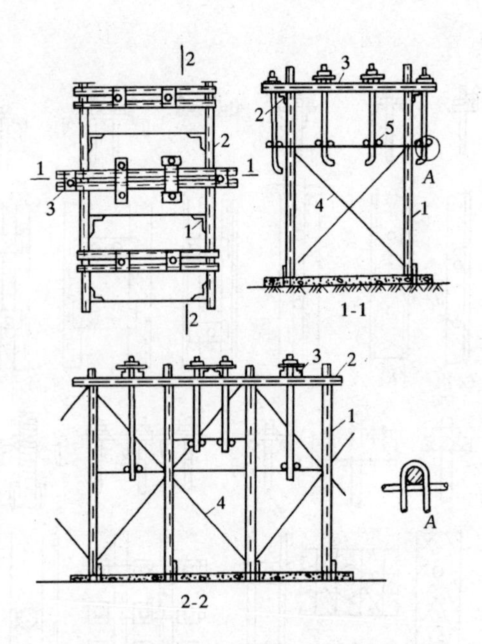

图 11-53 钢固定架固定螺栓

1—角钢立柱；2—角钢横梁；3—螺栓固定框；
4—斜撑；5—钢筋拉结条

4）安装螺栓。用钢尺、测量仪器找正位置和垂直度，控制误差在施工及验收规范允许范围内。

5）将螺栓点焊固定。

(3) 固定架设置注意事项

1）固定架应避免与螺栓锚板、管道、埋设件相碰，以免给固定和测量工作带来困难。

2）杆件排列应有规律，荷重应尽量对称。

3）每组螺栓固定框尽可能固定同类型和同一设备，同一标高的螺栓。其上平面标高应给浇捣混凝土创造条件，固定框应露出基础表面不少于100mm，以便于回收。

4）基础落在软土地基上时，应考虑固定架的下沉及挠度，地脚螺栓标高应予抬高 10～30mm，以备下沉。

（十）大模板施工

大模板是一种大型的定型模板，可以用来浇筑混凝土墙体和楼体。模板尺寸一般与楼层高度和开间尺寸相适应，采用大模板，并配以相应的施工机械，通过合理的施工组织，以工业化生产方式在现场浇筑钢筋混凝土墙体，这就是大模板施工。

1. 大模板的构造

（1）大模板的分类

1）按大模板板面材料分可分为木质板面、金属板面、化学合成材料板面。

2）按大模板组拼方式分可分为整体式模板、模数组合式模板、拼装式模板。

3）按大模板构造外形分可分为平模、小角模、大角模、筒子模。

（2）大模板的组成

大模板主要由板面系统、支撑系统、操作平台和附件组成，如图 11-54。

1）面板系统：面板系统包括面板、小肋板、横肋和竖肋。它的作用是使混凝土墙面具有设计要求的外观。因此，要表面平整，拼缝严密，具有足够的强度和刚度。

2）支撑系统：支撑系统包括支撑架和地脚螺丝。其作用是传递水平荷载，防止模板倾覆。因此，除了必须具备足够的强度外，尚应保证模板的稳定。

一块模板至少设两个支撑架，支撑架通过螺栓与竖肋相连。为调节模板的垂直度，在支撑下安设地脚螺丝。在面板下也安两个地脚螺丝，可以调整模板的水平标高。

3）操作平台：操作平台包括平台架、脚手平台和防护栏杆。操作平台是施工人员操作的场所和运行的通道。平台架插放在焊

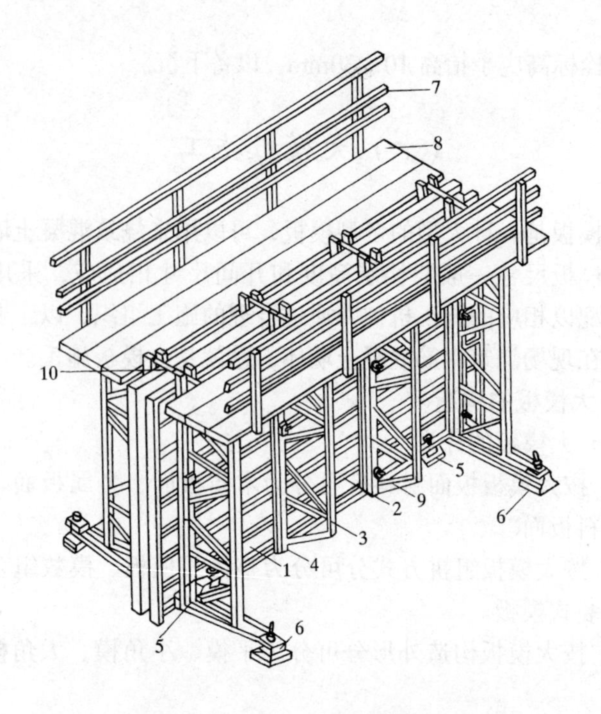

图 11-54 大模板组成构造示意图

1—面板；2—水平加劲肋；3—支撑桁架；4—竖楞；5—调整水平度的螺旋千斤顶；6—调整垂直度的螺旋千斤顶；7—栏杆；8—脚手板；9—穿墙螺栓；10—固定卡具

于竖肋上的平台套管内，脚手板铺在平台架上，防护栏杆可上下伸缩。

4）附件：穿墙螺栓、上口卡子是模板重要的附件。穿墙螺栓的作用是加强模板刚度，承受新浇混凝土侧压力控制模板的间距。

穿墙螺栓用 $\phi30$ 的 45 号钢制作，长度随墙厚度而定，一端带螺纹，螺纹长 120mm，以适应 140～200mm 厚墙体的施工。另一端用板销销紧在模板上，以保证浇筑混凝土时模板不外涨。板销厚 8mm，大头宽 40mm，小头宽 30mm，如图 11-55。

墙体的厚度由两块模板之间套在穿墙螺栓外的硬塑料管来控

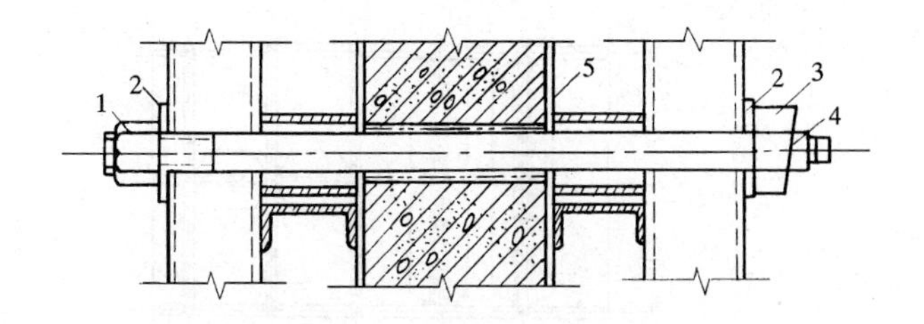

图 11-55　穿墙螺栓联结构造

1—螺母；2—垫板；3—板销；4—螺杆；5—套管

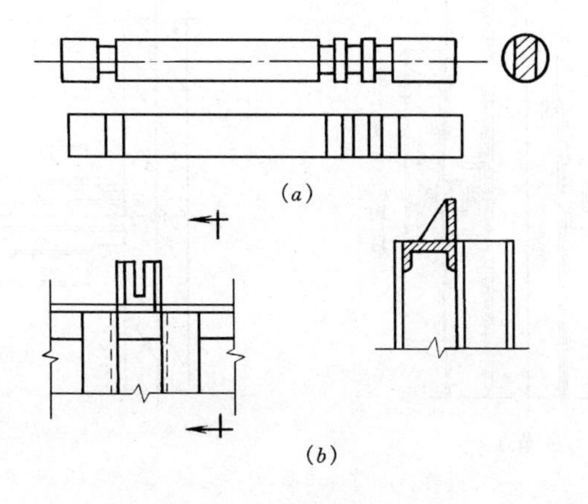

图 11-56　铁卡和铁卡支座

（a）铁卡；（b）铁卡支座

制，塑料管长度等于墙的厚度。塑料管待拆模后敲出，可重复利用。穿墙螺栓一般设置在大模板的上、中、下三个部位。

模板上口卡子又称铁卡，也用来控制墙体厚度和承受一部分混凝土侧压力。铁卡用 $\phi30$ 的 45 号钢制作，如图 11-56。

(3) 大模板的布置方案

1）平模：采用平模布置方案的主要特点是横墙与纵墙混凝土分两次浇筑。在一个流水段范围内，先支横墙模板，待拆模后再支纵墙模板。平模布置如图 11-57 所示。

平模方案能够较好地保证墙面的平整度。所有模板接缝均在

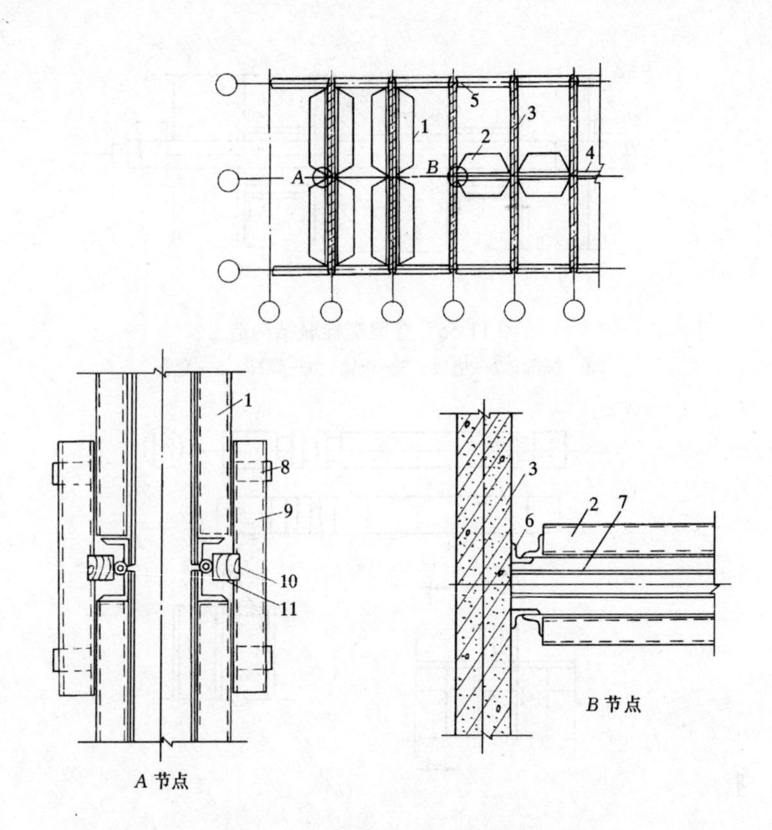

图 11-57　平模平面布置示意图

1—横墙平模；2—纵墙平模；3—横墙；4—纵墙；5—预制外墙板；6—补缝角模；7—拉结钢筋；8—夹板支架；9—［8 夹板；10—木楔；11—钢管

纵横墙交接的阴角处，便于接缝处理，减少修理用工，模板加工量较少，周转次数多，适用性强，模板组装和拆卸方便，模板不落地或少落地。但由于纵横墙要分开浇筑，竖向施工缝多，影响房屋整体性，并且安排施工比较麻烦。

2）小角模。小角模是为了适应纵横墙一起浇筑而在纵横墙相交处附加一种模板，通常用 L100×10 的角钢制成。它设置在平模转角处，从而使得每个房间的内模形成封闭支撑体系，如图 11-58 所示。

小角模有带合叶和不带合叶两种，如图 11-59。小角模布置方案使纵横墙可以一起浇筑混凝土，模板整体性好，组拆方便，墙面平整。但墙面接缝多，修理工作量大。角模加工精度要求也比较高。

3）大角模：大角模系由上下四个大合叶连接起来的两块平模，三道活动支撑和地脚螺栓等组成，其构造如图 11-60 所示。

大角模方案，房间的纵横墙体混凝土可以同时浇筑，故房屋整体性好。它还具有稳定、拆装方便，墙体阴角方整，施工质量好等特点。但是大角模也存在加工要求精细，运转麻烦，墙面平整度差，接缝在墙中部等缺点。

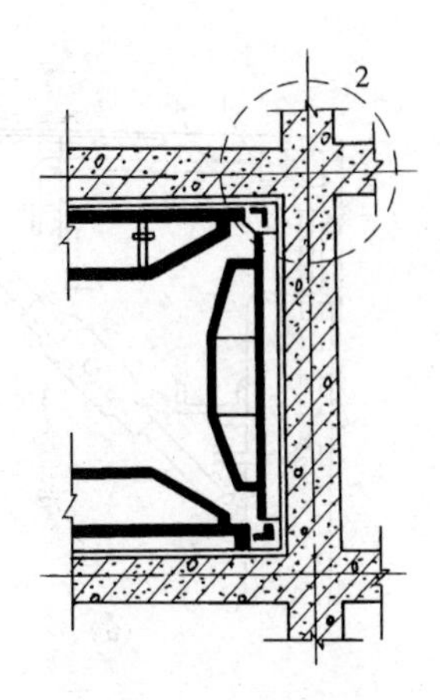

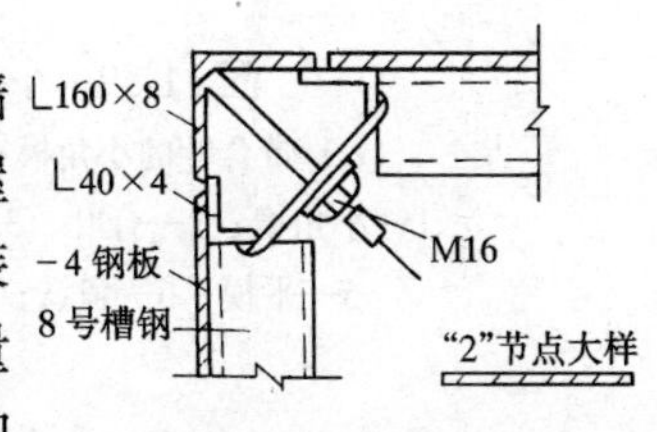

图 11-58　小角模

4）筒子模：筒子模是将一个房间三面现浇墙体模板，通过挂轴悬挂在同一钢架上，墙角用小角模封闭而构成一个筒形单元体，如图 11-61 所示。

采用筒子模方案，由于模板的稳定性好，纵横墙体混凝土同时浇筑，故结构整体性好，施工简单。减少了模板的吊装次数，操作安全，劳动条件好。缺点是模板每次都要落地，且模板自重大，需要大吨位起重设备。模板加工精度要求高，灵活性差，安装时必须按房间弹出十字中线就位，比较麻烦。

2. 大模板的施工

大模板施工的机械化程度较高，为了保证工程进度和施工质量，必须事先根据大模板施工的特点，制定出施工组织设计，并结合建筑的平面布置，合理地划分施工段，采取分段流水作业，

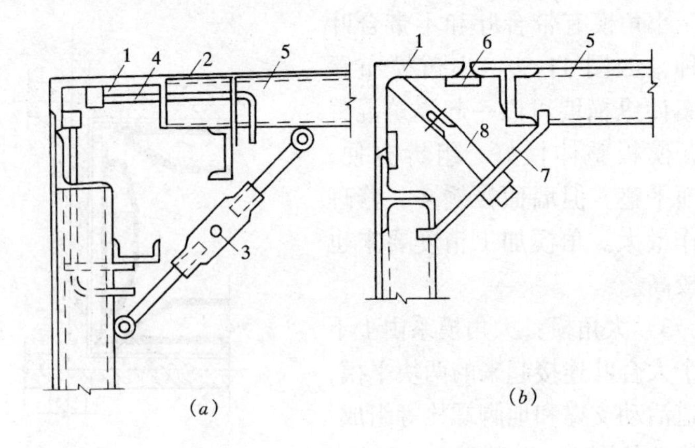

图 11-59　小角模构造示意图

(a) 带合叶的小角模；(b) 不带合叶的小角模

1—小角模；2—合叶；3—花篮螺丝；4—转动铁拐；

5—平模；6—扁铁；7—压板；8—转动拉杆

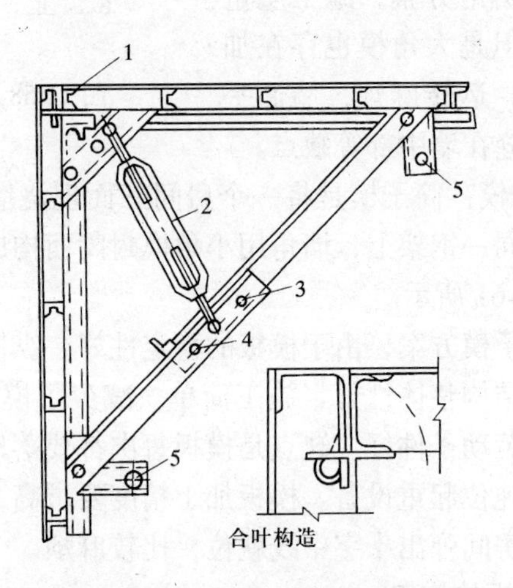

图 11-60　大模板构造示意图

1—合叶；2—花篮螺丝；3—固定销子；

4—活动销子；5—调整用螺旋千斤顶

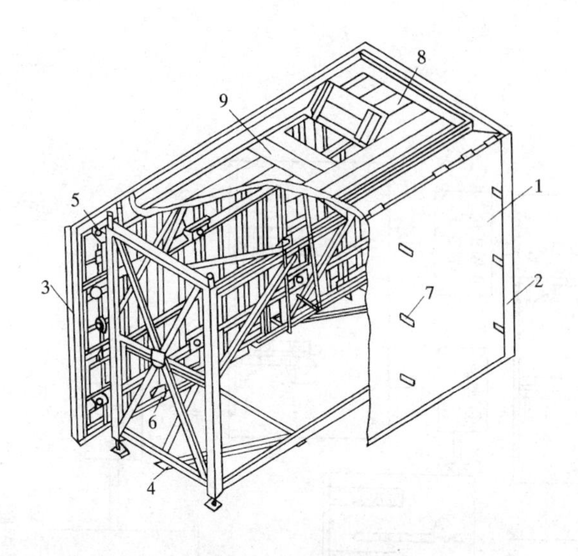

图 11-61　筒子模

1—模板；2—内角模；3—外角模；4—钢架；5—挂轴；
6—支杆；7—穿墙螺栓；8—操作平台；9—出入孔

使工程有节奏地正常进行。

大模板现浇墙体的施工程序如图 11-62 所示。

(1) 内墙现浇外墙预制的大模板建筑施工

这种施工方法是采用预制混凝土外墙板，大模板在现场支模浇筑内墙混凝土，采用这种工艺可以将工厂预制装配化和现场机械化结合起来，同时发挥装配和现浇两种方法的优点。

1) 施工程序如图 11-63 所示。

2) 技术要求和操作要点

A. 抄平放线：抄平放线包括弹轴线、墙身线、模板就位线，门口、隔墙、阳台位置线和抄平水准线等工作。

在每栋建筑物的四角和流水段分段处，应设置标准轴线控制桩，再用经纬仪根据标准轴线桩引出各层控制轴线。由控制轴线放出其他轴线以及门窗口位置线。为了便于支模，在放墙身线时，也同时放出模板就位线。采用筒子模时，还应放出十字线。

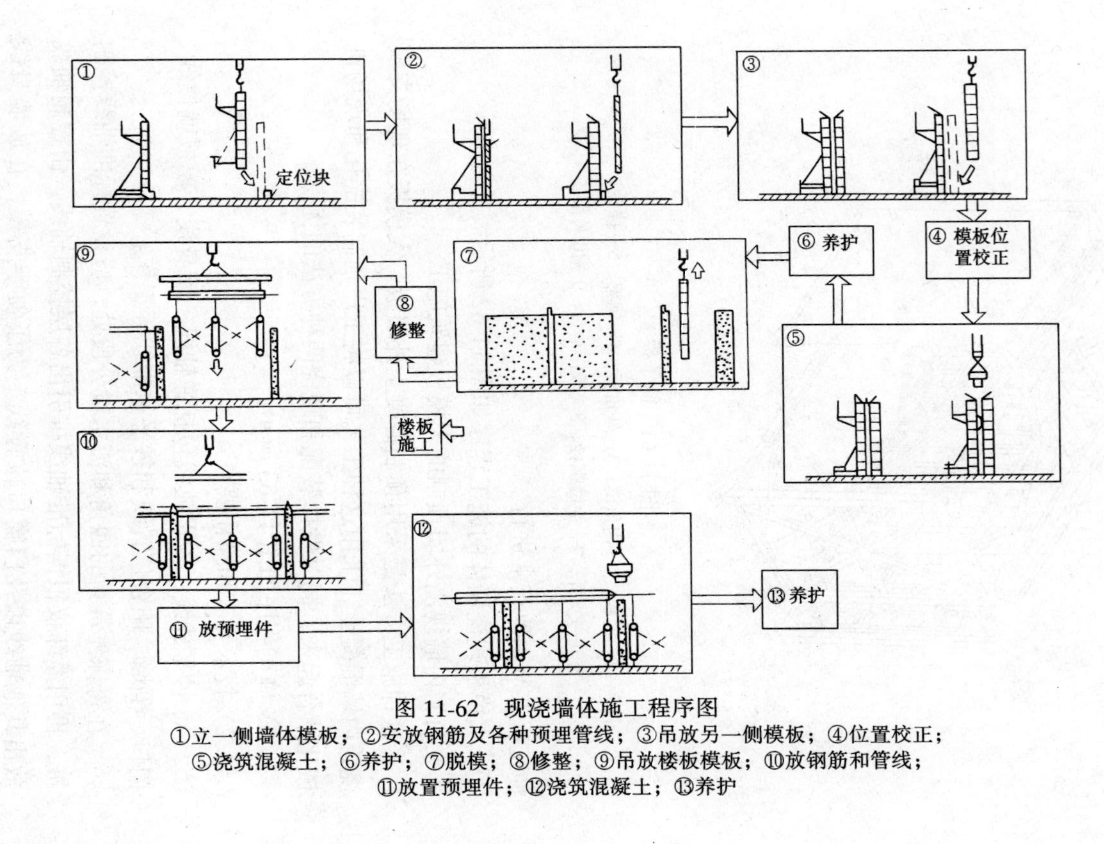

图 11-62　现浇墙体施工程序图

①立一侧墙体模板；②安放钢筋及各种预埋管线；③吊放另一侧模板；④位置校正；⑤浇筑混凝土；⑥养护；⑦脱模；⑧修整；⑨吊放楼板模板；⑩放钢筋和管线；⑪放置预埋件；⑫浇筑混凝土；⑬养护

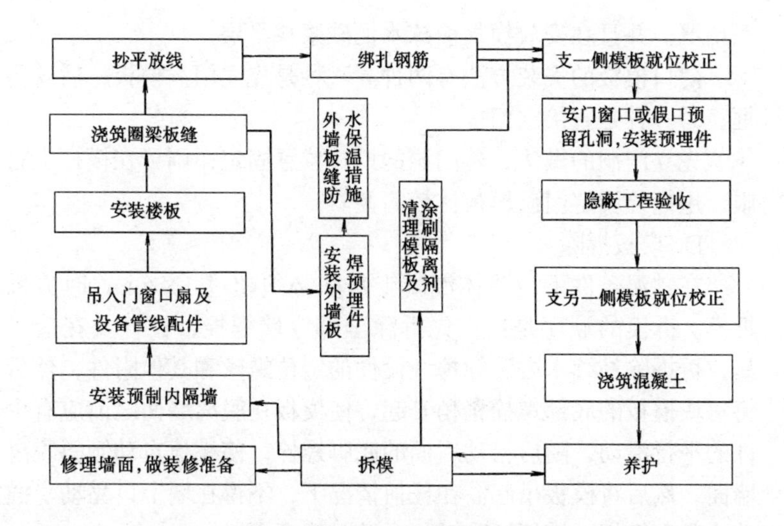

图 11-63　施工程序

每栋建筑均应设水准点，在底层墙上确定控制水平线，并用钢尺引测各层标高。为控制楼层标高，在确定外墙板找平层、混凝土内墙上口标高以及模板标高时，应预先进行抄平。

B. 钢筋敷设：在安装外墙板前，应剔除并理直钢筋套环，内外墙的钢筋套环要重合，按设计要求插入竖向钢筋。

C. 模板安装：大模板进场后要核对型号，清点数量、清除表面锈蚀。用醒目的字体在模板背面注明标号。模板就位前还应认真涂刷脱模剂，将安装处楼面清理干净，检查墙体中心线及边线，准确无误后方可安装模板。

安装模板时，应按顺序吊装，按墙身线就位，并通过地脚螺丝，用双十字靠尺反复检查，校正模板的垂直度。模板合模前，还要检查门窗洞口模板和穿墙螺栓套管是否遗漏，位置是否正确，安装是否牢固，并清除在模板内的杂物。模板校正合格后，在模板顶部安放上口卡子，并紧固穿墙螺栓。紧固时要松紧适度，过松影响墙体厚度，过紧会将模板顶成凹坑。

为了防止模板底部漏浆，在模板就位固定后，用木条或密封条堵严。并且在安放模板前抹水泥砂浆找平层。

门口模板的安装方法有两种。一种是先立门洞模板，后安门框；另一种是直接立门框。

先立门洞的做法，若门洞的设计位置固定，则可在模板上打眼，用螺栓固定门洞模板比较简便。

D. 模板拆除

在常温条件下，墙体混凝土强度必须超过 $1N/mm^2$ 时方准拆模。拆模的顺序是：首先拆除全部穿墙螺栓，拉杆及花篮卡具，再拆除补缝木方，卸掉埋设件的定位螺丝和其他附件，然后将每块模板的底部螺栓稍稍升起，使模板在脱离墙面之前应有少许的平行滑动，随后松动后面的底脚螺栓，使模板自动倾斜脱离墙面，然后将模板吊起。在任何情况下，不得在墙上口晃动、撬动或敲砸模板。模板拆除后，应及时清理表面。

（2）内外墙全现浇的大模板建筑施工

内外墙均为现浇混凝土的大模板体系，以现浇外墙代替预制外墙板，提高了建筑物的整体刚度。

1）施工程序：内外墙全现浇的大模板施工工艺按外墙模板型式不同，分为悬挑式外模和外承式外模两种施工方法。

A. 采用悬挂式外模的施工程序，如图 11-64 所示。

B. 采用外承式外模的施工程序，如图 11-65 所示。

2）外墙支模：全现浇大模板施工中，重点要做好外墙的支模工作，它关系到工程质量和施工的安全。外墙的内侧模板与内墙模板一样，支承在楼板上，外侧模板有两种支设方法。

A. 当采用悬桃式外模施工时，支模顺序为：先装内墙模板，再安装外墙内侧模板，然后将外墙外模板通过内模上端的悬壁梁挂在内模板上。悬臂梁可采用一根 8 号槽钢焊在外侧模板的上口横筋上，内外墙模板之间用两道对销螺栓拉紧，下部靠在下层外墙混凝土壁如图 11-66 所示。

B. 当采用外承式外模板时，可先将外墙外模板安装在下层混凝土外墙面上挑出的支承架上，如图 11-67 所示。支承架可做

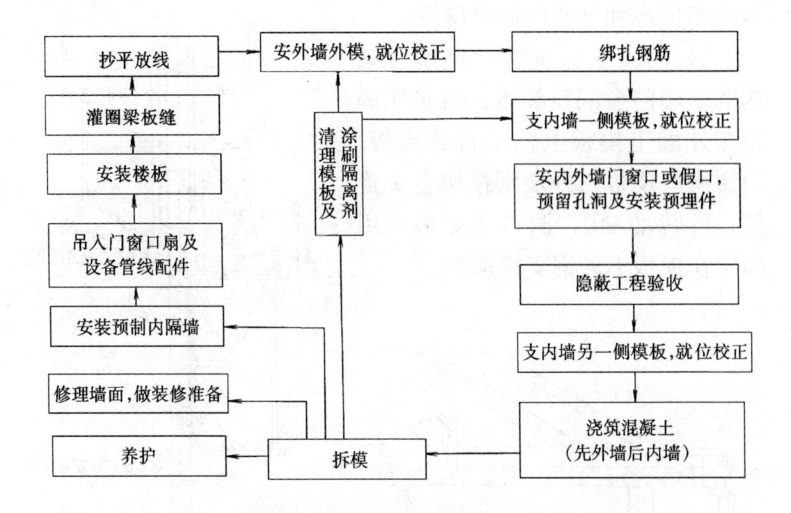

图 11-64　悬挂式外模施工程序

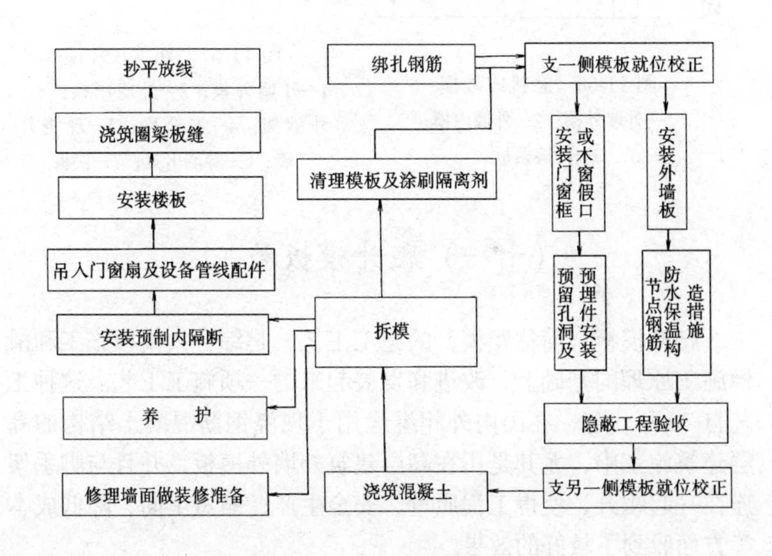

图 11-65　外承式外模施工程序

成三角架，用L形螺栓通过下一层外墙预留孔挂在外墙上，为了保证安全，要设防护栏杆和安全网。外墙外模板安装好后，再安装内墙模板和外墙的内侧模板。

3）门窗洞口支模：全现浇结构的外墙门窗洞口模板，宜采用固定在外墙里模板上活动折叠模板、门窗洞口模板与外墙钢模用合页连接，可转动90°，洞口支好后，用固定在模板上的钢支撑顶牢。

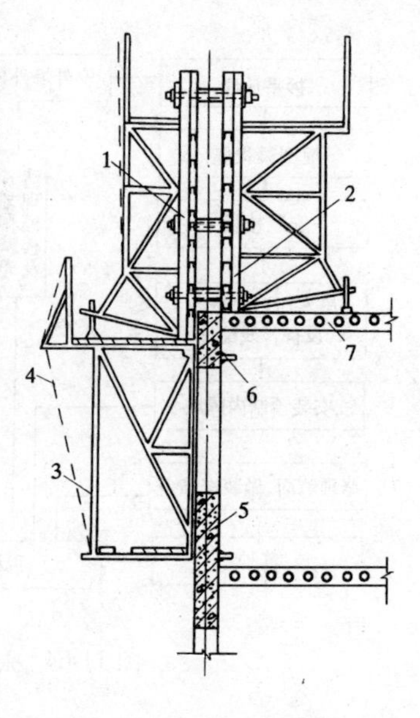

图 11-67 外承式外模

1—外墙外模；2—外墙内模；3—外承架；4—安全网；5—现浇外墙；6—穿墙卡具；7—楼板

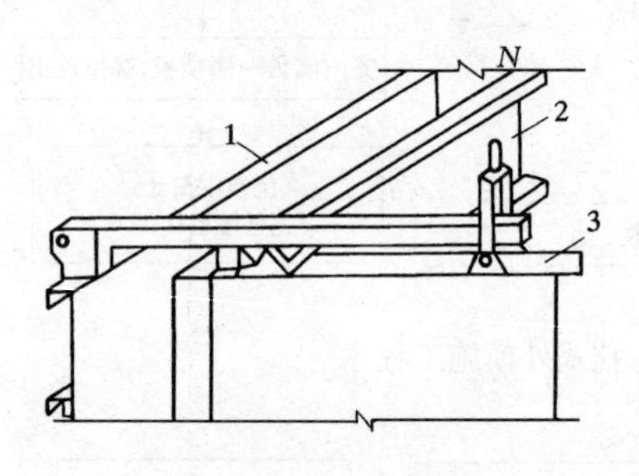

图 11-66 悬挑式外模

1—外墙外模；2—外墙内模；3—内墙模板

（十一）爬升模板施工

爬升模板（简称爬模）的施工工艺，是综合大模板施工和滑模施工原理的基础上，改进和发展起来的一项施工工艺。这种工艺自70年代起，在国内外相继运用于现浇钢筋混凝土结构的高层建筑施工中，尤其是用在高层建筑外墙外模板，并且与脚手架连在一起爬升，使得工程质量、安全生产、缩短工期、降低成本等方面收到了较好的效果。

爬模施工具有以下特点：

(1) 模板的爬升依靠自身系统的设备，不需要塔吊或其他垂直运输机械。避免用塔吊施工常受大风影响的弊病。

（2）爬模施工中模板不用落地，不占用施工场地，特别适用于狭小场地的施工。

（3）爬模施工中模板固定在已浇筑的墙上，并附有操作平台和栏杆，施工安全，操作方便。

（4）爬模工艺每层模板可做一次调整，垂直度容易控制，施工误差小。

（5）爬模工艺受其他的干扰较小，每层的工作内容和穿插时间基本不变，施工进度平稳而有保证。

（6）爬模对墙面的形式有较强的适应性。它不只是用于施工高层建筑的外墙，还可用来施工现浇钢筋混凝土芯筒和桥墩，以及冷却塔等。尤其在现浇艺术混凝土施工中，更具有优越性。

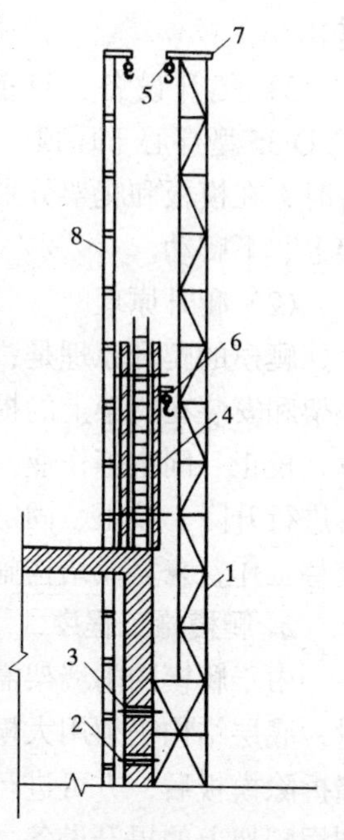

图 11-68　爬模构造图

1—爬架；2—穿墙螺栓；3—预留爬架孔；4—爬模；5—爬模提升装置；6—爬架提升装置；7—爬架挑横梁；8—内爬架

1. 爬模的构造与爬升原理

（1）爬模的构造

爬模的构造主要包括：爬升模板、爬升支架和爬升设备三部分，如图 11-68 所示。

1）爬升模板：它的构造与大模板中的平模基本相同，高度为层高加 50～100mm，其长出部分用来与下层墙搭接。横板下口需装有防止漏浆的橡皮垫衬。模板的宽度根据需要而定，一般与开间宽度相适应，对于山墙有时则更大，模板下面还可装吊脚手，以便操作和修整墙面用。

2）爬升支架（简称爬架）：它是一格构式钢架，由上部支承架和下部附墙架两部分组成。支承架部分的长度大于两块爬模模板的高度。支承架的顶端装有挑梁，用来安装爬升设备，附墙架由螺栓固定在下层墙壁上。只有当爬架提升时，才暂时与墙体脱离。

3）爬升设备：目前爬升设备有手拉葫芦以及滑模用的QYD-35型穿心千斤顶。还有用电动提升设备，当使用千斤顶设备时，在模板和爬架分别增设爬杆，以便使千斤顶带着模板或爬架上、下爬动。

（2）爬升原理

爬模的爬升原理是：大模板依靠固定于钢筋混凝土墙身上的爬架和安装在爬架上的提升设备上升、下降，以及进行脱模、就位、校正、固定等作业。爬架则借助于安装在大模板上的提升设备进行升降、校正、固定等作业。大模板和爬架相互作用支承并交替工作，来完成结构施工，如图11-69所示。

2. 爬模施工程序

由于爬模的附墙架需安装在混凝土墙面上，故采用爬模施工时，底层结构仍须用大模板或者一般支模的方法。当底层混凝土墙拆除模板后，方可进行爬架的安装。爬架安装好以后，就可以利用爬架上的提升设备，将二层墙面的大模板提升到三层墙面的位置就位，届时完成了爬模的组装工作，可进行结构标准层爬模施工。其施工程序如图11-70所示。

3. 模板与爬架的布置

（1）模板布置原则

1）外墙模板可以采用每片墙一整块模板，一次安装，这样可减少起模和爬升分块模板装拆的误差。但模板的尺寸受到制作、运输和吊装条件等限制，不可能做得过大。往往分成几块制作，在爬架和爬升设备安装后，再将各分块模板拼成整块模板，使用结束后再拆成分块模板吊至地面。由于每个分块模板在拼装或拆卸时均需有一个爬架及两个爬升设备悬吊，所以两块模板的拼接处应在两个爬架之间的中部。

2）预制楼板结构高层建筑，采用爬模布置模板时，先布置内模，再考虑外模和爬架。外模的对销螺栓孔及爬架的附墙连接螺栓孔应与内模相符。

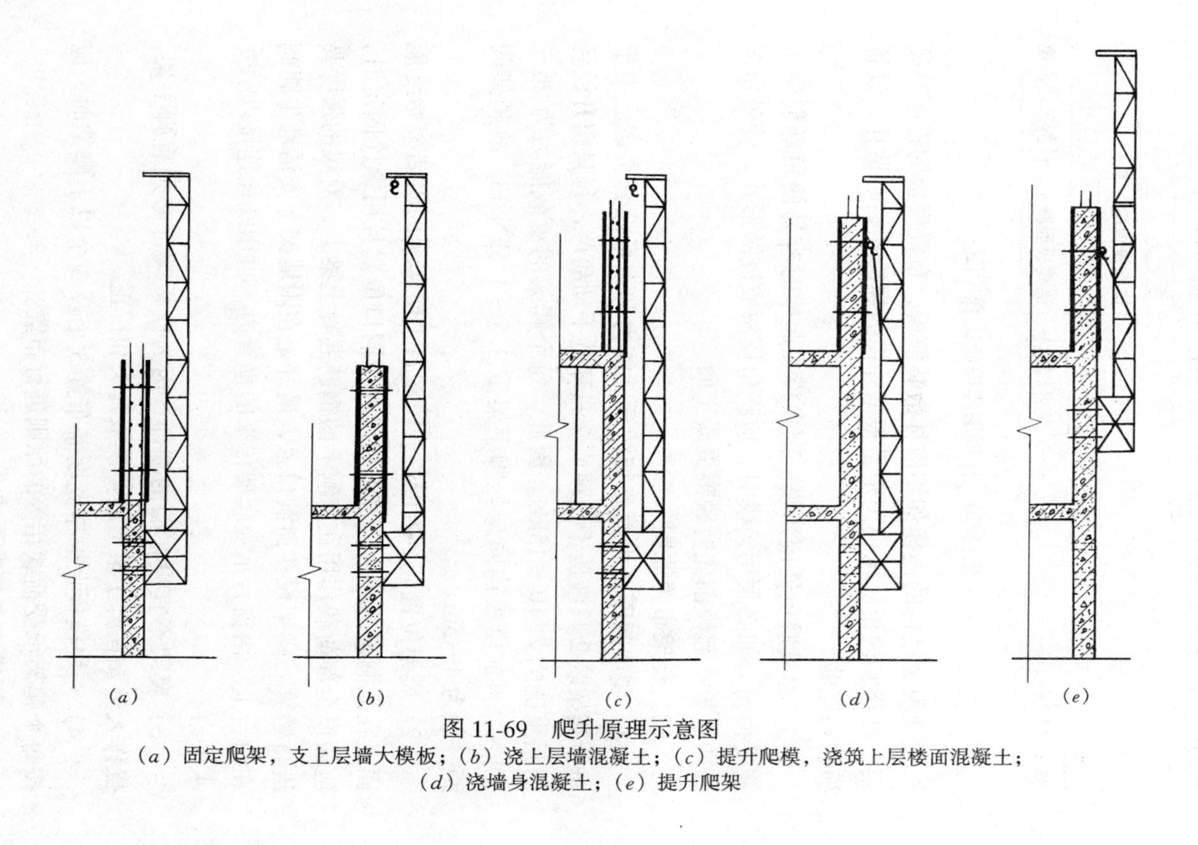

图 11-69　爬升原理示意图

(a) 固定爬架，支上层墙大模板；(b) 浇上层墙混凝土；(c) 提升爬模，浇筑上层楼面混凝土；(d) 浇墙身混凝土；(e) 提升爬架

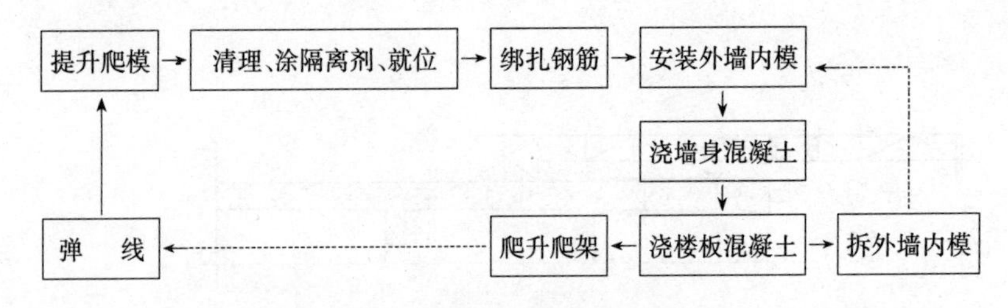

图 11-70 标准层爬模施工程序图

全现浇结构的内模如用散杯散装模板，布置模板的程序是爬架、外模和内模。内模固定是根据外模的螺栓孔临时钻孔，设置横肋与竖肋。

3）尽量避免使用角模。因角模在起模时容易使角部混凝土遭受损伤。如必须用角模时，应将角模做成铰链形式，使带角部分的模板在起模前先行脱离混凝土面。

（2）爬架布置原则

1）爬架间距是根据爬架的承载能力和重量综合考虑。由于每个爬架装 2 只液压千斤顶或 2 只环链手动葫芦，每只爬升设备的起重能力为 10～15kN。因此，每个爬架的承载能力为 20～30kN。再加模板连同悬挂脚手架重 3.5～4.5kN/m。故爬架间距一般为 4～5m。

2）爬架位置应尽可能避开窗洞口，使爬架的附墙架始终能固定在无洞口的墙上，若必须设在窗洞口位置且用螺栓固定时，应假设全部荷载作用在窗洞上的钢筋混凝土梁上，对梁的强度要进行验算。爬架设在窗洞口上，最好是在附墙架上安活动牛腿搁在窗台上。由窗台承受爬架传来的垂直力，再用螺栓连接以承受水平力。

3）爬架不宜设在墙的端部，因为模板端部必须有脚手架，操作人员要在脚手架上进行模板封头和校正。

4）一块模板上根据宽度需布置 3 个及 3 个以上爬架时，应按每个爬架承受荷载相等的原则进行布置。

4. 爬模施工工艺要点

(1) 爬架及模板的组装

1) 爬架组装：爬架的支承架和附墙架是横卧在平整的地面上拼装的，经过质量检查合格后再用起重机安装在墙上。

将被安装的墙面需预留安装附墙架的螺栓孔，孔的位置要与上面各层的附墙螺栓孔位置处于同一垂直线上。墙上留孔的位置越精确，爬架安装的垂直度越容易保证。安装好爬架后要校正垂直度，其偏差值宜控制在 h/1000 以内。

2) 模板的爬升

模板的爬升须待模板内的墙身混凝土强度达 1.2～3N/mm^2 后方可进行。

首先要拆除模板的对销螺栓，固定模板的支撑以及不同时爬升的相邻模板间的连接件，然后起模。起模时可用撬棒或千斤顶使模板与墙面脱离。接着就可以用提升爬架的同样方法和程序将模板提升到新的安装位置。

模板到位后要进行校正。此时不仅要校正模板的垂直度，还要校正它的水平位置，特别是拼成角模的两块模板间拼接处，它们的高度一定要相同，以便连接。

5. 注意事项

(1) 使用千斤顶进行大模板或爬架爬升时，每次只将一种用途的千斤顶油路接通，完成一种用途的动作。严禁爬升大模板和爬升架的千斤顶同时动作。

(2) 用手拉葫芦爬升爬架时，事前应排除一边提升障碍。一块大模板上的两只葫芦要同步提升，爬架到位后，穿墙螺栓固定完毕才可以松动葫芦链条。

(3) 当墙身混凝土达到脱模强度，将大模板向外起出时，要求起模各点同时进行，特别是艺术混凝土墙，要防止单边起模引起装饰线条碰损。对于平模，起模时混凝土墙的强度应不小于 1.2MPa，对于艺术混凝土模板，应视装饰线条的易损程度，适当提高起模时的混凝土强度。起模后，模板与混凝土墙应保留一定间隙。

复 习 题

1. 试述模板的作用和要求。
2. 定型组合钢模板由哪几部分组成？各起什么作用？
3. 试述定型组合钢模板的梁、柱、楼板模板的设计步骤和计算方法。
4. 试述定型组合钢模板的梁、柱、楼板模板的安装施工工艺流程。
5. 如何确定模板拆除的时间？模板拆除时应注意哪些问题？
6. 大模板有哪几种布置方案？它们各有什么特点？
7. 试述大模板施工的工艺流程。
8. 试述爬模的爬升原理。
9. 爬模模板的布置原则是什么？
10. 爬模模板爬升的施工要点是什么？
11. 试述楼梯模板的安装方法。
12. 设备基础模板展开面的选择原则是什么？
13. 设备基础配制模板的方法是什么？
14. 设备基础怎样固定地脚螺栓？
15. 怎样决定圆形模板的分块数？
16. 怎样计算圆形模板木带的拱高、弦长？
17. 怎样进行圆形模板木带的放样？
18. 怎样计算圆锥形模板木带的半径？

十二、装修及装饰工程

(一) 装饰工艺设计基础

当今的建筑设计是集适用、坚固和美观为一体的设计，应具有功能完善、结构先进、富有创新精神。同时建筑设计还要考虑到社会性、技术性和经济性。

建筑美的体现离不开装饰工程。装饰工程设计不仅体现了民族特点，而且随着新工艺、新材料的不断更新、引进，也使得我们必须考虑到国际建筑的发展而不断地学习。

建筑装饰工程的施工工艺设计应注意到：

(1) 设计题材：在装饰施工中的施工名称。如，木地板的施工，门窗安装的施工，吊顶的施工等。

(2) 材料及应用：在施工中所需的材料是什么，其特性如何，如何应用等。

(3) 施工前的准备工作：包括材料、机具与工具的准备，作业条件的了解等。

(4) 主要施工工艺：在施工中主要的操作工艺流程，操作工艺的要点和做法。

(5) 质量标准：了解有关的规范、规程以保证施工质量达到标准和要求。

(6) 常见的质量通病及防治方法：是把在施工过程中容易出现的质量问题作好技术交底，并在出现类似情况问题时及时进行防治。

(7) 安全操作注意事项：在操作过程中可能出现的安全问题进行指出，引起施工人员注意，在施工时避免安全事故的发生。

设计中，应考虑新材料（符合环保要求）、新工艺，使得我们的建筑与国际建筑相接轨，达到：适用、坚固和美观三位一体的实际效果。

（二）吊　顶

吊顶是现代室内装修的重要部分。吊顶可以降低房间的高度；吊顶内可以安装电气管线、空调通道；遮盖房屋结构的横梁，改善室内的隔声和音响效果，提高室内的隔热、保温性能。从装饰上，吊顶可以调节室内的气氛，使人感到静逸、舒适、有艺术感。

吊顶装修可采用多种材料和不同的结构形式，以适应不同的技术、装饰要求。

吊顶按结构材料分有木吊顶、轻钢龙骨吊顶、铝合金吊顶等。

吊顶按结构形式分为直接式吊顶和悬挂式吊顶。

吊顶按面板材料不同分为实木板吊顶、木制材料吊顶、板条抹灰吊顶、石膏板吊顶、矿棉水泥板吊顶、金属吊顶、塑料系列吊顶和玻璃吊顶等。

吊顶又可分为暗龙骨吊顶和明龙骨吊顶。

1. 木吊顶

(1) 木吊顶的种类和构造

在钢筋混凝土板下木吊顶的种类和构造见表12-1。

(2) 木吊顶的施工工艺

1) 吊顶搁栅

A. 吊顶搁栅安装前先按设计要求弹线找平，并找出起拱度，一般为房间宽度的1/200。

B. 沿墙纵向应预埋木砖，间距1m左右，用以固定安装搁栅的方木。

C. 搁栅的接头，凡断裂、大节疤处都需用双面夹板钉牢，且接头位置应错开。

钢筋混凝土板下木吊顶的种类和构造　　表 12-1

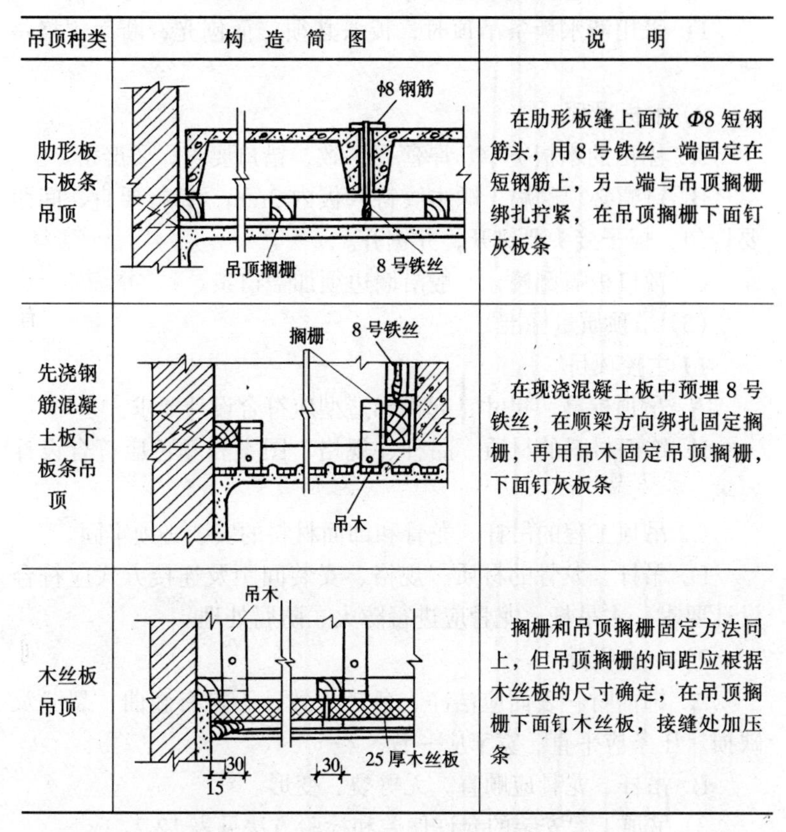

吊顶种类	构造简图	说明
肋形板下板条吊顶		在肋形板缝上面放 Φ8 短钢筋头，用 8 号铁丝一端固定在短钢筋上，另一端与吊顶搁栅绑扎拧紧，在吊顶搁栅下面钉灰板条
先浇钢筋混凝土板下板条吊顶		在现浇混凝土板中预埋 8 号铁丝，在顺梁方向绑扎固定搁栅，再用吊木固定吊顶搁栅，下面钉灰板条
木丝板吊顶		搁栅和吊顶搁栅固定方法同上，但吊顶搁栅的间距应根据木丝板的尺寸确定，在吊顶搁栅下面钉木丝板，接缝处加压条

D. 吊顶搁栅的间距为 400mm，如为轻质板材吊顶时，搁栅的间距以 400～600mm 为宜，并应符合所用板材的规格。吊木应交错地固定于吊顶搁栅地两侧。

2）板条吊顶

A. 板条接头应在吊顶搁栅上，不应悬空，在同一线上每段接头长度不宜超过 50cm，同时必须错开。

B. 板条需用锯锯断，不应用斧砍。板条两端各钉两个 25mm 钉子，中间钉一个钉子。

C. 板条接头一般应留 3～5mm 地缝隙，板条间地灰口缝隙一般为 7～10mm。

D. 采用清水板条吊顶时，板条必须三面刨光，断面规格一致。

3）木板吊顶

A. 刨出的木板宽窄、厚薄要一致，错口要直，要严密。

B. 钉帽必须砸扁，顺木纹钉入板内 3mm，钉行要直，间距要均匀，板子接头要错开，并锯齐。

C. 裁口板需倒棱，一般沿墙边须加盖口条。

(3) 吊顶质量标准

1）主控项目

A. 吊顶标高、尺寸、起拱和造型应符合设计要求。

B. 饰面材料的材质、品种、规格、图案和颜色应符合设计要求。

C. 吊顶工程的吊杆、龙骨和饰面材料的安装必须牢固。

D. 吊杆、龙骨的材质、规格、安装间距及连接方式应符合设计要求。木吊杆、龙骨应进行防火、防腐处理。

2）一般项目

A. 饰面材料表面应洁净、色泽一致，不得有翘曲、裂缝及缺损。压条应平直、宽窄应一致。

B. 吊杆、龙骨应顺直，无劈裂、变形。

3）吊顶工程安装的允许偏差和检验方法见表 12-2。

吊顶工程安装的允许偏差和检验方法　　表 12-2

项次	项　目	允许偏差（mm）				检　验　方　法
		纸面石膏板	金属板	矿棉板	木板、塑料板、搁栅	
1	表面平整度	3	2	2	2	用 2m 靠尺和塞尺检查
2	接缝直线度	3	1.5	3	3	拉 5m 线，不足 5m 拉通线，用钢直尺检查
3	接缝高低差	1	1	1.5	1	用钢直尺和塞尺检查

2. 轻钢龙骨吊顶

轻钢龙骨是安装各种罩面板的骨架，为木龙骨的换代产品。

轻钢龙骨一般采用薄钢板或镀锌铁皮卷压成型，它配以不同材质，不同花色的罩面板不仅改善肋建筑物理热学、声学特性，也直接形成了不同的装饰艺术和风格，因而广泛应用于影剧院、音乐厅、会堂等较大的地方。

(1) 主要结构

轻钢龙骨罩面板吊顶主要有两大部分组成。一部分是由主龙骨、次龙骨、横撑龙骨及其配件构成的龙骨体系如图 12-1 所示。另一部分是各种罩面板，这就构成了轻钢龙骨罩面板施工体系。

龙骨按断面形状分为 U 型龙骨和 C 型龙骨。图 12-2 所示为 CS60 和 C60 两种系列的龙骨及其配件。

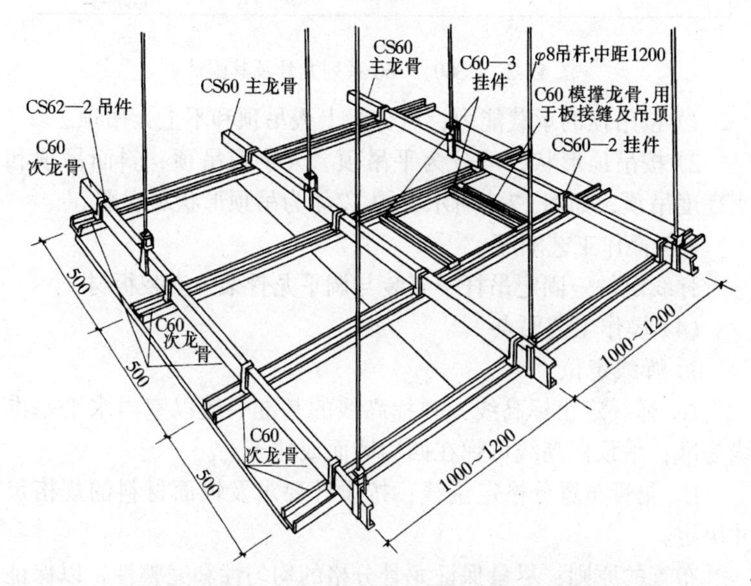

图 12-1　U 型上人吊顶龙骨安装示意图

罩面材料主要有石膏板和矿棉板。

(2) 轻钢龙骨的分类

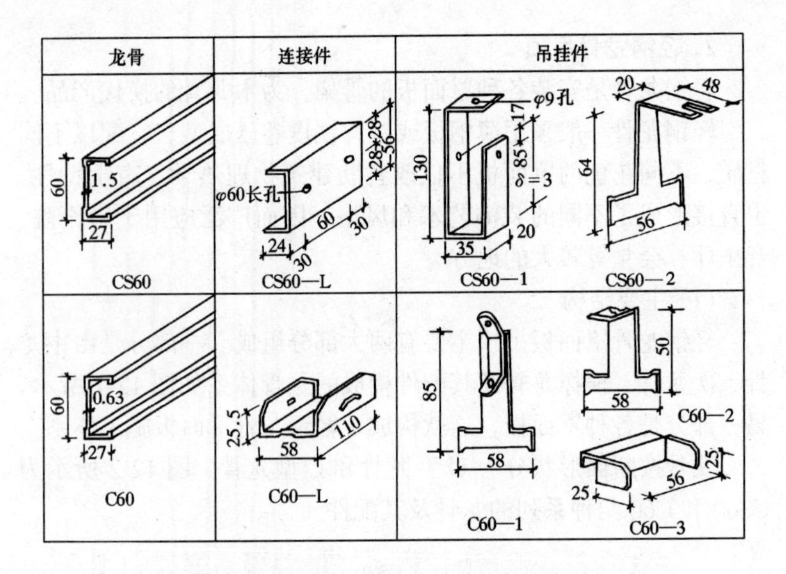

图 12-2　CS60、C60 系列龙骨及其配件

1）按吊顶的承载能力，可分为上人吊顶和不上人吊顶。

2）按吊顶形状，可分为平吊顶、人字形吊顶、斜面吊顶和变高度吊顶，如图 12-3 所示。图 12-4 为吊顶形状示意图。

(3) 操作工艺顺序

弹线定位→固定吊杆→安装与调平龙骨架→安装板材

(4) 操作工艺要点

1）弹线定位

A. 弹线定出标高线：弹标高线的基准一般以室内水平基准线为准，吊顶标高线可弹在四周墙面或柱子上。

B. 龙骨布置分格定位线：按设计要求及饰面材料的规格尺寸决定。

布置的原则：尽量保证龙骨分格的均匀性和完整性，以保证吊顶有规整的装饰效果。

2）固定吊杆

A. 吊杆与结构的固定方式要按上人和非上人吊顶的方式来决定，如图 12-5、图 12-6 所示。

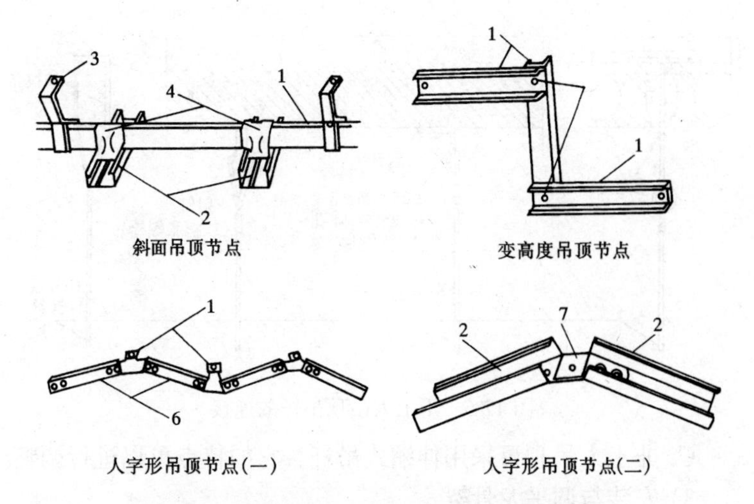

图 12-3　斜面吊顶、变高吊顶、人字形吊顶节点

1—主龙骨；2—次龙骨；3—主龙骨吊挂件；4—次龙骨吊挂件；

5—螺丝；6—大龙骨插挂件；7—中龙骨插挂件

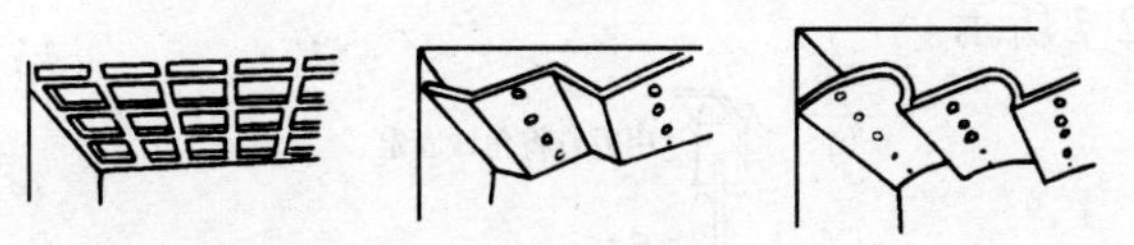

图 12-4　吊顶形状示意图

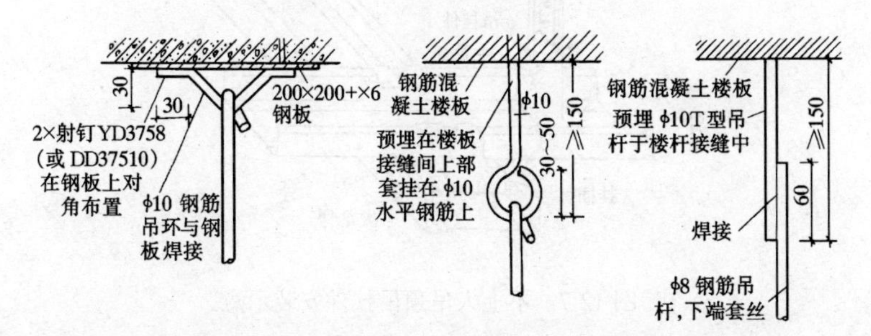

图 12-5　上人吊顶吊杆的连接

B. 吊杆的间距一般为 900～1500mm，其大小取决于荷载。一般为 1000～1200mm。

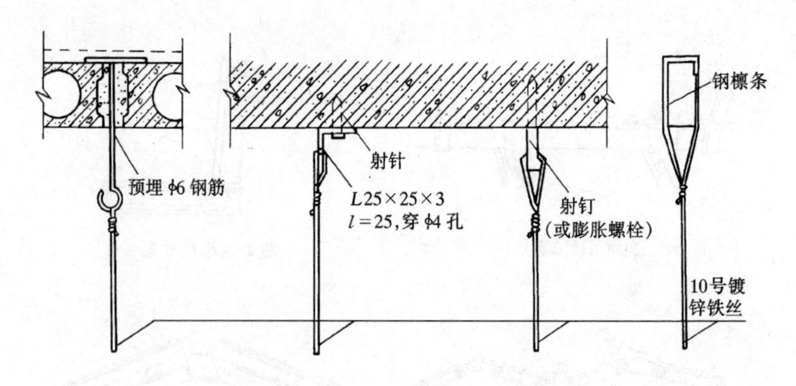

图 12-6　不上人吊顶吊杆的连接

C. 非上人吊顶可采用伸缩式吊杆，它的特点可以进行调整。

3）安装与调平龙骨架

A. 用吊杆将各条主龙骨吊起到预定高度，并进行校正。

B. 主龙骨、次龙骨、挂插件及吊挂件和吊杆的连接关系，如图 12-7 所示。

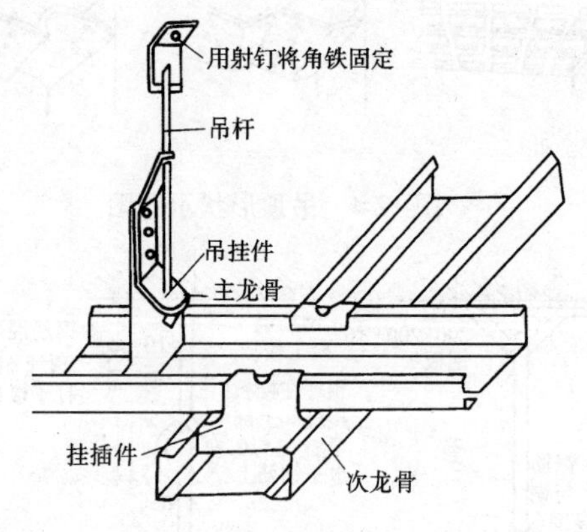

图 12-7　不上人吊顶吊挂件安装示意

C. 主龙骨的间隔定位。先在数条长木方上按主龙骨的间隔钉上一排铁钉，再将长方木条横放在主龙骨上，并用铁钉卡住各主龙骨，使其按规定间隔定位。长木方条的两端应钉在两边的墙上。

如果吊顶没有主、次龙骨之分、其纵向龙骨的安装也按此方法进行。

D. 用连接件（挂插件）把龙骨安装在主龙骨上，并进行固定，其方法可参阅图 12-7。次龙骨的安装间距应按施工图规定安装。如果施工图未标出间距，则需要根据饰面板尺寸来考虑间距，通常两条次龙骨中心线的间距为 600mm，如图 12-8 所示。次龙骨的安装程序，一般是按照预先弹好的位置，从一端依次安装到另一端，如有高低跨时，则先装高跨部分，后装低跨部分。

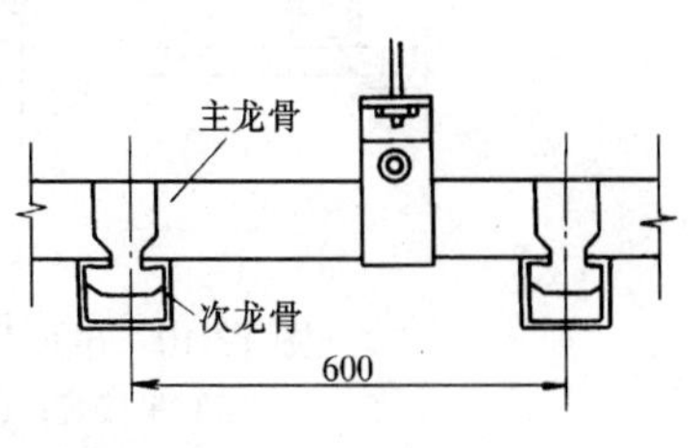

图 12-8　次龙骨定位、安装

4）安装板材

A. 安装形式：轻钢龙骨石膏板吊顶的饰面板一般可分为两种类型：一种是基层板需要在板的表面做其他处理；另一种板的表面已经做过装饰处理（即装饰石膏板类），将此板固定在龙骨上即可。固定方法用自攻螺钉将饰面板固定在龙骨上，自攻螺丝必须是平头的，如图 12-9 所示。

B. 板材安装方法：基层板的定位及铺面固定时，应采取在吊顶面上交错布置的方法，以便减少变形量和对接缝集中在一起的现象。用自攻螺钉固定板面，其间距一般为 150～200mm，且螺钉帽必须沉入板面内 2～3mm。固定板面时，应注意控制拼缝的平直。控制具体作法是按板的规格尺寸，拉出纵横的拼缝控制线，按线对缝固定。

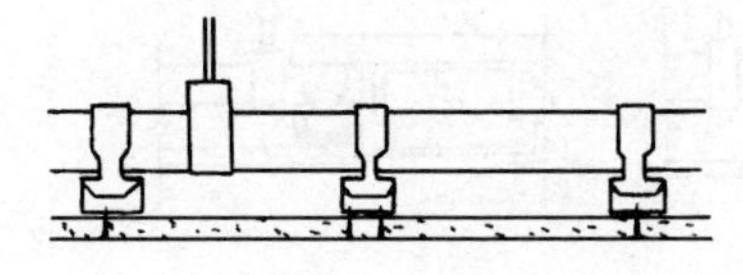

图 12-9　用自攻螺丝固定饰面板

5）特殊部位的处理（收口处理）

A. 吊顶与墙柱面结合部处理：一般采用角铝做收口处理，其结合方式可分为平接式或留槽式，如图 12-10 所示。

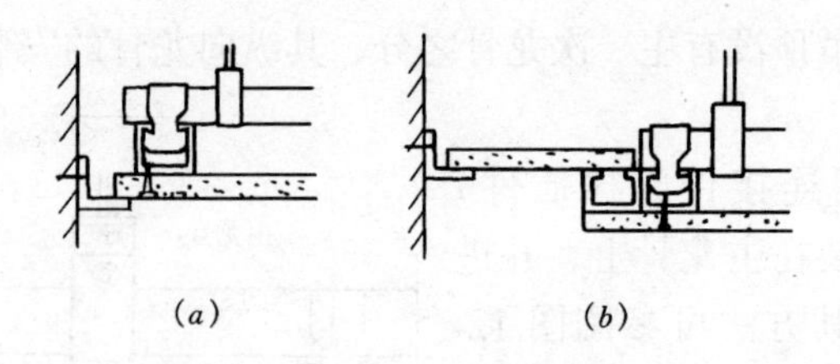

图 12-10　吊顶与墙柱面结合

(a) 平接式；(b) 留槽式

B. 吊顶与窗帘盒的结合部处理：一般采用角铝或木线条做收口处理，其方式如图 12-11 所示。

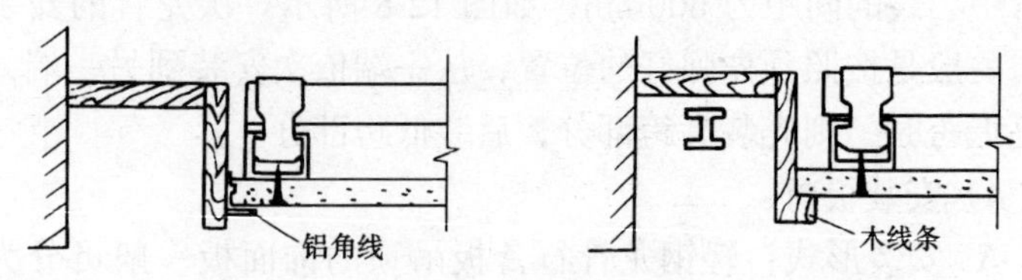

图 12-11　吊顶与窗帘盒的结合

C. 吊顶与灯盘的结合处理：安排灯位时，应尽量避免使主龙骨截断，如果不能避免，应将断开的龙骨部分用加强的龙骨再连接起来，如图 12-12 所示。灯槽的收口也可用角铝线与龙骨连接。

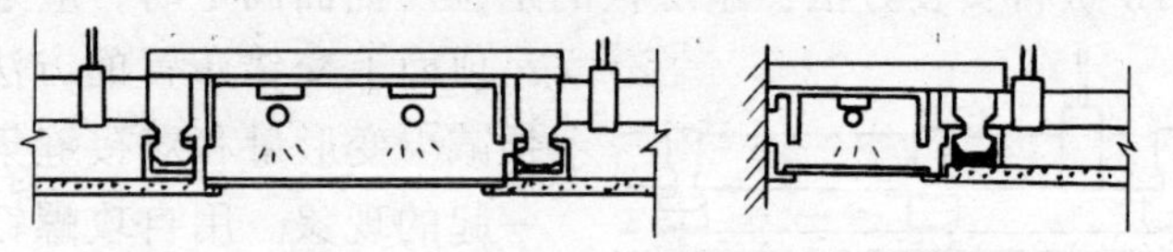

图 12-12　吊顶与灯盘的结合

(5) 质量标准

1) 主控项目

A. 吊顶标高、尺寸起拱和造型应符合设计要求。

B. 饰面材料的材质、品种、规格、图案和颜色应符合设计要求。

C. 饰面材料的安装应稳固严密。饰面材料与龙骨的搭接宽度应大于龙骨受力面宽度的2/3。

D. 吊杆、龙骨的材质、规格、安装间距及连接方式应符合设计要求。金属吊杆、龙骨应进行表面防腐处理。

E. 吊顶工程的吊杆和龙骨安装必须牢固。

2）一般项目

A. 饰面材料表面应洁净、色泽一致，不得有翘曲、裂缝及缺损。饰面板与龙骨的搭接应平整、吻合。

B. 饰面板上的灯具、烟感器、喷淋头、风口篦子灯设备的位置应合理、美观，与饰面板的交接应吻合、严密。

C. 金属龙骨的接缝应平整、吻合、颜色一致，不得有划伤、擦伤等表面缺陷。

D. 吊顶内填充吸声材料的品种和铺设厚度应符合设计要求，并有防散落措施。

3）吊顶工程安装的允许偏差和检验方法见表12-3。

吊顶工程安装的允许偏差和检验方法　　表12-3

项次	项　目	允许偏差（mm）				检　验　方　法
		石膏板	金属板	矿棉板	塑料板、玻璃板	
1	表面平整度	3	2	3	2	用2m靠尺和塞尺检查
2	接缝直线度	3	2	3	3	拉5m线，不足5m拉通线，用钢直尺检查
3	接缝高低差	1	1	2	1	用钢直尺和塞尺检查

3．艺术吊顶

艺术吊顶具有丰富的面板形式和良好的艺术效果，用灯光照明来增强其色彩的感染力。其承重结构，根据吊顶造型和跨度，以及面板材料而灵活采用，可用木料、型钢、轻型型材或几种材料配合使用。艺术吊顶的施工工艺同一般的木吊顶、轻钢龙骨吊顶和铝合金吊顶。不同的是在面板图案形式和增设适当的照明。

(1) 反光灯槽：反光灯槽按形式不同有两种，一种为开敞式反光灯槽，其反光源不封闭；另一种为封闭式反光灯槽，其反光源电透明或半透明材料封闭。

1）反光灯槽的构造

轻钢龙骨石膏板吊顶反光灯槽的构造，如图 12-12 所示。

木吊顶反光灯槽的构造如图 12-13 所示。

2）开敞式反光灯槽，如图 12-14、图 12-15 所示。

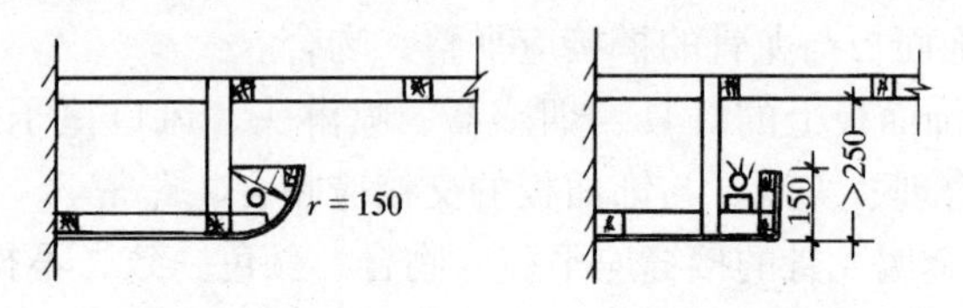

图 12-13 木吊顶反光灯槽的构造与处理

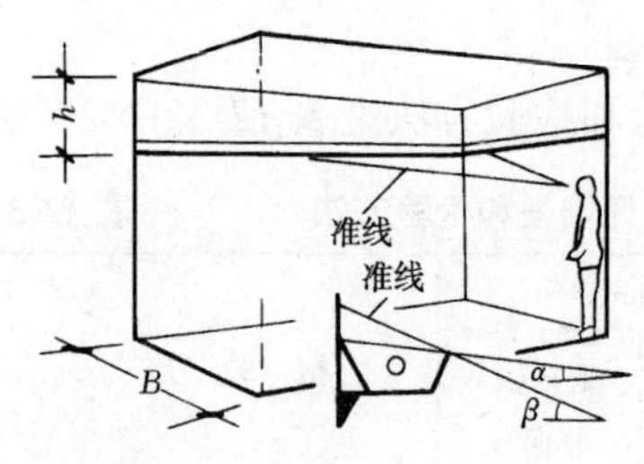

图 12-14 开敞式反光灯槽

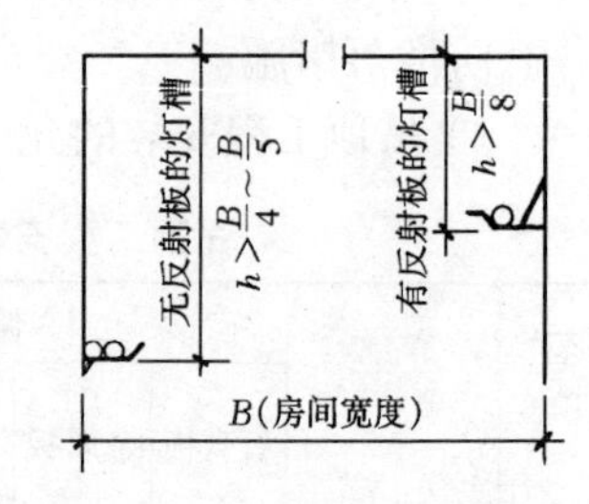

图 12-15 灯槽的设计要求

开敞式反光灯槽常见的有以下形式：

A. 半间接式反光灯槽：用半透明或扩散材料作灯槽，如图 12-16 所示。

B. 平行反光灯槽：灯槽开口方向与人们的视线方向相同，如图 12-17 所示。

C. 侧向反光灯槽：利用墙面的反射作用形成侧面光源，如图 12-18 所示。

D. 半间接带状灯槽：装有带状光源，利用弧形吊顶的反射取得局部照明的效果，如图 12-19 所示。

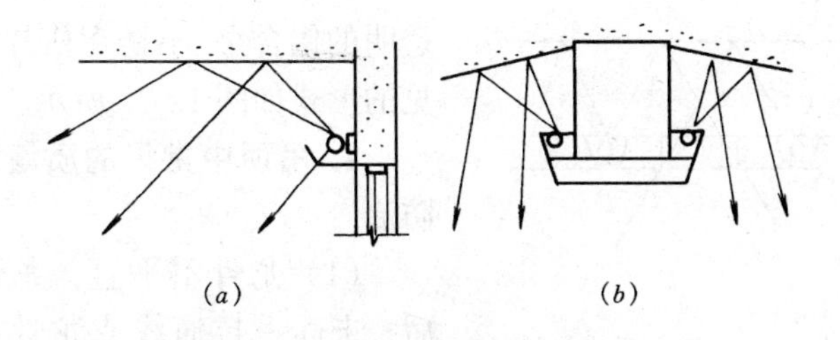

图 12-16　半间接式反光灯槽
（a）壁式；（b）悬挂式

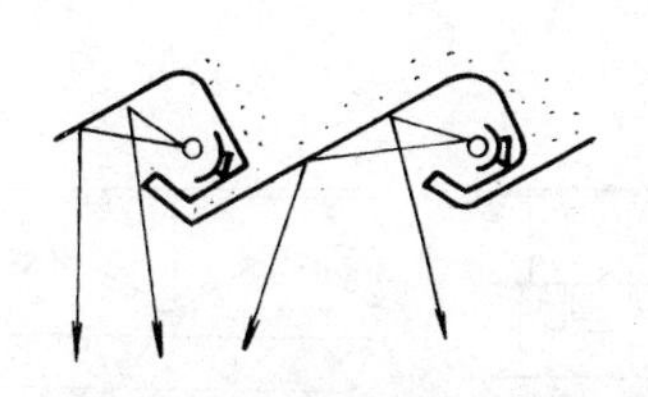

图 12-17　平行反光灯槽

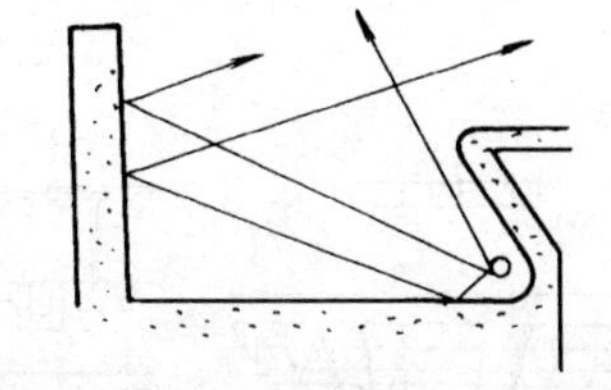

图 12-18　侧向反光灯槽

3）封闭式反光灯槽：封闭式反光灯槽设于吊顶内，其高度图同吊顶。常见的形式以下两种：

A. 反射式光龛。设于梁间，利用梁间的吊顶反射，可使室内光线均匀柔和，如图 12-20 所示。

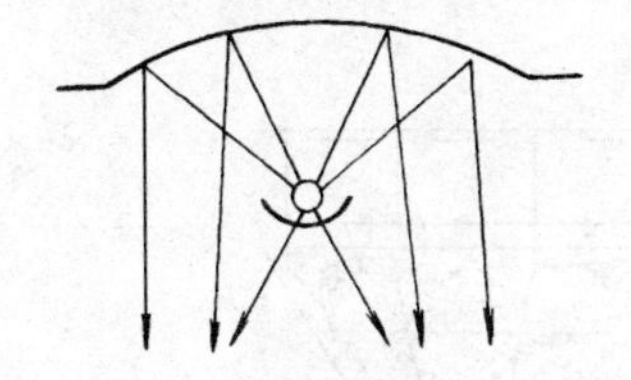

图 12-19　半间接式带状灯槽

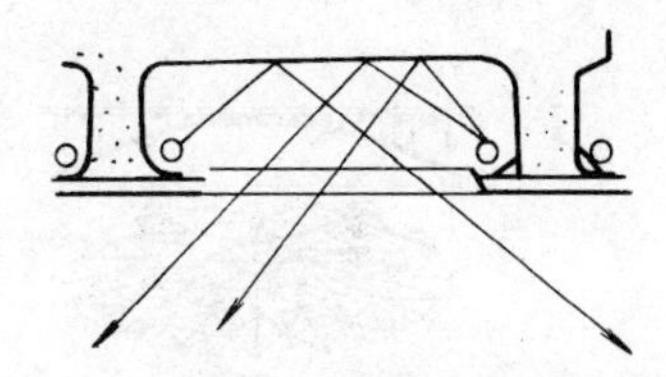

图 12-20　反射式光龛

B. 组合反光灯槽。将反光灯槽组成图集，配以不同色彩的光源可增加室内的美感，如图 12-21 所示。

(2) 发光吊顶：发光吊顶是利用设置在吊顶的发光源直接照明这个室内。发光吊顶的面板常用扩散裁口（如乳白玻璃、粘有花饰塑料花膜的普通玻璃、玻璃磨花等）和半透明有机玻璃格片、不

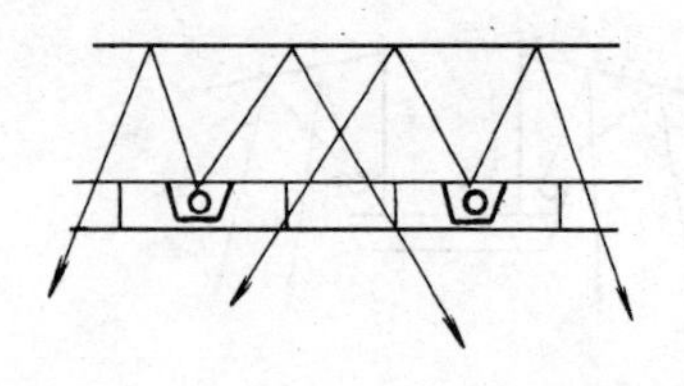

图 12-21　组合反光灯槽

透明的铝合金、不锈钢格片等。常见的形式如图 12-22 所示。

4. 吊顶中常见的质量通病和防治

（1）龙骨不平直：龙骨安装后，未逐一拉通线或龙骨本身受扭折都将引起龙骨不平直，影响感观质量。因此，吊顶构件材料进场，除加强验收外，堆放要平

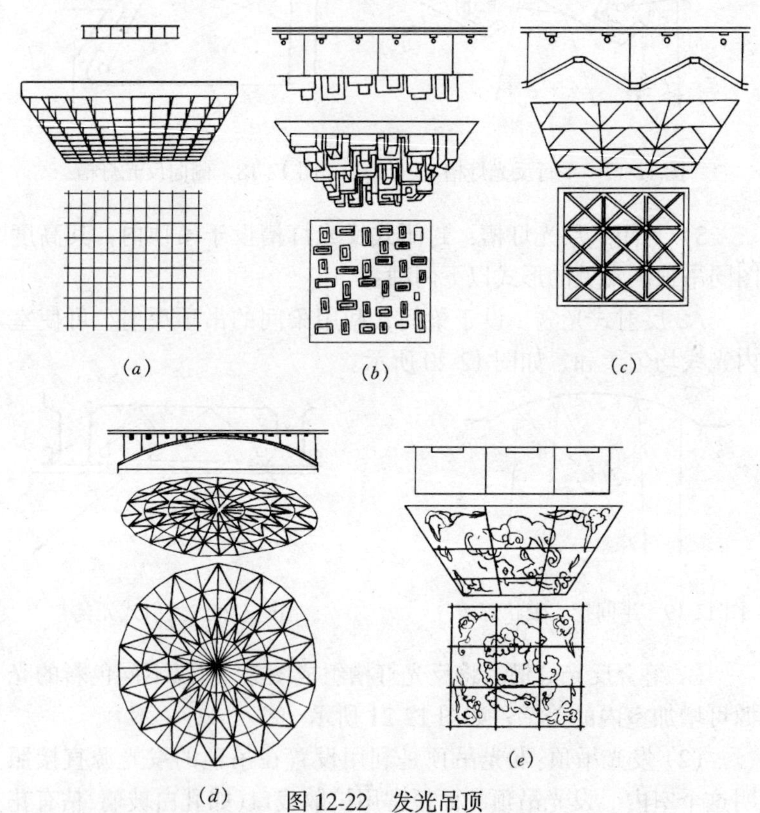

图 12-22　发光吊顶

(*a*) 格片式；(*b*) 盒式；(*c*) 棱台式；(*d*) 繁花式；(*e*) 图案式

整，对长料要多设垫木，以防变形。安装时要小心，龙骨安装完毕，应逐根校核，及时修理。

(2) 吊顶平整度差：主龙骨就位后，拉麻绳或尼龙绳校核不认真或在整个平顶范围内拉的线绳数量太少，间距过大，都会导致吊顶平整度差。发生平整度差，可调节相应吊筋与吊件的螺帽加以调整。

(3) 面板不对称：安装分格龙骨时，未拉出房间纵横中心线，以致顶棚左右，前后不对称；当分档数为单数时，第一根分格龙骨应安置在距纵、横中心线为1/2相应龙骨间距处；分档数为双数时，第一根分格龙骨应安置在纵横中心线处。严重不对称的吊顶必须返工重做。

5. 安全施工注意事项

(1) 进入施工现场必须戴好安全帽。

(2) 吊顶宜搭满堂脚手。搭设要牢固、稳定，满铺脚手板，脚手板与脚手架固定应不少于两点。满堂脚手上的木工操作台、台脚下应铺宽大的垫头板，以免发生意外。

(3) 操作人员上、下满堂脚手架，应走专设的扶梯。

(4) 需要电焊配合施工时，必须做好防火措施。

(5) 满堂脚手架上，不要集中堆放材料，以免超载。

(三) 地板铺设

1. 木地板

(1) 木地板的种类和构造

室内装饰工程中的木地板通常有空铺和实铺两种。

目前以实铺木地板为多。实铺木地板的基层是框架和水泥或沥青砂浆，面层是硬木板。它是以钉或粘的方法与毛地板或砂浆连接的。木地板的构造如图 12-23 所示。

木地板面层按块状形状可分为条形地板和拼花木地板。

1) 操作工艺顺序：

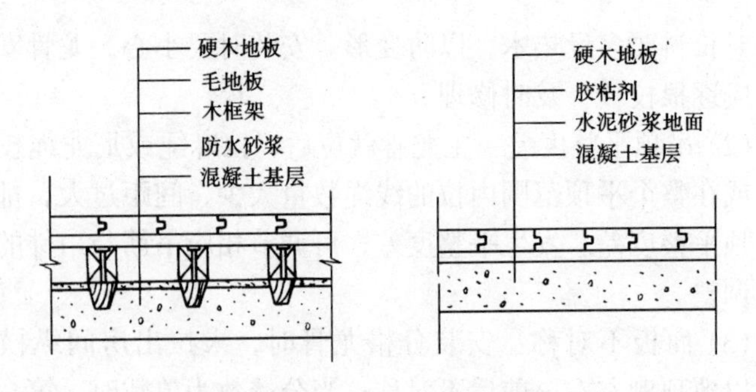

图 12-23　实铺木地板构造

基层处理→弹线、抄平→安装木框架、固定→弹线、钉毛地板→找平、刨平→弹线、钉硬木面板→找平、刨平→弹线、钉踢脚板→刨光、打磨

2）操作工艺要点

A. 基层清理。基层上的砂浆、垃圾及杂物，应全部清理干净。

B. 弹线、抄平。先在基层上设计规定的木框架间距（一般纵向不大于 800mm，横向不大于 400mm）弹出十字交叉点。依水平基准线，在四周墙面上弹出地面设计标高线。供安装木框架调平时使用。

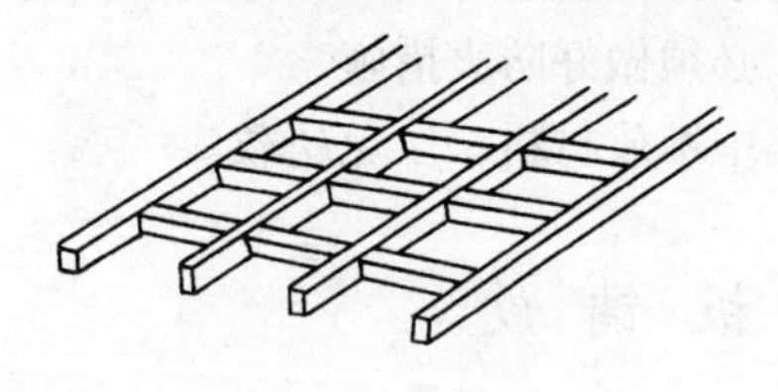
图 12-24　木框架

C. 安装木框架。木框架通常是方框结构和长方框结构。木框架可有主次木方之分，也可无主次木方之分。主木方是木框架承重部分，截面尺寸通常大于次木方，次木方是木框架的横撑部分，如图 12-24 所示。木框架制作时，与木地板基板接触的表面一定要刨平。有主次木方之分的框架，木方的连接可用半榫式扣接法，如图 12-25 所示。

木框架直接与地面固定常用埋木楔的方法，即用 $\Phi16$ 的冲击电钻在弹出的十字交叉点的水泥地面或楼板上钻洞，洞深

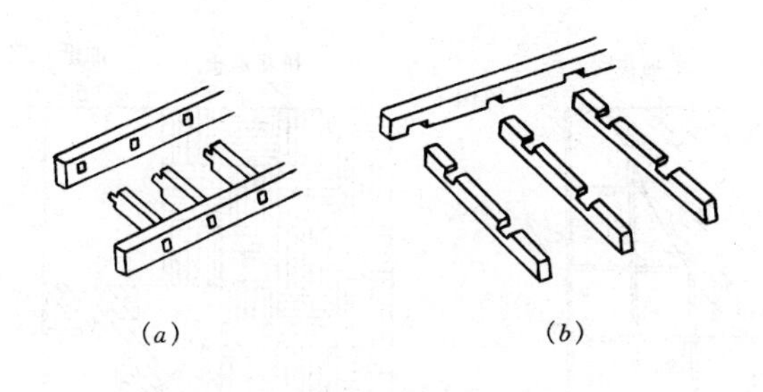

图 12-25　木框架结构构造

(a)有主次木方的木框架连接；(b)无主次木方之分的木框架

40mm 左右，两孔间隔 0.8m 左右。然后向孔内打入木楔。固定木方时可用长钉将木框架固定在打入地面的木楔上，如图 12-26 所示。

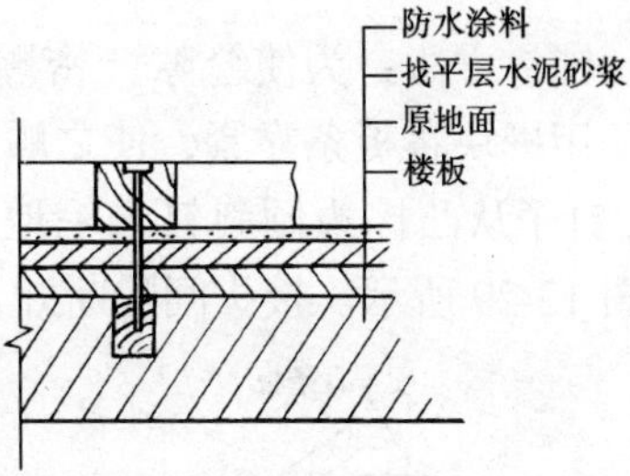

木框架上面，每隔 1m 以内，开深不大于 10mm、宽为 20mm 的通风小槽。如设计有保温隔声层时，应清除刨花杂物，填入经干燥处理的松散保温隔声材料。

防水涂料
找平层水泥砂浆
原地面
楼板

图 12-26　木框架与地面的固定

D. 钉毛地板。在木框架顶面弹与木框架成 36°～45°的铺钉线，如图 12-27 所示。人字纹面层，宜与木框架垂直铺设。

毛地板宽 120～150mm、厚度 25mm 左右。一般采用高低缝拼合。缝宽 2～3mm 的缝隙，用 2.5 寸的钉子钉牢在木框架上。板的端头各钉两颗钉子，与木框架相交位置钉一颗钉子。钉帽应冲进地板面 2mm。钉完，弹方格网点抄平，边刨边用直尺检测，使表面同一水平度与平整度达到控制标准后方能钉硬木地板。

E. 铺钉硬木地板

a. 铺钉长条地板。毛地板清扫干净后，弹直条铺钉线。由中向边铺钉（小房间可从门口开始）。先跟线铺钉一条作标准，检查合格后，顺次向前展开。

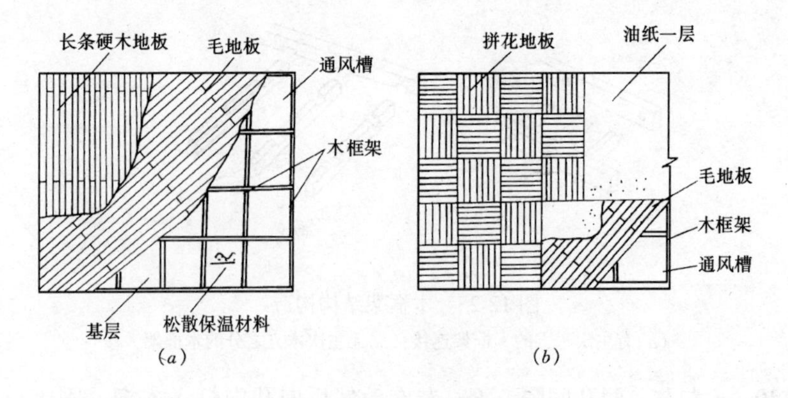

图 12-27 毛地板铺钉
（a）长条地面；（b）拼花地面

铺钉方法：为使缝隙严密顺直，在铺钉的板条近处钉铁扒钉，用楔块将板条靠紧，使之顺直，如图 12-28 所示。然后，用 2 寸钉子从凸榫边倾斜钉入毛地板上，钉帽打扁，冲进不露面，如图 12-29 所示。接头间隔断开，靠墙端留 20mm 空隙。

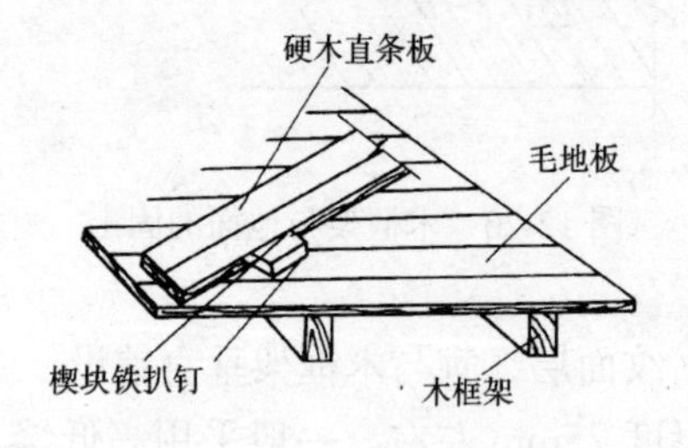

图 12-28 钉扒钉铺长条板

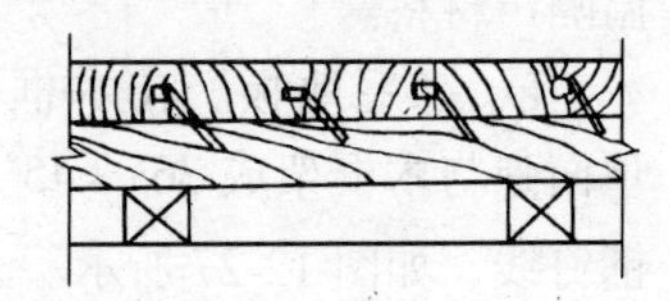

图 12-29 木地板钉接方式

铺完，在板面弹方格网测水平，顺木纹方向机械或手工刨平、刨光，便于安装踢脚板。在刨板中应注意清除板面刨痕、戗槎和毛刺。使用打磨机，应顺木纹方向打磨。

踢脚板安装：先在墙面上弹出踢脚板上口水平线，在地板上弹出踢脚板厚度的铺钉边线，用 2 寸钉子将踢脚板上下钉牢在嵌入墙内的木砖上。接头锯成 45°斜口，接头上下各钻两个小孔，钉入圆钉，钉帽打扁，冲入 2～3mm，平头踢脚板安装如图 12-

30 所示。

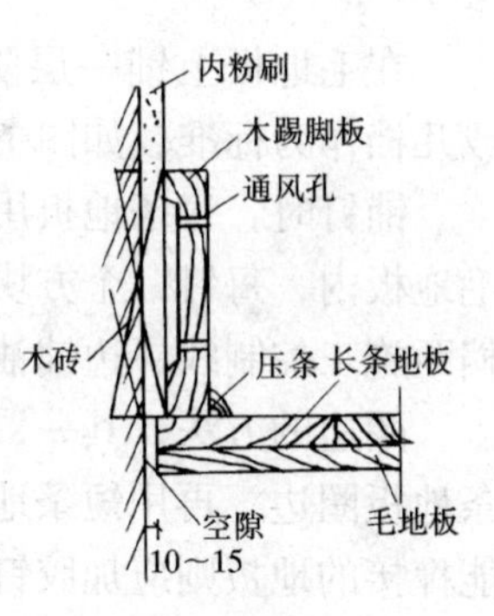

图 12-30 平头踢脚板安装

整个地面铺钉结束，应按验评标准检验合格后方能转入下道工序。

如设计采用单层地板，其地板接头必须设置在木框架上。

b. 铺钉拼花地板。拼花地板常用方格式、席纹式、人字纹式、阶梯式等，如图 12-31 所示。

毛地板清扫干净后，根据拼花形式，在地板房间中央弹出 90°十字线或 45°斜交线，按拼花板大小算出块数预排，预排合格后确定圈边宽度（一般 300mm 左右），然后弹出分

图 12-31 木地板拼花形式

档施工控制线和圈边线，如图 12-32（*a*），并在拼花地板线上延长向拉通线钉出木标准条。

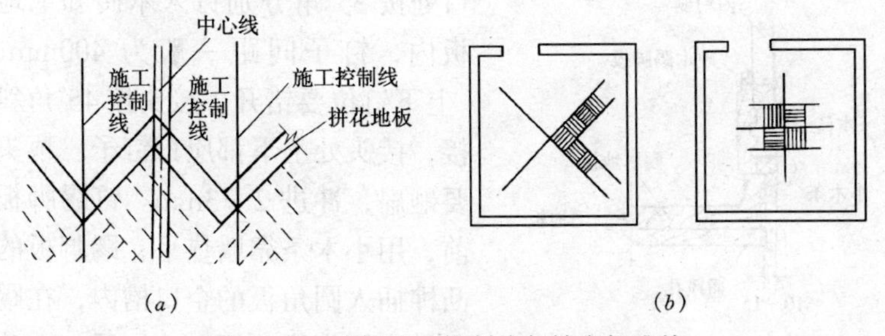

图 12-32 分档施工控制线与铺定标准块

在毛地板上铺一层防潮纸（图 12-27），先铺钉出几个方块或几档作为标准，如图 12-32（*b*）。

铺钉时，每条地板用 2 寸钉子两颗穿过预先钻好的斜孔钉入毛地板内，每钉一个方块须规方一次，标准板铺好后，按弹好的档距施工控制线，边铺油纸顺次向四周铺钉，最后圈边。

圈边的方法，其一，用长条木地板沿墙铺钉，其二，先用长条地板圈边，再用短条地板横钉。圈边地板仍做成榫接，末尾不能榫接的地板则应加胶钉牢。

当对称的两边圈边宽窄不一致时，可将圈边加宽或作横边处理，如图 12-33 所示。纵横方向圈边宽窄相差小于一块、大于半块时，用图 12-34 的方法处理，圈边刨光后钉踢脚板。

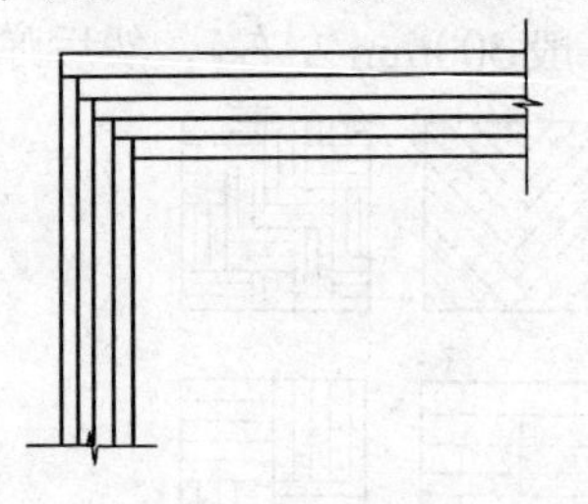

图 12-33　圈边不对称处理法

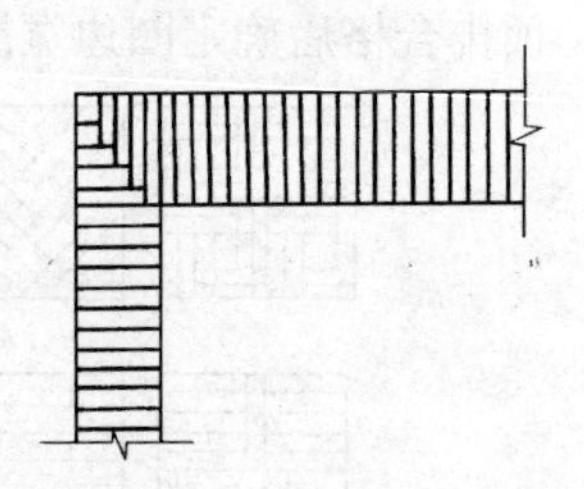

图 12-34　纵横圈边不一处理法

企口踢脚板的钉法：企口踢脚板下圆角板条（图 12-35）应与面板同时铺钉。圆角板条拉线校直后，用 2 寸钉子钉在上下企口处按 35°角分别钉入木砖和毛地板内，钉子间距一般为 400mm；上下钉位要错开。接头按 45°角斜接，接头处上下都应钉钉子。顶头要砸扁，冲进 2～3mm。钉踢脚板前，用小木条靠墙垫平，踢脚板的凸榫插入圆角板的企口槽内，在踢脚板上拉直线，用 2 寸钉子与木砖

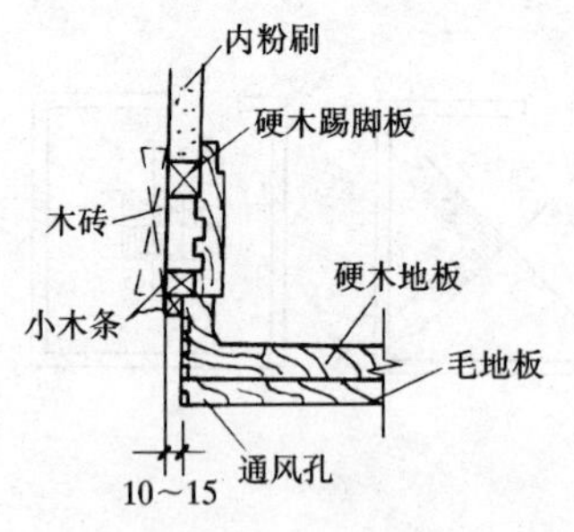

图 12-35　企口踢脚板钉法

钉牢，接头按45°角斜接，上下各钉一颗钉子。

地板刨光：拼花木地板宜采用刨地板机（转速应达5000r/min以上）与木纹成45°角斜刨。刨时不宜走得太快，可多刨几遍。停机不刨时，应先将地板机提起再关电闸，以避免慢速咬坏地板面。边角处用手刨，刨平后用细刨净面，检测平整度。最后，用磨地板机装上纱布或砂纸机与木纹成45°角斜磨打光。

（2）薄木地面

1）操作工艺顺序

基层处理→弹线→分档→粘贴大面→粘贴镶边→撕牛皮纸→粗刨、细刨→打磨

2）操作工艺要点

A. 基层清理：基层表面的砂浆，浮灰必须铲除干净，清扫尘埃，用拖把擦拭清洁、干燥。

B. 分档、弹线。严格挑选尺寸一致、厚薄相等、直角度好、颜色相同的材质集中装箱备用。然后，按设计图案和块材尺寸进行弹线。先弹房间的中心线，从中心四周弹出块材分格线及圈边线。分格必须保证方正，不得偏斜。

C. 粘贴。粘贴从中心开始，跟线先贴一个方块，检测无误后，沿方格线依次铺贴，板缝必须顺直。

铺贴时，将胶粘剂用齿形钢刮刀涂刮在基层上，涂层厚薄要均匀，将地板跟线接上去，调整方正后，用平底榔头垫木板锤敲5～6次，相邻两块地板接缝高低差不宜超过1mm。

大面铺完之后，再铺贴镶边。镶边若非整块需裁割时，应量尺寸做模具套裁，边棱砂轮磨光，并做到尺寸标准，保证板缝适度。

D. 撕牛皮纸。正方块的薄木地板是将五小块硬木板齐整地粘贴在牛皮纸上的，铺贴后牛皮纸在上面。全部铺贴完毕，用湿拖把在木地板上全面拖湿一次，其湿度以牛皮纸表面不积水为宜。浸润约1h后，随即把牛皮纸撕掉。

E. 刨平、打磨。刨平工序宜用转速较快的电动刨板机进行。速度较快，刨刀不易撕裂木纤维，破坏地面。刨平时应辅以手

刨，先粗刨，后细刨，边刨边用直尺检测平整度。

打磨应使用电动打磨机，先装粗砂布打磨，后用细砂布磨光。也可用木块包砂布手工磨光。磨光后，打扫干净。

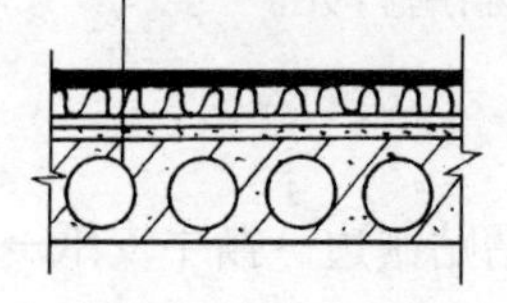

图 12-36　聚氯乙烯地面构造

2. 塑料地面板

（1）塑料地面板的构造，如图 12-36 所示。

（2）塑料地面板铺贴的操作工艺顺序

准备工作→弹线→下料→涂刷胶粘剂→铺贴塑料板→焊接塑料板→塑料踢脚板施工

（3）操作工艺要点

1）准备工作

A. 地面处理：水泥砂浆找平层必须磨光压实，表面不得有浮尘，用 2m 直尺检查时凹凸不超过 2mm，粘贴时含水率不得大于 6%。

B. 机具准备：焊接设备：包括焊枪、调压变压器和空气压缩机等，如图 12-37 所示。

手工工具：塑料刮板、棕刷、“V”形缝砌口刀、切条刀、焊条压辊等，如图 12-38、图 12-39、图 12-40 所示。

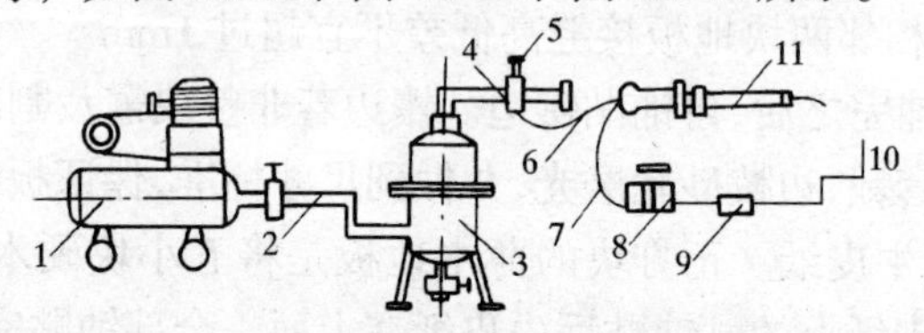

图 12-37　焊接设备配置

1—空气压缩机；2—压缩空气管；3—过滤器；4—过滤后压缩空气管；5—气流控制阀；6—软管；7—调压后电源线；8—调压变压器；9—漏电自动切断器；10—接 220V 电源；11—焊枪

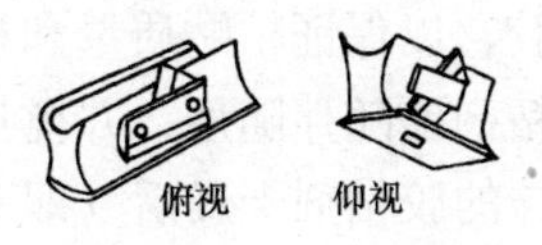

图 12-38 “V”形缝切口刀

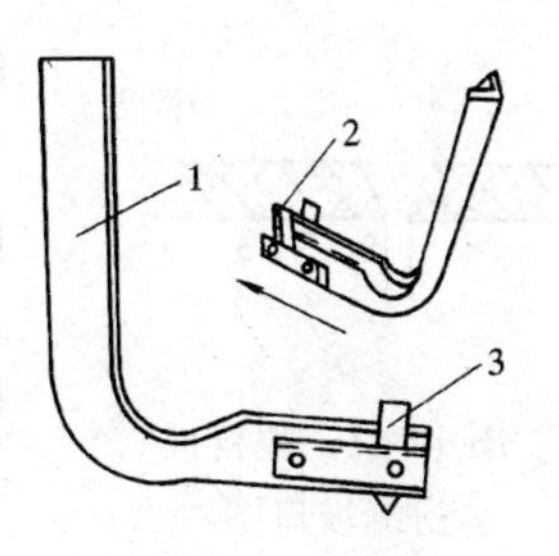

图 12-39 切条刀
1—手柄 ∟20×3；2—刀头；3—弹簧钢刀片

C. 材料准备：粘贴前应将塑料板预热展平，以减少板的胀缩变形和消除内应力。预热方法是将塑料板放入约 75℃ 的热水中浸泡 10～20min，至板面全部松软延伸后，用棉纱擦净蜡脂，晾干待用。不得采用炉火或热电炉预热。

D. 粘剂：常用的胶粘剂有：氯丁酚醛胶粘剂、氯丁橡胶胶粘剂、聚氨酯胶粘剂等。

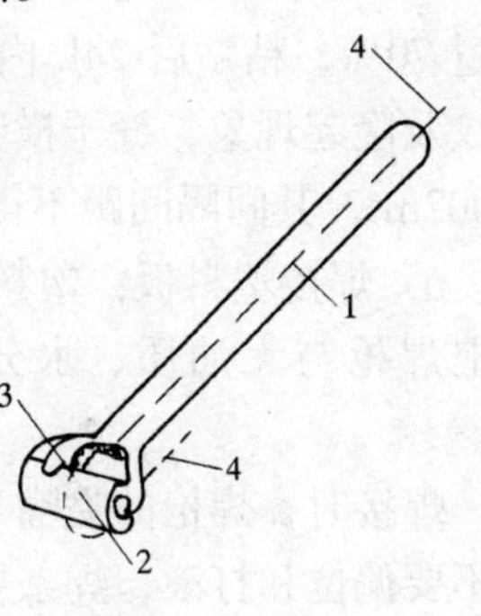

图 12-40 焊条压辊
1—手柄（不锈钢管 $\phi14\times160$）；2—$\phi18\times40$ 铜棍；3—压舌；4—焊条

2）弹线：粘结前应先将地面上根据设计分格尺寸进行弹线，分格尺寸一般不宜超过 900mm，在室内四周或柱根处弹线时，要不小于 120mm 的宽度，在粘贴塑料踢脚板时进行镶边。

3）下料：下料要根据房间地面实际尺寸进行，下料时将塑料板平铺在地面上用力裁割，然后进行预拼。塑料板的边缘应裁割成平滑坡口，两板拼合的坡口角度约为 55°，如图 12-41 所示。

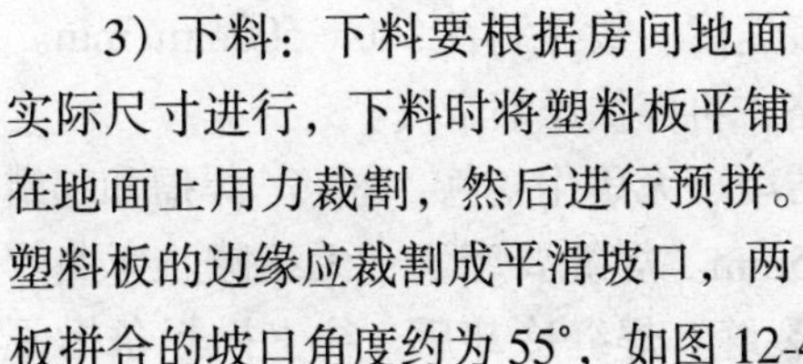

4）涂刷胶粘剂：先在基层上用塑料刮板刮底子胶一遍，不宜用毛刷。次日在塑料板粘贴面和基层上各刷原胶一遍，刷胶应

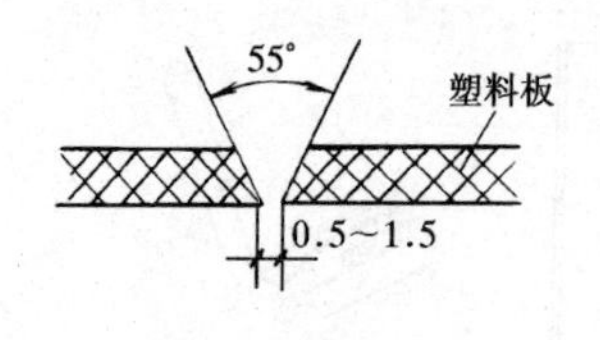

图 12-41　塑料板拼缝坡口图

薄而匀，不得漏刷。刮涂胶粘剂时，要使胶液涂满基层，超过分格线10mm，而离塑料板边缘5～10mm地方不得涂胶，以保证粘贴质量和板面整洁。胶粘剂要随拌随用，并搅拌均匀，待涂抹的胶粘剂干燥后（即不粘手），再进行粘贴。

5）铺贴塑料板：铺贴塑料板时，施工地点环境温度应保持在10～35℃，相对湿度不大于70%。粘贴前一昼夜，宜将塑料板放在施工地点，使其保持与施工地点相同温度。施工时，操作人员鞋底要保持干净，铺贴的方向和顺序一般是由里向外、由中心向两侧或以室内一角开始，先贴地面，后贴踢脚板。铺贴的塑料板应一次准确就位，忌用力拉伸或揪扯塑料板。铺贴后一般不需要加压，十天内施工地点须保持10～30℃，空气相对湿度不超过70%，粘贴后24h内不得上人。粘好后的地面应平整、无皱纹及隆起现象，缝子横竖要顺直，接缝严密，脱胶处不得大于0.002m^2，其间隔间距不得小于500mm。

6）焊接塑料板：塑料板粘贴后两天进行拼缝拼接。焊接时先把焊枪与无油质、水分的压缩空气接通，然后接通焊枪电源。

焊接时，焊枪的喷嘴与焊条、焊缝的距离相适应，要注意焊条不要偏位和打滚，焊条要与塑料板呈垂直状，并对焊条稍加压力，随即用压辊滚压焊缝。脱焊的部位可以补焊，焊缝凸起的地方可用铲刀局部修平。焊接速度一般控制在300～500mm/min。

焊接结束时，先断电路，再停供压缩空气。

焊缝应平整、光滑、洁净、无焦化变色、斑点、焊瘤和起鳞等现象。凹凸不能超过0.5mm。焊缝要密实、无缝隙。弯曲焊缝180°时不得出现开焊或裂缝。焊缝冷却后，往上揪焊条揪不起来，则证明焊缝牢固。

焊缝常见的缺陷及原因见表12-4。

焊缝常见的缺陷及原因　　表 12-4

序号	缺陷类型	外部标志	原　因
1	未焊透	焊缝边上没有焊瘤，在弯曲时明显的见到塑料板与焊条开裂	1. 温度不够高 2. 气流方向不正确 3. 喷嘴较远 4. 空气压力过高
2	过热	在焊条与塑料板上有黑色斑点，焊缝上焊瘤过度熔化	1. 空气湿度过高 2. 喷嘴靠的太近
3	缺口	焊条与塑料之间的空隙没有填漏满、有凹痕	1. 焊接处焊缝不正确 2. 焊接间距太大 3. 塑料板坡口不适合 4. 空气压力过高

7）塑料踢脚板施工：一般是用钉子将塑料板条钉在预留木砖上，钉距约 400～500mm，然后用焊枪喷烤塑料条，随即将踢脚板与塑料条粘贴。

转角处踢脚板作法：阴角时，先将塑料板用两块对称组成的木楔预压在该处，然后取掉一块木模，在塑料板转折重叠处，按实际情况画出剪裁线，经试装合适后，再把水平面 45°相交的裁口焊好，作成阴角部件，然后进行焊接或粘贴，如图 12-42（*a*）所示。阳角时，需在水平面转角裁口处补焊一块软板，作成阳角部件，再进行焊接和粘贴，如图 12-42（*b*）所示。

3. 质量标准

(1) 一般规定

1）木地板面层下的木框架、垫木、毛地板等采用的树种、选材标准和铺设时木材含水率以及防腐、防蛀处理等，均应符合国家标准。

2）木面层铺设在水泥类基层上，其基层表面坚硬、平整、洁净、干燥、不起砂。

3）粘贴塑料板面层的水泥类基层应平整、坚硬、干燥、密实、洁净、无油脂及其他杂质，不将有麻面、起砂、裂缝等缺

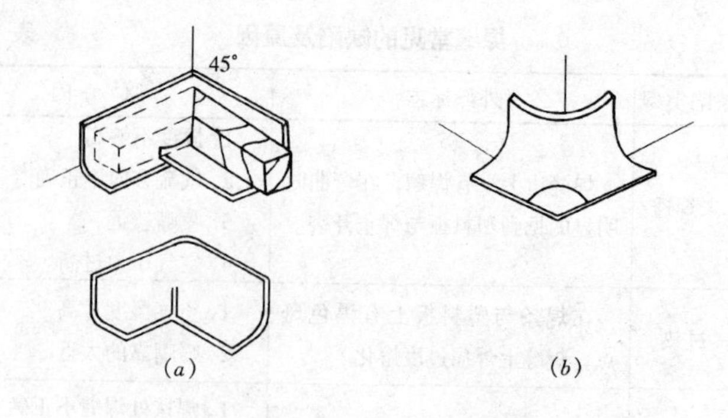

图12-42　阴、阳角处踢脚板

陷。

(2) 主控项目

1) 实木地板面层所采用的材质和铺设时的木材含水率必须符合要求。

2) 木搁栅安装应牢固、平直。

3) 面层铺设应牢固，粘结无空鼓。

4) 塑料板面层与下一层的粘结应牢固、不翘边、不脱胶、无溢胶。

(3) 一般项目

1) 实木木地板面层应刨平、磨光、无明显刨痕和毛刺现象；图案清晰、颜色均匀一致。

2) 面层缝隙应严密，接头位置应错开，表面洁净。

3) 拼花地板接缝应对齐，粘、钉严密；缝隙度均匀一致；表面洁净，胶粘无溢胶。

4) 踢脚板表面应光滑，接缝严密，高度一致。

5) 塑料板面层应表面洁净，图案清晰，色泽一致，接缝严密、美观、拼缝处的图案、花纹吻合，无胶痕；与墙边交接严密，阴阳角收边方正。

6) 板块的焊接，焊缝应平整、光洁，无焦化变色、斑点、焊瘤和起鳞等缺陷，其凹凸允许偏差为±0.6mm。焊缝的抗拉强度不得小于塑料板强度的75%。

7）镶边用料应尺寸准确、边角整齐、拼缝严密、接缝顺直。

（4）木、塑料板面层的允许偏差和检验方法见表12-5。

木、塑料板面层的允许偏差和检验方法　　表12-5

<table>
<tr><th rowspan="3">项次</th><th rowspan="3">项　目</th><th colspan="5">允许偏差（mm）</th><th rowspan="3">检验方法</th></tr>
<tr><th colspan="3">实木地板面层</th><th rowspan="2">实木复合地板、中密度复合地板、竹地板面层</th><th rowspan="2">塑料板面层</th></tr>
<tr><th>松木地板</th><th>硬木地板</th><th>拼花地板</th></tr>
<tr><td>1</td><td>板面缝隙宽度</td><td>1</td><td>0.5</td><td>0.2</td><td>0.5</td><td>—</td><td>用钢尺检查</td></tr>
<tr><td>2</td><td>表面平整度</td><td>3.0</td><td>2.0</td><td>2.0</td><td>2.0</td><td>2.0</td><td>用2m靠尺和楔形塞尺检查</td></tr>
<tr><td>3</td><td>踢脚线上口平齐</td><td>3.0</td><td>3.0</td><td>3.0</td><td>3.0</td><td>2.0</td><td rowspan="2">拉5m通线，不足5m拉通线和用钢尺检查</td></tr>
<tr><td>4</td><td>板面拼缝平直</td><td>3.0</td><td>3.0</td><td>3.0</td><td>3.0</td><td>3.0</td></tr>
<tr><td>5</td><td>相邻板材高差</td><td>0.5</td><td>0.5</td><td>0.5</td><td>0.5</td><td>0.5</td><td>用钢尺和楔形塞尺检查</td></tr>
<tr><td>6</td><td>踢脚线与面层的接缝</td><td colspan="4">1.0</td><td>—</td><td>楔形塞尺检查</td></tr>
</table>

4. 安全注意事项

（1）小型电动机具，必须安装“漏电掉闸”装置，使用时应试运转合格后方可操作。

（2）操作地点和配制溶剂的房间内严禁吸烟，不得在施工现场的易燃物品附近吸烟。堆放木材和易燃品场所附近要有消防措施。

（3）凡易燃性的胶粘剂和溶剂，使用后将容器盖子盖紧或密封，存放阴凉处，并须远离火源贮存。

（4）塑料板地面施工时，必须空气流通，必要时设置通风设备；操作人员要戴过滤口罩；使用焊枪时，必须离开易燃物2m以上。

(四)隔　墙

隔墙又名隔断,它仅起分隔房间和装饰作用,不承重。隔墙按材料不同可分为板材隔墙、骨架隔墙、活动隔墙和玻璃隔墙等。

骨架隔墙又分为木骨架隔墙、轻钢龙骨隔墙和铝合金隔墙。木隔墙结构主要由上槛、下槛、立筋、横撑、根条或板材组成,如图 12-43 所示。

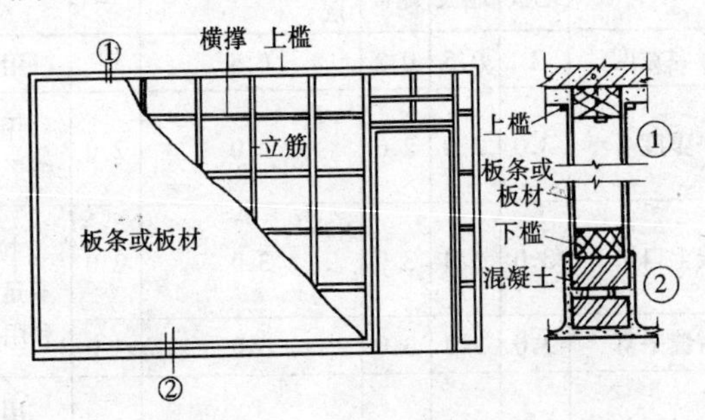

图 12-43　板条或板材隔断

轻钢龙骨隔墙结构主要由沿顶龙骨、沿地龙骨、竖龙骨和面板组成,如图 12-44 所示。

铝合金隔墙结构主要是由上、下横龙骨、竖龙骨、中间横龙骨、铝合金装饰板和玻璃等组成,如图 12-45 所示。

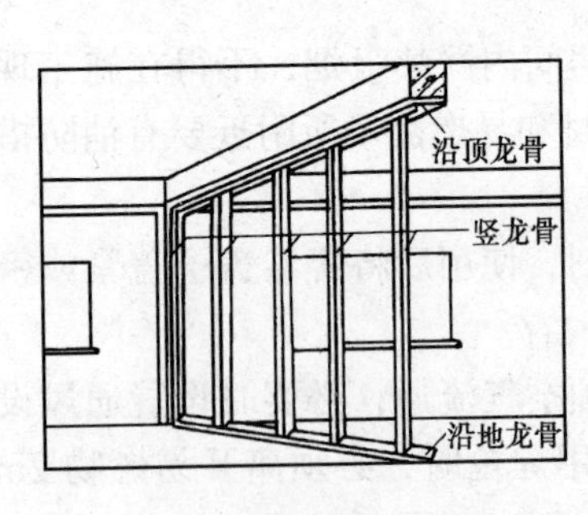

图 12-44　龙骨隔断基本结构

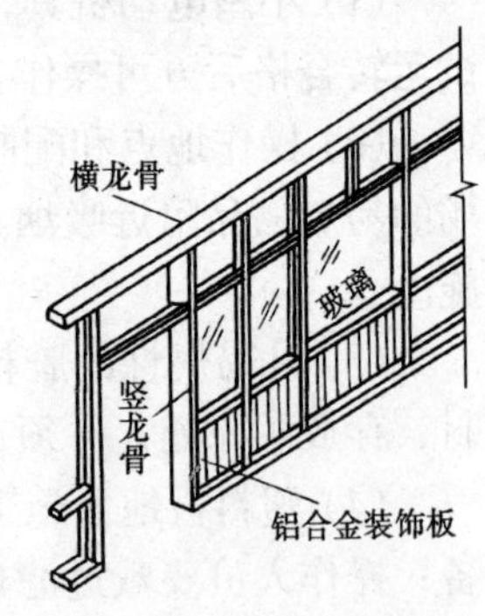

图 12-45　铝合金隔断结构

本节主要介绍轻钢龙骨石膏板隔墙地施工。

1. 隔断龙骨及其配件

隔断轻钢龙骨按断面形状可分为U型和C型，按龙骨所在部位可分为沿顶龙骨、沿地龙骨、竖向龙骨、横撑龙骨和加强龙骨。沿顶、沿地龙骨与沿墙、沿柱竖向龙骨构成隔断的边框。龙骨的受力构件是由若干根竖向龙骨构成；横向龙骨或通贯横撑龙骨与竖向龙骨垂直安设，构成骨架以便增加龙骨的刚度；加强龙骨常用于门框等处的加强。

C型轻钢龙骨主件见表12-6。

C型轻钢龙骨配件见表12-7。

C型隔断轻钢龙骨主件　　表12-6

序号	代号	名称	简图	断面(mm)	重量(kg)	长度(m)
1	C50－1 C75－1 C100－1	沿顶、沿地龙骨		52×40×0.8 76.5×40×0.8 102×40×0.8	0.82 1 1.13	2 2 2
2	C50－1G C75－1G C100－1G	加强龙骨		50×40×1.5 75×40×1.5 100×40×1.5	1.5 1.77 2.06	≤3.5 ≤6 ≤6
3	C50－2 C75－2A C75－2 C100－2	竖向龙骨		50×50×0.8 75×50×0.5 75×50×0.8 100×50×0.8	1.12 0.79 1.26 1.43	≤3.5 ≤3.5 ≤6 ≤6
4	C50－3 C75－3 C100－3	通贯横撑龙骨		20×12×1.2 38×12×1.2 38×12×1.2	0.41 0.58 0.58	3 3 3

C型隔断轻钢龙骨配件　　表12-7

序号	代号	名称	简图	厚度(mm)	重量(kg)	长度(m)
1	C50－4 C75－4 C100－4	支撑卡		0.8 0.8 0.8	0.014 0.021 0.026	竖向龙骨加强卡，竖向龙骨与通贯横撑连接件

续表

序号	代号	名称	简图	厚度 (mm)	重量 (kg)	长度 (m)
2	C50－5 C75－5 C100－5	卡托		0.8 0.8 0.8	0.024 0.035 0.048	竖向龙骨开口面与横撑连接
3	C50－6 C75－6 C100－6	角托		0.8 0.8 0.8	0.017 0.031 0.048	竖向龙骨背面与横撑连接
4	C50－7 C75－7 C100－7	通贯横撑连接件		1.0 1.0	0.016 0.049	通贯横撑连接
5	C50－8 C75－8 C100－8	加强龙骨固定件		1.5 1.5 1.5	0.037 0.106 0.106	加强龙骨与主体结构连接

2. 施工操作顺序

基层处理→弹线→龙骨的固定→安装板材

3. 施工操作要点

(1) 基层处理：安装隔断墙之前，先将工作面处的楼地面、楼板梁底面等清理干净，如有凸出底砂浆混凝土等，均应剔凿平整。

(2) 弹线：弹线包括两个方面，一个是墙体的位置，另一个是轻钢龙骨的重载。

1) 墙体位置线：根据施工图来确定隔断墙的位置、隔墙门窗位置，包括在地面上的位置、墙面位置和高度位置，以及隔墙的宽度。并在地上和墙面上弹出隔断的宽度线和中心线。

2) 按所需龙骨的长度尺寸，对龙骨进行画线配料。配料的原则是先配长料，后配短料。

(3) 龙骨的固定

1) 固定沿地、沿顶龙骨：用射钉枪（或冲击钻）分别将沿地龙骨、沿顶龙骨及沿墙龙骨按边线准确地固定在楼板、地面，屋顶和墙上等处，射钉距离一般在800mm以内，并且固定是要与竖向龙骨位置错开。如有隔声要求，沿地及沿顶龙骨与顶面或地面的接触面应用密封膏或泡沫密封条进行处理。

两端靠墙立柱用射钉枪固定在立墙上，射钉间距不大于1m；也可用冲击钻打眼，然后用膨胀螺栓固定，如图12-46所示。

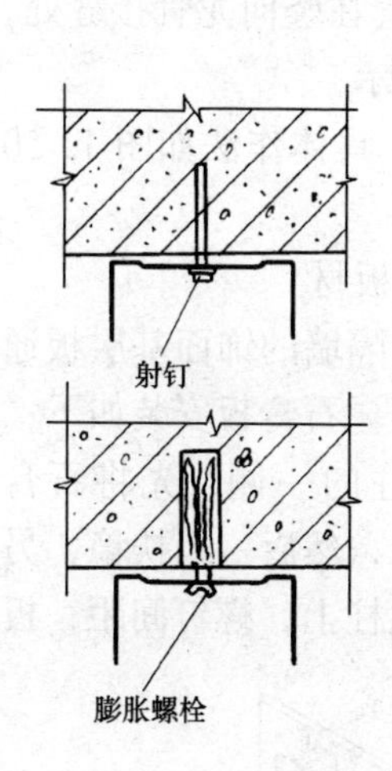

图12-46　龙骨常用的固定方法

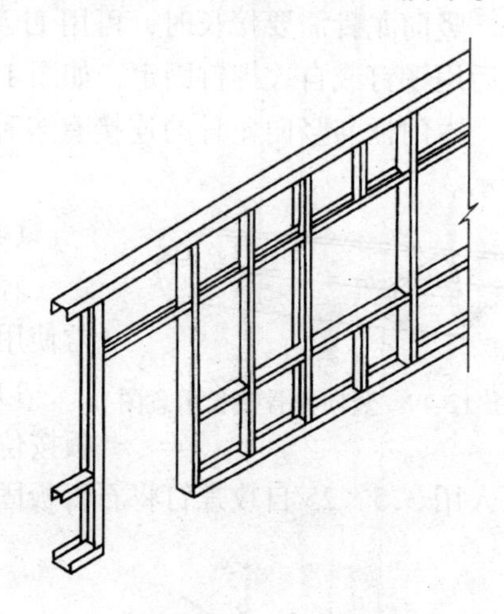

图12-47　轻钢龙骨隔断墙的骨架分格

2）轻钢龙骨的连接：轻钢龙骨隔墙的骨架分格，可按施工图进行。如果施工图中没有标明骨架的分格尺寸，则需根据石膏板或其他板材的尺寸，进行骨架分格设置。

轻钢龙骨隔墙的骨架分格是按竖向龙骨的间隔来分格。在门框、窗框处；用沿地龙骨作为横撑支杆来组成框格（图12-47所示），或隔断墙高于大于3.5m时，可在竖向龙骨之间加专用横向加强龙骨条。

按沿地及沿顶龙骨之间的净距切割竖龙骨，并依次装入，立柱间距为400～600mm，校正其垂直度后，将竖向龙骨与沿地沿顶龙骨固定起来。固定的方法有三种，如图12-48所示。

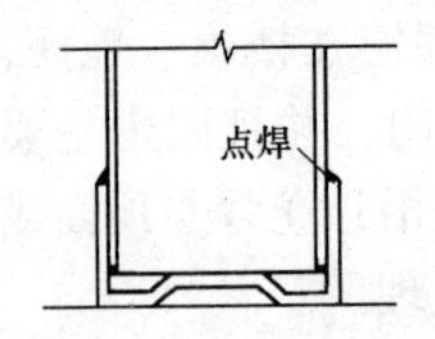

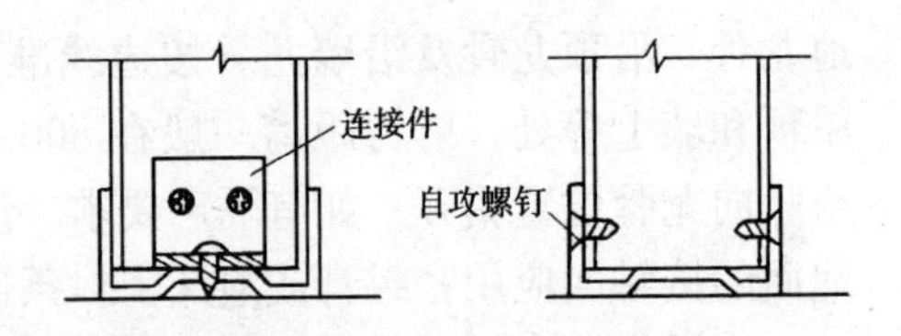

图 12-48　轻钢沿地沿墙龙骨连接方式

竖向龙骨需要接长时，可用 U 型龙骨套在竖向龙骨接缝处，然后用铆钉或自攻螺钉固定，如图 12-49 所示。

木门框与竖向龙骨的连接有多种作法，具体作法如图 12-50 所示。

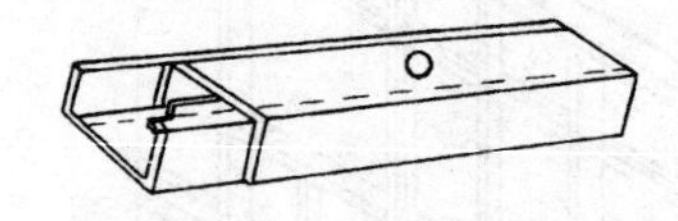

图 12-49　竖向龙骨接长示意图

(4) 安装板材

轻钢龙骨隔墙的饰面基层板通常使用石膏板。石膏板安装如下：

1）在立柱的一侧，先将石膏板按位置立好，然后一人扶稳，另一人用 3.5×25 自攻螺钉将石膏板固定于立柱上，螺钉间距：板

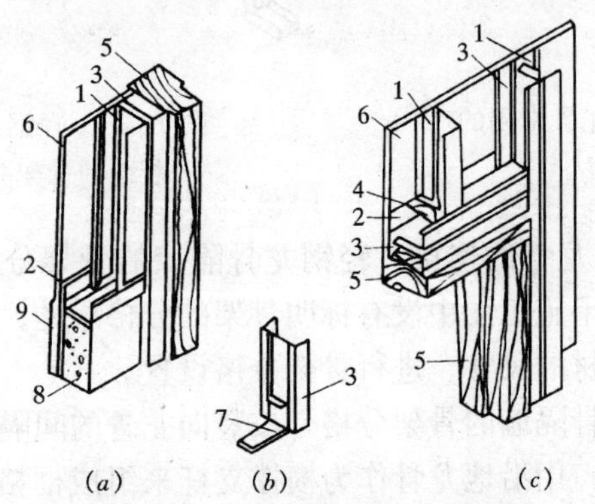

图 12-50　木门框与龙骨的连接

(a) 木门框处下部构造；(b) 用固定件加强龙骨连接；(c) 木门框处上部构造

1—竖龙骨；2—沿地龙骨；3—加强龙骨；4—支撑卡；5—木门框；6—石膏板；7—固定件；8—混凝土踢脚座；9—踢脚板

缝处为200mm，非板缝为300mm。安装完一侧石膏板后，按设计要求在隔墙空腔内敷设工程管线及填充材料。接着，用同样方法固定另一侧石膏板。为提高隔声效果，两侧石膏板应错缝安装。

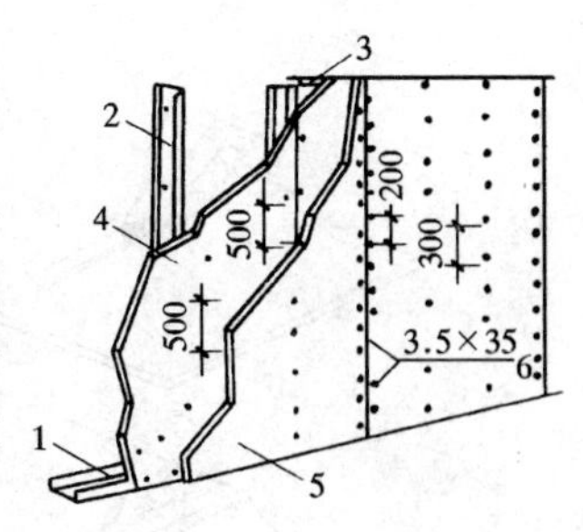

图 12-51　石膏板隔墙施工示意图
1—沿地龙骨；2—竖龙骨；3—沿顶龙骨；4—第一层石膏板；5—第二层石膏板；6—自攻螺钉

2）如需安装两层石膏板时，两层接缝应互相错开，并用3.5×35的自攻螺钉将第二层石膏板固定在立柱上，如图12-51。

3）石膏板宜竖向铺设，长边接缝应落在竖向龙骨上，这样可提高隔断墙的整体强度和刚度；若横向铺设，不要加竖向龙骨的横撑，并尽量使石膏板的短边落在骨架上，否则必须加背衬石膏板。

4）当龙骨两侧均为单层石膏板时，两侧的板材接缝不能留在同一根竖向龙骨上；当铺两层石膏板时，龙骨同侧内外两层石膏板的缝，不能落在同一根竖向龙骨上。这样就避免了接缝过于集中，并弥补隔断强度、整体性及隔声性能等的缺陷。

5）隔断所用纸面石膏板，应尽量使用整板。必须切割时，应先用刀片切割正面纸并使切线位置处于平整工作台的边缘，然后沿切割线向背纸面方向掰断，最后切割背纸面，如图12-52所示。

石膏板对接时应靠紧，但不得强压就位，以免产生内应力。

4. 质量标准

（1）主控项目

1）骨架隔墙工程边框龙骨必须与基体结构连接牢固，并应平整、垂直、位置准确。

2）骨架隔墙中龙骨间距的构造连接方法应符合设计要求。骨架内设备管线的安装、门窗洞口等部位加强龙骨应安装牢固、位置正确，填充材料的设置应符合设计要求。

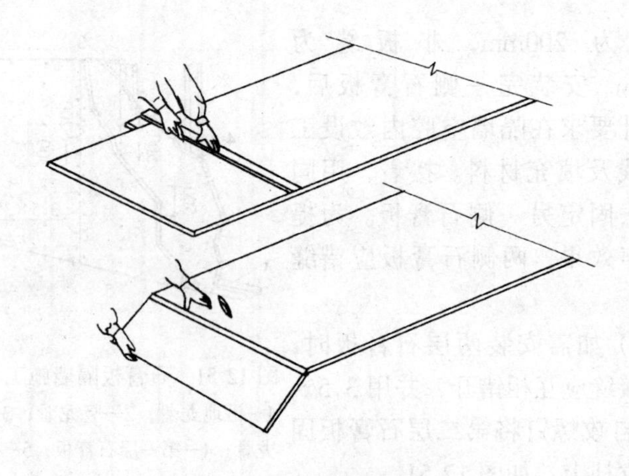

图 12-52　石膏板的切割

3）木龙骨及木墙面板的防火和防腐处理必须符合设计要求。

4）骨架隔墙的墙面板应安装牢固、无脱层、翘曲、折裂及缺损。

5）墙面板所用接缝材料的接缝方法应符合设计要求。

（2）一般项目

1）骨架隔墙表面应平整光滑、色泽一致、洁净、无裂缝、接缝应均匀、顺直。

2）骨架隔墙上的孔洞、槽、盒应位置正确、套割吻合、边缘整齐。

3）骨架隔墙内的填充材料应干燥，填充应密实、均匀、无下坠。

（3）骨架隔墙安装的允许偏差和检验方法见表 12-8。

骨架隔墙安装的允许偏差和检验方法　　表 12-8

项次	项　目	允许偏差（mm）		检验方法
		纸面石膏板	人造木板、水泥纤维板	
1	立面垂直度	3	4	用 2m 垂直检测检查
2	表面平整度	3	3	用 2m 靠尺和塞尺检查

续表

项次	项目	允许偏差（mm）		检验方法
		纸面石膏板	人造木板、水泥纤维板	
3	阴阳角方正	3	3	用直角检测尺检查
4	接缝直线度	—	3	拉5m线，不足5m拉通线，用钢直尺检查
5	压条直线度	—	3	
6	接缝高低差	1	1	用钢直尺和塞尺检查

5. 安全注意事项

1) 安装龙骨前，先检查脚手架（或高凳）是否符合安全要求，经检查合格方可上架子操作。

2) 使用电动工具时，应按机具的操作规范进行操作，不得违章作业。

3) 搬运和安装石膏板时，必须注意安全，防止砸伤人员。

4) 使用射钉枪安装龙骨时，一定要设专人保管，未经培训人员不得操作。

（五）护墙板、门窗贴脸及筒子板的施工

1. 护墙板的施工

护墙板（木墙裙）是一种常用的室内装修，用于人们容易接触的部位。

(1) 护墙板操作工艺顺序

弹线→ 检查预埋件→制作安装木龙骨→装订面板

(2) 护墙板操作工艺要点

1) 弹线、检查预埋件：根据施工图上的尺寸，先在墙上画出水平标高。弹出分档线。根据线档在墙上加木橛或预先砌入木砖。木砖（或木橛）位置应符合龙骨分档尺寸。木砖的间距横竖一般不大于400mm，如木砖位置不适用可补设，如图12-53所示。

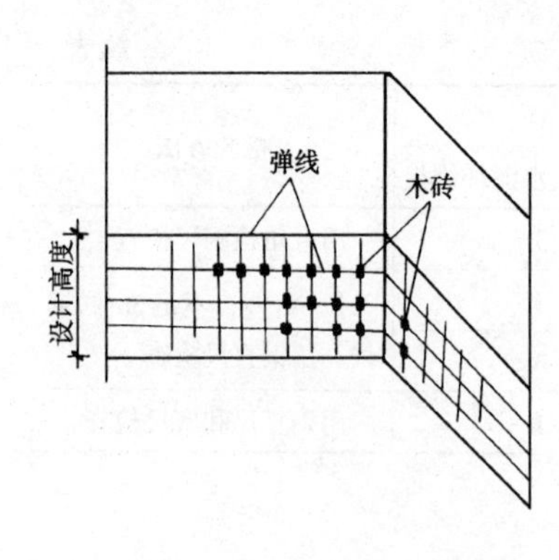

图 12-53 墙面弹线、加木砖

2）制作安装木龙骨：全高护墙板根据房间四角和上下龙骨先找平、找直、按面板分块大小由上到下做好木标筋，然后在空档内根据设计要求钉横竖龙骨。

局部护墙板根据高度和房间大小，做成龙骨架，整片或分片安装。在龙骨与墙之间铺油毡一层防潮。

龙骨间距。一般横龙骨间距为400mm，竖龙骨间距为500mm。如面板厚度在10mm以上时，横龙骨间距可放大到450mm。

龙骨必须与每一块木砖钉牢。如果没埋木砖，也可用钢钉直接把木龙骨钉入水泥砂浆面层上固定。

当木龙骨钉完，要检查表面平整与立面垂直，阴阳角用方尺套方。调整龙骨表面偏差所垫的木垫块，必须与龙骨钉牢。龙骨安装如图 12-54 所示。如需隔声，如KTV，中间需填隔声轻质材料。

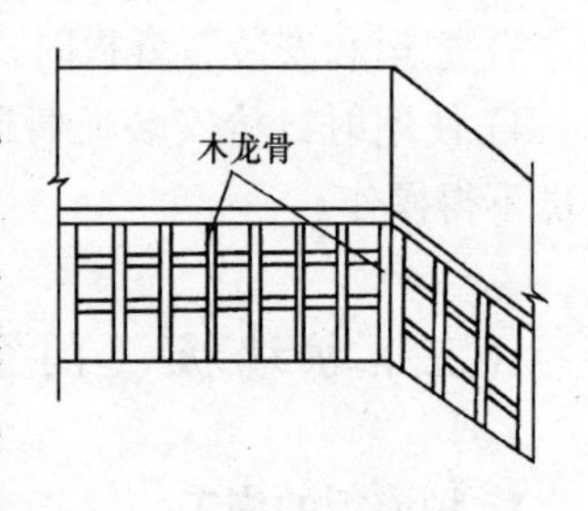

图 12-54 木龙骨的安装

3）装订面板：面板上如果涂刷清漆显露木纹时，应挑选相同树种及颜色，木纹相近似的用在同一房间里，木纹根部向下，对称，颜色一致，无污染，嵌合严密，分格拉缝均匀一致，顺直光洁。如果面板上涂刷色漆时可不限。木板的年轮凸面应向内放置。

护墙板面层一般竖向分格拉缝以防翘鼓。

面板的固定有两种方法：一种是粘钉结合。做法是：在木龙骨上刷胶粘剂，将面板粘在木龙骨上，然后钉小钉（目的是为了使面板和木龙骨粘贴牢固），待胶粘剂干后，将小钉拔出。目前均用射钉枪。

护墙板面层的竖向拉缝形式有直拉缝和斜面拉缝两种，如图 12-55 所示。

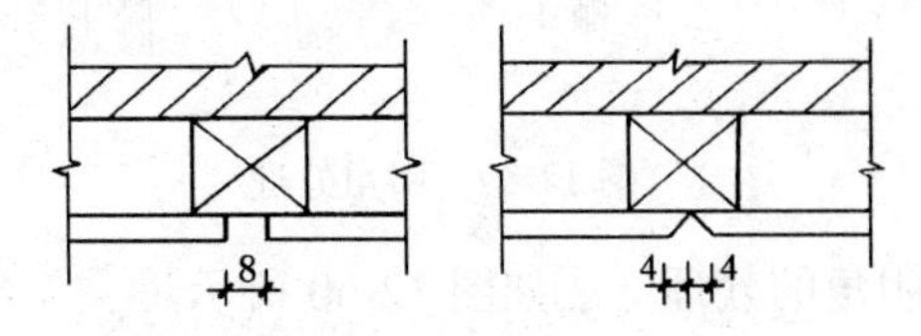

图 12-55　拉缝形式

为了美观起见，竖向拉缝处也可镶钉压条。如图 12-56 所示。目前压条均用机器预制成品。

如果做全高护墙板，护墙板纵向需有接头，接头最后在窗口上部或窗台以下，有利于美观。接头形式如图 12-57 所示。

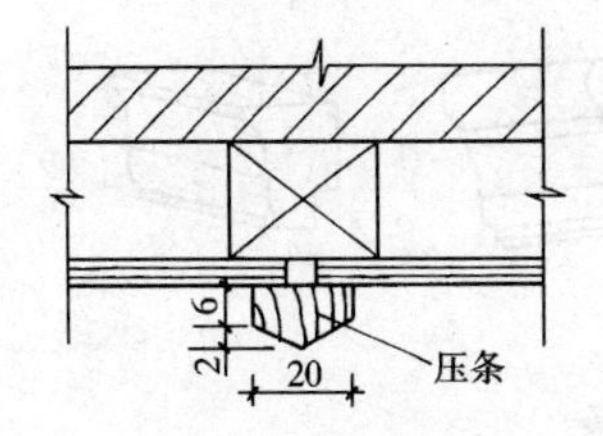

图 12-56　护墙板压条

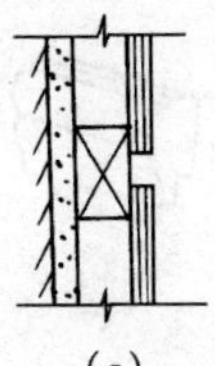

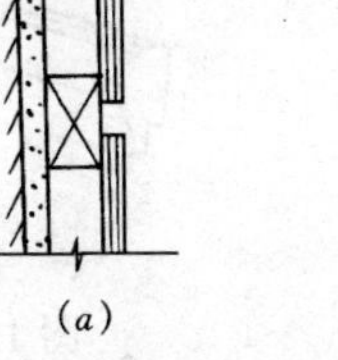

图 12-57　纵向接头

（*a*）无盖条；（*b*）有盖条

厚面板作面层时，板的背面应做卸力槽，以免板面弯曲、卸力槽间距不大于 150mm，槽宽 10mm，深 5～8mm，如图 12-58 所示。

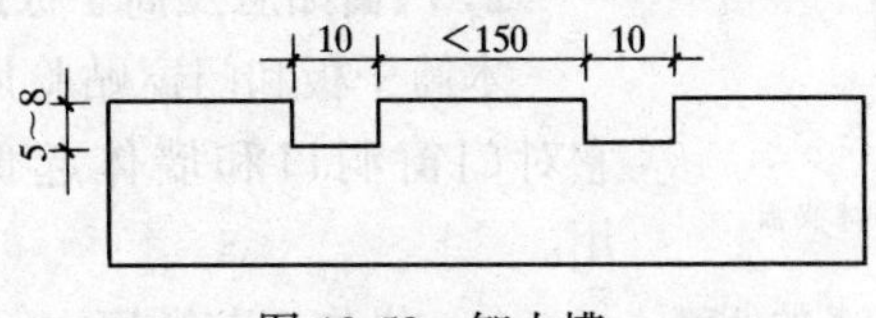

图 12-58　卸力槽

护墙板阳角的处理方法如图 12-59 所示。

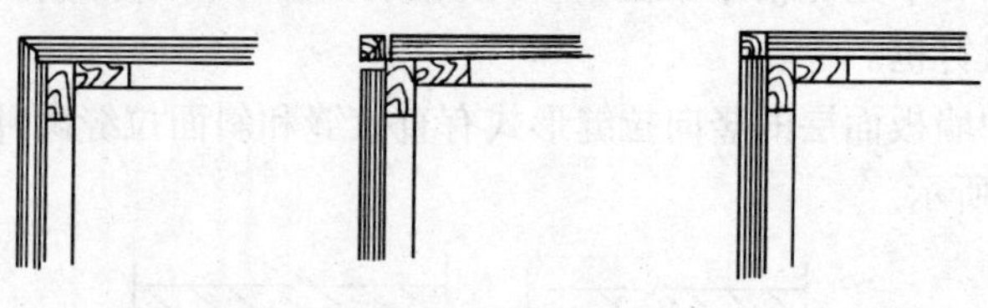

图 12-59　阳角处理

护墙板阴角的处理方法如图 12-60 所示。

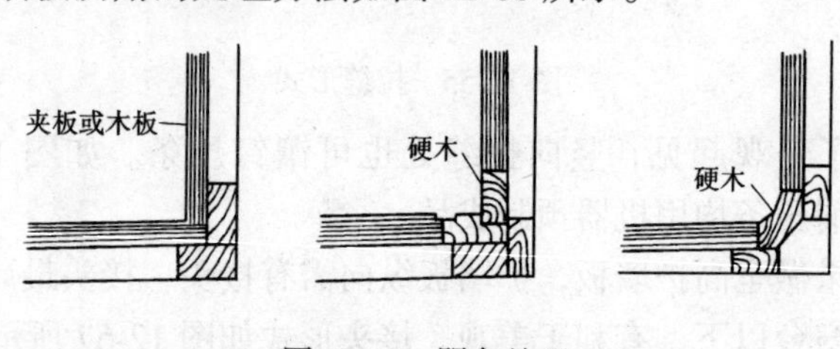

图 12-60　阴角处理

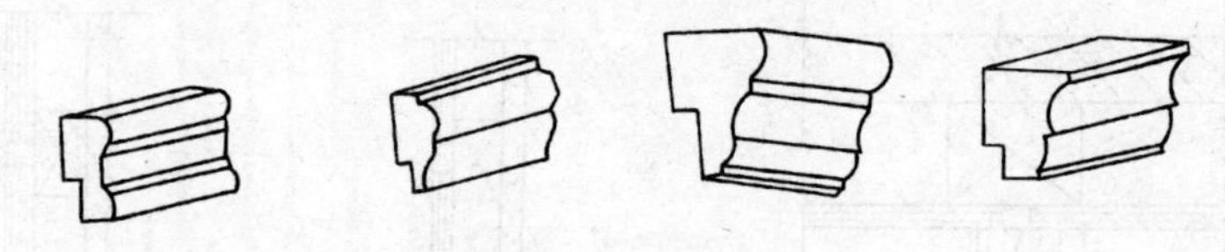

图 12-61　压线条

护墙板顶部要拉线找平，钉木压条。木压条规格尺寸要一致，挑选木纹、颜色近似的钉在一起。压条又称压顶，样式很多，如图 12-61 所示。压线条的处理方法如图 12-62 所示。

护墙板与踢脚板交接处的做法有多种，图 12-63 所示为几种做法。

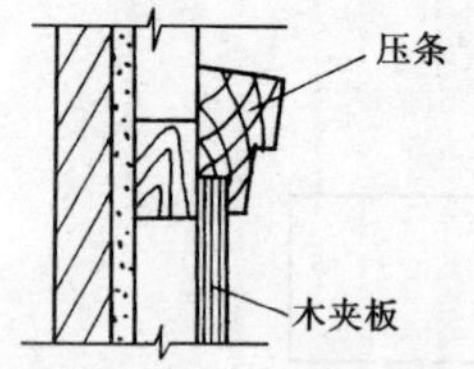

图 12-62　压条的处理

2. 门窗贴脸及筒子板施工

木筒子板和门窗贴脸用于室内装修，它对门窗洞口和墙体起保护和装饰作用。

(1) 操作工艺顺序

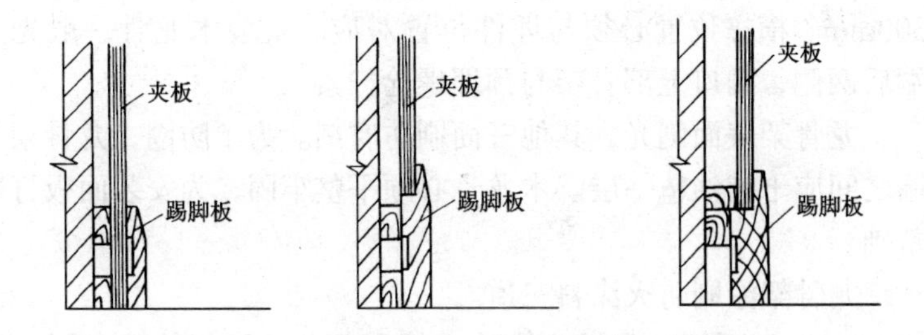

图 12-63　护墙板与踢脚板交接处的几种做法

木筒子板：检查门窗洞口及埋件、制作安装木龙骨、刷防火涂料、装订面板、

门窗贴脸板、制作、安装。

(2) 操作方法

门窗木筒子板施工：

1) 检查门窗洞口尺寸是否符合要求，是否方正垂直，洞口过梁连接铁件及洞口预埋木砖是否安全，位置是否准确，如发现问题，必须修理或校正。

2) 制作和安装木龙骨、刷防火涂料。根据门窗洞口实际尺寸，用木方制成龙骨架，龙骨架的截面尺寸一般为 20mm × 40mm。骨架分为三片，洞口上部一片，两侧各一片。每片一般为两根立杆，当筒子板宽度大于 500mm 需要拼缝时，中间适当增加立杆，如图 12-64 所示。

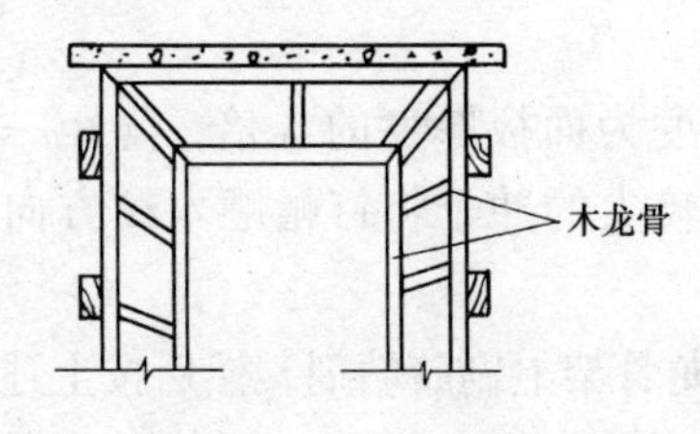

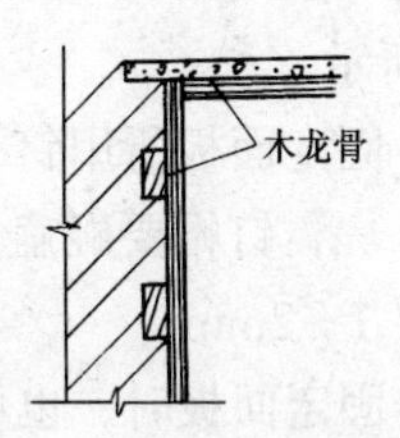

图 12-64　木龙骨

横撑间距根据筒子板厚度决定：当面板厚度为 10mm 时，横撑间距不大于 400mm；板厚为 5mm 时，横撑间距不大于

300mm。横撑位置必须与埋件位置对应。安装木龙骨一般先上端后两侧，洞口上部骨架与预埋螺栓拧紧。

龙骨架表面刨光，其他三面刷防腐剂。为了防潮，龙骨架与墙之间应干铺油毡一层。木龙骨必须平整牢固，为安装面板打好基础。

龙骨架涂刷防火涂料三道。

3）装订面板：面板应挑选木纹和颜色，近似的用在同一房间，裁板时要略大于龙骨的实际尺寸，大面净光，小面刮直，木纹根部向下。

若板的宽度小于设计要求的宽度，可以将2块或者2块以上的板进行拼缝对接。拼缝时木纹应通顺，拼缝牢固，拼缝严密。

若长度方向需要对接时，木纹应通顺，其接头位置应避开视线开视范围。窗筒子板拼缝应在室内地坪2m以上；门筒子板拼缝一般离地坪1.2m以下。同时，接头位置必须留在横撑上。

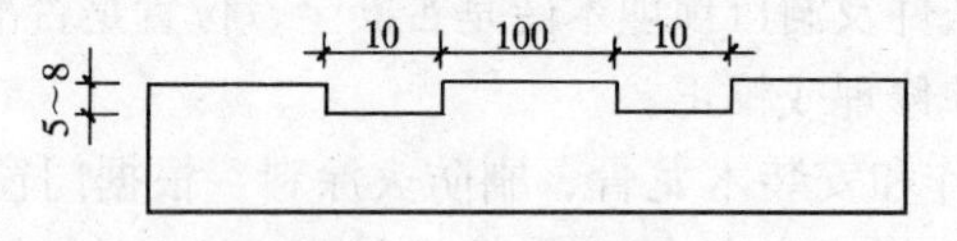

图12-65　筒子板卸力槽

若采用厚木板时，板的背面应做卸力槽，以免板面弯曲，卸力槽一般间距为100mm，槽深10mm，深度5～8mm。如图12-65所示。

固定面板所用钉子的长度为面板厚度的3倍，间距一般为100mm，钉帽要砸扁，并用较尖的冲子将钉帽顺木纹方向冲入面层1～2mm。

固定面板时，也可在木龙骨架上刷胶粘剂，然后按上述方法将面板固定。

筒子板里侧要装进门窗预先做好的凹槽里。外侧要与墙面齐平，割角严密方正，如图12-66所示。

门窗贴脸板：门窗贴脸板的式样很多，尺寸各异，应按照设计图纸施工。几种样式如图12-67所示。

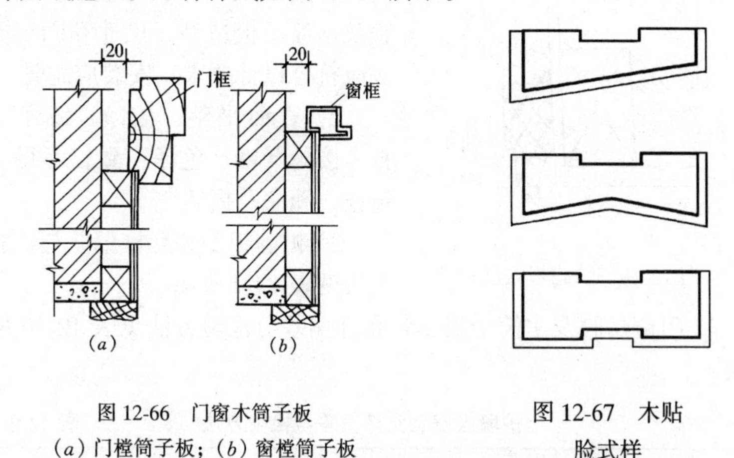

图12-66 门窗木筒子板
(a) 门樘筒子板；(b) 窗樘筒子板

图12-67 木贴脸式样

1) 贴脸板的制作：首先检查配料的规格、质量和数量，符合要求后，先用粗刨刮一遍，再用细刨刨光，线条要深浅一致，清晰、美观。

2) 贴脸板的装订：在门窗框安装完及墙面抹灰做好后即可装订。一般先钉横的，后钉竖的。装订时，先量出横向贴脸板所需长度，两端锯成45°斜角即割角，紧贴在框的土坎上，其两端伸出的长度应一致。将钉帽砸扁，顺木纹冲入表面1～3mm，钉长宜为板厚的两倍，钉距不大于500mm。接着量出竖向板的长度，钉在边框上。

贴脸板下部要有贴脸墩，贴脸墩要稍厚于踢脚板。不设贴脸墩时，贴脸板的厚度不能小于踢脚板的厚度，以免踢脚板冒出，影响美观。

贴脸板内边沿至门窗框裁口的距离应一致；贴脸板搭盖墙的宽度一般为20mm，但不少于10mm；横竖贴脸板的线条要对正，割角应准确平整，对缝严密，安装牢固。

贴脸板的安装方法如图12-68所示。

3. 质量标准

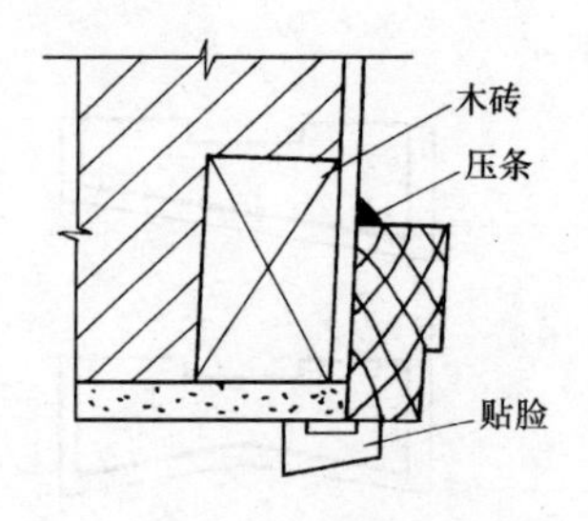

图 12-68　贴脸板安装示意

1）按设计要求护墙板、门窗贴脸及木筒子板造型、尺寸和固定方法应符合设计要求，安装应龙骨。

2）表面平整、洁净、线条顺直、接缝严密、色泽一致，不得有裂缝、翘曲及损坏。

3）护墙板安装允许偏差与检验方法见表 12-9 所示。

门窗贴脸及木筒子板安装允许偏差与检验方法见表 12-10 所示。

护墙板安装允许偏差与检验方法　　表 12-9

项次	项　目	允许偏差（mm）	检验方法
1	上口平直	2	拉 5m 线，不足 5m 拉通线检查
2	垂直	2	用 1m 垂直检测尺检查
3	表面平整	1	用 1m 靠尺和塞尺检查
4	压缩条间距	2	直尺检查

门窗贴脸及木筒子板安装允许偏差与检验方法　　表 12-10

项次	项　目	允许偏差（mm）	检验方法
1	正侧面垂直度	3	用 1m 垂直检测尺检查
2	上口水平度	1	用 1m 水平检测尺和塞尺检查
3	上口直线度	3	拉 5m 线，不足 5m 拉通线，用钢直尺检查

4. 成品保护

施工完毕后，严禁污染护墙板、筒子板及贴脸板、防止磕碰、划伤和撞击。

5. 安全注意事项

1）施工时严禁有明火、焊渣，以免发生火灾。

2）需要脚手架、高凳等作业时，要注意安全，采取必要的防护措施。上面施工时，下方不能操作，以免工具落下伤人。

3）要经常检查工具，易掉头断把的工具需修理后再用。

4）操作地点的刨花、碎木料及时清理，要存放在安全地点。

（六）铝合金门窗的安装

1. 铝合金门窗的安装工艺顺序

拼装→立框→装扇→嵌缝→成品保护

2. 操作工艺要点

（1）拼装：铝合金门窗一般由工厂预制，施工现场按图拼装而成。门窗框拼装要确保方正、平直、拼装过程中要小心仔细，切忌用锤直接敲击或砸伤铝合金杆件。

门窗框拼缝成型后，除靠墙一侧外，其余三面需用塑料胶纸包裹保护，防止受污染。

（2）按照在洞口上弹出的门、位置线，根据设计要求，将门、窗框立于墙的中心部位或内侧。安装多层或高层的外墙窗时，上、下窗要在同一条垂直线上，且各窗框离外墙面的距离也应一致；左、右窗要在同一条水平线上。

将门、窗框放在预定的位置后，临时用木楔固定，待检查立面垂直、左右间隙大小、上下位置一致等均符合要求后，再将镀锌锚固板固定在门、窗洞口内。锚固板的间距不大于500mm。

铝合金门、窗框上的锚固板与墙体的固定方法，有射钉固定法、膨胀螺丝固定法以及燕尾铁脚固定法等，如图12-69所示。

锚固板是铝合金门窗与砌体的连接件，锚固板的一端固定在门、窗框的外侧，另一端固定在密实的洞口墙体内。锚固板的形状如图12-70。

（3）装扇

1）铝合金门、窗扇安装，应在室外装修基本完成后进行。

2）推拉门、窗扇的安装：将配好的门、窗扇分内扇和外扇，先将内扇插入上滑道的里槽内，自然下落于对应的下滑道的里滑

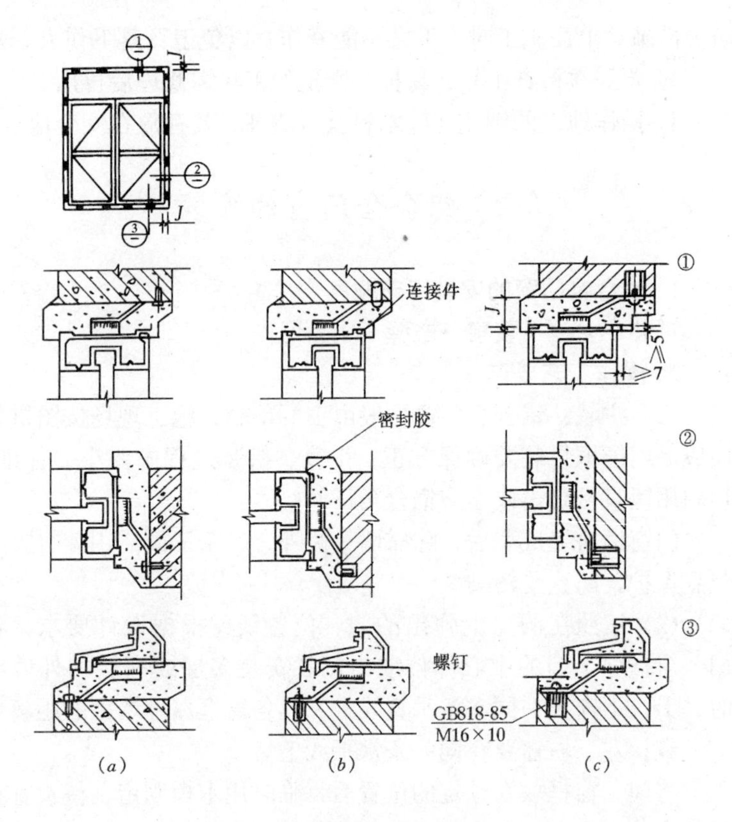

图 12-69　锚固板与墙体固定方法

(*a*) 射钉固定法；(*b*) 膨胀螺丝固定法；(*c*) 燕尾铁脚固定法

切记：建筑外门窗的安装必须牢固。在砌体上安装门窗严禁用射钉固定

道内，然后再用同样的方法安装外扇。

3) 平开门、窗扇的安装：应先把合叶按要求位置固定在铝合金门、窗框上，然后将门、窗嵌入框内临时固定，调整合适后，再将门、窗扇固定在合叶上，必须保证上、下两个转动部分在同一轴线上。

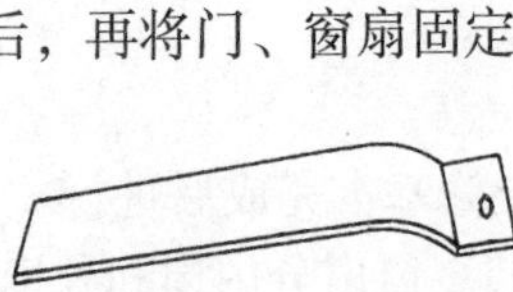

图 12-70　锚固板示意

4) 地弹簧门扇安装：应先将地弹簧主机埋设在地面上，并浇注混凝土使其固定。主机轴应与中横档上的顶

轴在同一垂线上，主机表面与地面齐平。待混凝土达到设计强度后，调节上门顶轴将门扇装上，最后调整门扇间隙及门扇开启速度，如图12-71所示。

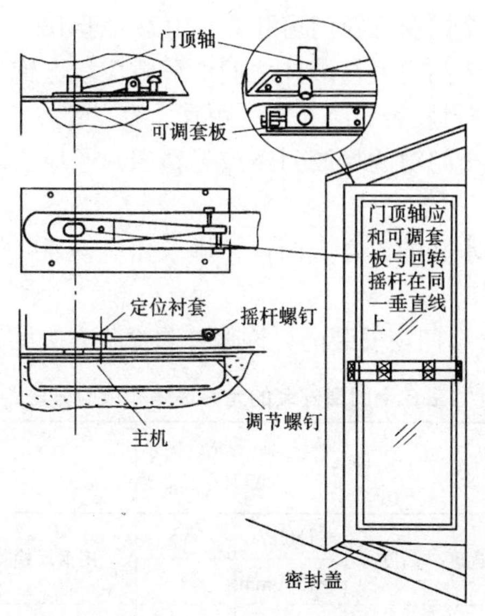

图12-71　地弹簧门扇安装

（4）嵌缝：门窗框与墙体间的缝隙，当设计未规定填充材料时，应采用矿棉或玻璃棉毡条分层填塞密实，外表面留5～8mm深的槽口，然后用打油筒沿缝隙注油膏。油膏填嵌时，不应污染门窗框，油膏表面应平整光滑，不出现裂缝。

（5）成品保护：门窗安装完毕后，应立即用塑料胶纸粘贴表面，防止污染受损。

3. 质量标准

（1）主控项目

1）铝合金门窗框的安装必须牢固。预埋件的数量、位置、埋设方式、与框的连接方式必须符合设计要求。

2）门窗扇必须安装牢固，并应开关灵活、关闭严密，无倒翘。推拉门窗扇必须有防脱落措施。

(2) 一般项目

1) 铝合金门窗表面应洁净、平整、光滑、色泽一致，无锈蚀。大面应无划痕、碰伤。

2) 铝合金门窗推拉门窗开关应力不大于100N。

3) 铝合金门窗框与墙体之间的缝隙应填嵌饱满，并采取密封胶密封。密封胶表面应光滑、顺直、无裂纹。

4) 铝合金门窗的橡胶封条或毛毡密封条应安装完好，不得脱槽。

5) 有排水孔的铝合金门窗，排水孔应畅通，位置和数量应符合设计要求。

(3) 铝合金门窗安装的允许偏差和检验方法见表12-11。

铝合金门窗安装的允许偏差和检验方法　　表12-11

项次	项　目		允许偏差(mm)	检验方法
1	门窗槽口宽度、高度	≤1500mm	1.5	用钢尺检查
		>1500mm	2	
2	门窗槽口对角线长度差	≤2000mm	3	用钢尺检查
		>2000mm	4	
3	门窗框的正、侧面垂直度		2.5	用垂直检测尺检查
4	门窗横框的水平度		2	用1m水平尺和塞尺检查
5	门窗横框标高		5	用钢尺检查
6	门窗竖向偏离中心		5	用钢尺检查
7	双层门窗内外框间距		4	用钢尺检查
8	推拉门窗扇与框搭接量		1.5	用钢直尺检查

4. 安全操作注意事项

1) 射钉枪要专人保管使用。使用人员必须经过培训。

2) 在脚手架上安装窗框、嵌缝、打油膏时，站位要稳固，注意脚下空头板，以免发生高空坠落。

3) 使用电动机具应注意用电安全。

4）严禁将脚手架搁在门窗框上操作。

复　习　题

1. 建筑装饰工程的施工工艺设计应注意哪些问题？
2. 吊顶的作用是什么？
3. 吊顶按结构材料可分为哪几种？
4. 试述木吊顶安装的操作顺序。
5. 轻钢龙骨吊顶的操作顺序是什么？
6. 试述木吊顶的质量标准。
7. 试述轻钢龙骨吊顶的质量标准。
8. 吊顶中常见的质量通病有哪些？怎样防治？
9. 试述木地块施工操作工艺顺序。
10. 如何铺钉毛地板？施工有何要求？
11. 薄木地面操作工艺顺序是什么？
12. 粘贴薄木地面时如何进行？
13. 试述塑料地面板铺贴的操作工艺顺序。
14. 铺贴塑料地面板施工时应注意哪些安全事项？
15. 木隔墙结构是由哪几部分组成的？
16. 如何固定沿地、沿顶龙骨？
17. 护墙板操作的工艺顺序是什么？
18. 如何制作、安装护墙板的木龙骨？
19. 木贴脸板如何装订？
20. 试述铝合金门窗安装操作工艺顺序。
21. 如何安装铝合金门窗框？

十三、建 筑 结 构

(一) 建筑结构的荷载

1. 建筑结构的分类

在建筑中，由若干构件（如柱、梁、板等）连接而成的能承受荷载和其他间接作用（如温度变化、地基不均匀沉降等）的体系，叫做建筑结构。建筑结构在建筑中起骨架作用，是建筑的重要组成部分。

建筑结构按所用材料不同可分为：混凝土结构、砌体结构、钢结构和木结构。

混凝土结构是钢筋混凝土结构、预应力混凝土结构、素混凝土结构的总称，目前应用最广泛的是钢筋混凝土结构。

砖混结构，目前广泛采用于多层住宅建筑中。

钢结构是用型钢制作建成的结构，目前主要用于大跨度房屋，吊车吨位很大的重工业厂房、高耸结构等。

木结构，目前在大中城市的房屋建筑中已极少采用，但在山区、林区和农村中，使用还较为普遍。

2. 建筑结构的荷载

建筑结构在使用期间和施工过程中要承受各种作用，施加在结构的集中力或分布力（如人、设备、风、雪、构件自重等），均为荷载。

结构上的荷载，分为永久荷载、可变荷载。

永久荷载是指结构使用期间，其值不随时间变化，或其变化与平均值相比可以忽略不计的荷载，如结构自重、土压力等。永久荷载也称恒荷载。

可变荷载是指结构在使用期间，其值随时间变化，且其变化值与平均值相比不可忽略的荷载。如楼面活荷载、雪荷载、风荷载、吊车荷载等。可变荷载也称活荷载。

(二) 钢筋和混凝土的共同工作

1. 钢筋和混凝土的共同工作

钢筋混凝土由钢筋和混凝土两种物理力学性能完全不同的材料组成。混凝土的抗压能力较强，而抗拉能力较弱，钢筋的抗拉和抗压能力都很强。为了充分利用材料的性能，就把混凝土和钢筋这两种材料结合在一起共同工作，使混凝土主要承受压力、钢筋主要承受拉力，以满足工程结构的使用要求。

钢筋和混凝土能有效地共同工作，是因为:

(1) 钢筋和混凝土之间有着可靠的粘结力，能牢固结成整体，受力后变形一致，不会产生相对滑移。这是钢筋和混凝土共同工作的主要条件。

(2) 钢筋和混凝土的温度膨胀系数大致相同（钢约为0.000012，混凝土因骨料而异，约为0.000007～0.000014)。因此，当温度变化时，不致产生较大的温度应力而破坏两者之间的粘结。

(3) 钢筋外边有一定厚度的混凝土保护层，可以防止钢筋锈蚀，从而保证了钢筋混凝土构件的耐久性。

2. 混凝土及其强度

混凝土在结构中主要承受压力，因而抗压强度是混凝土的最主要性能，混凝土的强度等级分为14级，即C15、C20、C25、C30、C35、C40、C45、C50、C55、C60、C65、C70、C75、C80。

3. 钢筋

钢筋的种类有：热轧钢筋、钢绞线、消除应力钢丝、热处理钢筋等。热轧钢筋又分为热轧光圆钢筋和热轧带肋钢筋。HPB

表示热轧光圆钢筋，HRB表示热轧带肋钢筋。热轧带肋钢筋分为HRB335、HRB400、HRB500三个牌号。

（三）钢筋混凝土受弯构件

在建筑结构中梁和板是最常见的受弯构件，如图13-1所示。梁的截面形式有矩形、T形、工字形，板的截面形式有矩形实心板和空心板等。

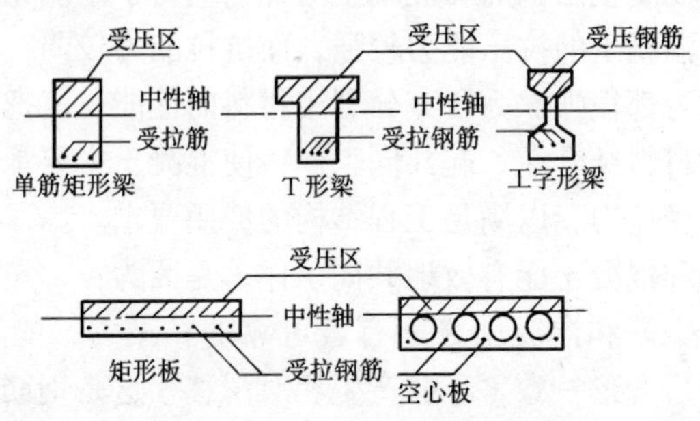

图13-1 梁和板的截面形式

1. 梁、板构造

(1) 板的构造

板的厚度应满足承载力、刚度和抗裂的要求，一般现浇板板厚度不宜小于60mm。板中配有受力钢筋和分布钢筋，如图13-2所示。

(2) 梁的构造

1) 梁的截面：梁截面的高宽比 h/b，对于矩形截面一般为2.0～3.5，对于T形截面一般为2.5～4.0。

2) 梁的配筋：梁中的钢筋有纵向受力钢筋、弯起钢筋、箍筋和架立钢筋等，如图13-3所示。

纵向受力钢筋的作用是承受由弯矩在梁内产生的拉力，常用直径为12～25mm，如图13-4所示。

箍筋主要是用来承受由剪力和弯矩在梁内引起的主拉应力，

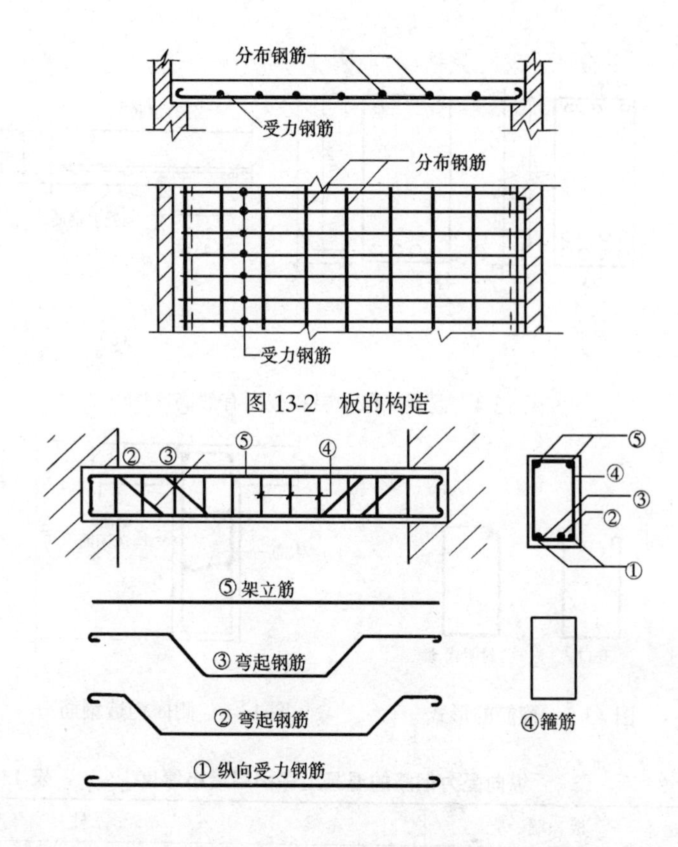

图 13-2　板的构造

图 13-3　梁的构造

同时还可固定纵向受力钢筋并和其他钢筋一起形成的钢筋骨架。箍筋分开口和封闭两种形式，如图 13-5 所示。

架立钢筋设置在梁的受压区外缘两侧，用来固定箍筋和形成钢筋骨架，如图 13-6。

（3）混凝土保护层

为防止钢筋锈蚀和保证钢筋与混凝土的粘结，梁板的受力钢筋均有足够的混凝土保护层，如图 13-4。混凝土保护层应从钢筋的外边缘起算。受力钢筋的保护层最小厚度应按表 13-1 采用，同时也不应小于受力钢筋的直径。

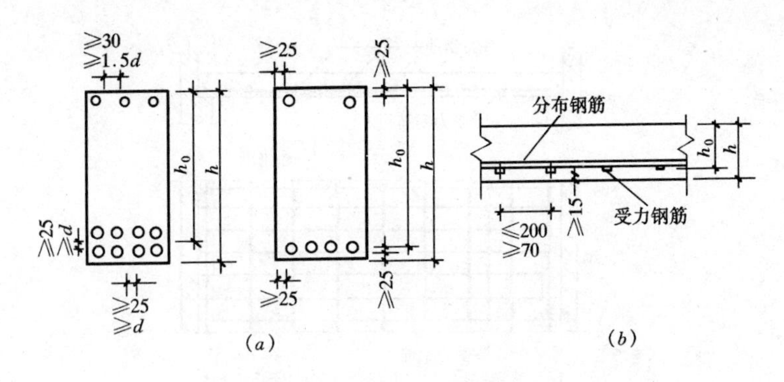

图 13-4 混凝土保护层和截面有效高度图

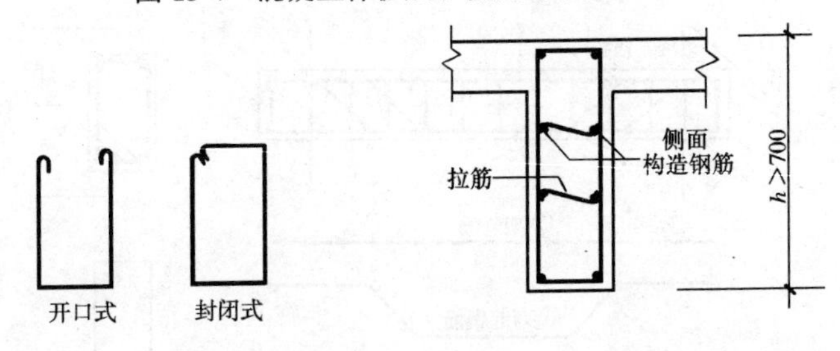

图 13-5 箍筋的形式

图 13-6 侧面构造钢筋

纵向受力钢筋的混凝土保护层最小厚度　　表 13-1

环境类别		板、墙、壳			梁			柱		
		≤C20	C25～C45	≥C50	≤C20	C25～C45	≥C50	≤C20	C25～C45	≥C50
一		20	15	15	30	25	25	30	30	30
二	*a*	—	20	20	—	30	30	—	30	30
二	*b*	—	25	20	—	35	30	—	35	30
三		—	30	25	—	40	35	—	40	35

注：基础中纵向受力钢筋的混凝土保护层厚度不应小于 40mm；当无垫层时不应小于 70mm。

(四) 钢筋混凝土受压构件

建筑工程中，钢筋混凝土及受压构件应用十分广泛，例如柱、屋架受力腹杆、上弦杆等。

1. 受压构件的分类

钢筋混凝土受压结构按纵向力作用点与截面形成相互位置的不同，可分为轴心受压构件与偏心受压构件，如图 13-7 所示。

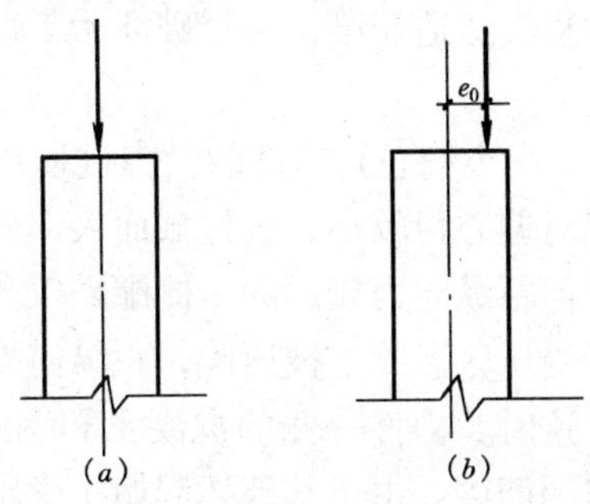

图 13-7 轴心受压构件和偏心受压

(a) 轴心受压；(b) 偏心受压

当纵向力作用点与构件截面形心重合时为轴心受压构件。

当纵向力作用点与构件截面形心不重合时为偏心受压构件。如果纵向力只在一个方向偏心，就是单向偏心受压构件；如果纵向力在截面两个轴的方向都偏心，就是双向偏心受压构件。工程中的偏心受压构件大多属于单向偏心受压构件，所以习惯上把单向偏心受压构件称为偏心受压构件。

2. 轴心受压构件

轴心受压构件的承载力由混凝土和钢筋两部分的承载力组成。由于实际工作中多为细长的受压构件，破坏前将发生纵向弯曲，所以需要考虑纵向弯曲对构件截面承载力的影响。

3. 偏心受压构件

偏压构件的受力过程及其破坏特点。

钢筋混凝土偏压构件有两种类型的破坏：

第一类：抗压破坏，习惯上称为“大偏心受压破坏”。

第二类：受压破坏，习惯上称为“小偏心受压破坏”。

(1) 抗压破坏（大偏心）构件的受力过程及破坏特点

当纵向力相对偏心距较大，且距纵向力较远的一侧钢筋配置得不太多时，截面一部分受压，另一部分受拉。随着荷载的增加，混凝土裂缝不断地扩展，破坏时受拉钢筋先达到屈服强度之后受压区混凝土达到极限应变而被压碎，此时受压钢筋也达到屈服强度。破坏过程类似适筋梁，由于破坏始于钢筋的屈服，故称为拉压破坏。

(2) 受压破坏（小偏心）构件的受力过程及破坏特点

当纵向力相对偏心距较小，构件截面大部分或全部受压；或者偏心距较大，但距纵向力较远的一侧配筋较多时，这两种情况的破坏都是由于受压区混凝土被压碎，距纵向力较近一侧的钢筋受压屈服所致。这时，构件一侧的混凝土和钢筋的应力均较小，其破坏过程类似超筋梁。由于其破坏起始于受压钢筋的屈服及混凝土的被压碎，故称为受压破坏。

(五) 砌 体 结 构

1. 砌体材料

(1) 块材

构成砌块的块材有烧结普通砖、硅酸盐砖、粘土空心砖、砌块和石材等。工程上常用的有烧结普通砖中的烧结粘土砖、砌块和石材等。

烧结普通砖、烧结多孔砖等的强度等级、按《砌体结构设计规范》（GB50003—2001）的规定，有 MU30、MU25、MU20、MU15 和 MU10 五级。

空心砖、空心砖和石材以外的块材都可称为砌块。我国采用的有粉煤灰硅酸盐砌块、普通混凝土空心砌块、加气混凝土砌块等。砌块的强度等级分 MU20、MU15、MU10、MU7.5 和 MU5 五级。

石材的抗压强度高，耐久性好，多用于房屋的基础和勒脚部位。石砌体中的石材应选用无明显风化的天然石材。石材的强度等级共分为七级即 MU100、MU80、MU60、MU50、MU40、MU30、MU20。石材按其加工后的外形规则程度可分为料石和毛石。

(2) 砂浆

砌体中采用的砂浆主要有混合砂浆、水泥砂浆以及石灰砂浆、粘土砂浆。

砂浆的等级有 M15、M10、M7.5、M5 和 M2.5 五级。

(3) 砌体材料的选择

对于一般的房屋，承重砌体用砖其强度等级常采用 MU10；石材的强度等级常采用 MU40、MU30、MU20；承重砌体的砂浆一般采用 M2.5、M5、M7.5，对受力较大的重要部位可采用 M10。

2. 砌体的抗压强度

(1) 砌体的抗压性能

在工程中，砌体主要用于承压，受压、受弯、受剪的情况很少遇到。如图 13-8 所示，砌体轴心受压时，自加载受力起，到破坏为止，大致经历三个阶段：

从开始加载到个别砖出现裂缝为第Ⅰ阶段（图 13-8*a*）。出现第一条（或第一批）裂缝时的荷载，约为破坏荷载的 0.5～0.7 倍。这一阶段的特点是：荷载如不增加，裂缝不会继续扩展或增加。继续增加荷载，砌体即进入第Ⅱ阶段。此时，随着荷载的不断增加，原有裂缝不断扩展，同时产生新的裂缝，这些裂缝彼此相连并和垂直灰缝连起来形成条缝，逐渐将砌块分裂成一个个单独的半砖小柱（图 13-8*b*）。当荷载达到破坏荷载的 0.8～0.9 倍时，如再增加荷载，裂缝将迅速扩展，单独的半砖小柱朝侧向鼓出，砌体发生明显的横向变形而处于松散状态，以致最丧失承载力而破坏（图 13-8*c*），这一阶段为第Ⅲ阶段。

(2) 影响砌体抗压强度的因素

1) 块材和砂浆的强度是影响砌体强度的重要因素，其中块

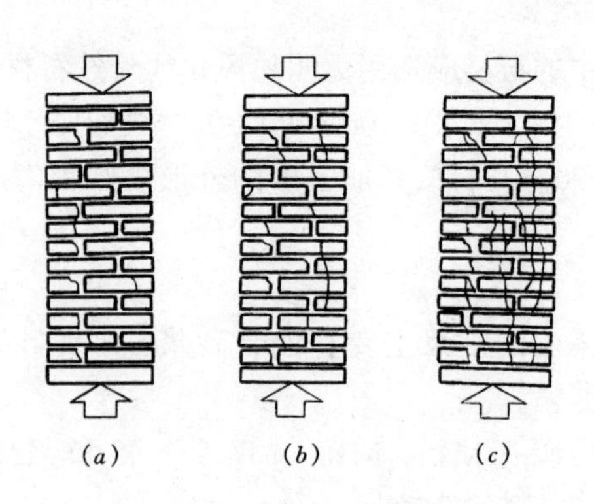

图 13-8 砌体轴心受压的破坏过程

材的强度又是最主要的因素。砂浆强度过低将加大块材与砂浆横向变形的差异，但是单纯提高砂浆强度并不能使砌体抗压强度有很大提高，因为影响砌体抗压强度的主要因素是块材的强度等级，所以采用提高砂浆强度等级来提高砌体强度的做法，不如用提高块材的强度等级更有效。

2) 块材的尺寸和形状：增加块材的厚度可提高砌体强度，因此块材厚度的提高可以增大其抗弯、抗剪能力。当采用砌块砌体时，可考虑以适当增加砌块厚度的办法来提高砌体的抗压强度。

3) 砂浆辅砌时的流动性：砂浆的流动性大，容易铺成均匀、密实的灰缝，可减少块材的弯、剪应力，因而可提高砌体的强度。但当砂浆的流动性过大时，硬化受力后的横向变形也大，砌体强度反而降低。因此砂浆除应具有符合要求的流动性外，也要有较高的密实性。

4) 砌筑质量：砌筑质量也是影响砌体抗压强度的重要因素。在砌筑质量中，水平灰缝是否均匀饱满对砌体强度的影响较大。一般要求水平灰缝的砂浆饱满度不得小于 80%。

复 习 题

1. 建筑结构所用材料不同可分为哪几种结构？

2. 钢筋和混凝土为什么能共同工作?

3. 钢筋的种类有哪些?

4. 梁的配筋有哪些?

5. 箍筋的作用是什么?

6. 钢筋混凝土受压构件的分类是什么?

7. 简述钢筋混凝土抗压破坏构件的受力过程及破坏特点。

8. 简述钢筋混凝土受压破坏构件的受力过程及破坏特点。

9. 什么叫砌体结构?

10. 砂浆的种类有哪些?

11. 试述砌体轴心受压时破坏的三个阶段。

12. 影响砌体抗压强度的因素有哪些?

十四、旋转楼梯

（一）旋转楼梯模板的制作安装

旋转楼梯一般有两种，一种是绕圆心旋转 180°即可达到一个楼层高度的楼梯称为螺旋式楼梯；另一种是大半径螺旋状梯段。由于两种楼梯的形状不同，在模板装配上计算方法也不同。

1. 螺旋式楼梯模板的计算

(1) 熟悉图纸：根据施工图列出螺旋楼梯的外圆半径 $R_{外}$ 和内圆半径 $R_{内}$，楼层的层高、踏步尺寸和平面形状，中线轴线的位置，螺旋楼梯的几何形状、标高等。

(2) 确定计算范围：计算时，可以把螺旋楼梯旋转到一定范围内的尺寸作为计算单位，图 14-1 所示为 90°范围部分。如果要求旋转 180°、270°、360°各范围的尺寸，可用 90°计算的单位尺寸分别乘以 2、3、4 即可。

(3) 计算方法：旋转楼梯的模板一般比楼梯模板复杂，它是

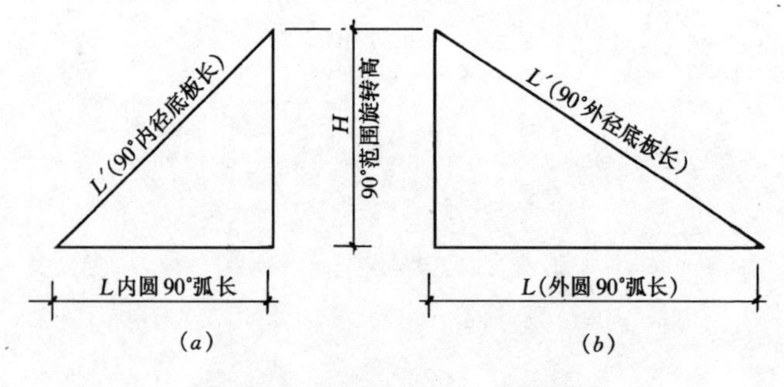

图 14-1　旋梯分解为一般楼梯

由几个曲面组成，首先将这几个曲面的外边线计算出来。

1）求出内圆、外圆水平投影在90°范围的弧长 L：设内圆半径为 $R_{内}$，外圆半径为 $R_{外}$，内、外圆水平投影在90°范围的弧长分别为 $L_{内}$、$L_{外}$

$$L_{内}=R_{内}\times3.14\div2\quad L_{外}=R_{外}\times3.14\div2$$

2）求出外圆三角及内圆三角的坡度 $=H:L$

内圆坡度=90°范围的旋转高/内圆90°范围的弧长

外圆坡度=90°范围的旋转高/外圆90°范围的弧长

内、外圆坡度的值对计算有重要作用，现称外圆坡度为系数1，内圆坡度系数为2，通过画表14-1可以得到。

楼梯楼板底板边缘的木筋不是一个简单的圆弧，木筋本身在旋转过程中垂直面还存在着一个折势，现以90°范围的弧长为一段：每段的折势尺寸可以通过查表14-1的折势系数乘以帮得到折势尺寸。

3）求出90°范围螺旋弧长所对应的半径 R_1 大，加 R_2 大 R_1 大 $=R_1\times$斜面系数，R_2 大 $=R_2\times$斜面系数

【例1】 有一旋梯，外径 $R_1=4$m，内径 $R_2=2$m 系数1=0.3、系数2=0.6求 R_1 大和 R_2 大。

【解】 （1）查表14-1斜面系数1=1.044，斜面系数2=1.1662

（2）R_1 大 $=4\times1.044=4.176$m

（3）R_2 大 $=2\times1.1662=2.33$m

（4）底板放样：按 R_1 大、R_2 大画出内外圆半径大小，如图14-3要求，然后根据实际情况查出底板的大样。根据实际操作经验，底板以2～3踏步长。

一块为最好操作。底板用窄板呈放射形铺设，如图14-4所示。边缘部分为木筋，木筋不能简单的锯成圆弧，由于旋梯底板是曲面，木筋本身垂直面存在着折势，如图14-5所示。

旋梯系数表 表 14-1

坡度系数 (H:L)	斜面系数	调整值	折势系数									
			A	B	C	D	E	F	G	H	I	J
			1/10段	2/10段	3/10段	4/10段	5/10段	6/10段	7/10段	8/10段	9/10段	1段
0.15	1.0112	0.14	0.014	0.028	0.042	0.056	0.070	0.084	0.097	0.11	0.13	0.15
0.16	1.0127	0.15	0.014	0.028	0.042	0.056	0.070	0.084	0.097	0.11	0.13	0.15
0.17	1.0143	0.16	0.015	0.030	0.045	0.060	0.075	0.090	0.105	0.120	0.145	0.17
0.18	1.0161	0.18	0.018	0.036	0.053	0.071	0.086	0.11	0.125	0.14	0.16	0.18
0.19	1.0179	0.18	0.019	0.038	0.057	0.076	0.0955	0.115	0.132	0.15	0.17	0.19
0.20	1.0198	0.19	0.020	0.040	0.060	0.079	0.10	0.12	0.14	0.16	0.18	0.20
0.21	1.0218	0.20	0.0205	0.041	0.061	0.083	0.104	0.125	0.147	0.17	0.19	0.21
0.22	1.0239	0.21	0.022	0.044	0.066	0.088	0.109	0.13	0.152	0.175	0.197	0.22
0.23	1.0261	0.22	0.023	0.045	0.067	0.09	0.114	0.137	0.158	0.18	0.205	0.23
0.24	1.0284	0.23	0.024	0.047	0.070	0.095	0.117	0.14	0.165	0.19	0.215	0.24
0.25	1.0308	0.24	0.025	0.049	0.074	0.099	0.125	0.15	0.175	0.199	0.224	0.25
0.26	1.0332	0.24	0.026	0.051	0.075	0.10	0.127	0.154	0.182	0.21	0.235	0.26
0.27	1.0358	0.26	0.027	0.053	0.080	0.106	0.133	0.16	0.187	0.214	0.244	0.27
0.28	1.0384	0.26	0.028	0.055	0.082	0.11	0.138	0.166	0.193	0.22	0.25	0.28

续表

坡度系数（$H:L$）	斜面系数	调整值	折势系数									
			A	B	C	D	E	F	G	H	I	J
			1/10段	2/10段	3/10段	4/10段	5/10段	6/10段	7/10段	8/10段	9/10段	1段
0.29	1.0412	0.28	0.029	0.057	0.084	0.113	0.141	0.17	0.20	0.23	0.26	0.29
0.30	1.0440	0.28	0.03	0.06	0.088	0.117	0.147	0.176	0.204	0.232	0.266	0.30
0.31	1.0469	0.29	0.03	0.06	0.09	0.12	0.15	0.18	0.213	0.246	0.278	0.31
0.32	1.0499	0.30	0.031	0.062	0.093	0.125	0.157	0.188	0.220	0.252	0.286	0.32
0.33	1.0530	0.31	0.032	0.064	0.096	0.128	0.161	0.194	0.228	0.261	0.296	0.33
0.34	1.0562	0.32	0.033	0.066	0.098	0.13	0.1645	0.199	0.234	0.268	0.304	0.34
0.35	1.0595	0.33	0.034	0.068	0.102	0.136	0.17	0.205	0.239	0.277	0.314	0.35
0.36	1.0628	0.33	0.035	0.069	0.104	0.139	0.174	0.21	0.245	0.284	0.322	0.36
0.37	1.0662	0.34	0.036	0.071	0.106	0.143	0.180	0.22	0.256	0.292	0.330	0.37
0.38	1.0697	0.35	0.037	0.073	0.108	0.147	0.184	0.22	0.260	0.299	0.339	0.38
0.39	1.0733	0.36	0.038	0.075	0.112	0.15	0.19	0.23	0.268	0.307	0.349	0.39
0.40	1.0770	0.37	0.038	0.076	0.114	0.154	0.195	0.233	0.274	0.315	0.357	0.40
0.41	1.0808	0.38	0.039	0.078	0.118	0.157	0.200	0.237	0.279	0.32	0.365	0.41
0.42	1.0846	0.38	0.040	0.0799	0.120	0.161	0.202	0.244	0.287	0.33	0.375	0.42

续表

坡度系数（H:L）	斜面系数	调整值	折势系数									
			A	B	C	D	E	F	G	H	I	J
			1/10段	2/10段	3/10段	4/10段	5/10段	6/10段	7/10段	8/10段	9/10段	1段
0.43	1.0885	0.39	0.0405	0.081	0.122	0.164	0.206	0.248	0.294	0.34	0.385	0.43
0.44	1.0925	0.40	0.0415	0.083	0.125	0.167	0.21	0.254	0.299	0.344	0.392	0.44
0.45	1.0966	0.41	0.0425	0.085	0.128	0.171	0.215	0.26	0.305	0.35	0.40	0.45
0.46	1.1007	0.41	0.0435	0.087	0.131	0.175	0.22	0.265	0.312	0.36	0.41	0.46
0.47	1.1049	0.42	0.044	0.088	0.133	0.178	0.223	0.27	0.32	0.37	0.42	0.47
0.48	1.1092	0.43	0.045	0.090	0.135	0.181	0.228	0.275	0.325	0.375	0.425	0.48
0.49	1.1136	0.44	0.0458	0.091	0.137	0.184	0.232	0.28	0.33	0.381	0.435	0.49
0.50	1.1180	0.44	0.047	0.093	0.140	0.188	0.237	0.286	0.337	0.389	0.444	0.50
0.51	1.1225	0.45	0.048	0.095	0.143	0.191	0.241	0.291	0.343	0.396	0.453	0.51
0.52	1.1271	0.46	0.048	0.096	0.145	0.194	0.245	0.296	0.35	0.404	0.462	0.52
0.53	1.1318	0.47	0.049	0.098	0.148	0.198	0.250	0.302	0.36	0.41	0.47	0.53
0.54	1.1365	0.47	0.050	0.100	0.15	0.201	0.254	0.307	0.364	0.42	0.48	0.54
0.55	1.1413	0.48	0.050	0.101	0.152	0.204	0.258	0.312	0.369	0.426	0.488	0.55
0.56	1.1461	0.48	0.051	0.103	0.155	0.207	0.261	0.316	0.377	0.433	0.496	0.56

续表

坡度系数（$H:L$）	斜面系数	调整值	折势系数									
			A	B	C	D	E	F	G	H	I	J
			1/10段	2/10段	3/10段	4/10段	5/10段	6/10段	7/10段	8/10段	9/10段	1段
0.57	1.1510	0.49	0.052	0.104	0.157	0.21	0.265	0.321	0.380	0.440	0.505	0.57
0.58	1.1560	0.50	0.0525	0.105	0.160	0.213	0.27	0.326	0.386	0.447	0.514	0.58
0.59	1.1611	0.51	0.0535	0.107	0.162	0.216	0.273	0.330	0.391	0.452	0.520	0.59
0.60	1.1662	0.51	0.0545	0.109	0.165	0.22	0.278	0.337	0.401	0.462	0.527	0.60
0.61	1.1714	0.52	0.055	0.11	0.167	0.223	0.281	0.34	0.404	0.469	0.539	0.61
0.62	1.1766	0.52	0.056	0.112	0.169	0.226	0.286	0.347	0.411	0.476	0.548	0.62
0.63	1.1819	0.53	0.0565	0.113	0.171	0.229	0.291	0.351	0.417	0.483	0.556	0.63
0.64	1.1873	0.54	0.0575	0.115	0.172	0.232	0.293	0.355	0.422	0.49	0.56	0.64
0.65	1.1927	0.54	0.058	0.116	0.175	0.235	0.297	0.36	0.428	0.496	0.573	0.65
0.66	1.1982	0.55	0.0585	0.117	0.177	0.238	0.301	0.365	0.429	0.504	0.582	0.66
0.67	1.2037	0.55	0.0595	0.119	0.180	0.241	0.305	0.37	0.44	0.511	0.595	0.67
0.68	1.2093	0.56	0.06	0.12	0.182	0.244	0.309	0.375	0.447	0.518	0.599	0.68
0.69	1.2149	0.56	0.0605	0.121	0.183	0.246	0.312	0.379	0.451	0.524	0.607	0.69
0.70	1.2206	0.57	0.061	0.122	0.186	0.25	0.315	0.38	0.455	0.53	0.615	0.70

续表

坡度系数（$H:L$）	斜面系数	调整值	折势系数									
			A	B	C	D	E	F	G	H	I	J
			1/10段	2/10段	3/10段	4/10段	5/10段	6/10段	7/10段	8/10段	9/10段	1段
0.71	1.2264	0.58	0.062	0.124	0.188	0.252	0.32	0.389	0.469	0.54	0.625	0.71
0.72	1.2322	0.58	0.0625	0.125	0.190	0.255	0.324	0.393	0.472	0.545	0.632	0.72
0.73	1.2381	0.59	0.0635	0.127	0.192	0.258	0.328	0.398	0.475	0.552	0.636	0.73
0.74	1.2440	0.50	0.064	0.128	0.194	0.261	0.331	0.402	0.480	0.559	0.649	0.74
0.75	1.2500	0.60	0.0645	0.129	0.196	0.263	0.334	0.406	0.485	0.565	0.657	0.75
0.76	1.2560	0.60	0.0655	0.131	0.198	0.266	0.338	0.411	0.492	0.573	0.666	0.76
0.77	1.2621	0.61	0.066	0.132	0.20	0.269	0.342	0.415	0.497	0.579	0.678	0.77
0.78	1.2682	0.61	0.0665	0.33	0.202	0.272	0.346	0.421	0.504	0.588	0.684	0.78
0.79	1.2744	0.62	0.067	0.135	0.204	0.274	0.349	0.425	0.509	0.593	0.691	0.79
0.80	1.2806	0.62	0.068	0.136	0.206	0.277	0.353	0.430	0.514	0.599	0.699	0.80
0.81	1.2869	0.63	0.0685	0.137	0.208	0.280	0.356	0.433	0.517	0.601	0.715	0.81
0.82	1.2932	0.63	0.069	0.138	0.210	0.282	0.36	0.437	0.524	0.612	0.716	0.82
0.83	1.2996	0.64	0.695	0.139	0.211	0.284	0.363	0.441	0.527	0.618	0.724	0.83
0.84	1.3060	0.64	0.0705	0.141	0.211	0.287	0.366	0.445	0.535	0.625	0.732	0.84

续表

坡度系数（$H:L$）	斜面系数	调整值	折势系数									
			A	*B*	*C*	*D*	*E*	*F*	*G*	*H*	*I*	*J*
			1/10段	2/10段	3/10段	4/10段	5/10段	6/10段	7/10段	8/10段	9/10段	1段
0.85	1.3124	0.64	0.071	0.142	0.216	0.290	0.37	0.450	0.54	0.631	0.74	0.85
0.86	1.3189	0.65	0.0715	0.143	0.2162	0.292	0.3706	0.454	0.542	0.638	0.743	0.86
0.87	1.3255	0.66	0.072	0.144	0.218	0.2943	0.3732	0.4571	0.5467	0.6436	0.7508	0.87
0.88	1.3321	0.66	0.0725	0.145	0.2199	0.2968	0.3772	0.4621	0.5524	0.6511	0.7690	0.88
0.89	1.3387	0.66	0.073	0.146	0.22	0.30	0.382	0.467	0.560	0.658	0.770	0.89
0.90	1.3454	0.67	0.0735	0.148	0.225	0.302	0.386	0.471	0.567	0.664	0.782	0.90
0.91	1.3521	0.67	0.074	0.1489	0.2254	0.3045	0.3875	0.4748	0.5688	0.6711	0.7836	0.91
0.92	1.3588	0.67	0.0746	0.150	0.228	0.3076	0.3906	0.478	0.5727	0.6756	0.7988	0.92
0.93	1.3656	0.68	0.075	0.1512	0.229	0.3111	0.3939	0.4834	0.5759	0.6847	0.8012	0.93
0.94	1.3724	0.68 0.69	0.0758	0.1524	0.2370	0.3185	0.3127	0.4877	0.5851	0.6916	0.8098	0.94

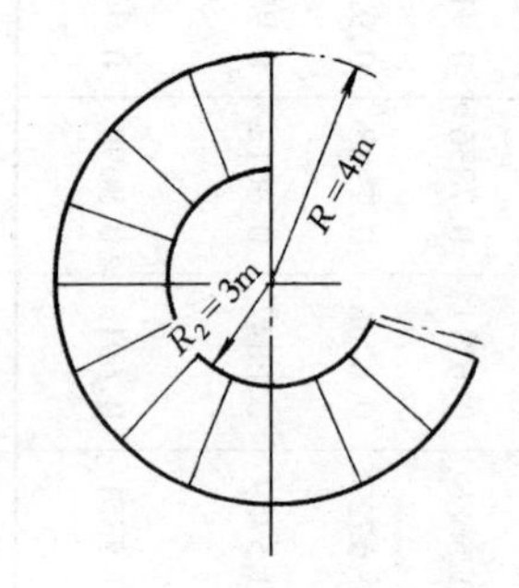

图 14-2　旋梯平面

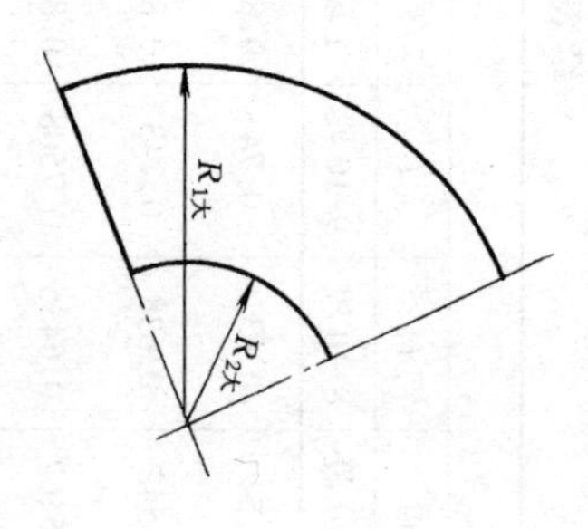

图 14-3　底板放样

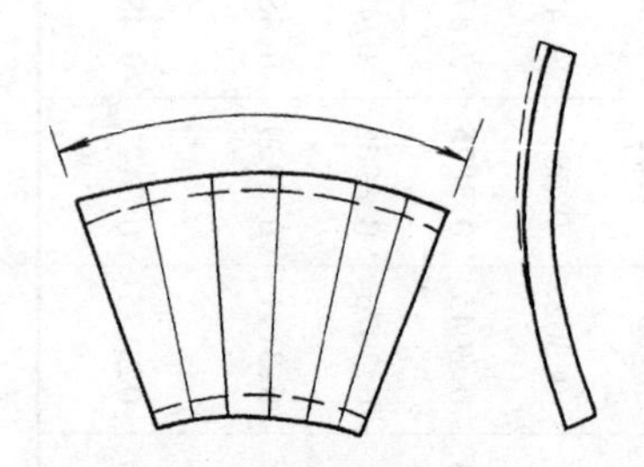

图 14-4　套底板大样

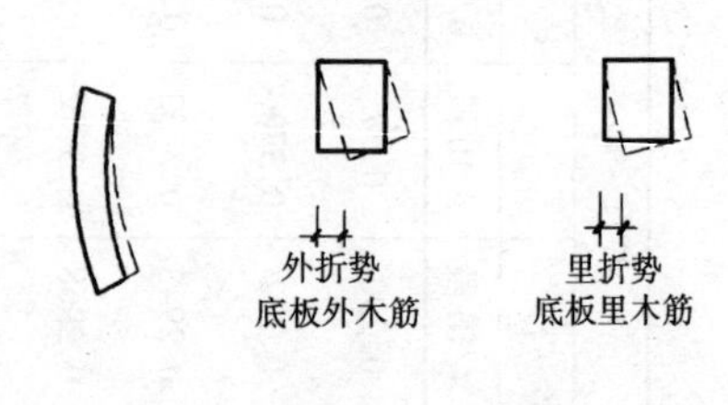

图 14-5　底板木筋折势

2. 螺旋式楼梯支模

(1) 螺旋楼梯支模

某工程为室外混凝土旋转楼梯，如图 14-6（*a*）。此楼梯盘旋绕柱而上，与砖柱结合的固定端为圈梁，楼梯踏步及栏板为旋转结构，支模时为节省螺旋圈梁、栏板耗用的木材，外模可使用镀锌铁皮，内模使用纤维板，具体做法如下：

1) 在垫层上按平面图弹出地盘线，分出台阶阶数，并标出每个台阶的累积标高如图 14-6（*b*）以及图 14-7 所示。

2）固定端圈梁底用砖按坡度砌成，砌体找坡可用 *Φ*6 钢筋焊制的坡度架控制，如图 14-8。面临柱心孔一侧用镀锌铁皮围成一个圆桶芯如图 14-9 所示，它既可当圈梁侧模，又可随着升高定位。为定位方便，可在旋转踏步起始处左侧，留一个宽

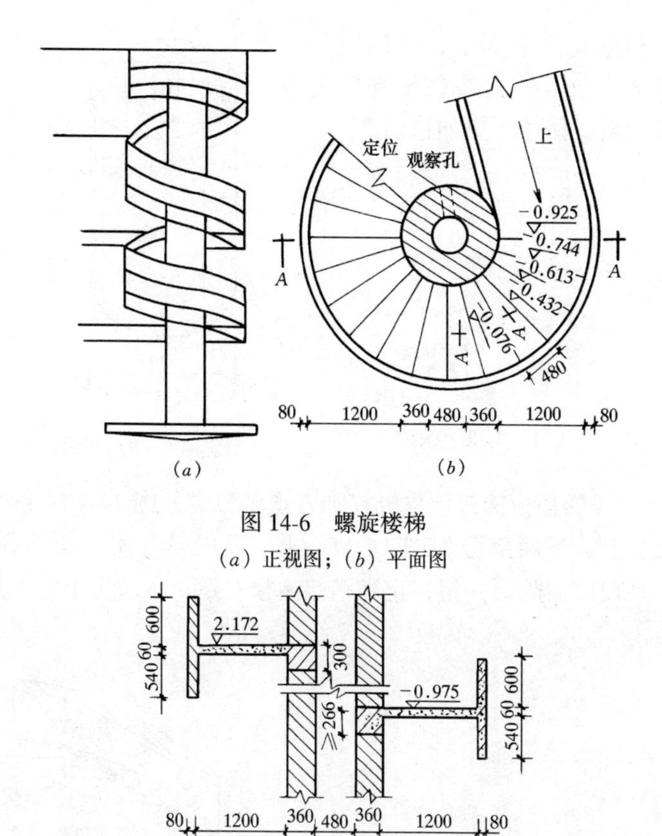

图 14-6　螺旋楼梯

(*a*) 正视图；(*b*) 平面图

图 14-7　绕独立柱旋转楼梯 *A*—*A* 剖面图

12cm，高 24cm 的观察孔，孔内安一盏工具灯，随时可校正垂球和柱孔地盘圆心柱的误差。为固定圆桶芯，可在四周挂 4Φ6 钢筋，和桶芯长度相等，避免向一侧沉。桶底座在临时插入内孔壁水平灰缝的钢筋头上，孔芯顶部定位孔可随时用轮杆控制砌体和楼梯外径尺寸，圈梁临踏步一侧用纤维板围成，分上、下两部分。做法同栏板内模一样。圈梁下四皮砖每隔一步砌入砖内一根 Φ6U 型锚环，以备加固栏板下端模板用。

3）楼梯踏步断面为齿形，可直接按图做出木模，按地盘线位置和标高由下到上，每四阶为一组依次安放，外支撑柱根部应适应向外倾斜，使楼板更加稳固。

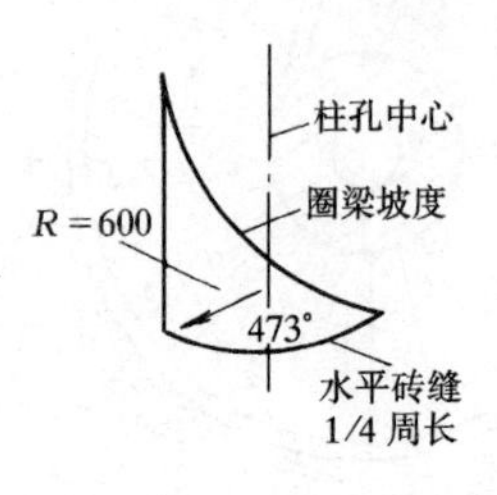

图 14-8　坡度控制架

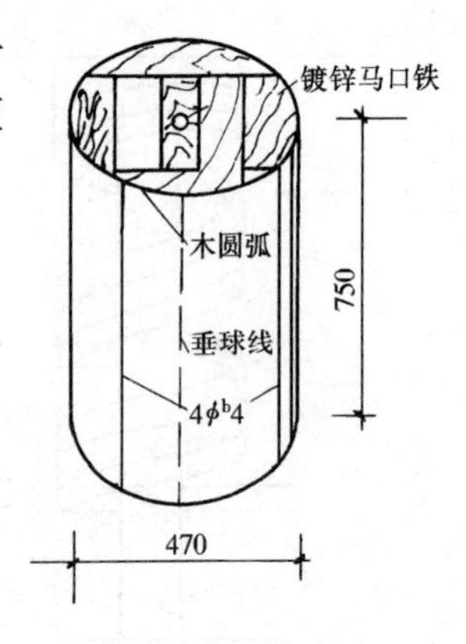

图 14-9　镀锌铁皮桶芯

4）楼梯楼板镀锌铁皮外模加三道圆弧带如图 14-10。纤维板内模分上、下两部分如图 14-11。上、下内模各用两道圆弧带。内、外模以四阶为一组，也随踏步木模一道，依次由下至上逐组安装。

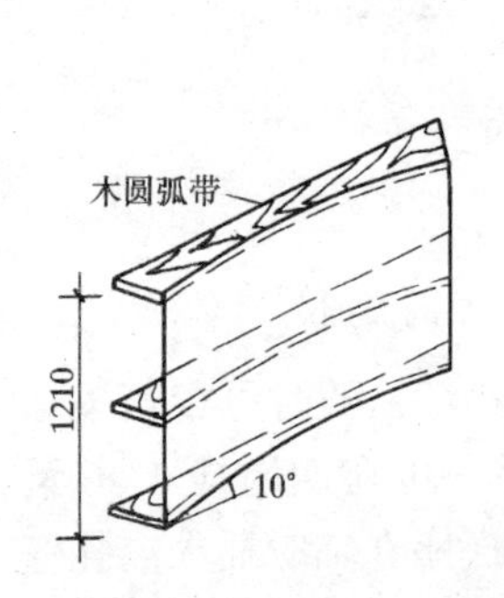

图 14-10　栏板外模圆弧带

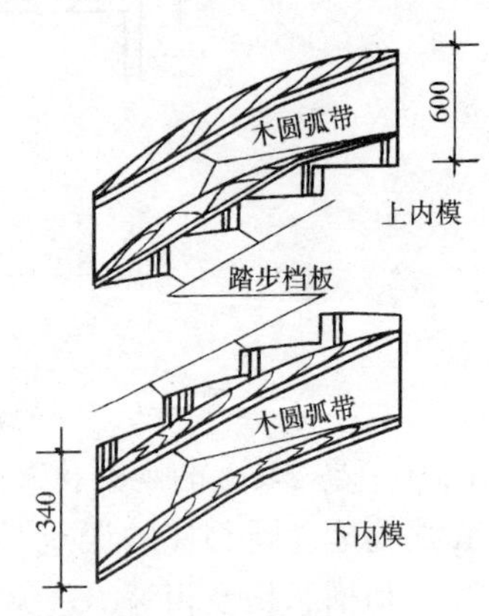

图 14-11　纤维板内模

(2) 大半径螺旋楼梯支模

图 14-12 所示为某工程大半径旋梯示意。

梯段楼板由牵杠撑、牵杠、阁栅、底板、帮板和踏步侧板等

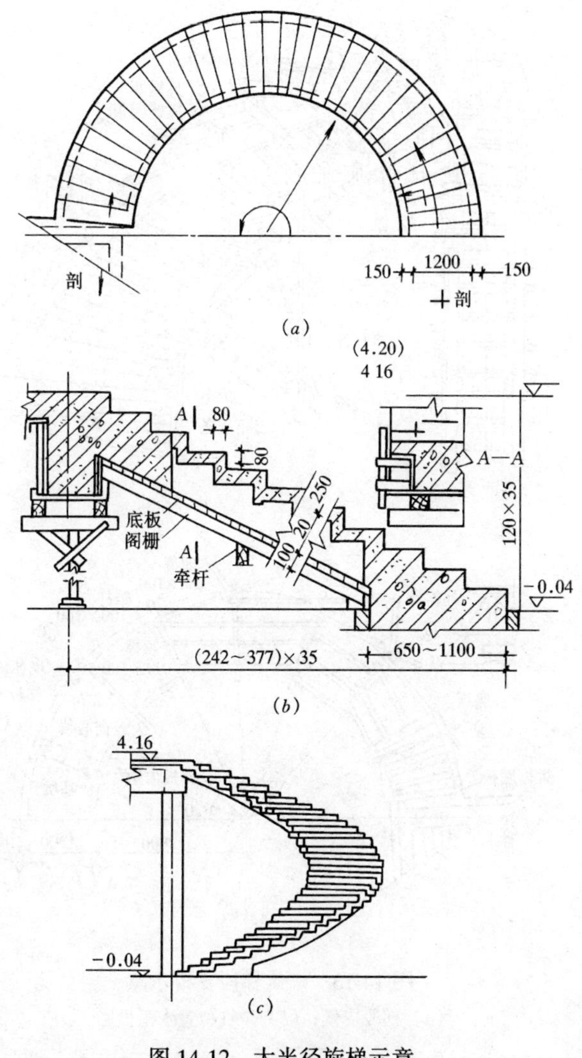

图 14-12 大半径旋梯示意

（a）平面；（b）剖面；（c）侧面

部分组成，如图 14-13 所示。

制作前，先进行计算画线或用尺放样，将所需各种基本数据计算列表，并确定支模轴线部位，具体操作步骤如下：

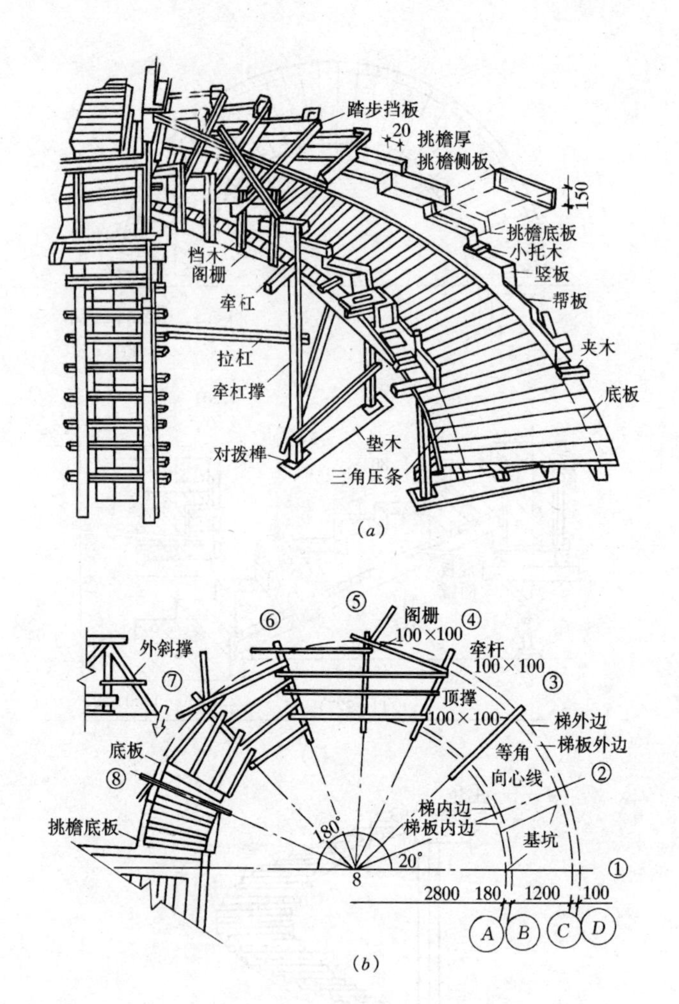

图 14-13 螺旋梯段支模示意

（*a*）梯段支模；（*b*）牵杠位置水平投影

1）放线：在梯间垫层上抹水泥砂浆找平层，把梯段各轴线和等距向心线，即牵杠位置水平投影轴线，画到找平层上，并编号标记如图 14-14 所示。

2）牵杠组合架组装：为使阁栅安装方便、标准，应将牵杠和牵杠撑组合成门式骨架，用水平撑和斜撑连接。立架时下面垫木板用楔子找距，为便于找距，其斜撑的下节点应在内牵杠和组合架就位吊正拉移后，再钉牢。组装前应做好以下两点。

A. 确定牵杠撑的高度 h：图中将设计标高 −0.04 定位支模板标高 ±0.00，那么牵杠撑的高度是牵杠的标高决定的。由于牵杠等距排列，因此相邻高差为一个常数。这个标高递增值 h 等于牵杠计算间隔数 n 除计算间隔的最高差值 hn。本例为 $hd = hn \div n = 4200 \div 8 = 525$mm：设计标高是梯板上表面，它到牵杠顶面的垂直间距 ho 等于梯板厚、底模板厚及阁栅断面高度的总和除以计算轴的余弦。因此，先将图 14-14 的各轴Ⓐ、Ⓑ、Ⓒ、Ⓓ、4 个轴所需尺寸计算并列表 14-2。

计算数据表　　　　表 14-2

轴线	半径 R	底弧长度 b	倾弧长度 c	向心轴间距	踏步宽 B	正弦 $\sin\alpha$	余弦 $\cos\alpha$
Ⓐ	2700	8482	9465	938	242	0.4437	0.8961
Ⓑ	2950	8954	9890	990	256	0.4247	0.9054
Ⓒ	4050	12723	13398	1406	364	0.3135	0.9496
Ⓓ	4200	13195	13847	1459	377	0.3033	0.9529

因此：hc Ⓑ $= (250 + 20 + 100) \div \cos\alpha$ Ⓑ $= 370 \div 0.9054 = 409$mm

hc Ⓒ $= (250 + 20 + 100) \div \cos\alpha$ Ⓒ $= 370 \div 0.9496 = 390$mm

那么，牵杠撑的长度就等于梯板上标高到找平层的垂直间距 H 减去 hc，顶撑底部垫木和楔子的高度 hx，设垫木为 60mm 厚，对拔楔接 30mm 高，$hx = 60 + 30 = 90$mm

h Ⓑ ① $= H$① $- hc$ Ⓑ $- hx = 0 - 409 - 120 - 90 = -619$mm

h Ⓒ ① = H① $- hc$ Ⓒ $- hx = 0 - 390 - 120 - 90 = -600$mm

以所得①轴线 Ⓑ 、Ⓒ 轴点计算值，弧向逐轴递加 hd，使得各顶撑长度，见表 14-3 所示。

穿杠撑计算长度统计表 **表 14-3**

<table>
<tr><th rowspan="2">纵向轴</th><th rowspan="2">递增值
h_d</th><th colspan="8">各轴点顶撑计算长度 h</th></tr>
<tr><th>①</th><th>②</th><th>③</th><th>④</th><th>⑤</th><th>⑥</th><th>⑦</th><th>⑧</th></tr>
<tr><td>Ⓑ</td><td>525</td><td>(−619)</td><td>(−94)</td><td>431</td><td>956</td><td>1481</td><td>2006</td><td>2531</td><td>3056</td></tr>
<tr><td>Ⓒ</td><td>525</td><td>(−600)</td><td>(−75)</td><td>450</td><td>975</td><td>1500</td><td>2025</td><td>2550</td><td>3075</td></tr>
</table>

B. 牵杠加工：由于顶撑按直立考虑，为保证阁栅的稳定，牵杠顶面也应做成与底板相同的斜曲面，由正弦定理可求得如图 14-14 所示的断面图中大楞顶面 B'（C'）到 B（C）的间距。

$B'B = Bo\sin\alpha$ Ⓑ $/\cos\alpha$ Ⓑ $= 100 \times 0.4247/0.9054 = 47\text{mm}$

$C'C = Bo\sin\alpha$ Ⓒ $/\cos\alpha$ Ⓒ $= 100 \times 0.3135/0.9496 = 33\text{mm}$

将所得两点 B、C 作直线并加工，便得到牵杠顶曲面。

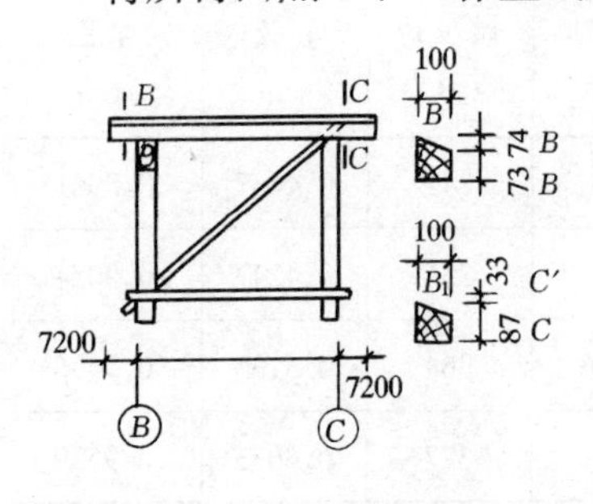

图 14-14　门式骨架

3) 阁栅：阁栅应配合牵杠组合架安装，只要把牵杠按各自位置安装妥当，阁栅安装是比较容易的。在保证底板抗弯能力的情况下，不论采取什么形式排列，阁栅的上表面基本处于同一曲面，偏差一般不超过 2mm，应注意的是，内阁栅不要与内弧轴线成弦线，即不要超出内圆，这样不致影响吊线和复线工作。

4) 底板：由于梯板底面曲率不同，因此采用 20～30mm 厚的模板容易使底板模形成适当扭曲。提高支模质量，在制作方法上有集中加楔、切向布置和扇形拼装等形式。施工中最好采用板缝全部是向心线的扇形方案。这种方案有统一尺寸和分别计算两种方法。按各块模板料宽度定矩下料的方法可节约木料，但在计算、制作和安装中，容易出差错。因此，采用各块模板的形状和尺寸统一的方法，可使计算和制作过程更加简便。

下料时，首先根据板料一般宽度确定模板大头宽度 B_D，一

般 B_D 取 200mm。那么，小头宽度，B_A 可由内外斜轴 CE 求得即：

$$B_A = B_D \cdot C Ⓐ / C Ⓓ = 200 \times 9465/13847 = 136.7 \approx 137\text{mm}$$

根据 $B_A = 137$mm，$B_D = 200$mm，在长为梯宽 1500mm 的板料两端画出大小头宽度，用墨斗弹线加工。

把各块加工好的模板小头向内钉于阁栅上，注意不要超出圈轴线，以免影响节线。底板全部钉好后，把帮板轴线Ⓑ、Ⓒ翻画在上面。

5）帮模板：由于旋转梯一般梯板较厚，设计时多将楼板宽度略小于剃度，两侧挑出适当长度的薄板梯阶，使外形更加轻盈美观。帮模板由梯板帮和踏步挑檐组成。做法如下：

A. 梯板帮：以图 14-15 所示，梯帮板宽 b_0 为：

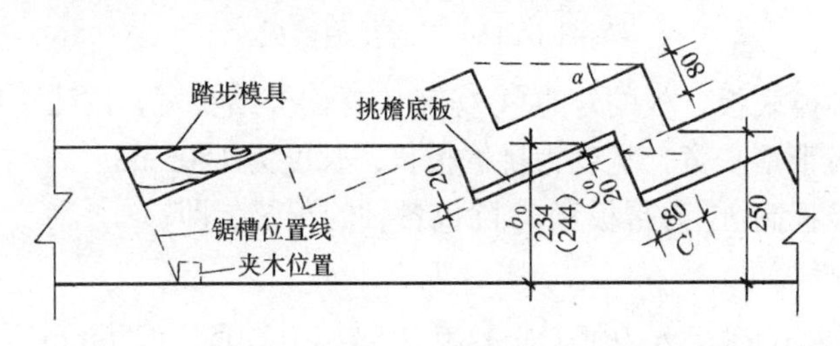

图 14-15　旋梯帮板

$$b_0 = hb - C' \times \sin\alpha + C_0 \times \cos\alpha$$

$$b_0 Ⓑ = 250 - 80 \times 0.4247 + 20 \times 0.9054 = 234\text{mm}$$

$$b_0 Ⓒ = 250 - 80 \times 0.3135 + 20 \times 0.9496 = 244\text{mm}$$

通过上面计算或放样，求出内外帮模宽度，用各轴踏步模具体画线下料，将制好的帮板进行水软和锯口处理。按图进行安装。内帮先钉夹木，再安帮板和三角压条。外帮相反，先钉三角木，最后钉夹木。当梯半径小于 2m 时，帮板不易弯曲就位，就得采用小板拼装的方法。

B. 踏步挑檐模：由底板、竖板和侧板等组成，如图 14-16 所示。挑檐板用 20mm 厚模板制作。

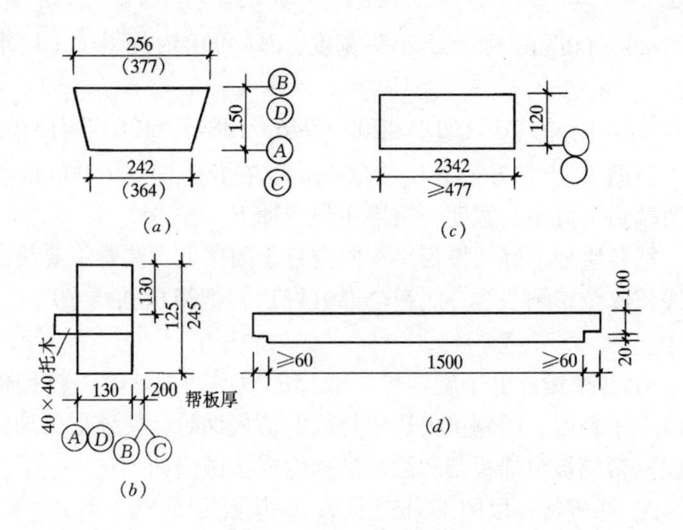

图 14-16 旋梯挑檐模板

挑檐底板，板的外边ⒶⒹ轴为梯内外踏步宽，内边ⒷⒸ轴长梯板帮踏步宽，宽度为挑檐板长，长度为150mm。

竖板高 hs 为帮板宽 b_0 除以各轴的正弦，即：

$$hs = b_0 \div \sin\alpha$$

$$hs Ⓑ = b_0 Ⓑ \div \sin\alpha Ⓑ = 234 \div 0.9054 = 258\text{mm}$$

$$hs Ⓑ = h_0 Ⓒ \div \sin\alpha Ⓒ = 244 \div 0.9496 = 257\text{mm}$$

所得值减短10～15mm，宽度为150－20＝130mm，并将底板托木预先钉好。

侧板采用小板搭接法，宽为踏步高120mm，最小长度 Lb 为踏步宽，挑梁板立面厚度及竖板厚度之和。即 $Lb \geqslant B + C1 + \delta$

$$Lb Ⓐ \geqslant 242 + 80 + 20 \geqslant 342\text{mm}$$

$$Lb Ⓓ \geqslant 377 + 80 + 20 \geqslant 477\text{mm}$$

侧板在竖板和底板安好再安装，那样比底板前端让出80mm，后端只要能搭在竖板上即可，然后用小挡木通过挡板和小夹木固定。

6）踏步挡板：用30mm厚的模板加工成宽为踏步高、长大于梯宽再加 100mm 的挡板。由于挑梁侧板比踏步面高出 20mm，因此，在中间为梯宽的两端锯高度为 20mm 的缺口，把制好的挡板固定在侧板及挡木侧面，用拉杆顶棍加固。

最后，用斜撑拉杆等把整个梯模，特别是外侧模加固稳定，然后就可检查验收。

(二) 木扶手及弯头

旋梯木扶手的计算及放样

旋梯木扶手是旋梯装饰的一个重点，建筑立面是不是美观，扶手的制作好坏很关键。下面介绍木扶手的具体做法，以图 14－17 所示为例。

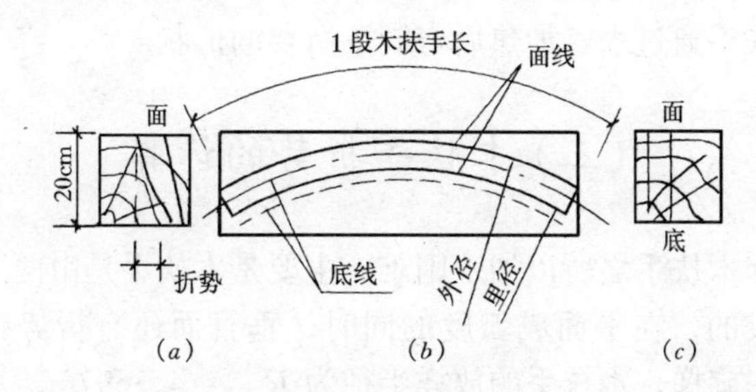

图 14-17　扶手画线示意

(1) 直径和半径的计算

直径和半径的计算，与前面介绍的旋梯模板的底板的计算基本是一样的，同样要用系数 1 或系数 2，外扶手的放样半径＝外扶手所对平面投影半径×系数 1 相对的斜面系数的平方。里扶手的放样半径＝里扶手所对平面投影半径×系数 2 相对的斜面系数的平方。斜面系数查表 14-1。

例如有一旋梯，外扶手平面投影半径为 4m，里扶手平面投影半径为 2m，外扶手的坡度系数 1＝0.3，里扶手的坡度系数 2＝0.6,分别查表 14-1，系数 1＝0.3，所对斜面系数＝1.044，系数 2＝0.6，所对斜面系数＝1.1662，外扶手的放样半径 $R_{大1}$

$=4\times1.044^2=4.36m$，里扶手的放样半径 $R_{大2}=2\times1.1662^2=2.72m$

(2) 螺旋扶手长度的计算

由于螺旋扶手是弧线状态，计算扶手的长度就是计算扶手的弧长，在平面投影圆 90°的范围内，外扶手的长度 = 放样半径 $R_{大1}\times\pi/2$ 里扶手的长度 = 放样半径 $R_{大2}\times\pi/2$

扶手的长度也可以通过放样，套出样板，根据样板再进行下料。

木扶手的制作有两种方法：一种方法是将木扶手分成若干个段。每段用样板画线用锯在方木上锯成与样板一样的各段扶手，再进行连接安装。在分段时，原则上每段木扶手料越长越好，但木纹要顺，用斜木纹制作会引起开裂，影响工程质量。另一方法是将木扶手通过水置加热后弯制成所要的形状。

（三）木扶手折势的计算

旋梯木扶手之所以加工困难，主要是木扶手是由两条不同的曲线组成的，在平面成弧度的同时，垂直面还有折势存在。例如，有一旋梯，木扶手的放样半径为 $R_{大1}=4.3597m$，水平投影半径为 4m，坡度系数 1 = 0.3，扶手断面为 200mm×50mm，在 90°范围内将扶手分为 5 段制作，求 90°范围内木扶手的折势是多少？每段扶手的折势是多少？

【解】 1）求 90°范围内木扶手折势

查表 14-1，坡度系数 1 = 0.3 所对的折势系数为 0.3，扶手折势 = 折势系数×扶手高 = 0.3×200mm = 60mm

2）求每段的木扶手折势

由于在 90°范围内分为 5 段，查表 14-1 的每段折势系数分别为所对应的是 2/10 段、4/10 段、6/10 段、8/10 管、10/10 段，坡度系数 1 = 0.3 所对应的值。

第一段为表 14-1 的 2/10 段的系数 = 0.06，第一段扶手的折

势 $=0.06\times200=12$mm。

第二段为 $D-B=0.117-0.006=0.056$

第二段扶手的折势 $=0.056\times200=11.2$mm

第三段为 $F-D=0.176-0.117=0.059$

第三段扶手的折势 $=0.059\times200=11.8$mm

第四段为 $H-F=0.232-0.176=0.056$

第四段扶手的折势 $=0.056\times200=11.2$mm

第五段为 $J-H=0.3-0.232=0.068$

第五段扶手的折势 $=0.068\times200=15.2$mm。

3）放样制作木扶手

求出每段扶手的尺寸，以半径 4.3597m 分别加上和减去 25mm，画出木扶手里、外弧线。根据计算出的折势数值，由放样半径减去折势尺寸，以减去折势数值的半径画出木扶手的底线，按照上线和底线的最外边线下料得到木扶手的粗坯，然后经过细作，安装就得到木扶手的成品了。

楼梯木扶手弯头的制作

楼梯木扶手弯头的各部位尺寸，是依据楼梯坡度和休息平台栏板的坡度，以及扶手断面的大小来确定。

一般情况下，由于支模浇筑混凝土的偏差，或安装栏板的误差，坡度不易准确，径上也不统一，因此，木扶手弯头不宜统一制作，应因地制宜，就地制作就地安装。无论就地制作或是统一加工，木弯头各部位尺寸的大小，仅依据楼梯坡度，扶手断面大小而定。

楼梯井宽度较大时，休息平台上有一段直扶手，弯头被分成两部分制作，比较简单，这里就不介绍了。下面介绍的是当楼梯井宽度在 200mm 内时，木扶手弯头为 180°的急转弯的做法。

如何确定楼梯坡度和平台栏板坡度呢？一个踏步的高度即为该楼梯的坡度，栏板两端距平台的高度差，与平台栏板的水平长度之比，即为该栏板的坡度，画线时只用高差，不必计算坡度。

设有一楼梯，楼梯坡度为 50%，休息平台栏板两端高差为

20mm，楼梯井宽为 20mm，木扶手断面宽为 80mm，高为 60mm，扶手弯头接头长度为 50mm，试计算木扶手弯头的下料尺寸。

弯头长度 $L=200+80\times2=360\text{mm}$

弯头宽度 $b=80+50=130\text{mm}$

弯头高度 $h=60+20+2\times（50\times50\%）=130\text{mm}$

得出弯头下料尺寸为 $=360\text{mm}\times130\text{mm}\times130\text{mm}$

计算出下料尺寸后，即可进行选料，将料加工成方正的净料，加工时除用接头同直扶手接触面需刨光外，其余正面均可不刨光，只要加工方正，即可画线，画线的步骤如图 14-18 所示

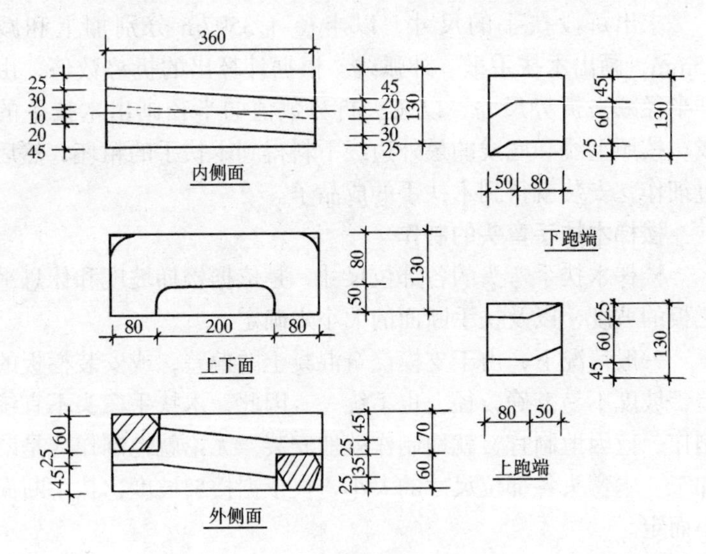

图 14-18　扶梯弯头画线图

（1）画内侧面：为靠休息平台一侧的立面。如果平台栏板水平，即坡度为零。可以比画中线为轴，上、下各等分地画出扶手高度。如果平台栏板有坡度，应以中轴线上、下各等分坡度高差，画出木扶手弯头高度。

（2）画上、下两断面：上跑梯段应根据内侧面上，梯段应根

据内侧面上跑端的终点线和楼梯扶手接头长度乘坡度值往上画。下跑梯段应根据下跑端终点线和接头长度乘坡度值往下画，两端都要画出扶手高度。

(3) 画外侧面：即楼梯井一侧立面，根据上、下端面线画出扶手断面，然后按接头长度乘楼梯坡度值，下跑端往上画，上跑端往下画，按扶手高度连接上、下线，即得到外侧面图。

(4) 画上、下面：两面都必须画出扶手宽度、拐弯等。注意画这两面时，拐弯处均必须画成弧度，不能拐直角。

画线结束后，还应仔细检查一遍，看六面线是否都相互咬合，才可动手加工。

加工的方法是先用锯按外侧面及上、下面线锯主拐弯处，按上、下线砍成毛坯，再用小圆刨修刨光，随修随试按，到合适为止。然后按上、下跑端线，锯成代坡度断面，修刨到完全吻合为止，最后用螺丝将扶手和弯头连接在铁件上，或用其他榫接等方法进行连接。

加工的要领是在弯头最后加工成型之前，必须留下六个面的痕迹，以便于修正检查，只要计算准确，画线细致，制作安装的效果是比较理想的。

复 习 题

1. 怎样计算螺旋楼梯底板内圆、外圆水平投影弧长 L 及坡度?

2. 试述螺旋楼梯模板安装施工方法。

3. 什么是旋转楼梯板安装的折势? 怎样进行计算? 对模板安装有什么影响?

4. 怎样计算大半径螺旋楼梯模板牵杠撑的长度 h?

5. 怎样计算旋梯扶手的弧长? 折势?

6. 试述旋梯扶手的放样步骤。

7. 楼梯木扶手的弯头制作怎样画线?

附　录

木工技能鉴定习题集

第一章　初级木工

一、理论部分

（一）是非题（对的为“√”，错的为“×”）

1. 对于同一构件，用1∶20的比例画出的图形比用1∶50的比例画出的图形要大。（√）

2. 对于同一构件，用1∶20的比例画出的图形比用1∶10的比例画出的图形要大。（×）

3. 用1∶2比例画出的图，叫做缩小比例的图形，用2∶1比例画出的图，叫做扩大比例的图形。（√）

4. 用1∶50比例画出的图，实际长为2500mm，图形线长50mm。（√）

5. 同一个图形，在特殊情况下，可以用两种比例，但必须详细注明尺寸。（√）

6. 在法定计量单位中，力的单位名称可以用重量的单位名称。（×）

7. 1英寸为25.4毫米。（√）

8. 1市尺为0.3米。（×）

9. 10英寸为1英尺。（×）

10. 1立方米为1000公升。（√）

11. 胶合板的层数可以是双数，也可以是单数，可根据市场上的情况选购不同的品种。（×）

12. 灰板条的种类可以随便选择，价格经济的树种均可用来制作。（×）

13. 胶合板没有干缩湿胀的性质，故不用湿水就可直接铺钉于面层。（√）

14. 木质纤维板由于木纤维分布均匀，故不会出现干缩湿胀的现象，

不用湿水，可直接铺钉于面层。(×)

15. 凡是三夹板，都是不耐水的，凡是五夹板以上的胶合板，都是耐水的。(×)

16. 圆钉按其直径分为标准型和重型两种，重型的钉比标准型要粗一点。(√)

17. 木螺钉的公称长度 L 是指能进入木材中的深度，所以相同公称长度的沉头与圆头的螺钉是一样的。(×)

18. 粗制螺栓都是粗牙螺纹，精制螺栓都是细牙螺纹。(×)

19. 粗制螺栓应配套用粗制螺母，精制螺栓应配套用精制螺母，不可相互代替。(√)

20. 平垫圈与弹簧垫圈的作用是不相同的，平垫圈是增加紧固力，防止松动，弹簧垫圈是增加接触面积，防止滑动。(×)

21. 顺纹锯割，因木纤维阻力小，故锯齿形状成 80°。(√)

22. 横纹锯割，因木纤维阻力大，故锯齿形状成 90°。(√)

23. 锯路（料路）一般有一料路、二料路、三料路、四料路等数种。(×)

24. 锯路（料路）的路度越宽，则锯割时越省力，但速度也越慢。(×)

25. 锯路（料路）的总宽度一般为锯条厚度的 2.6 至 3 倍。(√)

26. 制作木构件的榫接时，应该注意凿眼与开榫的配合，可采用凿不留线锯留线，合在一起整一线。(√)

27. 制作木构件的榫接时，应该注意凿眼与开榫的配合，可采用凿半线留半线，合在一起整一线。(√)

28. 制作木构件的榫接时，应该注意凿眼与开榫的配合，可采用锯不留线凿留线，合在一起整一线。(√)

29. 制作木构件的榫接时，应该注意凿眼与开榫的配合，可采用凿留一线，锯留半线，结合牢固无人厌。(×)

30. 制作木构件的榫接时，应注意凿眼与开榫的配合，可采用凿留半线锯留一线，结合牢固无人厌。(×)

31. 圆锯片锯齿形状与锯割木材材质的软硬、进料速度、光洁度及纵割或横割等因素有密切关系。(√)

32. 圆锯片锯齿形状与锯割木材材质的软硬、光洁度以及纵或横割等因素有关，但对进料速度无关。(×)

33. 圆锯片锯齿的尖角角度越大，则锯割能力较大，越适应于横锯硬质木材。(×)

34. 为了加强安全操作，在平刨车上木材刨制加工时，应扎紧衣袖，戴好手套。(√)

35. 一般的压刨机，木板的上、下两面可以通过二次刨削而制得平整合格的产品。(×)

36. 为了以防浇捣混凝土时漏浆，直接与混凝土接触的模板应该用干燥的木材做成。(×)

37. 木板的干缩与湿胀，容易出现翘曲变形，从而影响了混凝土的质量，故于混凝土接触的模板，单块宽度以不超过 200mm 为宜。(×)

38. 拼制模板的木板，应将板的侧边找平刨直，并尽可能做成高低缝，使接缝严密，防止跑浆。(√)

39. 用木档拼钉模板时，木板的接头要错开位置，并要接在木档处。(√)

40. 用木档拼钉模板时，在每块板的横档上至少钉 4 个钉子，并注意钉子的朝向。(×)

41. 采用顶撑支模时，顶撑下应设置垫板，并在垫板和顶撑之间加对拔榫（木楔）。(√)

42. 采用木行架支模时，木行架的两端要放稳，并使垂直。为了加强强度，木行架中间可加设若干支撑，并在木行架之间设拉结条。(×)

43. 梁底顶撑（琵琶撑）的琵琶头长度是由梁的宽度而定。(×)

44. 矩形柱木模板由柱头板与门子板组成，一般短边方向为柱头板，长边方向为门子板。(√)

45. 柱模的柱头板顶部，应该按照梁的部位及截面尺寸留出缺口。(√)

46. 用搁栅架空的地板，叫做空铺木地板。(√)

47. 实铺木地板是指直接粘贴在混凝土地面上的地板。(×)

48. 一定要钉一层毛地板，才可做硬木拼花地板。(×)

49. 为了防止架空木地板的腐烂变质，一定要做好防潮通风的技术措施。(√)

50. 空铺木地板的沿椽木，一定要做浸刷沥青等防腐处理。(√)

51. 安装窗帘盒（箱）时，其下口不应低于窗扇上冒头边线，以确保采光面积。(√)

52. 贴脸板的主要作用主要是盖住门窗框与抹灰之间的缝隙。(√)

53. 木门框与踏脚板之间的墩子线，可以省去不做。(×)

54. 木工配料时，必须认真合理选用木材，避免大材小用、长材短用、优材劣用的现象出现。(√)

55. 把圆木锯割成方木时，如稍径较大，常采取破心下料，这样因切向、径向收缩率不同而产生的裂缝就较小。(√)

56. 圆木锯成板材时，应注意年轮分布情况，使一块板材中的年轮疏密一致，以免发生变形。(√)

57. 木材刨光消耗量：单面刨光为 1～1.5mm，双面刨光为 2～3mm，料长 2m 以上，应再加大 1mm。(√)

58. 木材锯割配料时，应考虑锯缝消耗量：大锯为 4mm，中锯为 2～3mm，细锯为 1.5～2mm。(√)

59. 用斧砍削的操作中，如节子在板材中心时，应从节子的两边砍削。(×)

60. 用斧砍削的操作中，如节子在方料的一面时，应从双面砍削。(√)

61. 使用框锯进行圆弧锯割操作时，锯条应该垂直于工件面。(√)

62. 使用平刨在刨削操作中，刨身不论是向前或向后运动，都应紧贴工件面。(×)

63. 使用凿进行凿眼操作中，为了出屑方便，凿可以左右摆动和前后摇动。(×)

64. 使用螺旋钻进行钻孔操作时，应双面钻，以防损坏工件表面的光洁度。(√)

65. 乳胶又叫白乳胶，即聚醋酸乙烯乳液树脂胶，它粘着力强，不怕低温。(×)

66. 乳胶又叫白乳胶，即聚醋酸乙烯乳液树脂胶，它活性时间长，使用方便，抗菌性能好。(√)

67. 乳胶又叫白乳胶，它使用方便，粘结速度快，一般经过 1h 左右已经硬化。(×)

68. 乳胶又叫白乳胶，使用方便，胶液过浓，可以任意加水后拌匀使用。(×)

69. 乳胶又叫白乳胶，是一种动物性胶水，采用动物的乳汁制作。(×)

70. 杯形基础实际上是独立基础之中的一种形式。(√)

71. 装配式的单层工业厂房的基础梁，一般摆置在杯上的边上，其顶面都低于室内地坪 50mm。(√)

72. 预制柱的牛腿，用来支承吊车梁和连条梁，可以用钢筋混凝土制作，也可以用钢制作。(√)

73. 位于单层厂房山墙面的柱，不和屋架直接连接的柱，叫做抗风柱，用于承受墙面上的风荷载。(√)

74. 凡设在吊车梁以上的柱间支撑叫上柱支撑，凡设在吊车梁以下的柱间支撑叫下柱支撑。(√)

75. 凡屋面防水层采用卷材制作，称为刚性防水层，能适应于屋面的微小变形。(×)

76. 凡屋面防水层采用细石混凝土、防水砂浆等材料作成的，称为刚性防水层，把屋面形成一个整体。(√)

77. 采用天沟、落水管将雨水汇集到一定地方排到地面，叫做有组织排水。(√)

78. 屋面的保温层一定做在防水层下面，而隔热架空层一定做在防水层上面。(×)

79. 二毡三油防水层上撒绿豆砂，主要是改变沥青的颜色，以改变屋面的景观的。(×)

80. 心材由于生长年久，故坚硬，比边材好。(×)

81. 边材由于含水率大，故干缩性大。(√)

82. 早材材质松软，颜色较淡。(√)

83. 晚材材质致密、坚硬，颜色较深。(√)

84. 在年轮中，晚材所占的比例越大，则强度越大。(√)

85. 木材的活节，与周围木材全部紧密相连，质地坚硬，而对木材的强度无影响。(×)

86. 由于节子本身质地坚硬，其硬度较周围木材大 1～1.5 倍，因而增大了木材的强度。(×)

87. 在受弯构件中，木材表面可允许有小型的活节，但应放置在受压部位。(√)

88. 在受弯构件中，木材表面可以允许有小型的活节，但应放置在受拉部位。(×)

89. 木材的裂纹按存在形式分为径裂、轮裂两大类，并且都是由于干

缩而引起的。(√)

90. 绝对标高是以我国黄海海面的平均高度为零而取量的。(√)

91. 相对标高一般是以建筑物相对于首层室内地坪为零而取量的。(√)

92. 相对标高是以建筑物相对于基础底面为零而取量的。(×)

93. 图纸上指北针的箭头指的是北向，而箭尾为南向。(√)

94. 图纸上指北针的箭头指的是南向，而箭尾为北向。(×)

95. 由国家、地方或设计单位统一绘制的具有通用性的图纸才可称为标准图。(√)

96. 只有国家统一绘制的具有通用性的图纸才可称为标准图。(×)

97. 只有设计单位绘制的具有通用性的图纸才可称为标准图。(×)

98. 标准图是指梁、板、门窗等构配件的图纸。(×)

99. 标准做法的图纸叫标准图。(×)

100. 建筑立面图是室外朝墙面看的投影图。(√)

101. 建筑立面图是室内朝墙面看的投影图。(×)

102. 建筑正立面图就是南立面图，而侧立面图就是东或西立面图。(×)

103. 从建筑立面图上窗的垂直排列情况，一般可以确定建筑物地上层数。(√)

104. 通过立面图与平面图的综合与对照，可以了解外墙面上的门窗型号和位置。(√)

105. 楼梯图一般有平面图、剖面图、详图三部分所组成。(√)

106. 一般楼梯平面图有底层平面图、标准层平面图、顶层平面图三种。(√)

107. 休息平台的宽度一般与楼梯的宽度相近。(√)

108. 楼梯栏杆的高是指踏步宽面的中心点到栏杆面的垂直距离。(√)

109. 楼梯的结构标高加上面层装修厚度则成为楼梯的建筑标高。(√)

110. 在相同的地基上，垫层的厚度越厚，则承受力越大。(×)

111. 在相同的地基上，垫层的宽度越大，则承受力越大。(×)

112. 在相同的地基上，基础的底面积越大，则承受力越大。(×)

113. 凡受刚性角限制的基础，当基础底面上的宽度越大，则埋置深度也越大。(√)

114. 在摩擦桩中，桩的长度越大，则承受力越大。(√)

115. 楼层结构平面图主要反映了楼层的梁板等构件的布置情况。(√)

116. 圈梁与过梁的作用相同，所以有时圈梁代替过梁，而不设过梁。(×)

117. 雨篷板中的受力钢筋，应位于板的上沿，以防断裂。(√)

118. 楼层结构平面图中的板面标高，一般比相应层次的建筑平面图的板面标高低。(√)

119. 预制空心板的长边部不应搁在墙上，以除受力复杂面出现裂缝。(√)

120. 基础施工图一般由基础平面图、基础详图、文字说明三部分内容所组成。(√)

121. 基础详图一般以剖面图的形式来表示，并标以相应的图例。(√)

122. 基础梁的水平位置可以从平面图中查得，基础梁的大小和垂直位置可以从详图中查得。(√)

123. 为了防潮气上升，不管何种基础墙，均应做防潮带。(×)

124. 凡是基础梁，基底下都应夯实填密，以增加受力能力。(×)

125. 硬木地板一定要铺设在毛地板上，以确保质量。(×)

126. 房间的地面一般由面层、垫层、基层组成。(√)

127. 楼地面名称是以其面层的材料和施工方式共同命名的，如拼花木地板，现浇细石混凝土地面等。(√)

128. 现浇整体式楼面结构层，主要为有梁板和无梁板两种。(×)

(二) 选择题 (正确答案的序号在各题横线上)

1. 根据以下的木材截面尺寸，指出薄板为：<u>A</u>。

A. 10mm×80mm　　B. 20mm×240mm

C. 50mm×50mm　　D. 50mm×240mm

2. 根据以下的木材截面尺寸，指出中板为：<u>B</u>。

A. 10mm×150mm　　B. 25mm×240mm

C. 50mm×100mm　　D. 75mm×100mm

3. 根据以下木材截面尺寸，指出小方为：<u>C</u>。

A. 10mm×50mm　　B. 30mm×100mm

C. 30mm×30mm　　D. 80mm×80mm

4. 根据以下的木材截面尺寸，指出中方为：<u>A</u>。

A. 80mm×80mm　　B. 80mm×300mm

C. 100mm×150mm　　D. 100mm×300mm

5. 根据以下木材截面尺寸，指出大方为：__B__。

A.100mm×100mm　　B.150mm×150mm

C.150mm×240mm　　D.300mm×300mm

6. 安装450×600的玻璃窗扇，采用普通铰链规格为：__B__。

A.25mm配12mm木螺钉　　B.50mm配18mm木螺钉

C.75mm配30mm木螺钉　　D.100mm配50mm木螺钉

7. 安装500×1250的玻璃窗扇，采用普通铰链规格为：__C__。

A.50mm配18mm木螺钉　　B.75mm配20mm木螺钉

C.75mm配30mm木螺钉　　D.100mm配35mm木螺钉

8. 安装一般的门窗，采用铰链规格：__D__。

A.75mm配30mm木螺钉　　B.75mm配35mm木螺钉

C.100mm配30mm木螺钉　　D.100mm配35mm木螺钉

9. 安装宽度较大的门扇，采用铰链规格为：__C__。

A.100mm配35mm木螺钉　　B.100mm配50mm木螺钉

C.150mm配50mm木螺钉　　D.150mm配35mm木螺钉

10. 安装600×1500的纱窗扇，采用铰链规格为：__B__。

A.50mm配18mm木螺钉　　B.75mm配30mm木螺钉

C.75mm配50mm木螺钉　　D.100mm配35mm木螺钉

11. 普通木工刨的刨刀，它的锋利和迟钝以及磨后使用是否长久，与刃锋的角度大小有关，一般刨刃，它的角度为：__A__。

A.25°　B.35°　C.30°　D.20°

12. 普通木工刨的刨刀，它的锋利和迟钝以及磨后使用是否长久，与刃锋的角度大小有关，刨削硬木的刨刃，它的角度为：__B__。

A.25°　B.35°　C.30°　D.20°

13. 普通木工刨的刨刀，它的锋利和迟钝以及磨后使用是否长久，与刃锋的角度大小有关，粗刨刨刃，它的角度为：__C__。

A.25°　B.35°　C.30°　D.20°

14. 普通木工刨的刨刀，它的锋利和迟钝以及磨后使用是否长久，与刃锋的角度大小有关，细刨刨刃，它的角度为：__D__。

A.25°　B.35°　C.30°　D.20°

15. 刨的刨刃平面应磨成一定的形状，即形成__A__为正确。

A. 直线形　　B. 凹线圆弧形

C. 凸线圆弧形　　D. 斜线形

16. 燕尾榫比较牢固，榫肩的倾斜度不得大于__A__，否则容易发生剪切破坏。

A. 15° B. 25° C. 35° D. 45°

17. 榫眼的宽度不宜大于构件宽度的__B__，否则容易发生构件断裂的现象。

A. 1/4 B. 1/3 C. 1/2 D. 3/4

18. 榫头的宽度，不宜小于构件宽度的__B__，否则容易发生构件断裂的现象。

A. 1/5 B. 1/4 C. 1/3 D. 1/2

19. 当把两块厚50mm小方作单剪连接时，应该采用长为__C__mm的圆钉。

A. 50 B. 70 C. 100 D. 150

20. 钢模板代号P3015中，__D__表示平面模板的长度。

A. P B. 30 C. 01 D. 15

21. 钢模板代号P3015中，__B__表示平面模板的宽度。

A. P B. 30 C. 01 D. 15

22. 钢模板代号Y1015中，__D__表示阳角模板的长度。

A. Y B. 10 C. 01 D. 15

23. 钢模板代号E1015中，__D__表示阴角模板的长度。

A. E B. 10 C. 01 D. 15

24. 钢模板代号J0015中，__D__表示P连接角模的长度。

A. J B. J00 C. 0015 D. 15

25. 木门扇的锁，一般安装高度为__B__mm。

A. 800～900 B. 900～950

C. 950～1000 D. 100～1100

26. 木门扇的铰链距离扇顶边为__C__mm。

A. 150～160 B. 160～175

C. 175～180 D. 180～185

27. 木门扇的下铰链离底为__D__mm。

A. 175～180 B. 180～190

C. 190～195 D. 195～200

28. 一般木门窗扇的垂直风缝为__B__mm。

A. 1～2 B. 1.5～2.5

C.2～3.0　　　　　　　　D.2.5～3

29. 一般木门扇的下风缝（门扇与地面之间）为＿D＿mm。

A.2　B.4　C.6　D.8

30. 在灰板条平顶的铺订板条中，板条接头应在吊筋搁栅上，不应悬空，在同一线上每段接头长度不宜超过＿C＿mm，同时必须错开。

A.300　B.400　C.500　D.600

31. 在灰板条平顶的铺订板条中，板条接头一般应留 3～5mm 的缝隙，板条间的缝隙一般为＿C＿mm。

A.3～5　B.5～7　C.7～10　D.10～20

32. 采用清水板条吊顶时，板条必须＿A＿。

A. 三面刨光，断面规格一致

B. 一面刨光，断面规格一致

C. 一面刨光　　　　　　D. 断面规格一致

33. 用纤维质板吊顶时，宜＿D＿装订。

A. 裁成小块　　　　　　B. 湿水后

C. 大张　　　　　　　　D. 裁成小块，湿水后

34. 在吊置平顶搁栅时，沿墙平顶筋＿B＿。

A. 按图纸注明设置　　　B. 四周都要设置

C. 有时可设，有时可不设　D. 四周都不必设置

35. 当外墙面的窗板向里开窗时，窗上结构应做防水处理，其方法为＿C＿。

A. 固定不开　　　　　　B. 百叶窗

C. 披水板与出水槽（孔）　D. 设窗帘

36. 木门框的上帽头与门框挺的连接，常用＿C＿。

A. 单榫　B. 双榫　C. 双夹榫　D. 燕尾榫

37. 木门扇的中帽头与挺的连接，常用＿B＿。

A. 单榫　B. 双榫　C. 双夹榫　D. 燕尾榫

38. 木门扇的下帽头与挺的连接，常用＿B＿。

A. 单榫　B. 双榫　C. 双夹榫　D. 燕尾榫

39. 木门框的中贯挡与框子挺的结合常用＿C＿。

A. 单榫　B. 双榫　C. 双夹榫　D. 燕尾榫

40. 在校正一直线形系列柱模板时，程序是＿D＿。

A. 从右端第一根起，逐根拉线进行

B. 从左端第一根起，逐根拉线进行

C. 从中间一根起，逐根拉线进行

D. 先校正左右两端的端柱，再拉统线进行

41. 在校正一系列成直线形排列的独立基础模板时，程序是__D__。

A. 从右端第一根起，逐根拉线进行

B. 从左端第一根起，逐根拉线进行

C. 从中间一根起，逐根拉线进行

D. 先校正左右两端的端基础，再拉统线进行

42. 在校正一系列成直线排列的杯芯模时，其程序是D。

A. 从右端第一根起，逐根拉线进行

B. 从左端第一根起，逐根拉线进行

C. 从中间一根起，逐根拉线进行

D. 先校正左右两端的端基础，再拉统线进行

43. 在校正成直线形的梁侧模板时，其程序为__D__。

A. 从右端第一根起，逐根拉线进行

B. 从左端第一根起，逐根拉线进行

C. 从中间一根起，逐根拉线进行

D. 先校正左右两端的端部，再拉统线进行

44. 在安装成直线形排列的柱帽模板时，其安装程序为__D__。

A. 从右端第一根起，逐根拉线进行

B. 从左端第一根起，逐根拉线进行

C. 从中间一根起，逐根拉线进行

D. 先校正左右两端的端基础，再拉统线进行

45. 柱模板的安装程序为__B__。

A. 放线，定位→组装模板→校正→设箍→设支撑

B. 放线，定位→组装模板→设箍→校正→设支撑

C. 放线，定位→组装模板→设箍→设支撑→校正

D. 组装模板→放线定位→校正→设箍→设支撑

46. 梁模板的安装顺序为__A__。

A. 底模架设→底模校正→组装侧模→侧模校正→设支撑

B. 底模架设→组装侧模→校正→设支撑

C. 底模架设→底模校正→组装侧模→设支撑→侧模校正

D. 底模架设→组装侧模→设支撑→校正

47. 杯形基础的模板安装顺序为__A__。

A. 放线定位→安装下侧模→架设上侧模→校正，设支撑→安装杯芯模

B. 放线定位→安装侧模→安装杯芯模→校正，设支撑

C. 放线定位→架设上侧模→架设下侧模→安装杯芯模→校正，设支撑

D. 放线定位→安装杯芯模→安装上侧模→安装下侧模→校正，设支撑

48. 雨篷模板的安装顺序为__B__。

A. 定标高→立牵杠铺平台→安装平台侧模→安装梁模

B. 定标高→安装梁模→立牵杠铺平台→安装平台侧模

C. 定标高→立牵杠铺平台→安装梁模→安装平台侧模

D. 安装梁模→定标高→立牵杠铺平台→安装平台侧模

49. 安装阳台模板的顺序为__B__。

A. 定标高→立牵杠铺平台→安装平台侧模→安装梁模

B. 定标高→安装梁模→立牵杠铺平台→安装平台侧模

C. 定标高→立牵杠铺平台→安装梁模→安装平台侧模

D. 安装梁模→定标高→立牵杠铺平台→安装平台侧模

50. 在拆除大模板中，当发现模板被局部粘结时，应__D__。

A. 在模板上口晃动　　　　B. 用大锤敲击

C. 在模板上口撬动　　　　D. 在模板下口用撬棍松动

51. 拆卸落地的大模板放置时，要符合倾斜自稳角的__C__的要求。

A.45°～60°　　　　B.60°～75°

C.75°～80°　　　　D.80°～85°

52. 在杯形基础模板的拆除中，杯芯模应__A__拆除。

A. 提前　B. 同时　C. 推迟　D. 随便什么时候都可

53. 一般柱模的垂直度允许偏差为3mm，表示的是__D__测定的偏差。

A. 一层中的　　　　B. 柱模全高的

C. 整幢房高的　　　　D.2m托板中的。

54. 模板工程的允许偏差值与混凝土工程的允许偏差值相比较，它们的值是__D__。

A. 相同　　　　B不同

C. 模板的允许偏差值大　　　　D. 混凝土工程的允许偏差值大。

55. 模板中相邻两块板的高低差允许值为__B__mm。

A.1　B.2　C.2.5　D.3

56. 一般柱模截面尺寸的允许偏差值为__D__mm。

A. ±5　B. +5～4　C. ±4　D. +4～5

57. 一般梁模截面尺寸允许偏差值为__D__mm。

A. ±5　B. +5～4　C. ±4　D. +4～5

58. 钢模板中的连接配件回形锁（又称U形卡）起到__A__的作用。

A. 铰接钢模板　B. 承受拉力

C. 承受弯力

D. 承受拉力、弯力并起铰接钢模板

59. 在应用脚手架扣件和钢管架设模板支承架时，钢管常用的规格为__A__。

A. $\phi48\times53$　B. $\phi51\times53$

C. $\phi60\times3.5$　D. $\phi75.5\times3.75$

60. 在水池墙模板中，穿墙拉杆主要是承受__B__。

A. 压力　B. 拉力　C. 剪力　D. 弯力

61. 在模板工程中__D__6m高时要考虑风力。

A. 模板离地　B. 模板离楼面

C. 模板总高　D. 模板单段高

62. 在采用$\phi48\times3.5$的钢管作模板工程的立柱时，应设水平拉杆双向拉固，拉杆在柱高方向的间距应不超过__C__m。

A.1.5　B.1.8　C.2.0　D.2.4

63. 门心薄板的拼接操作中，要求板缝不透光，不通风，并拼接牢固，最好采用__C__。

A. 正口接法　B. 裁口接法

C. 穿条接法　D. 裁钉接法

64. 在对木板拼接配料选料时，首先要注意的是各散块术块的__C__。

A. 宽度一致　B. 颜色一致

C. 纹理的方向一致　D. 长度一致

65. 在采用燕尾接法作T字形结构时，燕尾斜度为榫长的__C__。

A.1/3　B.1/4　C.1/5　D.1/7

66. 在做丁字形的榫接中，当木材的厚度足够，并有使之不易扭动的情况下应该优先采用__A__榫接法。

A. 中榫　B. 半榫　C. 半肩半榫　D半肩中榫

67. 应用马牙榫接方法进行板端直角结合操作中，其榫与榫的距离以板厚的__C__倍为宜。

A.0.5～1　B.1～2　C.2～3　D.3～4

68. 在木屋架中的附木（挑檐木）一般应作＿D＿处理。

A. 断面加宽处理　　B. 加长处理

C. 刨光处理　　D. 防潮处理

69. 在木屋架端节点中的保险螺档的安装位置要求＿A＿。

A. 与上弦轴线垂直　　B. 与下弦轴线垂直

C. 与上弦、下弦轴线的交角相等　　D. 随便

70. 在木屋架的中间带点中，斜杆端头做凸榫，弦杆上开槽齿，齿深应不大于弦杆截面高度的＿B＿。

A.1/3 并不小于 20mm　　B.1/4 并不小于 20mm

C.1/4 并不小于 15mm　　D.1/5 并不小于 15mm

71. 在木屋架的脊节点中，如竖杆为木料时，上弦端头做＿A＿，并在两面用扒钉拉结。

A. 凸榫，竖杆两侧开槽齿　　B. 开槽齿，竖杆两侧做凸榫

C. 平头，竖杆不开槽，不做榫　　D. 随意

72. 在木屋架的下弦中央节点中，当竖杆为圆钢时，在下弦上开槽，要放硬木垫块，两边斜杆＿A＿。

A. 端部锯平，紧顶于垫块斜面上，并中间加梢档

B. 端部做凸榫，垫块上做槽齿

C. 端部做槽齿，垫块上做凸榫

D. 端部锯平，用扒钉拉结

73. 在坡高大于＿A＿的屋面上进行操作，应有防滑梯、护身栏杆等设施。

A.25°　　B.30°　　C.45°　　D.60°

74. 水平尺中的水准管，是空心的＿D＿玻璃管。

A. 直形　　B. 方形　　C. 球形　　D. 半圆环形

75. 水平尺中的两个水准管，是成＿B＿布置。

A. 平行　　B. 垂直　　C. 交角　　D. 随意

76. 水平尺中的水准管的曲率越小，则测定水平度的精度越＿A＿。

A. 大　　B. 小　　C. 无变　　D. 不变

77. 线坠用来测定垂直情况，使用时手持线的上端，锤体自由下垂，视线顺着线绳来校验杆件是否垂直，如果线绳到物面的距离上下都一致，则表示杆件呈＿D＿。

A. 垂直　　　　　　　　　　B. 不垂直

C. 可能垂直　　　　　　　　D. 单面垂直

78. 用墨斗弹线时，为使墨线弹得正确，提起的线绳要__C__。

A. 保持垂直　　　　　　　　B. 提得高

C. 与工件面成垂直　　　　　D. 多弹几次，选择较好的一条

79. 楼梯段的宽度是由同时通行的人数而设计的，若宽度为1100mm，则可知为__B__。

A. 单人通行　　　　　　　　B. 双人通行

C. 三人通行　　　　　　　　D. 四人通行

80. 当楼梯段的宽度为1700mm时，则应__B__。

A. 可不设靠墙扶手　　　　　B. 设靠墙扶手

C. 设中间栏杆　　　　　　　D. 随便

81. 同一楼梯段，其踏步数不能超过__B__级。

A.15　B.18　C.22　D.25

82. 楼梯栏杆的高度一般为__C__。

A.600　B.750　C.900　D.1100

83. 一般楼梯踏步的高和宽之和为__B__mm。

A.350　B.450　C.550　D.650

84. 墙在建筑物中的作用为__D__。

A. 承重　　　　　　　　　　B. 围护

C. 分隔　　　　　　　　　　D. 承重、围护、分隔

85. 外墙勒角的高度一般为__C__。

A.8～15cm　　　　　　　　B.15～45cm

C.500～900cm　　　　　　　D.900～1200cm

86. 砖墙的防潮层顶面标高常为__A__。

A. −0.06m　　　　　　　　B. ±0.00m

C.0.12m　　　　　　　　　D. 随便

87. 踢脚线的高度一般为__B__。

A.5～8cm　　　　　　　　　B.8～20cm

C.20～45cm　　　　　　　　D.45～60cm

88. 墙裙的高度一般为__C__。

A.450～600　　　　　　　　B.600～900

C.900～1800　　　　　　　D. 随便

89. 为了便于记忆图纸中短边与长边之间的关系，规定短边与长边之比为__C__。

A.1∶1.2　B.1∶1.5　C. 1∶1.75　D.1∶2.0

90.《房屋建筑制图统一标准》规定，A2 图幅的长边为__B__。

A. A1 的长边的一半　　B. A1 的短边

C. A3 的长边的 2 倍　　D. A3 的短边的一倍

91. 图纸的图标，位置在图框的__C__。

A. 之外　　B. 之内

C. 之内右下角　　D. 之外左上角

92. 图纸的会签标，位置在图框的__D__。

A. 之外　　B. 之内

C. 之内右下角　　D. 之外左上角

93. 在特殊情况下，图纸可以加长，其规定如下：__B__。

A. 长边，短边均可加长

B. 长边可加长，短边不可加长

C. 长边不可加长，短边可以加长

D. 长边，短边按一定关系加长

94. 屋面板的代号为__B__。

A. TB　B. WB　C. KB　D. CB

95. 槽形板的代号为__C__。

A. WB　B. KB　C. CB　D. TB

96. 空心板的代号为__B__。

A. WB　B. KB　C. CB　D. TB

97. 楼梯板的代号为__C__。

A. WB　B. KB　C. TB　D. YB

98. 檐上板的代号为__D__。

A. WB　B. TB　C. CTB　D. YB

99. 屋面梁的代号为__A__。

A. WL　B. DL　C. QL　D. GL

100. 圈梁的代号为__C__。

A. WL　B. DL　C. QL　D. GL

101. 过梁的代号为__D__。

A. WL　B. DL　C. QL　D. GL

102. 基础梁的代号为<u> A </u>。

A. JL　B. WL　C. QL　D. GL

103. 楼梯梁的代号为<u> B </u>。

A. JL　B. TL　C. WL　D. PL

104. 雨篷的代号为<u> A </u>。

A. YP　B. WJ　C. KJ　D. SJ

105. 阳台的代号为<u> A </u>。

A. YT　B. YP　C. SJ　D. KJ

106. 屋架的代号为<u> C </u>。

A. YJ　B. YP　C. WJ　D. KJ

107. 框架的代号为<u> B </u>。

A. WJ　B. KJ　C. SJ　D. YP

108. 设备基础的代号为<u> C </u>。

A. WJ　B. KJ　C. SJ　D. YT

109. 主要用于制作门窗、屋架、檩条、模板为<u> A </u>。

A. 红松　B. 白松　C. 落叶松　D. 杉木

110. 主要用于制作门窗、地板、模板为<u> B </u>。

A. 红松　B. 白松　C. 落叶松　D. 杉木

111. 主要用于制作檩条、地板、木桩为<u> C </u>。

A. 红松　B. 白松　C. 落叶松　D. 杉木

112. 主要用于制作屋架、檩条、地板、脚手架为<u> D </u>。

A. 红松　B. 白松　C. 落叶松　D. 杉木

113. 主要用于制作木地板、木装修为<u> D </u>。

A. 红松　B. 白松　C. 杉木　D. 水曲柳

114. 木门窗标准图中，各构件的用料断面尺寸为<u> D </u>。

A. 毛料尺寸　B. 光料尺寸

C. 毛料外包尺寸　D. 光料外包尺寸

115. 在木窗扇制作中，上、中、下冒头的用料，除了厚度相同处，其宽度为<u> C </u>。

A. 全部相同　B. 全部不同

C. 上、中冒头相同，下冒头加宽

D. 上下冒头相同，中冒头加宽

116. 在木门扇制作中，上、中、下冒头用料除了厚度相同外，其宽度为＿C＿。

A. 全部相同　　　　　　　　B. 全部不同

C. 中下冒头加宽　　　　　　D. 上、下冒头加宽

117. 在木门框的制作中，边梃、上槛、下槛的用料，除了厚度相同外，其宽度为＿A＿。

A. 全部相同　　　　　　　　B. 全部不同

C. 上槛最宽　　　　　　　　D. 中槛最宽

118. 在木窗扇的制作中，窗芯用料的厚度为＿C＿。

A. 比边梃厚　　　　　　　　B. 比边梃薄

C. 与边挺相同厚　　　　　　D. 随便

（三）计算题

1. 采用两个 38mm 的普通合页（铰链）安装窗扇 18 扇，用多少 16×3 的木螺钉？

【解】　4×2×18＝144 个

答：要用 144 个木螺钉。

2. 采用两个 75mm 的普通合页（铰链）安装窗扇 28 扇，用多少 30×4 的木螺钉？

【解】　6×2×28＝336 个

答：要用 336 个木螺钉。

3. 采用两个 100mm 的普通合页（铰链）安装窗扇 28 扇，用多少 35×4 的木螺钉？

【解】　8×2×28＝448 个

答：要用 448 个木螺钉。

4. 采用两个 150mm 的普通合页（铰链）安装 28 扇木门，用多少 50×6 的木螺钉？

【解】　8×2×28＝448 个

答：要用 448 个木螺钉。

5. 采用 3 个 125mm 的普通合页（铰链）安装 28 扇木门，用多少 40×5 的木螺钉？

【解】　8×3×28＝672 个

答：要用 672 个木螺钉。

6. 已知每根木料的截面尺寸为 50mm×100mm，长度为 4m，计算 120 根时的木料总体积。

【解】 $V=0.05\times0.1\times4\times120=0.02\times120=2.4m^3$

答：总体积为 $2.4m^3$。

7. 已知每根木料的截面尺寸为 50mm×150mm，长度为 4m，计算使用 150 根时的木料总体积。

【解】 $V=0.05\times0.15\times4\times150=0.03\times150=4.5m^3$

答：总体积为 $4.5m^3$。

8. 已知每根木料的截面尺寸为 70mm×200mm，长度为 4m，计算使用 25 根时的木料总体积。

【解】 $V=0.07\times0.2\times4\times25=0.056\times25=1.4m^3$

答：总体积为 $1.4m^3$。

9. 已知每根木料的截面尺寸为 25mm×150mm，长度为 3m，计算使用 300 根时的木料总体积。

【解】 $V=0.025\times0.15\times3\times300=0.01125\times300=3.375m^3$

答：总体积为 $3.375m^3$。

10. 已知每根木料的截面尺寸为 20mm×100mm，长度为 2m，计算 250 根时的木料总体积。

【解】 $V=0.02\times0.1\times2\times250=0.004\times250=1m^3$

答：总体积为 $1m^3$。

11. 某硬木地板工程中，已知地板工程量为 $150m^2$，使用 15×100×3000 的木板条，损耗率为 5%，则需要多少根木板条？

【解】 $m=150\div（0.1\times3.0）\times1.05=150\div0.3\times1.05=525$ 根

答：需要 525 根木板条。

12. 某硬木地板工程中，已知地板工程量为 $150m^2$，使用 15×50×200 的木板条，损耗率为 2%，则需要多少根木板条？

【解】 $m=150\div（0.05\times0.2）\times1.02=150\div0.01\times1.02=15300$ 根

答：需要 15300 根木板条。

13. 某三夹板平顶工程量为 $250m^2$，已知三夹板的规格为 910×2130，若三夹板的使用率为 90%，则需要多少张三夹板？

【解】 $m=250\div（0.91\times2.13\times0.9）=250\div1.7447=143.29\approx$ 143.5 张

答：需要 143.5 张三夹板。

14. 某双面纤维板隔断单面工程量为 $125m^2$，每张纤维板的规格为 1200×2400 使用率为 90%，则需要多少张纤维板？

【解】 $m=125\div(1.2\times2.4\times0.9)\times2=125\div2.592\times2=48.23\times2\approx48.5\times2=97$ 张

答：需要 97 张纤维板。

15. 制作某种书橱需木材为 $0.036m^3$，若配料时，损耗率为 25%，当制作 120 件书橱时，则需要多少木料？

【解】 $V=0.036\times120\times1.25=5.4m^3$

答：需要 $5.4m^3$ 的木料。

16. 已知 2.5 号标准型圆钉，每千个重量为 0.407kg，则每公斤有多少个数？

【解】 $x=\dfrac{1000}{0.407}=2457$ 个

答：每公斤 2457 个。

17. 已知 3.5 号标准型圆钉，每千个重量为 0.891kg，则每公斤有多少个数？

【解】 $x=\dfrac{1000}{0.891}=1122.3$ 个

答：每公斤 1122.3 个。

18. 已知 7 号标准型圆钉，每千个重量为 5.05kg，则每公斤有多少个数？

【解】 $x=\dfrac{1000}{5.05}=198$ 个

答：每公斤 198 个。

19. 已知 10 号标准型圆钉，每千个重量为 12.6kg，则每公斤有多少个数？

【解】 $x=\dfrac{1000}{12.6}=79.4$ 个

答：每公斤为 79.4 个。

20. 已知 16 号标准型圆钉，每千个重量为 35.5kg，则每公斤有多少个数？

【解】 $x=\dfrac{1000}{35.5}=28.2$ 个

答：每公斤 28.2 个。

（四）简答题

1. 什么是定位轴线？

答：为建筑、设计施工中的假定控制线，建立在模数制基础上的平面坐标网。

2. 什么叫视图，什么叫三面视图?

答：视图一般指正投影图，即人们的视线垂直于投影面，观察物体，在投影面上画出的图形。

物体在三个互相垂直的投影面上的正投影图就是该物体的三面视图。

3. 建筑图纸上，尺寸单位是怎样表示的? 建筑平面图上的尺寸一般标有哪三道?

答：除了标高的单位为米，其他都以毫米为单位。

外包总尺寸、轴线尺寸、细部尺寸。

4. 什么叫建筑平面图? 它的作用是什么?

答：将建筑沿窗台处水平剖切，移去上部而得到的俯视图，叫做建筑平面图，它反映建筑的水平平面布置的情况，建筑平面图为施工放线、砌筑、门窗安装、室内装修以及施工预算和工程结算提供了依据。

5. 什么叫建筑立面图? 有哪几种作用?

答：房屋建筑的外观的视图，叫做立面图。一般有正立面、侧立面、背立面等反映了门窗、出入口等外观的垂直情况，主要供室外装修之用。

6. 建筑用木材的树种分哪两类? 各有什么特点和用途?

答：建筑用木材的树种分针叶树和阔叶树两类。针叶树长直高大，纹理通直，材质较软，容易加工，是建筑工程中主要用材，主要用于木门窗制作、模板制作。阔叶树材质较硬，刨削加工后，表面有光泽，纹理美丽，耐磨，主要用于装修工程。

7. 什么叫年轮、髓心和髓线?

答：在圆木的横切面上，我们可以看到许多呈同心圆式的层次，这就是年轮。髓心位于树干的中心，是由一年生幼茎的初生木质部构成。

髓线就是在横切面上，可以看到颜色较浅，从树干中心成辐射状穿过年轮射向树皮的细条纹。

8. 木结构及木制品在保管和运输过程中应注意什么?

答：制成的木结构及木构件应防止日晒、雨淋，应置于仓库或敞棚下贮存，尚应在迎风面加挡板，防止空气对流速度过快，在一侧开裂过大。堆放时，每层应加置厚度相同的板条垫平，防止变形、翘曲。

结构竖直放置时，其临时支点应与结构在建筑物中的支承相同，并设可靠的临时支撑以防侧倾。水平放置时，应加垫木置平，防止构件变形和连接的松动。

9. 铰链的作用是什么？主要有哪些种类？

答：铰链又称合页，装在门窗、箱柜上作启闭等用。

铰链的种类有普通铰链、抽芯铰链、轻型铰链、单面弹簧铰链、双面弹簧铰链、工字形铰链、单页尖尾铰链、翻窗铰链等。

10. 常见的木材缺陷有哪几种？

答：常见的木材缺陷有以下几种：（1）节子；（2）腐朽；（3）虫害；（4）斜纹；（5）裂纹。

11. 怎样区分木材的活节、死节和漏节？

答：木材的活节与周围木材全部紧密相连，质地坚硬，构造正常。

木材的死节与周围木材部分脱离或完全脱离，节子质地有的坚硬（死硬节），有的松软（松软节），有的节子本身已开始腐朽，但没有透入树干内部（腐朽节），死节在板材中往往脱落而形成空洞。

木材的漏节本身的木质结构已大部分破坏，而且已深入树干内部，和树干内部腐朽相连。

12. 木材为什么会腐朽？怎样防止木材腐朽？

答：木材的腐朽是由于受木腐朽菌的侵蚀，在有适当的温度情况下，一定的空气、一定的温度、一定的养料，都能使木腐朽菌繁殖和生存，因此，只要消除上述一个条件，木腐朽菌就不能繁殖和生存。所以，防止木材腐朽最根本的办法，就是从构造上采取措施，使木材经常处于通风干燥情况下，对于经常性或周期性受潮的结构，则应采取化学防腐措施，将化学防腐剂注入木材，使木材对木腐朽菌具有毒性，达到防腐目的。

13. 如何在制作时保证榫卯结合的质量？

答：首先要打好榫眼。打眼时先打背面，后打正面，打出的眼要垂直方正，眼内两侧不要错槎，木屑要清理干净。打眼时要凿半线，留半线，即按孔边线下凿一半线宽，留下一半线宽，同时眼内上下端中部微凸出一些，这样就易使榫卯结合的牢固。

其次要开好榫。开出的榫要平、正、方、直、光，不得变形，其厚、宽窄要与眼一致。开榫时注意“留半线，锯半线”，这样就同眼的“凿半线，留半线”配套。开榫拉启时要拉平，或稍向里倾半线，还不得伤榫跟，就能保证榫头的坚实。最后在拼装时，加榫的松紧要适度，并在加榫过程中注意规方、校正、调整翘曲、变形。

14. 为什么安装门窗时，所用的木螺丝不能全部钉入，一部分要拧入？

答：如果将木螺丝全部钉入，螺纹会将木材导管切断，在木材内就不会产生挤压而出现纹路，这样木材对木螺丝的夹紧力不强，容易松动，如果把木螺丝的1/3打入，其余的2/3拧入木材，螺纹挤压木材，使木材内出现与木螺丝螺纹相反的纹路，木螺丝上的螺纹就与木材内相反的纹路紧密啮合在一起，增加了木材对木螺丝的夹紧力，木螺丝也就不会松动。

15. 框锯常有哪几种？各有什么用途？

答：框锯又称等锯，是木工必备的锯割工具，它分为粗锯、中锯、细锯、绕锯。粗锯主要用于纵向锯割木材；中锯多用于横向锯割木材，如锯割木材，开榫头等；细锯一般做开榫和拉肩用；绕锯专作锯割内外曲线之用。

16. 木工平刨常有哪几种？各有什么用途？

答：平刨常有长刨、中刨、短刨三种，长刨又叫细刨，适于刨削木材长料和表面精细加工；中刨又名粗刨，一般用于第一道粗刨木料；短刨又名荒刨，专刨木材的粗糙面；光刨，又名细短刨，专用修光木材表面。

17. 使用木工凿子进行凿眼的操作要点是什么？

答：凿孔时凿子要扶正，锤要打准、打平。每锤击1~2下，凿子吃入木料一定深度时，应前后晃动一下凿子，以免夹住，剔出木屑后再向前移动凿子。

凿削透孔时，应先凿背面，到一半深度，再翻过来凿正面，以避免孔的四周被撕裂。透孔的背面，孔膛应稍大于墨线1mm，这要和开榫的作法相配合，如果开榫时锯去榫厚墨线，打眼时要留下眼边线。孔的两侧面要修光，使其平整，两端面中部稍微凸起，以便挤紧榫头。

凿半孔时，在第二凿进够深度后，将凿柄前推，撬出木屑，第一凿应从靠身边一端离孔3~5mm处下槽。

凿削砍木料，或遇到有节子的孔，向前移凿距离要小，撬渣要轻，以免损伤刃口。

铲削木料时，凿子要稍斜行于木纹，这样铲销面较光滑。

18. 角尺的主要用途是什么？如何校验角尺的准确性？

答：角尺主要用于画垂直线、平行线，卡方（检查垂直面）和检查表面平直情况，检查尺身的平直性。把尺身贴于平整的物面上，接触面上无漏光现象，说明平直性合格。检查垂直度的精确情况，将尺柄紧贴在一块平直的板边，沿尺身在板上画一垂直线，再将尺柄翻身，调换相对方面，仍在同一点画线，两垂直线重叠，表示准确，否则不合标准。

19. 如何正确使用圆锯机？

答：(1) 操作前应对机械检查，有无破损，不正常的部件和设备，并装好防护罩和安全装置；

(2) 先检查被锯割的木材表面或裂缝中是否有石子、混凝土或钉子，以防损伤锯齿，甚至发生伤人事故；

(3) 操作时应站在锯片稍左的位置，以防弹击伤人；

(4) 正确送料，不要过急过猛，遇到木节处要放慢速度；

(5) 在锯片转动时，不得用手清理锯台上的碎屑、锯末；

(6) 当木料卡住锯片时，应立即停车，再作处理；

(7) 锯割作业完成后，要及时关闭电门，切断电源。

20. 按材料和构造类型，模板的种类有哪些？

答：模板按其所用材料不同，有木模、钢模、钢木模、土模、砖模及钢丝网水泥模，近年来还有塑料模板、铝合金模板等。

按构造类型分有拼合式模板、工具式模板、滑升模板、大模板、翻转模板、拉模、胎模等。

此外还有一次性模板，如瓦楞铁、预应力选后板等多种形式。

21. 为什么要在模板的顶撑（立柱）下面加三角木楔和木垫板？

答：在顶撑下面加三角形木楔的作用有两个，其一是支撑时用它调整顶撑的松紧，起微调标高的作用；其二是拆模先将木楔打出，方便拆模。

在顶撑下面加木板的目的是防止顶撑局部压力过大，产生不均匀下沉，加了垫板后加大了受力面积，减小了地面上单位面积的压力。同时，使用三角木楔时，要将木楔与垫板之间临时固定，防止松脱，有了垫板就可方便钉钉子了。

22. 在预制构件的制作中，什么是多节脱模方法？

答：一般在较长的预制构件制作中，为了加快模板的周转率，当构件的混凝土强度已经达到脱模要求时，设法拆除其大部分底模，这就必须在模板制作与安装时，将构件设若干固定支点（可用砖墩或木模），其余大部分可以拆除周转，这就是多节脱模方法。

23. 爬模的特点是什么？

答：爬模是将模板和操作平台固定在爬架上，而爬架又由固定爬架和移动爬架组成，爬架固定在已浇好的混凝土墙上，通过提升动力的作用，使固定爬架与移动爬架相对运动，交替固定在墙上，爬架上升，带动了模板的升高，减少了机械搬运大模板的作业工序，同时施工中的误差也能及时得到纠正，不需连续作业，减轻了工人的劳动强度。

24. 用1∶60的比例，画出双扇外平开窗的立面图和平面图，窗洞口尺寸为1200×1800。

25. 用1∶60的比例，画出双扇内平开窗的立面图和平面图，窗洞口尺寸为1200×1800。

26. 用1∶50的比例，画出双层双扇平开窗的立面图和平面图，窗洞口尺寸为1200×1800。

27. 用1∶100的比例，画出双扇双面弹簧门的立面图和平面图，门洞口尺寸为1800×2400。

28. 用1∶100的比例，画出一玻一纱平开门的立面图和平面图，门洞口尺寸为900×2200。

二、实际操作部分

1. 拼高低板缝四条（板厚2mm，长2m）

考核项目及评分标准

序号	考核项目	检查方法	测数	允许偏差	评分标准	满分	得分
1	拼缝竹钉	目测	全部	每条6个钉	每断一个扣5分，外露一个扣4分，松一个扣3分	25	
2	板面平整度	目测尺量	4点	2mm	正面平整，每超0.5mm扣3分	20	
3	翘裂	目测尺量	1	3mm	每超1mm扣3分	10	
4	拼板缝隙	塞尺量	4点	0.5mm	正反面要求密缝，每超0.5mm扣3分	15	
5	工艺操作规程				错误无分，局部有误扣1～9分	10	
6	安全生产				有事故无分，有隐患扣1～4分	5	
7	文明施工				不做落手清扣5分	5	
8	工效				根据项目，按照劳动定额进行。低于定额90%本项无分，在90%～100%之间酌情扣分，超过定额者酌情加1～3分	10	

2. 制作有纵横棂木窗扇

考核项目及评分标准

序号	考核项目	检查方法	测数	允许偏差	评分标准	满分	得分
1	几何尺寸	尺量	2个	±2mm	超过±2mm，每点扣2分	6	
2	玻璃芯子分档尺寸	尺量	5个	±1mm	超过±1mm，每点扣2分	6	
3	榫肩榫头	塞尺量	任意	0.3mm	榫肩密缝、榫头密，每超0.5mm扣2分	10	
4	铲口线脚	目测	任意		铲口角度正确，斜板缝均匀一致	10	
5	对角线	尺量	1个	2mm	每超1mm扣2分	5	
6	走头、冒头、芯子	目测	任意		走头、冒头、芯子有开裂每点扣4分	10	
7	翘裂	目测尺量	1个	1mm	每超0.5mm扣2分	10	
8	平整度	托板尺量	2个	1mm	梃与冒头要求平整，每超0.5mm扣2分	8	
9	光洁度	目测	任意		有毛刺、雀斑、刨痕、每点扣3分	5	
10	工艺操作规程				错误无分，局部有误扣1～9分	10	
11	安全生产				有事故无分，有隐患扣1～4分	5	
12	文明施工				不做落手清扣5分	5	
13	工效				根据项目，按照劳动定额进行。低于定额90%本项无分，在90%～100%之间酌情扣分，超过定额者酌情加1～3分	10	

3. 制作安装雨篷模板

考核项目及评分标准

序号	考核项目	检查方法	测数	允许偏差	评分标准	满分	得分
1	配制模板	尺量	5个	±3mm	超过3mm，每点扣2分	10	
2	配制顶撑	目测	任意		琵琶撑冒头平整，斜搭钉牢固	10	
3	摆垫板	目测	任意		松土弄平夯实，垫板摆实无翘头	10	
4	水平标高	尺量	2个	±3	每超2mm扣2分	10	
5	底模	水平尺	2个	2mm	要求平整，每超过1mm扣2分	10	
6	几何尺寸	尺量	5个	2mm	每超2mm扣2分	10	
7	支撑牢固	目测	任意		斜搭头、平搭头不符合要求，动摇扣分	10	
8	工艺操作规程				错误无分，局部有误扣1~9分	10	
9	安全生产				有事故无分，有隐患扣1~4分	5	
10	文明施工				不做落手清扣5分	5	
11	工效				根据项目，按照劳动定额进行。低于定额90%本项无分，在90%~100%之间酌情扣分，超过定额酌情加1~3分	10	

4. 安装一般门锁（弹子锁、执手销不少于四把）

考核项目及评分标准

序号	考核项目	检查方法	测数	允许偏差	评分标准	满分	得分
1	锁心与门侧面中心线	尺量	4个	0.5mm	锁壳与门侧面要平，超过0.5mm每点扣2.5分	10	
2	锁平整度	目测	任意		锁身与销壳平整，有明显歪斜每点扣3分	10	
3	执手内外平整	目测	任意		要求平整，有明显歪斜每点扣2分	10	
4	锁壳眼	目测	任意		眼孔两边厚度一致，不符合每点扣2.5分	10	
5	盖线铁板	目测尺量	4个	0.5mm	四边密缝，超过者每点扣2.5分	10	
6	门关闭严密	平测	4个		有松动，每点扣2.5分	10	
7	开启灵活	钥匙手感测	4个		舌头不灵活，每点扣2.5分	10	
8	工艺操作规程				错误无分，局部有误扣1~9分	10	
9	安全生产				有事故无分，有隐患扣1~4分	5	
10	文明施工				不做落手清扣5分	5	

续表

序号	考核项目	检查方法	测数	允许偏差	评分标准	满分	得分
11	工效				根据项目，按照劳动定额进行。低于定额90%本项无分，在90%～100%之间酌情扣分，超过定额酌情加1～3分	10	

5．制作靠背椅

考核项目及评分标准

序号	考核项目	检查方法	测数	允许偏差	评分标准	满分	得分
1	配料	目测尺量			多配、少配、尺寸误差，每根扣2分	10	
2	刨料划线	目测尺量	5个		刨料不准确，画线差错，每处扣2分	10	
3	榫肩榫眼	目测尺量	任意	0.5mm	榫肩离缝，榫头松动，榫眼开裂，每处扣2分	10	
4	靠背弯板	目测	任意		弯度不和顺、走样，每处扣5分	10	
5	翘裂	目测	任意	2mm	超过2mm，每处扣5分	10	
6	角度	尺角量	4个	2mm	超过2mm，每处扣2.5分	10	

续表

序号	考核项目	检查方法	测数	允许偏差	评分标准	满分	得分
7	光洁度	目测	任意		有雀斑、刨痕、锤印，每处扣2分	10	
8	工艺操作规程				错误无分，局部有误扣1~9分	10	
9	安全生产				有事故无分，有隐患扣1~4分	5	
10	文明施工				不做落手清扣5分	5	
11	工效				根据项目，按照劳动定额进行。低于定额90%本项无分，在90%~100%之间酌情扣分，超过定额酌情加1~3分	10	

第二章　中级木工

一、理论部分

(一) 是非题（对的为"√"，错的为"×"）

1. 承重木结构的受拉构件，不得使用腐朽的木料。(√)

2. 承重结构中的受压构件，可以使用部分出现有裂缝的木材。(×)

3. 承重结构中的受弯构件，可以使用部分有木节的木材。(√)

4. 有部分木节的木材作受变构件时，应把木节部分安置在受压区域。(√)

5. 木节越多的木材，抗压强度越大，它越适应于做受压构件。(×)

6. 温度越高，干燥的速度就快，木材的干燥质量越好。(×)

7. 风速越大，干燥的速度就快，木材的干燥质量越好。(×)

8. 木材干得越透，质量越好。(×)

9. 木材在室内空气中摆置的时间越久，则越干燥。(×)

10. 木材越干燥，它的干缩量越大。(×)

11. 长期置于水中的木构件要进行防腐处理。(×)

12. 处于时干时湿环境中的木构件，要进行防腐处理。(√)

13. 处于温湿空气中的木构件，要进行防腐处理。(√)

14. 先对木料进行防腐处理，再制作木构件。(×)

15. 先对木料进行药物防火处理，再制作木构件和木饰件。(×)

16. 插销类的门锁牌号为“9”当头，安装时要嵌入门梃中，并采用相应的配套执手。(√)

17. 复锁类的门锁牌号为“6”当头，安装时附着在门梃上。(√)

18. 聚醋酸乙烯乳液木材粘合剂使用方便，粘力大，并且耐水性好。(×)

19. 用环氧类的粘结剂粘合木材，除了加工性差以外，耐久性、耐水性、耐热性均较好。(×)

20. 为了不影响门扇的强度，锁应装在门梃与中帽头的交结处。(×)

21. 手枪式电钻的最大钻孔直径为13mm。(√)

22. 手提式电钻的最大钻孔直径为22mm。(√)

23. 一般的冲击电钻在砖中的钻孔直径为24mm。(√)

24. 手电刨的吃刀深度，应控制在1mm以内。(√)

25. 手提式木工电动工具的电压，一般都为370V。(×)

26. 钢模板宜在安装前涂刷适宜的隔离剂，不得在钢筋安装后涂刷，以免污染钢筋和混凝土。(√)

27. 木模板宜在安装前涂刷适宜的隔离剂，不得在安装后涂刷，以免污染钢筋和混凝土。(×)

28. 在同一拼缝上安装U形卡时，应交叉方向放置以防止钢模板整体变形。(√)

29. 用小块钢模拼装成狭长面积时，应对称配备布置，以防止钢模整体变形。(√)

30. 各种型号的平模纵横混合相配备拼装，容易出现模板圆孔差移的现象。(√)

31. 木门窗框的正侧面垂直允许偏差用1m托线板检查，允许偏差为3mm。(√)

32. 木门窗的框与扇、扇与扇、接缝处的高低允许偏差为 2mm。(√)

33. 木门窗中框与扇上缝留缝宽度允许偏差为 1.0～1.5mm。(×)

34. 现场预制预应力钢筋混凝土屋架模板中，在各杆件的交接处应配制异形模板，并画出断面样板，这样能省料，保证质量。(√)

35. 现场预制预应力钢筋混凝土屋架模板中，一般采用叠浇法施工，上弦、下弦的里侧模板，可以一次安装到顶，这样能省料，质量好。(√)

36. 直线形预应力钢筋孔道，应采用钢筋管制得。(√)

37. 曲线形预应力钢筋孔道，应采用胶管制得。(√)

38. 在屋架的浇捣混凝土施工中，应将预应力钢筋孔道的钢管每隔 5～15min缓慢转动一次，在混凝土浇筑完毕，每隔 3～5min 仍须转动一次。(√)

39. 某现浇 3.6m 长的梁模，在混凝土强度达到设计强度的 50%时就可以拆除模板。(×)

40. 某现浇 4.6m 长的梁模，在混凝土强度达到设计强度的 50%时才可拆除模板。(×)

41. 某 5.6m 长的梁模，在混凝土强度达到设计强度的 70%才可拆除。(√)

42. 某预应力屋架的模板，应在预应力张拉完后拆除。(×)

43. 某雨篷板外挑 1.5m，在混凝土强度达到设计强度的 70%时，才可拆除。(×)

44. 影响混凝土强度增长的主要因素是水泥用量多少，水泥用量越多，则强度增长越快。(×)

45. 影响混凝土强度增长的主要因素是水泥的标号，标号越高，则强度增长越快。(×)

46. 影响混凝土强度增长的主要因素是养护天数，养护天数越多，则强度增长越快。(×)

47. 影响混凝土强度增长的主要因素是养护时的湿度，湿度越高，则强度增长越快。(×)

48. 影响混凝土强度增长的主要因素是施工时振捣的密实度，密实度越大，则增长的速度越快。(×)

49. 轻钢龙骨吊顶就是铝合金平顶。(×)

50. 木平顶筋下面不能做铝合金平顶面层。(×)

51. 轻钢龙骨吊顶的面层，可以做三夹板、玻璃镜面的平顶面层。

(√)

52. 轻钢龙骨隔墙的骨架拼装连接，常采用沉头木螺钉固定。(×)

53. 轻钢龙骨的三个类别（C50、C75、C100)，其构造方式相同，仅断面的宽度不同以适于建造不同高度的隔墙需要。(√)

54. 为了较好地固定木踢脚板，应该分别用钉子与墙中木砖、木地板钉牢。(×)

55. 之所以在木踢脚板上穿小孔，是为了使潮气能流出，以防踢脚板受潮腐朽。(√)

56. 之所以在木踢脚板的背面开槽，是为了减少木材受潮变形的程度，以防上口脱开墙面形成裂口。(√)

57. 筒子板的上下两端的小孔，作用不大，可做可不做。(×)

58. 门窗贴脸，主要是为了加大门的立面尺寸，起到较好的装饰效果。(×)

59. 铝合金平顶中心标高的引测可以直接从楼地面量得。(×)

60. 由于铝合金平顶的龙骨必须用铝合金材料制成，故造价很高。(×)

61. 铝合金吊顶上风口、检修口、灯罩等预留洞，均需增设主龙角，并且吊扇的吊钩不应设置在龙骨上。(√)

62. 在铝合金平顶中，为节约材料，靠墙龙骨可间隔设置。(×)

63. 铝合金平顶大小次龙骨的安装顺序，均应先中间，再向两边依次进行。(√)

64. 木弯头与扶手连接处设在第一踏步的上半步或下半步处。(√)

65. 当楼梯栏板之间的距离大于 200mm 时，木扶手弯头可断开，分段做。(√)

66. 制作弯头的木料，必须在大方木料上斜纹出料而得。(√)

67. 明步木楼梯的踏步板和踢脚板，分别嵌在斜梁的凹槽内。(×)

68. 制作木楼梯三角木时，木纹应垂直或平行于三角形的直角边。(×)

69. 一般用油毡或油纸做护墙板的防潮层，并把它紧贴在护墙板内的背面。(×)

70. 装钉筒子板的墙面，都应紧贴一层油毡作防潮处理。(√)

71. 装钉筒子板时，一般先装竖向，后钉横向，筒子板交角可做成直角交割。(×)

72. 在门窗筒子板安装好后才可安装贴脸，贴脸交角应做成 45°交割。(√)

73. 护墙板表面若采取离缝的形式，钉护墙筋时，钉子不得钉在离缝的间距内，应钉在面层能遮盖的部位。(√)

74. 三不放过是指事故原因分析不清不放过，事故的责任若没有查清及有关人员没受到教育不放过，没有改进和防范措施不放过。(√)

75. 发生重大伤亡事故的在场人员，必须在事故发生后的 1h 内向安全部门报告。(√)

76. 6 级以上强风，严禁继续高空作业。(√)

77. 实物工程量计划完成率是：$\frac{实际完成工程量}{计划完成工程量}\times 100\%$ (√)

78. 定额工日完成率是：$\frac{定额计划总工日数}{实际做出工日数}\times 100\%$ (×)

79. 木屋架下弦的轴线就是木料的中心线。(×)

80. 木屋架上弦的轴线就是木料的中心线。(√)

81. 木屋架腹杆的轴线就是木料的中心线。(√)

82. 木屋架下弦的轴线不一定是木料的中心线。(√)

83. 屋架的起拱值是仅指下弦跨中抬高值。(×)

84. 两根不同长度的构件，由于同种材料并截面相同，故承受压力的能力相同。(×)

85. 两根相同长度的构件，由于同种材料并截面相同，尽管两端支座情况不同，但承受压力的能力相同。(×)

86. 同种材料截面相同的受压构件，短的比长的承受能力大。(√)

87. 同种材料截面净面积相同的受压构件，空心的比实心的承受能力大。(√)

88. 狭长截面的梁比粗大截面的梁容易发生失稳扭转的现象。(√)

89. 由大小相等、方向相反，作用线互相平行而不共线的两个平行力称为力矩。(√)

90. 一个物体受到一组力作用后，如不发生转动，则各作用力对任意一点的合力矩为零。(√)

91. 一个物体受到一组力作用后，如不发生平移直线运动，则各作用力的合力为零。(√)

92. 一个物体受到一组力的作用后，如仍保持原来的状态，则合力为零，并各作用力对任意点的合力矩为零。(√)

93. 一个静止物体受到一组力的作用后，如果相对于不在同一地方的三个点的力矩和均为零，则此物体仍保持静止。(√)

94. 按照荷载的作用范围分为永久荷载和活荷载两种。(×)

95. 按照荷载的作用范围分为面荷载、线荷载和集中荷载三种。(√)

96. 按照荷载作用时间的长短，分为永久荷载和活荷载两种。(√)

97. 按照荷载作用时间的长短，分为面荷载、线荷载和集中荷载三种。(×)

98. 工程上习惯把使物体发生运动和产生运动趋势的力称为荷载。(√)

99. 力的三大要素是力、力偶和力矩。(×)

100. 力的三大要素是力的大小、力的方向、力的作用点。(√)

101. 作用力和反作用力是同时出现、单独存在的。(×)

102. 作用力和反作用力是同时出现、同时消失的。(√)

103. 一个物体的作用力和反作用力总是大小相等，方向相反，作用线相同。(×)

104. 水准线不但可以测定标高，而且可以测定角度。(×)

105. 水准仪的读数点应该是上丝处数值。(×)

106. 水准仪的读数点应该是下丝处数值。(×)

107. 水准仪的读数点应该是中丝处数值。(√)

108. 水准仪的精度应该转动调节脚螺旋来控制。(×)

109. 圆的投影图为圆。(×)

110. 球的投影图为圆。(√)

111. 立方体的投影图为矩形。(×)

112. 圆锥体的投影图为三角形。(×)

113. 圆环的投影图为同心双圆形。(×)

114. 倾斜于投影面的直线，其正投影图线为变小。(√)

115. 倾斜于投影面的面，其正投影图为扩大了的面。(×)

116. 垂直于投影面的面，其正投影图为实形。(×)

117. 垂直于投影面的线，其正投影图为直线。(×)

118. 平行于投影面的线，其正投影图为直线。(√)

（二）选择题（正确答案的序号在各题横线上）

1. 某一柱的截面为200mm×300mm，高为3000mm，承受180kN的压力，柱的压应力为__A__ N/mm^2。

A.30　B.3　C.2　D.35

2.某一受拉构件，截面为200mm×300mm，长为3000mm，在长方向受到18kN的拉力，构件的拉应力为__A__N/mm²。

A.30　B.3　C.2　D.35

3.某一试件，截面为200mm×300mm，长为600mm，在横截面上受到剪切力为1800kN，则试件的剪应力为__A__N/mm²。

A.30　B.15　C.10　D.55

4.某一柱的截面为200mm×300mm，高度为3000mm，承受3600kN的压力，则柱的应力为__A__N/mm²。

A.60　B.6　C.4　D.70

5.某一受拉构件截面为200mm×300mm，长为3000mm，在长方向受到18000kN的拉力，构件的拉应力为__A__N/mm²。

A.60　B.6　C.4　D.70

6.限制物体作某些运动的装置称约束，链条所构成的约束称为__A__。

A.柔性约束　B.光滑接触面约束

C.铰支座约束　D.固定端支座约束

7.限制物体作某些运动的装置称约束，球体被摆置在地坪面上的约束称为__B__。

A.柔性约束　B.光滑接触面约束

C.铰支座约束　D.固定端支座约束

8.限制物体作某些运动的装置称约束，屋架被搁置在柱顶上的约束称为__C__。

A.柔性约束　B.光滑接触面约束

C.铰支座约束　D.固定端支座约束

9.限制物体作某些运动的装置称为约束，挑梁被固定在墙中的约束称为__D__。

A.柔性约束　B.光滑接触面约束

C.铰支座约束　D.固定端支座约束

10.预制钢筋混凝土柱插入杯形基础，并用细石混凝土浇筑，这种约束称为__D__。

A.柔性约束　B.光滑接触面约束

C.铰支座约束　D.固定端支座约束

11.已知A、B两点的标高为4.200m和4.500m，在水准测量中，如A

点水准尺读数为 d，则B点的读数为__C__。

A. 小于 d B. 大于 d C. $d-300$ D. $d+300$

12. 已知A、B两点的标高为4.500m和4.200m，在水准测量中，如A点水准尺读数为 d，则B点的读数为__D__。

A. 小于 d B. 大于 d C. $d-300$ D. $d+300$

13. 已知A、B两点的标高为3.850m和3.400m，在水准测量中，如A点水准尺读数为 d，则B点的读数为__D__。

A. 小于 d B. 大于 d C. $d-450$ D. $d+450$

14. 已知A、B两点的标高为3.400m和3.850m，在水准测量中，如A点水准尺读数为 d，则B点的读数为__C__。

A. 小于 d B. 大于 d C. $d-450$ D. $d+450$

15. 已知A、B两点的标高为3.500m和3.950m，在水准测量中，如A点水准尺读数为 d，则B点的读数为__C__。

A. 小于 d B. 大于 d C. $d-450$ D. $d+450$

16. 已知A点的标高为3.256m，水准测量中，A、B两点的水准尺读数为1153mm与953mm，则B点的标高为__B__。

A. 3.256m B. 3.456m C. 3.056m D. ±0.000m

17. 已知A点的标高为3.256m，水准测量中，A、B两点的水准尺读数分为1153mm与1353mm，则B点的标高为__C__。

A. 3.256m B. 3.456m C. 3.056m D. ±0.000m

18. 已知A点的标高为3.256m，水准尺测量中，A、B两点的水准尺读数为1153mm与1153mm，则B点的标高为__A__。

A. 3.256m B. 3.456m C. 3.056m D. ±0.000m

19. 已知A点的标高为0.256m，水准测量中，A、B两点的水准尺读数分别为1153mm与1409mm，则B点的标高为__D__。

A. 3.256m B. 3.456m C. 3.056m D. ±0.000m

20. 已知A点的标高为0.256m，水准测量中，A、B两点的水准尺读数为1153mm与1609mm，则B点的标高为__D__。

A. 0.256m B. −0.256m C. 0.200m D. −0.200m

21. 在总平面图上，室外标高注为3.856m，室内标高注为4.456m，则室内外高低为__C__mm。

A. 150 B. 450 C. 600 D. 900

22. 在装配式单层工业厂房的山墙处，轴线与端柱中心线的位置为

__C__。

A. 同一位置　　B. 不在同一位置

C. 端柱中心线内移　D. 端柱中心线外移

23. 屋面防水层的做法，一般从__B__查得。

A. 立图　　B. 剖面图

C. 屋面平面图　D. 屋面结构布置图

24. 楼梯模板安装中，其标高值应该从__D__中查阅。

A. 建筑平面图　　B. 楼梯建筑大样图

C. 楼梯结构平面布置图　D. 楼梯结构剖面图

25. 安装门框时，主要应该查阅__A__图。

A. 建筑平面图　B. 建筑剖面图

C. 结构平面图　D. 门窗表

26. 在安装楼梯模板中的三角踏步时，为踏步上抹灰的需要，踏步的水平位置按设计图纸均应__A__。

A. 向后退一个抹灰层厚度

B. 向前放一个抹灰层厚度

C. 按设计图纸定位

D. 上梯段向后退，下梯段向前放一个抹灰厚度

27. 在楼梯梯段上，垂直方向为11级，则水平方向应该为__B__。

A.9级　B.10级　C.11级　D.12级

28. 在楼梯段上，水平方向有10级，则垂直方向应该为__C__。

A.9级　B.10级　C.11级　D.12级

29. 楼梯梯段的厚度，是指__C__尺寸。

A. 垂直于水平面　B. 平行于水平面

C. 垂直于梯板面　D. 垂直于踏步面

30. 安装楼梯栏杆的预埋件，若图纸无说明时，应埋于__C__。

A. 踏步面外上平　B. 踏步面里上平

C. 踏步面中部　　D. 随便，但须统一

31. 要查阅某一层建筑门窗洞口的宽度，一般从__B__中获得。

A. 总平面图　B. 楼层平面图

C. 立面图　　D. 剖面图

32. 要查阅某一墙上窗的高度，一般从__C__中获得。

A. 总平面图　B. 楼层平面图

C. 立面图　　D. 剖面图

33. 要查阅某一房间的层高，一般从__D__中获得。

A. 总平面图　B. 楼层平面图

C. 立面图　　D. 剖面图

34. 要查阅楼梯间的平面位置，一般从__B__中获得。

A. 总平面图　B. 楼层平面图

C. 立面图　　D. 剖面图

35. 要查阅房屋在地面上的平面位置，一般从__A__中获得。

A. 总平面图　B. 楼层平面图

C. 立面图　　D. 剖面图

36. 在三面正投影图中，__A__的高相等。

A. 正立面图与侧立面图

B. 正立面图与水平投影图

C. 侧立面图与水平投影图

D. 正立面图、侧立面图、水平投影图

37. 在三面正投影图中，__B__的面长相等。

A. 正立面图与侧立面图

B. 正立面图与水平投影图

C. 侧立面图与水平投影图

D. 正立面图、侧立面图、水平投影图

38. 在三面正投影图中，__C__的进深（宽）相等。

A. 正立面图与侧立面图

B. 正立面图与水平投影图

C. 侧立面图与水平投影图

D. 正立面图、侧立面图、水平投影图

39. 一个面垂直于水平投影面的正立方体，其三个投影图的外形为__D__。

A. 三个不同的正方形　B. 三个相同的长方形

C. 三个不同的长方形　D. 三个相同的正方形

40. 一个轴垂直于水平投影面的正圆锥体，其立面图和侧立面图为__D__。

A. 不相同的圆　B. 相同的圆

C. 不同的三角形　D. 相同的等腰三角形

41. 平行于投影面的圆，其正投影图为<u> B </u>。

A. 缩小了的圆　B. 实圆

C. 扩大了的圆　D. 扁圆

42. 垂直于投影面的圆，其正投影图为<u> B </u>。

A. 圆　B. 直线　C. 点　D. 扁圆

43. 倾斜于投影面的圆，其正投影图为<u> D </u>。

A. 圆　B. 直线　C. 点　D. 椭圆

44. 轴线垂直于正投影面的正圆锥体，其上的投影图为<u> B </u>。

A. 正方形　B. 圆　C. 三角形　D. 扇形

45. 轴线平行于投影面的圆柱体，其上的正投影图为<u> A </u>。

A. 矩形　B. 圆形　C. 三角形　D. 扇形

46. 建筑工程施工图一般按<u> C </u>原理绘制的。

A. 中心投影　B. 平行斜投影

C. 平行正投影　D. 多点中心投影

47. 制图中的斜轴侧图采用<u> B </u>原理绘制的。

A. 中心投影　B. 平行斜投影

C. 平行正投影　D. 多点中心投影

48. 制图中的正轴侧图采用<u> C </u>原理绘制的。

A. 中心投影　B. 平行斜投影

C. 平行正投影　D. 多点中心投影

49. 制图中的透视图采用<u> A </u>原理绘制的。

A. 中心投影　B. 平行斜投影

C. 平行正投影　D. 多点中心投影

50. 建筑施工图的剖面图，一般按<u> C </u>原理绘制的。

A. 中心投影　B. 平行斜投影

C. 平行正投影　D. 多点中心投影

51. 点的正投影图是<u> A </u>。

A. 点　B. 线　C. 面　D. 圆

52. 直线的正投影图是<u> D </u>。

A. 点　B. 线　C. 面　D. 可能是点，可能是线

53. 垂直于投影面的线的投影图是<u> A </u>。

A. 点　B. 线　C. 面　D. 可能是点，可能是线

54. 垂直于投影面的面的投影图，是<u> C </u>。

A. 点　B. 线　C. 面　D. 可能是点，可能是线

55. 面的正投影图是__D__。

A. 点　B. 线　C. 面　D. 可能是线，可能是面

56. 在木屋架制作中，对有微弯的木材，应__D__。

A. 用于上弦时，凸面向上；用于下弦时，凸面向上

B. 用于上弦时，凸面向下；用于下弦时，凸面向下

C. 用于上弦时，凸面向上；用于下弦时，凸面向下

D. 用于上弦时，凸面向下；用于下弦时，凸面向上

57. 在木屋架制作时，齿槽中设置 5mm 厚的楔形缝隙，主要是为了__C__。

A. 通风　B. 制作误差调整

C. 适应变形需要而避免齿槽开裂　D. 便于装配

58. 在木屋架制作中，对有微弯的木材，应__C__。

A. 用于上弦时，凹面向上；用于下弦时，凹面向上

B. 用于上弦时，凹面向下；用于下弦时，凹面向下

C. 用于上弦时，凹面向上；用于下弦时，凹面向下

D. 用于上弦时，凹面向下；用于下弦时，凹面向上

59. 屋架弹线时，应先弹__B__杆件的轴线。

A. 上弦　B. 下弦　C. 斜杆　D. 竖杆

60. 在木屋架的制作中，腹杆承压面应__D__。

A. 被腹杆的中心线穿过

B. 被腹杆的中心线穿过

C. 垂直于腹杆的中心线

D. 垂直与被平分于腹杆的中心线

61. 硬木拼花地板颜色不一致的主要原因是__D__。

A. 刨削不平整　B. 树种不同

C. 边材与心材的区别　D. 选材不严

62. 在铺设木地板时，房间中靠墙的地板应__D__铺设。

A. 紧贴四边墙　B. 紧贴左右两边墙

C. 紧贴前后两边墙　D. 离开四边墙各 10mm 左右

63. 薄形硬木地板的混凝土基层处理，一般应采用__D__做法。

A. 老粉腻子批嵌　B. 水泥加 107 胶批嵌

C. 水泥砂浆抹平　D. 凿毛后再用水泥砂浆抹平

64. 在木楼梯中的冲头三角木，应采用__B__做法。

A. 直角三角木

B. 三角木的踏板向外放出 20mm

C. 三角木的斜边缩短 20mm

D. 三角木的踏板向前移 20mm

65. 木楼梯梯段靠墙踢脚板，是__C__的做法。

A. 踏步之间用三角块拼成，上口为通长木板条

B. 都是用三角形木板做成

C. 通长木板上挖去踏步形状

D. 随便都可以

66. 木楼梯踏板步若为拼板制作，则__C__为较好的一种方式。

A. 直拼　B. 高低缝　C. 企口缝　D. 销接法

67. 在混凝土构件上采用射钉固定，射钉的最佳射入深度为__B__mm。

A.12～22　B.22～32　C.32～38　D.30～42

68. 某人字形拼花地板，板条的规格为 400mm×40mm×20mm，其施工线间距和起始施工缝间距为__D__。

A.400、40　B.400、28.3　C.283、40　D.283、3

69. 门窗贴脸的交角位置不准，则割角线不在贴脸板的内、外对角线上，此时应__D__。

A. 敲击贴脸板，使之移动对位

B. 移动贴脸板的交角端部，使之对位

C. 切割交角，进行调整位置

D. 拆下重新安装

70. 木挂镜线的接头应做成__D__接合，背面开槽，并紧贴抹灰面。

A. 平接　B. 销接　C. 企口接　D. 斜口压岔接

71. 门扇宽为 600mm，重 10kg，采用双管弹簧铰链安装，弹簧铰链的规格为__A__。

A.75mm　B.100mm　C.125mm　D.150mm

72. 门扇宽为 650mm，重 15kg，采用双管弹簧铰链安装，弹簧铰链的规格为__B__。

A.75mm　B.100mm　C.125mm　D.150mm

73. 门扇宽为 700mm，重 20kg，采用双管弹簧铰链安装，其弹簧铰链的规格为__C__。

A.75mm　B.100mm　C.125mm　D.150mm

74. 门扇宽为750mm，重28kg，采用双管弹簧铰链安装，其弹簧铰链的规格为__C__。

A.100mm　B.125mm　C.150mm　D.200mm

75. 门扇宽为800mm，重32kg，采用双管弹簧铰链安装，其弹簧铰链的规格为__C__。

A.125mm　B.150mm　C.200mm　D.250mm

76. 圆锯片锯齿的拨料中，应做到__A__。

A. 弯折处在齿高一半以上，所有拨料量都相等，每一边的拨料量一般为锯片厚度的1.4～1.9倍。

B. 弯折处在齿根，所有的拨料量都相等，每一边的拨料量一般为锯片厚度的1.4～1.9倍。

C. 弯折处在齿根，所有的拨料量都相等，每一边的拨料量一般为锯片厚度的2倍以上。

D. 弯折处在齿高的一半以上，每一边的拨料量一般为锯片厚度的1.4～1.9倍。

77. 木工平刨机刀吃刀深度，一般为__B__。

A.0.5～1mm　B.1～2mm　C.1.5～2.5mm　D.2～3mm

78. 两人在压刨机上刨削木材时，木料过刨刀__C__mm后，下手方才可接拖。

A.100　B.200　C.300　D.400

79. 压刨机刨刀吃刀深度，一般不超过__C__mm。

A.2　B.2.5　C.3　D.3.5

80. 对于薄而窄并长度不足__B__mm的小木料，不得上平刨机刨削。

A.300　B.400　C.450　D.500

81. 铝合金门框与墙体间的缝隙，应用__D__填塞密实，然后外表面再填嵌油膏。

A. 水泥砂浆　B. 石灰砂浆

C. 混合砂浆　D. 矿棉或玻璃棉毡

82. 安装弹簧门扇的地弹簧时，顶轴与底座中轴心要垂直于同一根垂直线，并__D__。

A. 使底座面标高同门口处的标高

B. 用细石混凝土固定

C. 细石混凝土的上表面低于底座面一个装饰面层厚度

D. 底座顶面标高同门口处标高，并用细石混凝土固定，使混凝土面比底座低一个装饰层厚度

83. 弹簧门扇安装时，如发生扇门相互“碰扇”现象，主要原因是__C__。

A. 地坪不平

B. 框的垂直度不对

C. 门扇梃侧面与弹簧的顶轴和底座轴心不平行

D. 门框安装得不平整

84. 在硬木百叶窗扇的制作中，百叶板的水平倾斜角度为__C__。

A.90° B.60° C.45° D.30°

85. 在硬木百叶窗扇的制作中，最下面的一块百叶板的底部与下帽头应__C__。

A. 保持一定的空隙距离　B. 保持一个百叶板垂直高度的距离

C. 相互紧贴在一起　　　D. 相互咬进一段距离

86. 在楼梯的木模板安装中，当出现踏步三角木排不出或排之有余时，应__C__。

A. 缩小三角木尺寸

B. 扩大三角木尺寸

C. 核实三角木的尺寸与形状，再找其他原因

D. 减少或增加踏步的级数

87. 圆形与圆锥形结构模板的木带，它们相比为__D__。

A. 外形相同，仅尺寸不同

B. 侧面圆弧形状相同，仅高度不同

C. 都是水平面拼接

D. 外形不同，侧圆弧形状不同，要求水平平接

88. 在制作斜度为45°、厚度为100mm的圆锥体木带样板中，若用20mm厚的木板作摸板，则同一水平标高处内外木带的弧度弯曲半径相差__A__mm。

A. $\sqrt{(20+100+20)\times 2}$　B.20 + 100 + 20

C. $\sqrt{100\times 2}$　D.20 + $\sqrt{20\times 2}$ + 100

89. 若用50厚的木板作斜度为45°圆锥形结构的木带，则木带的上圆半径比下圆半径大__C__mm。

A. $\sqrt{50\times2}$　B. $\sqrt{50/2}$

C.50　　　　　　　D. $\sqrt{50+2}$

90. 在设备基础模板工程中，地脚螺栓的一般做法为__D__。

A. 上口固定

B. 下口固定

C. 上口、下口都固定

D. 上口、下口都固定，螺纹丝扣镀黄油，并包扎

91. 应用于模板工程中 20mm 厚的木板，每块板的宽度应控制在不超过__B__mm 为宜。

A.150　B.200　C.250　D.300

92. 分节脱模的支模方式特别适用于__A__现场的预制。

A. 矩形截面的柱　B. 鱼腹吊车梁

C. 屋架　　　　　D. 桩

93. 现浇梁式楼梯的模板比较适用于用__B__的工艺方法。

A. 钢模板　B. 木模板　C. 土胎模　D. 台模

94. 支撑模中的斜撑，其支撑角度最好为__B__。

A.30°　B.45°　C.60°　D.75°

95. 对于上口成锥形的混凝土独立柱基，其坡度大于__B__时，应设置成型系统的模板。

A.30°　B.45°　C.60°　D.75°

96. 当杯芯底截面尺寸为 1250mm×650mm 时，杯芯模的底部应做成__B__。

A. 开孔　B. 开口　C. 封密　D. 都可以

97. 杯芯模中抽芯板的上、下宽度应做成__A__。

A. 上部大于下部　B. 上部等于下部

C. 上部小于下部　D. 都可以

98. 杯芯模的拆模时间，与整个杯形基础模相比，应__C__。

A. 同时拆　　　　B. 提前拆

C. 初凝后立即拆　D. 随便什么时候都可以拆

99. 一般的杯形基础模板施工，应该在木工程__C__进行。

A. 开始前　B. 同时

C. 结束后　D. 随便什么时候都可以

100. 芯模板的高度，一般杯口设计深度尺寸__D__。

A. 相同　　　　　　B. 低 20～30mm

C. 高 20～30mm　D. 高 80～300mm

101. 梁底模顶撑（琵琶撑）的琵琶头长度是由于__C__而定。

A. 梁宽　B. 梁高　C. 梁高和梁宽　D. 其他

102. 在安装梁模与平台模时，梁侧模上的托木高度位置，是由__D__所决定。

A. 平台模板厚度

B. 平台模搁栅高度

C. 平台混凝土高度

D. 平台模板厚度与平台模搁栅高度之和

103. 在现浇钢筋混凝土结构中，对于主、次梁相交处的模板，次梁的底模应__C__。

A. 搁置在主梁的侧模上

B. 搁置在上梁侧模的托木上

C. 搁置在主梁的侧模与托木上

D. 靠近后另外设置立柱

104. 采用排架支墙模时，其正确的施工操作方法为__B__。

A. 立排架→扎铁→支排架模→支侧模

B. 立排架→支排架模→扎铁→支侧模

C. 扎铁→立排架→支排架模→支侧模

D. 立排架→支排架模→支侧模→扎铁

105. 安装现浇梁式楼梯模板中，正确的操作工艺流程是__B__。

A. 斜梁模→梯段模→平台模→扎铁吊踏步模

B. 平台梁模→平台模→斜梁模→梯段模→扎铁→吊踏步模

C. 斜梁模→平台模→平台梁模→梯段模→扎铁→吊踏步模

D. 平台梁模→平台模→斜梁模→梯段模→吊踏步模→扎铁

106. 当柱断面为 500mm×600mm，柱头板为厚 50mm 木料，门子板为 25mm 厚木板，则其横档为__C__。

A. 断面 50mm×50mm，间距为 450mm

B. 断面 50mm×75（平放）mm，间距为 450mm

C. 断面 50mm×70（立放）mm，间距为 400mm

D. 断面 50mm×100（平放）mm，间距为 400mm

107. 当梁高为 800mm 时，梁底模板采用 40 厚木板，则底模板下支承点间距应为＿C＿mm。

A.1200　B.1000　C.800　D.600

108. 现浇楼梯模板中斜搁栅用断面为 50×100 的木料，则它们之间的间距该为＿C＿mm。

A.200～300　B.300～400　C.400～500　D.500～600

109. 现浇圈梁支模中，现用断面为 50×100 的木料作挑扁担，它们之间的间距该为＿D＿mm。

A.400　B.600　C.750　D.1000

110. 在支承挑檐模板时，其托木的间距应为＿C＿mm。

A.500　B.700　C.1000　D .1200

111. 两块并排的平面钢模板即 2－P3015，可以用＿A＿代替。

A.3－P2015　B.4－P2515　C.5－P2012　D.6－P1012

112. 两块并排的钢模板，即 2－P3015，可以由＿B＿代替。

A.3－P2515　B.4－P1515　C.5－P2015　D.6－P1012

113. 两块并排的钢模板，即 2－P3015，可以由＿C＿代替。

A.3－P2515　B.4－P2015　C.6－P1015　D.5－P2015

114. 两块并排的钢模板，即 2－P3015，可以由＿D＿代替。

A.3－P2515　B.4－P2015　C.5－P2015　D.6－P1015

115. 两块并排的钢模板，即 2－P3015，可以由＿D＿代替。

A.3－P2515　B.4－P2015　C.5－P2015　D.4－P1515

116. 绘制钢模板排板图时，应尽可能使用＿A＿钢模板为主。

A.P3015 或 P3012　B.P2515 或 P2512

C.P3009 或 P3006　D.P2509 或 P2506

117. 绘制钢模板配置图时，通过合理布置，基本上可以配出大于等于＿B＿mm 为宽度的钢模板布置面积。

A.35　B.25　C.75　D.100

118. 对于长度大的阴角处，应用＿B＿拼制模板。

A. 阳角模　B. 阴角模　C. 连接角模　D. 方木

119. 对于长度大的阳角处，应用＿A＿拼制模板。

A. 阳角模　B. 阴角模　C. 连接角模　D. 方木

120. 绘制钢模板排列配制图时，应使模板的长度方向与支承钢楞成＿C＿的有利于受力合理。

A. 平行　B. 相交　C. 垂直　D. 随意

121. 吊顶棚搁栅时，一般要找出起栱高度，当设计无要求时，对于7～10m跨度，一般起栱高度为___C___跨度。

A.1/1000 B.2/1000 C.3/1000 D.4/1000

122. 吊顶棚搁栅时，一般要找出起栱高度，当设计无要求时，对于10～15m跨度，一般起栱高度为___C___跨度。

A.3/1000 B.4/1000 C.5/1000 D.6/1000

123. 在支承梁底模板中，对于深跨度≥4m时，当设计无要求时应起栱___B___跨度。

A.0.1%～0.2% B.0.2%～0.3% C.1%～2% D.2%～3%

124. 当梁底距楼地面大于___C___时，宜搭设排架支模。

A.4m B.5m C.6m D.7m

125. 安装与拆除___B___m高以上的模板，应搭设脚手架。

A.4 B.5 C.6 D.7

（三）计算题

1. 有一双柱一横梁门形钢筋混凝土支架，柱截面为350mm×450mm，柱顶标高为3.5m，横梁截面为350mm×800mm，梁净跨为1850mm，梁底标高为2.70m，求其模板工程量（柱模从－0.15算起）。

【解】 柱模：$S_{柱}$＝［（0.35＋0.45×2）×（3.5＋0.15）＋0.35×（2.7＋0.15）］×2

＝［1.25×3.65＋0.35×2.85］×2

＝5.56×2

＝11.12m^2

梁模：$S_{梁}$＝（0.8×2＋0.35）×1.85

＝1.95×1.85

＝3.61m^2

答：柱模和梁模分别为11.12m^2和3.6m^2。

2. 有一双柱一横梁门形钢筋混凝土支架，柱截面为350mm×400mm，柱顶标高为3.6m，横梁截面为350mm×800mm，梁净跨为1850mm，梁底标高为2.80mm，求其模板工程量（柱模从－0.30算起）。

【解】 柱模：$S_{柱}$＝［（0.35＋0.8）×（3.6＋0.3）＋0.35×（2.8＋0.3）］×2

＝［1.15×3.9＋0.35×1.036］×2

$=4.848\times2$

$=9.70m^2$

横梁：$S_{梁}=（0.8\times2+0.35）\times1.85$

$=（1.6+0.35）\times1.85$

$=3.98m^2$

答：柱模和梁模分别为 $9.70m^2$ 和 $3.98m^2$。

3. 有一双跑钢筋混凝土楼梯，楼梯间轴线宽度为 3000mm，井的宽度为 600mm，楼梯段与平台的宽度均为 1200mm，楼梯段的长度为 2700mm，求一层楼梯的模板工程量。

【解】 $S_{井}=0.6\times2.7=1.809m^2$

$S_{毛}=（2.7+1.2）\times3=11.7m^2$

$S_{梯}=S_{毛}-S_{井}=11.7-1.809$

$=9.89m^2$

答：一层楼梯的模板工程量为 $9.89m^2$。

4. 有一双跑钢筋混凝土楼梯，楼梯间轴线宽度为 2700mm，楼梯井的宽度为 300mm，楼梯段与平台的宽度均为 1200mm，楼梯段的长度为 2700mm，求一层楼梯的模板工程量。

【解】 $S_{梯}=（7.2+1.2）\times2.7=10.53m^2$

答：楼梯的模板工程量为 $10.53m^2$。

5. 某一建筑物的墙面外包尺寸为 9240mm×27240mm，采用 1/2 坡度的双坡斜层面，四面各出檐 450mm，求其实际面积工程量。

【解】 山墙斜长：$b=（0.45+\frac{9.24}{2}）\times\sqrt{1^2+0.5^2}\times2$

$=5.07\times\sqrt{1.25}\times2$

$=11.34m^2$

S（层面工程量）$=a\times b=（27.24+0.45\times2）\times11.34$

$=28.14\times11.34$

$=319.11m^2$

答：层面工程量为 $319.11m^2$。

6. 已知一简支梁，跨度为 4m，承受均布荷载量 1500N/m，求两端的支座反力和跨中的最大弯矩。

【解】 1. $\Sigma M_A=0$，则 $R_B \times 4=\frac{1500\times4\times4}{2}$，

$$R_B=\frac{1500\times4\times4}{2\times4}=3000N=3kN$$

$$R_A=R_B=3000N=3kN$$

$$2.\ M_{max}=\frac{15\times4\times4}{2}=12000N/m=12kN/m$$

答：两端的支座反力为 3kN 与 3kN，跨中之最大弯矩为 12kN/m。

7. 已知一简支梁，跨度为 4m，承受均布荷载量 2000N/m，求两端的支座反力和最大剪力。

【解】 1. $\Sigma M_A=0$，则 $R_B \times 4=\frac{2000\times4\times4}{2}$，

$$R_B=\frac{2000\times4\times4}{2\times4}=4000N=4kN$$

$$R_A=R_B=4000N=4kN$$

$$2.\ R_A=4kN$$

答：两支座反力为 4kN 与 4kN，端点的剪力为最大，其值为 4kN。

8. 已知一截面为 200mm×300mm，高为 2800mm 钢筋混凝土柱上承受 300kN 的压力，已知钢筋混凝土的密度为 $24kN/m^3$，求柱中最大压应力。

【解】 混凝土重为：2.4×（0.3×0.2×2.8）=2.4×0.168=0.4032kN

S_{max}=（30+0.4032）÷（0.2×0.3）=30.4032÷0.06

$=506.72kN/m^2$

$=5.07N/mm^2$

答：柱中最大压应力为 $5.07N/mm^2$。

9. 已知采用 4 个直径为 16mm 的螺栓进行接长某个受拉构件，若拉力为 32kN，求螺栓所受的剪应力。

【解】 $\sigma_{剪}=32000\div(\frac{\pi}{4}R^2\times4)$

$=32000\div(\frac{3.14}{4}\times16\times16\times4)$

$=39.81N/mm^2$

答：螺栓所受的剪应力为 $39.81N/mm^2$。

10. 已知钢材的弹性模量 $E=0.2\times10^6MPa$，现有一根长为 18500mm、直径为 30mm 的钢筋，当受到 170kN 的拉力时，它伸长多少？

【解】 $\Delta l=\frac{F\times L}{E\times S}=\frac{170000\times 18500}{0.2\times 10^{6}\times\frac{3.14}{4}\times 30^{2}}$

$=22.26\text{mm}$

答：18500mm 的钢筋伸长 22.26mm。

11. 有梁横板的工程量为 $125m^2$，按表进行用工计算。

【解】

项　目	定　额		用　工
	时间 （工日/m^2）	产量 （m^2/工日）	
1. 综合	0.174	5.75	21.75
2. 制作	0.0443	22.6	5.54
3. 安装	0.0919	10.9	11.49
4. 拆除	0.0374	26.7	4.68

12. 有现浇框架井高梁木模板工程量为 $125m^2$，按表进行用工计算。

【解】

项　目	定　额		用　工
	时间 （工日/m^2）	产量 （m^2/工日）	
1. 综合	0.302	3.31	37.75
2. 制作	0.109	9.17	16.63
3. 安装	0.147	6.8	18.38
4. 拆除	0.046	21.7	5.75

13. 有现浇花蓝梁木模板 $26.5m^2$，按表进行用工计算。

【解】

项　目	定　额		用　工
	时间 （工日/m^2）	产量 （m^2/工日）	
1. 综合	0.358	2.79	9.49
2. 制作	0.121	8.26	3.21
3. 安装	0.191	5.24	5.06
4. 拆除	0.046	21.7	1.22

14. 有圆柱木模板工程量为 $36.5m^2$，按表计算用工。

【解】

项目	定额		用工
	时间（工日/m^2）	产量（m^2/工日）	
1. 综合	0.556	1.80	20.3
2. 制作	0.364	2.75	13.29
3. 安装	0.150	6.67	5.48
4. 拆除	0.0421	23.8	1.54

15. 有现浇梁钢模板工程量 175m^2，采用整装整拆方法施工，按表进行用工计算。

【解】

项目	定额		用工
	时间（工日/m^2）	产量（m^2/工日）	
1. 综合	0.262	3.82	46.03
2. 制作	0.0474	21.1	8.30
3. 安装	0.182	5.49	31.85
4. 拆除	0.0325	30.8	5.69

16. 已知设备基础混凝土模板的工程量为 25m^2，按表计算用料。

【解】

材料名称	单位	定额/10m^2	用量
工具式钢模板	kg	18.52	46.3
木模板	kg	0.151	0.378
铁钉	kg	5.89	14.73

17. 已知钢筋混凝土柱的混凝土模板的工程量为 75m^2，按表计算用料。

【解】

材料名称	单位	定额/10m^2	用量
钢模板	kg	120.7	905.25
木模板	m^2	0.552	4.14
铁钉	kg	14.06	104.45

18. 有普通天棚 250m²，按表计算用料。

【解】

材料名称	单位	定额/100m²	用　量
木材成材	m²	2.618	6.55
铁钉	kg	19.60	49.15
铁丝	kg	11.62	72.50

19. 有拼花硬木地板 650m²，按表计算材用量。

【解】

材料名称	单位	定额/100m²	用　量
硬木地板成品	m²	103.0	669.5
毛地板成品	m²	105.0	682.5
铁钉	kg	57.5	373.75

20. 用 1∶50 的比例，画出尺寸为 600×1200 立转窗的平面图和立面图。

21. 用 1∶50 的比例，画出尺寸为 600×800 的单层内开下悬窗的立面图和剖面图。

22. 用 1∶50 的比例，画出尺寸为 600×800 的单层外开上悬窗的立面图和剖面图。

23. 用 1∶50 的比例，画出尺寸为 600×800 的单层外开中悬窗的立面图和剖面图。

24. 用 1∶60 的比例，画出尺寸为 1200×1800 的左右推拉窗。

（四）简答题

1. 屋面施工时，为什么强调要两坡对称施工和对称堆放材料？

答：屋架设计考虑的是节点荷载，由檩条将木基屋荷载传给屋架节点，若是半边施工，材料和操作人员集中在一边层面，则屋面荷载与设计计算出入太大，可能使屋架腹杆内力变化，即本来是受拉力杆件变成受压杆件，增大屋架变形，甚至倒塌，因此，屋面施工和堆料要同时对称进行。

2. 什么叫混凝土施工缝？施工缝应留在什么地方？

答：为了施工方便等的原因，在混凝土构件中，不同施工期之间的间隔缝叫施工缝。留施工缝应避开剪力最大的地位，层量处于剪力最少的地位。柱子的施工缝留在基础顶，距离梁底5～8cm，有主侧梁的楼面梁板体系，次梁留在跨中1/3长度范围内，主梁留在跨中1/4长度范围内。

3. 木材含水率不同，对结构的力学性能和变形有什么影响？在木结构工程中对木材的含水率有什么规定？

答：(1) 木材的含水量高低，对木材的强度影响很大，一般含水增大，强度降低；

(2) 木材的含水量变化，对木材的变形影响很大，用含水量大的木材制作构件，当它干燥收缩变形时，会出现榫头拉出、开裂等现象，严重的还会影响到结构的安全度；

(3) 规范对木材的含水率控制，对于主要构件，含水率为18%～20%，次要的含水率≤25%。

4. 产品保护有什么意义？需采取哪些措施？

答：产品保护指成品和半成品的保护，只有对成品和半成品妥善保护，才能保护最终产品的质量，不但要保护本工种的产品，还要保护好其他工种的产品，不损坏和污染，这是我们的职业责任。

(1) 首先要形成良好的产品保护意识，形成责任性；

(2) 要针对产品的对象、环境的因素、现有的条件，使用阻挡接触、覆盖遮挡、加固增强、正确养护等方法；

(3) 在施工方案的编制中，要合理安排各工种、工艺工序中的流线和程序，以免发生不利于产品保护的矛盾。

5. 材料在外力作用下有哪些变形？变形的大小与哪些因素有关？

答：(1) 在外力作用下，有弹性变形和塑性变形；

(2) 变形的大小、与力的大小和使力的方式、材料的几何尺寸、材料本身的特性有关。

6. 过梁和圈梁有什么区别？各有什么作用？

答：过梁是设置在门口上方的一般构件，圈梁是设置在墙中的水平封闭构件，过梁是承受洞口上部的荷载，圈梁是加固房屋的整体性，增强建筑物的刚度。

7. 预制板梁在堆放和码堆过程中，为什么经常出现损坏和开裂的现象？

答：(1) 码堆时层与层之间上下支承点不对称，使物体产生负弯矩；

(2) 同支点的板用三个（多个）支点，使构件产生负弯矩；

(3) 构件的钢筋反向堆放，受力与设计相反；

(4) 堆放层过高，支点接触面过小，或基础不强，排水不好。

8. 木墙裙的施工要点是什么?

答：(1) 砌墙时，应埋入经过防腐处理的木砖。

(2) 墙筋必须涂防腐剂，与板接触的一面须刨光，墙筋安装后用直尺检查其垂直度与平整度。

(3) 若是纤维板、夹板，应按其尺寸加钉立筋。

(4) 若是木拼板，应将好的一面向外，且颜色、木纹相近，宽度一致。

(5) 钉帽不许外露，入面 3mm 以下，且不得损坏材料。

(6) 上口、下口压条应作暗榫，且水平一致，割角严密。

9. 怎样看木屋架施工图?

答：看木屋架施工图，首先要看屋架轴线尺寸图，了解该屋架的跨度、矢高、节间尺寸、起拱尺寸等；其次观看构件的断面、节点构造形式及材质要求和施工制作说明。此外还应了解屋面构造、檩条位置等。

10. 怎样看吊顶的施工详图?

答：吊顶又称平顶，天棚。吊顶按其材料不同，又分有板条吊顶和板材吊顶，现以板条吊顶为例，说明如何看吊顶的施工详图。首先要了解平顶的平面布置、标高。其次要了解吊顶的构造，如平顶由平顶梁（也称主龙骨）、平顶筋（也称次龙骨）、吊筋、支撑、板条所组成。了解它们之间的相互关系、位置、间距、材料断面、材质等，此外还要看图中的文字说明。

11. 怎样看木隔墙施工详图?

答：木隔墙又称木隔断，是非承重墙，按其面层材料不同又分为板条隔墙和板材隔墙。近年来，板材隔墙中除了有木龙骨外，还有轻型钢做龙骨的。

看木隔墙施工图时，先要看隔墙所在平面位置、标高、厚度，再看详细构造，了解上槛、下槛、立筋、横撑、面层等材料的断面、间距、材质、连接方法以及门窗洞的位置等，注意图中的文字说明。

12. 怎样看标准图集和定型图集?

答：标准图集和定型图集在土建工程中应用较多，为了使你选用的图符合设计意图，必须学会看标准图集和定型图集，根据设计选用图集型号，首先必须认真看好编制说明，懂得图中代号的意义、选型方法。了解制作与安装要求，然后再根据所选用的型号或节点对号入座。

13. 看图纸标题栏，可以了解哪些内容？

答：图纸标题栏，简称图标，图标应设在图纸右下角，从图标上我们可以看到本工程的设计单位，有关设计人员，本工程的名称，本张图纸的名称，在图号区一般标有建筑施工图或结构施工图以及水电安装图的代号，以便查阅。

14. 对于分项工程品质量的评定标准，从哪三个方面去评定？各自的一般含义是什么？

答：一般有以下三种：

(1) 主控项目：即必须符合要求，不可有一点错处的项目。

(2) 一般项目：即基本上达到的项目标准，一般的抽查检查。

(3) 允许偏差的项目：由于操作上必定要存在偏差，故规定允许偏差的范围。

15. 为什么在模板上要涂隔离剂？分别谈谈钢模板和木模上常用的隔离剂（至少两种）？

答：为了减少模板与混凝土之间的粘结力，双方便于脱模，并使混凝土产品表面平整，故用隔离剂。

钢模板上常用作隔离剂废机油:石蜡煤油=1:2

木模板上常用废机油，肥皂液作隔离剂。

16. 什么叫做排架支模法？它选用什么场合？

答：以分层架设支撑系统，形成空间的立体支承架结构，提高支撑的强度与稳定性，并便于安装作业，这种方法叫做排架支模法，常用于支承层高大于4m的现浇楼梁结构支模或高大墙模施工中。

17. 拆模时间是由哪些条件决定的？

答：拆模时间是由模板的种类及部件位置、混凝土构件的性质与受力情况、混凝土强度的增长情况以及施工中的原因而定。

18. 说明一般现浇雨篷模板的安装施工操作的工艺流程。

答：制模→计算标高→安装支柱及搁栅→安装梁模→安装雨篷板模板→绑扎钢筋→吊置上口模板

19. 分析门窗自关和自开的原因。

答：(1) 安合页的一边门框立梃不垂直，往开启方向倾斜，扇就自开；往关闭方向倾斜，门就自行关闭。

(2) 合页进框（横向）较多，扇和框碰撞，或螺丝突出合页面，门就被顶开。

20. 分析双扇窗扇立面上高低不平的原因。

答：(1) 左右两门梃立得不垂直，门窗按梃装就两梃之间有一定高度差；

(2) 门扇装在梃上的垂直位置不统一；

(3) 合页进扇或进梃的深度不统一。

21. 分析门窗在关闭时下冒头碰地的原因。

答：(1) 地坪标高不对，泛水坡度过分大；

(2) 门扇的下风缝留得过于小；

(3) 门梃立得不垂直；

(4) 门没有“作方”。

22. 分析双扇自由门在关闭时磕碰的原因。

答：(1) 门框的梃立得不垂直；

(2) 门与门之间的风缝吊得太小；

(3) 合页进深（进梃、进扇的）的深度不统一；

(4) 门扇上下的厚度不对。

23. 分析锁安装好后风吹门响的原因。

答：(1) 锁的舌头与舌头窝之间的空隙过大；

(2) 锁舌头窝安装的位置不准，离开梃内侧的距离过大。

24. 什么叫做横板图？一般包括哪些图纸内容？

答：反映混凝土组织的外形几何形状和尺寸的图纸，叫做横板图，从中还可反映出埋入件、插筋等布置情况，一般有平面图、立面图、剖面图、节点大样图示等图纸。

25. 分别说明房屋工程中建筑施工图与结构施工图的特点。

答：建筑施工图是反映了房屋建筑的布置情况，从中了解到房间的布置、装修要求的做法，房建结构施工图是反映了结构布置情况，从中了解到各受力构件中的布置及施工要求。

26. 如何看结构施工平面图?

答：结构施工平面图是按房屋分层绘制的结构部件的平面位置布置图，首先要看清层次，然后再看该层次的结构布置情况，即承重墙、柱、梁、板条编号，再按照构件编号查看大样图节点详图、标准图。

27. 楼梯施工图的图纸内容有哪些？分别反映些什么？

答：楼梯施工图分为建筑施工图与结构施工图两大类，建筑施工图有平面图、剖面图、节点大样图，反映了楼梯的建筑平面与垂直布置情况，跨步的形状大小与装栏杆、扶手的装饰要求，楼梯结构施工图有平面图、剖面图、节点详图，反映了梁板的布置情况、混凝土的形状大小、钢筋的配制、埋入件的规格及埋置要求。

28. 建筑施工图上索引标志的作用是什么，如何表示？

答：索引标志是用来表达详图的符号，表示方法有以下几种：

(1) 详图在本张图纸上。

(2) 详图不在一张图纸上。

(3) 采用图标或地方标准时。

二、实际操作部分

1. 制作一般木工常用工具（框锯、墨斗、三角尺、曲尺、平刨）

考核项目及评分标准

序号	考核项目	检查方法	测数	允许偏差	评分标准	满分	得分
1	选料	目测尺量	任意		树种选用合理，取料科学，尺寸对头	10	
2	刨削加工制作	目测尺量	任意		操作程序合理，制作加工方法正确	15	
3	装配	目测尺量	任意		结合紧密，无松动，移位，位置正确	15	
4	外观质量	目测	任意		外形正确，光洁好，尺寸符合要求	10	
5	试用情况	操作使用	任意		操作省力，灵活，产品质量合格	20	
6	工艺操作规程				错误无分，局部有误扣1～9分	10	
7	安全生产				有事故无分，有隐患扣1～4分	5	

续表

序号	考核项目	检查方法	测数	允许偏差	评分标准	满分	得分
8	文明施工				落手清不做扣5分	5	
9	工效				低于定额90%不得分，在90%~100%之间酌情扣分，超过定额者酌情加1~3分	10	

2. 制作安装一般楼梯模板

考核项目及评分标准

序号	考核项目	检查方法	测数	允许偏差	评分标准	满分	得分
1	放样	目测尺量	任意	±1mm	超过者每点扣2分	10	
2	配制模板	尺量	5个	-3mm	超过者每点扣2分	10	
3	平整场地铺垫板	目测	任意		不符合要求，每点扣2~5分	10	
4	梁模，板模	尺量	5个	±2mm	梁底标高正确，斜底板正确，超过者扣2分	10	
5	踏步三角木	尺量	5个	2mm	超过者每点扣2分	10	
6	踏步板（反三角）	目测尺量	5个	2mm	板厚，踏步的进出水平正确，超过者扣2分	10	
7	安装牢固	目测	任意		楼梯梁搭牢，斜顶撑固定好，无松动	10	
8	工艺操作规程				错误无分，局部有误扣1~9分	10	
9	安全生产				有事故无分，有隐患扣1~4分	5	

续表

序号	考核项目	检查方法	测数	允许偏差	评分标准	满分	得分
10	文明施工				落手清不做扣5分	5	
11	工效				低于定额90%不得分，在90%～100%之间酌情扣分，超过定额者酌情加1～3分	10	

3. 安装木门扇（内门）

考核项目及评分标准

序号	考核项目	检查方法	测数	允许偏差（mm）	评分标准	满分	得分
1	门扇与框立缝	塞尺	10个	(1.5～2.5)	超过者每点扣1分	10	
2	门扇与框上缝	塞尺	4个	(1～1.5)	超过者每点扣1.5分	6	
3	门扇与框下缝	塞尺	4个	(3～5)	超过者每点扣1.5分	6	
4	扇与框接触	尺量	4个	2	每超0.5mm，扣2分	6	
5	倒挂缝	塞尺	8个		有倒挂缝，每条扣1分	8	
6	刨斜刨板倒小角	目测	12个		不符者每点扣0.5分	6	
7	铰链开槽	目测	任意		铰链不平整，边缘不整齐，每点扣1分	8	

续表

序号	考核项目	检查方法	测数	允许偏差	评分标准	满分	得分
8	木螺丝	目测	任意		螺丝拧入不少于2/3，螺丝平整，不符者每点扣1分	10	
9	光洁度	目测	任意		有毛刺、雀斑、锤印，每点扣2分	10	
10	工艺操作规程				错误无分，局部有误扣1～9分	10	
11	安全生产				有事故无分，有隐患扣1～4分	5	
12	文明施工				落手清不做扣5分	5	
13	工效				低于定额90%不得分，在90%～100%之间酌情扣分，超过定额者酌情加1～3分	10	

4. 制作木扶手弯头

考核项目及评分标准

序号	考核项目	检查方法	测数	允许偏差	评分标准	满分	得分
1	制作弯头	目测	任意		用料合理，尺寸正确，形状按设计要求	20	

续表

序号	考核项目	检查方法	测数	允许偏差	评分标准	满分	得分
2	安装弯头	目测	任意		平整牢固	20	
3	安装扶手	目测	任意		平整牢固，与上下弯头结合良好	20	
4	光洁度	目测	任意		无毛刺、雀斑、锤印	10	
5	工艺操作规程				错误无分，局部有误扣1～9分	10	
6	安全生产				有事故无分，有隐患扣1～4分	5	
7	文明施工				落手清不做扣5分	5	
8	工效				低于定额90%不得分，在90%～100%之间酌情扣分，超过定额者酌情加1～3分	10	

注：可用1:2的缩小模型制作安装，评分标准作相应调整。

5. 划木门窗数棒（带中帽头）

考核项目及评分标准

序号	考核项目	检查方法	测数	允许偏差	评分标准	满分	得分
1	框几何尺寸	尺量			按图纸尺寸，每超0.5mm扣2分	12	
2	扇几何尺寸	尺量	4		按图纸尺寸，每超0.5mm扣2分	12	
3	玻璃分档尺寸	尺量	6		按图纸尺寸，每超0.5mm扣2分	12	

续表

序号	考核项目	检查方法	测数	允许偏差	评分标准	满分	得分
4	杆伸断面尺寸	尺量	任意		按图纸尺寸，每超0.5mm扣1分	12	
5	线脚	任意	尺量		按图纸尺寸，每超0.5mm扣1分	10	
6	画线总测	目测	任意		线条不清，分线，漏线，每点扣1分	12	
7	工艺操作规程				错误无分，局部有误扣1～9分	10	
8	安全生产				有事故无分，有隐患扣1～4分	5	
9	文明施工				落手清不做扣5分	5	
10	工效				低于定额90%不得分，在90%～100%之间酌情扣分，超过定额者酌情加1～3分	10	

6. 制作圆形窗扇

考核项目及评分标准

序号	考核项目	检查方法	测数	允许偏差	评分标准	满分	得分
1	放样	目测尺量	任意	±1mm	超过者，每点扣2分	10	
2	主要外形断面尺寸	尺量	6个	±2mm	超过者，每点扣1分	6	

续表

序号	考核项目	检查方法	测数	允许偏差	评分标准	满分	得分
3	窗梃接法	目测	任意		接法合理不松动。不符者每点扣3分	8	
4	榫肩榫眼	塞尺	任意	0.3mm	超过者，每点扣2分	8	
5	玻璃芯子	尺量	4个	±1mm	每超过0.5mm，扣1分	6	
6	玻璃铲口	目测	任意		角度不准有两口毛刺，每点扣2分	6	
7	平整度	托板塞尺	2	1mm	无松动，超过者，每点扣4分	8	
8	光洁度	目测	任意		有毛刺、雀斑、刨痕、锤印，每点扣1分	8	
9	翘裂	目测	1	2mm	每超过0.3mm，扣2分	10	
10	工艺操作规程				错误无分，局部有误扣1~9分	10	
11	安全生产				有事故无分，有隐患扣1~4分	5	
12	文明施工				落手清不做扣5分	5	
13	工效				低于定额90%不得分，在90%~100%之间酌情扣分，超过定额者酌情加1~3分	10	

7. 制作安装异形模板

考核项目及评分标准

序号	考核项目	检查方法	测数	允许偏差	评分标准	满分	得分
1	放样	尺量	任意	±1mm	超过者，每点扣3分	10	
2	木带样板	目测	任意		设置合理，形式正确	5	
3	模板配制	目测 尺量	任意	±3mm	与样板相套，超过者每点扣2分	13	
4	底模安装	目测 尺量	任意		形状正确，尺寸正确，拼接合理	8	
5	圆锥身外模	目测 尺量	任意		形状正确，尺寸正确，拼接合理	8	
6	圆锥身里模	目测 尺量	任意		形状正确，尺寸正确，拼接合理	8	
7	球形顶模	目测 尺量	任意		形状正确，尺寸正确，拼接合理	8	
8	支撑牢固	目测			平、斜搭头、顶撑布局合理、牢固	5	
9	预留孔洞	目测 尺量	任意		位置正确、尺寸大小正确，做法合理	5	
10	工艺操作规程				错误无分，局部有误扣1～9分	10	
11	安全生产				有事故无分，有隐患扣1～4分	5	
12	文明施工				落手清不做扣5分	5	
13	工效				低于定额90%不得分，在90%～100%之间酌情扣分，超过定额者酌情加1～3分	10	

注：指架空的六角底，圆锥身球形盖的水箱。

第三章　高级木工

一、理论部分

（一）是非题（对的划“√”，错的划“×”）

1. 房屋中围护结构不作承重结构，因为围护结构的材料力学性能差。(×)

2. 房屋中的伸缩缝和沉降缝都是为了适应房屋变形而设置的构造措施，因而可以相互代替。(×)

3. 水泥砂浆不宜与铝合金门框直接接触，是因为水泥砂浆容易开裂。(×)

4. 雨篷板在雨篷梁的下口比上口好，是因为前者的墙身不容易渗水。(√)

5. 高层建筑除了考虑垂直的荷载外，还要考虑水平方向的受力情况，因而它受力情况复杂，强度也要求高。(√)

6. 材料不管是自然状态还是绝对密实状态，其体积总是相同的。(×)

7. 木材的体积是由固体部分和构造孔隙部分所组成。(√)

8. 材料的硬度是指能抵抗其他较硬物体压入的能力。(√)

9. 对于同种木材，影响其强度的主要原因就是含水率。(×)

10. 钢筋经冷加工后，所有的强度和性能都得到了提高和改善，因而是节约钢材的一种好方法。(×)

11. 采用高标号的水泥制成的混凝土强度也高。(×)

12. 采用高标号的砖砌筑而成的砖砌体，其强度也高。(×)

13. 基础墙的砌筑中，为了操作方便，应该使用石灰水泥砂浆。(×)

14. 采用高标号的砌筑砂浆砌筑而成的砌体，其强度也高。(×)

15. 高强度的钢筋，其硬度一般也较高。(√)

16. 圈梁宜连续地设置在同水平标高上，并形成封闭状，这样整体性好。(√)

17. 钢筋混凝土过梁的搁支长度不宜小于240mm。(√)

18. 阳台和雨篷一般作用着倾覆和抗倾覆这两种荷载。(×)

19. 建筑施工中所用的图纸，都叫施工图。(×)

20. 按电焊焊渣特性来分类，焊条有酸性和碱性两种。(√)

21. 钢筋的标准强度（出厂规定的强度限值）就是钢筋的设计强度。(×)

22. 混凝土是一种抗压和抗拉性能都很好的材料。(×)

23. 水泥砂浆是混合砂浆中的一种。(×)

24. 预应力钢筋混凝土屋架应一次浇捣完成，不得留施工缝。(√)

25. 建筑中的变形缝就是指伸缩缝、沉降缝、抗震缝。(√)

26. 在砖墙砌筑中，日砌高度不应超过 1.8m。(√)

27. 工人在外脚架上操作时，材料、工具等物不可斜靠在墙上，应该直接放置在脚手架上。(√)

28. 砌体结构的受力性能是抗压强度高而抗拉强度低，因此，砌体结构只适用于轴心受压或偏心受压构件。(√)

29. 砌体的强度就是指抗压强度。(×)

30. 砌体的设计强度是由砖、砂浆的强度等级与施工操作因素所决定。(×)

31. 层高大于 6m 的砖墙，所用砖和砂浆的最低强度等级为 MU10 与 M2.5。(√)

32. 空斗承重墙中，钢筋混凝土构件的支承面下，宜用不低于 M2.5 的砂浆实砌二至三皮砖。(√)

33. 正常配筋的钢筋混凝土梁的破坏是随着荷载的增大，钢筋先屈服，继而混凝土受压区不断缩小，混凝土应力达到弯曲抗压极限强度而破坏。(√)

34. 轴心受压的钢筋混凝土构件，总压力是由截面中的钢筋和混凝土共同承担的。(√)

35. 偏心受压的钢筋混凝土构件中，受拉区先出现裂缝的破坏，叫做受压破坏，习惯上称为小偏心受压破坏。(×)

36. 偏心受压的钢筋混凝土构件中，受压区先出现裂缝的破坏，叫做受拉破坏，习惯上称为大偏心破坏。(×)

37. 偏心受压的钢筋混凝土构件，常采用双称配筋的方法，以方便于施工。(√)

38. 审核图纸主要是为了发现图纸上的错误。(×)

39. 审核图纸主要是为了熟悉图纸，便于施工。(×)

40. 审核图纸主要是为了向设计人员提意见。(×)

41. 审核图纸主要是为了提出方便于自己施工的意见。(×)

42. 施工前的图纸会审，一般由甲方召集，业主、设计、施工等单位有关人员参加，会后形成由甲方起草共同签字的“会审备忘录”。(√)

43. 在独立杯形基础的底板中，如果 1 号钢筋 $\phi12$@150mm 为顺着短边方向，2 号钢筋 $\phi12$@200mm 顺着长边方向，则可看出 1 号钢筋在 2 号钢筋的上面。(√)

44. 在现浇楼板中，如果 1 号钢筋 $\phi12$@150mm 为顺着短边方向，2 号钢筋 $\phi12$@200mm 顺着长边方向，则可看出 1 号钢筋在 2 号钢筋的上面。(×)

45. 在简支梁的中部，弓形钢筋的位置在下部。(√)

46. 在简支地梁的端部，弓形钢筋的位置在下部。(×)

47. 在基础地板中，分布钢筋一般都在受力钢筋的下面。(√)

48. 高标号的混凝土，一定要用高标号的水泥制得。(√)

49. 同一种钢材，其抗拉强度比抗压强度低。(×)

50. 同样高度、相同截面尺寸的混凝土柱子，其承受的轴心压力和偏心压力也相同。(×)

51. 钢材经过冷拉或冷拔之后，其化学成分没有发生变化，但机械性能却发生了变化，因而抗拉强度得到了提高。(√)

52. 标准砖的强度越高，则其质量也越好。(×)

53. 活动地板上的荷载由支座传给楼地面，因此建筑结构应符合支座集中荷载在某些部位的过大要求。(√)

54. 活动地板面板的安装，应该在支座处固定牢固，并在地板下面电缆管线铺设完毕、搁栅龙骨上口标高校正后，才可进行安装。(√)

55. 保温吊顶与音响吊顶的结构做法相似，都要求有隔绝热传递或声传递的性能。(×)

56. 在艺术吊顶中，反光灯槽平顶与发光平顶的构造做法不同之处，是发光源是否直接与间接地照明整个室内空间。(×)

57. 采用钢管排架支承空中异形构件（例如曲线箱梁）的横板工程中，其技术难点是空中定位和排架承载力计算控制。(√)

58. 圆柱螺旋线可以看作一条贴于圆柱表面的直角三角形的斜边，该直角三角形的底边长等于底圆的周长，高等于螺距。(√)

59. 同一旋转楼梯的踏步，其内外踏步三角是相似的。(×)

60. 同一旋转楼梯的踏步，高是相同的，但宽则外圆大，内圆小。(√)

61. 当采用板式圆柱螺旋形楼梯的结构时，同一径向的板底标高是相同的。(×)

62. 当采用板式圆柱螺旋形楼梯的结构时，同一径向的板底标高是不同的，即外侧比内侧高。(√)

63. 爬升模板与滑升模板相比，其主要区别是模板与混凝土不作相对的滑行，并一次能浇灌立面高度大的混凝土。(√)

64. 爬升模板是综合了滑升模板与大模板的工艺原理而形成的一种新的模板体系。(√)

65. 爬升模板外模上的爬架宜设在建筑物的阴角，这样可以充分发挥爬架的作用，并方便于安装脚手架。(×)

66. 爬升模板中穿墙螺栓是否紧固，是确保模板爬升是否安全的重要一环，每爬升一层，要全部检查一次。(√)

67. 爬升模板中的穿墙螺栓，常凭经验估测其扭矩的大小，以确保承载力。(×)

68. 钢模板端头齐平布置时，一般每块钢模板应有两个支承点。钢模板端缝错开布置时，支承跨度一般不应大于主规格模板长途的80%，计算荷载应增加一倍。(√)

69. 内钢楞的配置方向应与钢模板的长度方向相平行，直接承受钢模板传递来的荷载。(×)

70. 为了安装方便，荷载在50kN/m^{2}内，钢楞间距常采用750mm的固定尺寸。(√)

71. 钢楞铺设时，其端部应伸出钢模板边肋10mm以上，以防钢模板的边肋脱空。(√)

72. 在模板支承系统中，对连续形式和排架形式的支柱，应配置水平撑，水平撑在柱高方向的间距一般不应大于2m。(×)

73. 施工中的脚手架，可以作为支撑模板的支承点。(×)

74. 脚手架的系墙加固连结点，不可因影响操作而随意私自拆去。(√)

75. 脚手架上允许堆料荷载不得超过2700N/m^2。(√)

76. 脚手架的每步高度，一般为2m。(×)

77. 外墙脚手架的操作高度超过三层时，应加设安全网。(×)

78. 连续梁的整体性和连贯都较好，用料比简支梁省。(√)

79. 悬挑板和悬挑梁的受力钢筋在构件的下部，故在施工过程中要注意其位置，以防发生错位而产生工程事故。(×)

80. 砖结构和木结构混合形成的结构承重体系叫做砖混结构。(×)

81. 日常用砖墙承重和钢筋混凝土梁板形成组成的结构承重体系，叫做砖混结构。(√)

82. 建筑物中承重结构和围护结构可以任意相互代替，以节约材料，降低造价。(×)

83. 桩基础一定要通过承桩台来传递承受荷载。(√)

84. 摩擦桩是靠桩身与土层间摩擦挤压力来承受荷载的。(√)

85. 端承桩主要是靠桩尖端与坚实土层之间的作用力来承受荷载的。(√)

86. 打入桩、压入桩、灌注桩是按桩的受力性能来分类的。(×)

87. 打入桩的受力能力，在施工中是通过贯入度和桩顶标高值来控制的。(√)

88. 混凝土的标号与水泥的标号实质是同一回事，都是在压力机上压出来的，仅仅是数值不同而已。(×)

89. 砖强度等级和砖砌体强度实质是同一回事，都是在压力机上试验得来的，仅仅是数值不同而已。(×)

90. 石灰岩经烧制而成熟石灰，熟石灰经水化而变成生石灰，生石灰经碳化而变硬。(×)

91. 石灰一般是生石灰和熟石灰的通称，属于水硬性无机胶混材料。(√)

92. 生石灰淋水化解成白色粉状或胶泥状材料，叫做熟石灰，又把胶泥状石灰叫做石灰膏。(√)

93. 预应力钢筋混凝土构件比一般的钢筋混凝土构件用料省，承载能力强。(√)

94. 基本构件做好后再张拉预应力钢筋，这种做法叫后张法。(√)

95. 预应力钢筋在张拉时，既控制张拉应力，又控制延伸率，这种方法叫做“双控”张拉，能确保应力正确。(√)

96. 一般的预应力钢筋混凝土构件，在未受荷载时，都呈“上拱”现象。(√)

97. 张拉预应力钢筋后应静置24h后才可灌浆，以保证构件质量。(√)

(二) 选择题 (正确答案的序号在各题横线上)

1. 已知C10的混凝土强度值有以下4个，其中__A__为抗压强度标准值。

A.10N/mm^2　B.5N/mm^2

C.5.5N/mm^2　D.0.65N/mm^2

2. 已知 C10 的混凝土强度值有以下 4 个，其中__B__为轴心抗压设计强度。

A.10N/mm^2　B.5N/mm^2

C.5.5N/mm^2　D.0.65N/mm^2

3. 已知 C10 的混凝土强度值有以下 4 个，其中__C__为弯曲抗压设计强度。

A.10N/mm^2　B.5N/mm^2

C.5.5N/mm^2　D.0.65N/mm^2

4. 已知 C10 的混凝土强度值有以下 4 个，其中__D__为抗拉设计强度。

A.10N/mm^2　B.5N/mm^2

C.5.5N/mm^2　D.0.65N/mm^2

5. 已知 C20 的混凝土强度值有以下 4 个，其中__A__为轴心抗压强度。

A.20N/mm^2　B.15N/mm^2

C.10N/mm^2　D.5N/mm^2

6. 为木工现场进行现浇框架结构模板施工用的翻样图，主要是__C__。

A. 钢筋翻样图　B. 砌块排列翻样图

C. 模板翻样图　D. 预制构件排列布置图

7. 现浇楼层结构模板翻样图中，一般不反映该层的__D__。

A. 砖墙和砖柱　B. 预制楼板

C. 预埋件　D. 钢筋布置

8. 木装修的翻样中，对于材料的统计，应该采用的方法为__C__。

A. 套用材料定额计算　B. 按经验估算

C. 根据图纸按实计算　D. 由操作人员提出

9. 在楼梯模板的翻样中，对于平台梁的垂直位置，一般在剖面图中用__D__表示，以便工人阅图操作。

A. 垂直标注尺寸　B. 建筑标高

C. 梁面结构标高　D. 梁底结构标高

10. 我国规范规定混凝土等级程度用边长为__B__的立方体抗压强度标准值确定。

A.40×40×160（mm）　B.150×150×150（mm）

C.200×200×200（mm）　D.53×115×240（mm）

11. 钢筋按其强度大小分为 B 钢筋等级数。

A. 1 至 4 级　B. Ⅰ至Ⅳ级

C. 一至四级　D. 光面与变形

12. 用符号“Φ”表示 D 钢筋。

A. 一级　B. 一级光面

C. Ⅲ级光面　D. Ⅰ级光面

13. 用符号“Φ”表示 C 钢筋。

A. Ⅰ级光面　B. Ⅱ级光面　C. Ⅱ级肋纹　D. Ⅲ级肋纹

14. 预制柱吊装校正后的固定，应该采用 B 固定。

A. 一次灌细石混凝土　B. 二次灌细石混凝土

C. 二次灌 C10 混凝土　D. 二次灌 1∶2 水泥砂浆

15. 某墙模板的水平长度为 11100mm，其横向排列时的最佳钢模为 A 配备布置。

A. 7P3015 + P3006　B. 10P3009 + P3006

C. 5P3015 + 4P3009　D. 4P3015 + 5P3009 + P3006

16. 某墙模板的水平长度为 11250mm，其横向排列时的最佳钢模为 B 配备布置。

A. 7P3015 + P3004　B. 6P3015 + 2P3009 + P3004

C. 9P3012 + P3004　D. 12P3009 + P3004

17. 某墙模板的水平长度为 11400mm，其横向排列时的最佳钢模为 C 配备布置。

A. 9P3015 + P3006　B. 12P3009 + P3006

C. 7P3015 + P3009　D. 6P3015 + 3P3009

18. 某墙模板的水平长度为 11700mm，其横向排列时的最佳钢模为 D 配备布置。

A. 13P3009　B. 9P3012 + P3009

C. 9P3012 + 2P3004　D. 7P3015 + 2P3006

19. 某墙模板的水平长度为 11550mm 时，其横向排列时的最佳钢模为 D 配备布置。

A. 12P3009 + P3006　B. 9P3012 + P3009

C. 8P3012 + P3004 + P3015　D. 7P3015 + P3006 + P3004

20. 对于同一种木材，以下强度中 A 强度为最大。

A. 顺纹抗拉　B. 顺纹抗压

C. 顺纹抗剪　　D. 横纹抗压

21. 对于同一种木材，以下强度中＿D＿强度为最大。

A. 横纹抗拉　B. 横纹抗压

C. 横纹抗剪　D. 顺纹抗压

22. 对于同一种木材，以下强度中＿D＿强度最大。

A. 横纹抗剪　B. 横纹抗拉

C. 顺纹抗剪　D. 顺纹抗拉

23. 对于同一种木材，以下强度中＿C＿强度最小。

A. 横纹抗剪　　B. 横纹抗压

C. 顺纹抗剪　D. 横纹抗拉

24. 对于同一种木材，以下强度中＿A＿强度为最小。

A. 顺纹抗剪　B. 横纹抗剪

C. 顺纹抗压　D. 横纹抗压

25. 在木结构杆件的键结合中，键块木材的含水量应低于＿B＿。

A.10%　　B.15%　　C.17%　D.2%

26. 在木结构杆件的键结合中，键块材料应采用＿B＿的做法。

A. 硬木做成、横纹受力　　B. 耐腐硬木制成、顺纹受力

C. 耐腐木制成、横纹受力　D. 硬木制成、顺纹受力

27. 在木结构梁杆件的键结合中，键的相互距离应按＿A＿做法。

A. 中间比较大，两端就较小，但最小距离为键长

B. 中间比较小，两端就比较大，但最小距离为键长

C. 中间和两端比较大，其余比较小，但最小距离为键长

D. 都可以一样，但不应小于键长

28. 普通木屋架端点的双齿正榫结合中，其构造要求为＿D＿。

A. 承压面与上弦轴线相交，上弦轴线由两齿中间通过，下弦轴成通过截面中心，上、下弦轴线与墙身轴线交汇于一点

B. 承压面与上弦轴线相交，上弦轴线由第一齿中通过，下弦轴线通过截面中心，上下弦轴线与墙身轴线汇交于一点

C. 承压面与上弦轴线垂直相交，上弦轴线通过净面积中心，下弦轴线通过净截面中心，上下弦轴线与墙身轴线汇交于一点

D. 承压面与上弦轴线垂直，上弦轴线由两齿中通过，下弦轴线对于方木，则通过齿槽下净面积中心；对于原木，则通过下弦截面中心，上下弦轴线与墙身中心线汇交于一点

29. 在普通木屋架下弦中间节的单结合中，其构造要求为__D__做法。

A.（1）承压面与斜杆轴线垂直

（2）斜杆轴线通过承压面

（3）三轴线交汇于一点

B.（1）斜杆轴线与承压面相交

（2）斜杆轴线通过承压面

（3）三轴线交汇于一个三角形范围

C.（1）斜杆轴线与承压面相交

（2）斜杆轴线通过承压面中心

（3）三轴线最好汇交于一点

D.（1）斜杆轴线与承压面相垂直

（2）斜杆轴线通过承压面中心位置

（3）三轴线必须交汇于一点

30. 对于9m跨度以下的木屋盖，对__D__种情况应设置支撑。

A. 有密铺单层屋面板和山墙　B. 四坡顶屋面

C. 屋盖两端与刚度较大的建筑物相连

D. 楞摊瓦屋面和有山墙

31. 在六节间豪式木屋架中，__C__构件的内力（接力或压力的绝对值）最大。

A. 下弦杆中间　　B. 上弦杆脊处

C. 上弦杆檐口处　D. 下弦杆中间处

32. 在豪式木屋架中，腹杆的受力情况为__D__。

A. 拉力　B. 压力

C. 部分为压力部分为拉力

D. 斜腹杆为压力，垂直拉杆为拉力

33. 旋转楼梯的栏杆扶手是__D__形状，扶手应分段制作后再立体拼装。

A. 圆弧体　B. 直线体　C. 曲面体　D. 空间螺旋体

34. 旋转楼梯的扶手断面为矩形，则扶手标准段的上面形状与下面形状为__A__。

A. 相同　B. 相似　C. 不同　D. 部分相同，部分不同

35. 旋转楼梯的扶手断面为矩形，则扶手标准段的左右两侧弯曲为__B__。

A. 相同　B. 相似　C. 不同　D. 部分相同、部分不同

36. 旋转楼梯的木扶手其安装刨光的顺序为＿A＿正确。

A. 拼装→修正→刨光

B. 修正→粗刨光→拼装→细刨光

C. 刨光→拼装→修正

D. 修正→刨光→拼装

37. 圆形螺旋板式楼梯底模下的每根径向搁栅，应该呈＿D＿，以便于在其上直接铺 3mm 厚木质纤维板。

A. 水平状态　　B. 部分倾斜状态

C. 里面比外面高　D. 里面比外面低

38. 以建筑物的钢筋混凝土墙体为承力主体，通过依附在已浇筑完成并具有初步强度的钢筋混凝土墙体上的爬升支架或大模板和已连接爬升支架与大模板的爬升设备，两者作相对运动，交替爬升，所完成其爬升、下降、就位、校正等施工过程，这种模板的施工方法叫做＿C＿。

A. 大模板　　B. 滑升模板

C. 爬升模板　D. 提升模板

39. 建筑物按耐火程度分为＿C＿级。

A.2　B.3　C.4　D.5

40. 在钢筋混凝土梁中，混凝土主要承受＿C＿。

A. 拉力　B. 拉力和压力

C. 压力　D. 与钢筋的粘结力

41. 在一般的钢筋混凝土现浇柱中，钢筋主要承受＿C＿。

A. 拉力　B. 拉力和压力

C. 压力　D. 与钢筋的粘结力

42. 固定于墙身中的挑雨篷，它的支座形式一般作为＿A＿支座。

A. 固定铰　B. 可动铰　C. 固定　D. 刚性

43. 平屋顶一般是指坡度小于＿C＿的屋顶。

A.2%　B.5%　C.10%　D.15%

44. 现浇钢筋混凝土梁的跨度大于 8m 时，当混凝土强度达到＿D＿的设计强度时才可拆底模板。

A.5%　B.75%　C.90%　D.100%

45. 在深基础、地下室施工时，其照明设备的电压不得超过＿C＿。

A.220V　B.110V　C.36V　D.12V

46. 在砌筑砖墙时，上下皮之间应相互搭接，搭接长度不少于__D__，否则会影响砌体质量。

A.10mm　B.25mm　C.50mm　D.60mm

47. 在用标准砖砌筑实心砌体中，水平灰缝应在__D__mm 之间。

A.5～8　B.8～10　C.10～12　D.8～12

48. 为防止房屋在正常使用条件下，因温度而使墙体引起竖向裂缝，为此而在墙体中设置__C__。

A. 沉降缝　B. 抗震缝　C. 温度伸缩缝　D. 构造柱

49.325 号普通水泥 28d 达到的抗压强度为__B__。

A.25MPa　B.32.5MPa　C.325MPa　D.400MPa

50. 按照国家规范规定，水泥初凝时间应是__B__。

A. 不早于 45min，不迟于 4h

B. 不早于 45min，不迟于 12h

C. 不早于 1h，不迟于 4h

D. 不早于 4h，不迟于 8h

51. 钢筋中，__D__元素为有害物质，应严格控制其最大含量。

A. 碳　B. 硅　C. 锰　D. 硫

52. 钢筋和混凝土两种材料，它们的线膨胀系是__A__。

A. 基本相同　B. 钢筋大于混凝土

C. 混凝土大于钢筋　D. 相差很大

53. 材料的强度，是指材料的__C__。

A. 强弱程度　B. 软硬程度

C. 抵抗外力破坏的能力　D. 耐磨耗的性能

54. 单层装配式工业厂房的柱间支撑，是为了加强厂房的__D__。

A. 稳定性　B. 整体性

C. 横向刚度和稳定性　D. 纵向刚度和稳定性

55. 钢筋混凝土的圈梁和构造柱的作用是__B__。

A. 装饰房屋　B. 增加空间刚度和整体性

C. 增加水平方向整体性　D. 增加垂直方向整体性

56. 在中国古建筑的斗栱中，斗和升的区别是__D__不同。

A. 外形　B. 大小　C. 设置位置　D. 上口开槽数量

57. 在中国古建筑的斗栱中，栱和翘的区别是__C__不同。

A. 外形　B. 大小　C. 设置位置　D. 用料厚度

58. 在预制装配单层工业厂房中，靠山墙处边柱的中心线，距轴线为 <u>B</u> mm。

A.450 B.500 C.550 D.600

59. 宽大混凝土地坪中的分仓缝设置，主要是为了 <u>C</u> 。

A. 方便于施工 B. 美观、好看

C. 控制裂缝有组织产生 D. 加强垫层的透气性

60. 建筑物上的保温构造层进行隔气防潮处理，其主要作用是 <u>B</u> 。

A. 加强保温性能，提高保温效果

B. 防止水、汽进入保温层因受潮而使保温性能下降

C. 改善视觉环境，增加美观效果

D. 防止表面结露

61. 外墙上出现冷桥现象，主要是由于 <u>B</u> 产生的。

A. 抹灰不严密 B. 墙体采用导热系数相差较大的材料

C. 但砌时施工质量不好 D. 其他原因

62. 保温隔热构造层中，应该采用 <u>C</u> 材料做成。

A. 比热大 B. 导热系数大

C. 导热系统小 D. 热容量大

63. 在采用石油油毡做屋面柔性防水层中，应该采用 <u>A</u> 粘贴。

A. 石油沥青 B. 煤沥青

C. 石油沥青和煤沥青混合 D. 使用什么沥青都可以

64. 蛭石与膨胀珍珠岩保温材料相比，它们 <u>C</u> 。

A. 都是有机天然保温材料，怕虫蛀

B. 都是无机天然矿物材料，但不耐高温

C. 都是无机矿物材料，经煅烧加工而成，不怕虫蛀，耐高温材料

D. 是不相同的材料，蛭石为有机材料，膨胀珍珠岩为无机材料

65. 地基承受的荷载为 <u>D</u> 。

A. 建筑物自重

B. 建筑物自重、每层屋中的使用荷载

C. 建筑物自重、每层屋中的使用荷载、基础上部的土重

D. 建筑物自重、每层屋中的使用荷载、基础上部的土重、地下水作用力

66. 影响基础埋置深度的因素是 <u>D</u> 。

A. 建筑的自重和使用荷载的大小

B. 建筑物的高度大小

C. 人们的习惯做法

D. 地质构造、地下水位线与冰冻线的位置、相邻建筑基础情况

67. 在同样的地质构造中，__D__基础的承载能力最大。

A. 独立基础　B. 条形基础

C. 筏形基础　D. 箱形基础

68. 基础的底面应该在__A__位置。

A. 最低地下水位线之下，冰冻线以下

B. 最高地下水位线之下，冰冻线以下

C. 最低地下水位线之下，冰冻线之上

D. 最高地下水位线之上，冰冻线之上

69. 钢筋混凝土基础是一种__C__基础。

A. 刚性　B. 受刚性角控制的

C. 不受刚性角控制的　D. 既是弹性基础，又受刚性角控制的

70. 在浇捣杯形基础混凝土时，尽管安装正常，但杯芯模浮起，其主要原因可能是__D__。

A. 浇灌混凝土速度太快　B. 振捣混凝土的力过大

C. 杯芯模固定不牢　D. 杯芯模底不透气

71. 多层框架现浇梁的跨度为 5m，当上层要浇筑混凝土时，现浇梁模板支柱一般的拆除要求是__D__。

A. 下层可拆除部分主柱

B. 下层不可拆除，再下层可全部拆除主柱

C. 下层不可拆除，再下层可拆除部分主柱

D. 都不可拆除主柱

72. 模板上涂刷隔离剂，一般应在__D__进行。

A. 模板铺设前　B. 模板铺设后

C. 钢筋绑扎后　D. 模板铺设后钢筋入模前

73. 现浇结构模板的拆除时间，取决于__D__。

A. 结构的性质　B. 模板的用途

C. 混凝土硬化速度　D. 结构性质、模板的用途、混凝土硬化速度

74. 在现场采用重叠支模浇捣预制钢筋混凝土柱，其叠层不应超过__B__。

A.2 层　B.3 层　C.4 层　D.3～4 层

75. 吊装预制钢筋混凝土柱时，若绑扎点、柱脚中心、柱基础杯芯三点共弧，则采用__A__安装。

A. 单机吊装旋转法　B. 单机吊装滑行法

C. 双机抬吊旋转法　D. 双机抬吊滑行法

76. 吊装预制钢筋混凝土柱时，若绑扎点、基础杯中心两点共弧在以起重半径 R 为半径的绑扎点，并靠近基础杯口，这采用__B__安装。

A. 单机吊装旋转法　B. 单机单装滑行法

C. 双机抬吊旋转法　D. 双机抬吊滑行法

77. 柱为两点绑扎，一台起重机抬上吊点，一台起重机抬下吊点，柱的平面布置要使绑扎点与基础杯口中心在相应的起重半径的圆弧上，这种吊法叫__C__。

A. 单机吊装旋转法　B. 单机吊装滑行法

C. 双机抬吊旋转法　D. 双机抬吊滑行法

78. 柱为一点绑扎，两台起重机吊钩在同一绑扎点抬吊，柱布置时绑扎点靠近基础，起重机在柱基两侧，这种叫__D__。

A. 单机吊装旋转法　B. 单机吊装滑行法

C. 双机抬吊旋转法　D. 双机抬吊滑行法

（三）计算题

1. 某钢筋混凝土柱，其截面为 250mm×300mm，配置 4ϕ18 钢筋，混凝土强度等级为 C20，已知混凝土的设计强度为10N/mm^2，钢筋的设计强度为 130N/mm^2，此柱的稳定系数为 1。求柱的轴向承受最大的压力。

【解】　$N = (fcA + fg \times Ag) \times 1$

$$= (250\times300\times10+310\times\frac{\pi18\times18}{4}\times4)\times1$$

$$= (750000+315381)\times1$$

$$= 1065381\text{N} = 1065\text{kN}$$

2. 某一根钢筋混凝土简支梁的混凝土设计强度为 11N/mm^2，断面为 200mm×500mm，配置 3ϕ20 的受力筋，钢筋的设计强度为 310N/mm^2，计算弯度为 5.7m，试求最大的承受弯矩能力（$a_s=0.253$，$\gamma_s=0.851$）。

【解】　$m_1 = a_s f_c b h_0 h_0 = 0.253\times11\times200\times46.5\times46.5$

$= 120\times1000000\text{N/mm}$

$$m_2 = \gamma_s \times f_g A_s h_0 = 0.851\times310\times3\,\frac{\pi\times20\times20}{4}\times46.5$$

$=115.4\times1000000N/mm$

$\therefore$取 m_2，即 $M=115.4\times10^6$ N/mm。

3. 某一砖构，截面为370mm×490mm，其抗压设计强度为1.58MPa，纵向弯曲系数 $\phi_f=0.785$，柱调整系数为0.881，求最大的轴向承压力。

【解】 $f=1.58\times0.881=1.39MPa$

轴向最大承压力：

$N=\phi Af=0.785\times490\times370\times1.39=142.3\times1.39$

$=197.8kN$

4. 已知某现浇梁的底模板承受的垂直荷载分别如下：

【解】 (1) 模板自重：1.5kN/m;

(2) 新浇筑混凝土重：22.55kN/m;

(3) 钢筋重：0.2kN/m;

(4) 施工操作人员及施工设备荷载为：7.5kN/m;

(5) 振捣混凝土时产生的荷载为3.6kN/m。

若梁长6m，分别由6根支撑来承担，每根支撑承受的荷载多少？若木材的顺设抗压强度为12MPa时，至少应该用多大截面的方木作支撑。

【解】 $N=(1.5+22.55+0.2+7.5+6)\times6\div6=37.7kN$

每个支撑承受37.7kN

$A=\frac{N}{R}=37.7\times10^3\div12=3141mm^2$

$a=\sqrt{A}=\sqrt{3141}=56mm$

则至少要用56mm×56mm的木料作支撑。

实际上由于稳定、刚度等原因，则断面的实际尺寸远大于此数值。

5. 新浇筑混凝土对墙模的侧压力为 $75kN/m^2$，振捣混凝土时对模板的荷载为 $4kN/m^2$，如果在高3m、长10m的墙模上设置8个螺栓作模板的墙拉杆，则每根拉杆上受到的拉力多大？若拉杆的设计强度为 $210N/mm^2$，则拉杆的最小直径应多大？

【解】 总荷载 $N=(75+4)\times3\times10=79\times30=210kN$

每根拉杆的受力 $=N\div8=210\div8=26.25kN$

拉杆的最小截面 $=26.25\times10^3\div210=125mm^2$

拉杆的最小直径 $=\sqrt{\frac{125\times4}{\pi}}=12.61mm$

取拉杆的最小直径 $d=14mm$。

6. 某木门扇的安装检测中，发现不合格门扇的原因有多种，其中开启不灵活为8扇，自开为5扇，风缝不对为12扇，螺钉安装不好为15扇，碰伤板面为2扇，其他原因为3扇，试画出质量原因排列表。

产品不合格排列表

序号	1	2	3	4	5	6	合计
原因	螺钉	风缝	开启	自开	碰伤	其他	
数量	15	12	8	5	2	3	45
百分比	33.3	26.7	17.8	11.1	4.4	6.7	100
累计	33.3	60	77.8	88.9	93.3	100	

7. 某钢窗安装检测后，发现不合格的原因与数量如下：窗框与墙体间缝隙填嵌不对5樘，窗框正侧面垂直度建标14樘，窗框水平度建标16樘，附件安装不合格10樘，框对角线长度差不合格8樘，其他原因3樘，画出产品质量不合格的排列表。

产品质量不合格排列表

序号	1	2	3	4	5	6	合计
原因	水平度	垂直度	附件	对角线	填缝	其他	
数量	16	14	10	8	5	3	56
百分比	28.6	25.0	17.9	14.3	8.9	5.3	100
累计	28.6	53.6	71.5	85.8	94.4	100	%

8. 在某铝合金窗的工程质量检查中发现产品不合格的原因与数量如下：用水泥砂浆填嵌道缝为18樘，外观划毛破相为16樘，附件安装不对为3樘，框对角线长度差超标为8樘，框正侧面垂直度超标为5樘，其他原因为2樘，画出产品质量排列表。

产品质量不合格排列表

序号	1	2	3	4	5	6	合计
原因	嵌缝	划毛	对角线	垂直度	碰伤	其他	
数量	18	16	8	5	3	2	52
百分比	34.6	30.8	15.4	9.6	5.8	3.8	100
累计	34.6	65.4	80.8	90.2	96.2	100	%

9. 某模板工程的质量检测后发现不合格的情况如下：拼板宽度超标3

处，表面清理不合格为4处，标高不对为2处，表面平整度超标为5处，相邻模板高低拼接超标为7处，其他原因为2处。画出产品不合格排列表。

产品不合格排列表

序号	1	2	3	4	5	6	合计
原因	高低拼	平整度	清理	宽度拼	标高	其他	
数量	7	5	4	3	2	2	45
百分比	30.4	21.8	17.4	13.0	8.7	8.7	100
累计	30.4	52.2	69.6	82.6	91.3	100	%

10. 某楼面工程质量检测评审情况如下：主控项目全部合格；一般项目检查12项，其中合格4项，优良8项，允许偏差项目实测20个点，其中合格为16个点，4个点不合格，根据以上数据，计算有关的合格率和优良率，并确定该楼面工程的等级。

【解】 主控项目：合格率100%

一般项目：

合格率：=(4+8) ÷12=100%

优良率：=8÷12=67%

允许偏差项目：

合格率：=16÷20=80%

根据以上数据，该楼面工程可评为优良等级。

11. 有一"开"形双柱支架结构，其柱截面为450mm×450mm，柱顶标高为4.2m，上下柱横梁的截面为250mm×600mm，上横梁的底标高为3.6m，下横梁的底标高为2.4m，均居柱侧中心。若从－0.30m起配制模板，请绘出其柱的钢模排列图。

12. 有一"L"形的带挑檐板的钢筋混凝土梁，其梁断面为250mm×600mm，梁长3.25m，挑檐板厚200mm，挑出800mm，请绘制钢模板的排列图。

13. 有一并排五根组成的框架梁，梁断面均为400mm×1200mm，跨度为6000mm，梁的间距为3600mm，梁底支撑长度为4.6m，请绘制支柱支承的模板支撑方案的简图。

14. 已知某双跑楼梯的踏步宽为280mm，踏步高为170mm，楼梯井的宽度为300mm，采用900的木扶手，扶手断面为55mm×70mm，请用1:5

的比例画出休息平台处的木扶手大样图（平面、立面、断面）。

15. 已知某硬木拼花木地板上做字 120mm，木踢脚板，请以 1:2 的比例画出踢脚板与墙面、地面连接的节点大样图（剖面图）。

16. 已知某一靠山墙的单跑室外现浇板式楼板，室外标高为 -0.15m，楼面标高为 2.80m，楼梯宽为 270mm，高为 173mm，梯段板厚 120mm，宽为 1250mm，挑出平台梁与基础梁的断面为 240mm×300mm，请以 1:50 的比例画出平面图。

17. 用 1:5 的比例，分别在 130mm×45mm 边梃，200mm×45mm 中冒头的木料上，画出接角的正面、侧面榫接加工画线图（注：为半截玻璃门）。

18. 用 1:5 的比例，分别在 130mm×45mm 边梃、130mm×45mm 上冒头的木料上，画出接角的正面，侧面榫接加工画线图（注：为玻璃门）。

19. 用 1:5 比例，分别在 45mm×130mm 边梃、45mm×200mm 下冒头的木料上，画出接角的正面、侧面榫接画线图（注：为 8 厚银板门）。

20. 用 1:2 的比例，分别在两根台面梃料 30mm×40mm、一根台脚料 40mm×40mm 上画出三线斜棱式榫接正面、侧面画线图。

21. 用 1:2 的比例，分别在 25mm×35mm 的边框料、25mm×30mm 以 45°角度相交的斜撑料上，画出暗燕尾榫斜丁字接的正面、侧面画线图。

（四）简答题

1. 对某一大面积的框架结构的模板工程经验收合格后，从一个角开始浇捣混凝土。试分析这种混凝土浇筑方案对模板的影响，并提示较好的混凝土浇捣路线。

答：这种混凝土的浇捣路线，对模板产生一种侧向推力。由于整个模板在浇筑混凝土中受力不平衡，浇筑处的模板往下沉，未浇混凝土的模板有向外倾斜的趋势，因而有可能造成模板倾斜，直至倒塌。为了防止这种情况的出现，混凝土的浇捣路线应从中间向两边（四边）进行，或由两边（四边）向中间进行，以使模板受力平衡。

2. 某一框架柱高 4m，当混凝土浇捣时从柱顶直接灌入。试分析这种做法的不利影响，并提出较好的措施。

答：这种施工方法使混凝土产生离析现象，严重地影响了混凝土的质量，应尽量避免此做法。一般在柱模中设置门子板，使混凝土分段灌入柱中。或者采用泵送混凝土的施工方法，把泵喷送混凝土的头部伸入柱中，以减少混凝土自由落距。

3. 说明混凝土构件蜂窝麻面的产生原因，并指出预防措施。

答：混凝土构件中出现蜂窝麻面，主要是由浇筑混凝土时漏振或模板漏浆而形成的。应该按规定振实混凝土，并在模板的安装中，认真进行缝隙处理以防漏浆。

4. 说出拆模时发现雨篷断裂的原因，并指出预防措施。

答：雨篷断裂原因有以下几个：

(1) 钢筋的方向放反，即负钢筋放在板底，造成受力不适；

(2) 混凝土的实际施工标号低于设计标号；

(3) 混凝土的养护期不到或混凝土施工工艺不对。

为了防止雨篷断裂，应按设计要求绑扎钢筋和按设计标号控制混凝土的配合比，在浇捣混凝土时应使钢筋保持良好的架立位置，并振实混凝土。在雨篷的混凝土没有达到设计标号前，不得拆除模板。

5. 说出浇筑混凝土时发生爆模板壳子的原因，并指出预防措施。

答：发生爆模板壳子的原因有以下几点：

(1) 模板没有安装好、固定牢；

(2) 浇捣振实混凝土时，振动器直接靠在模板上，振动过大；

(3) 倾倒混凝土时的冲击力过大，施工荷载过分集中。

为防止发生爆模板壳子的现象发生，应该：

(1) 模板安装牢固好，在浇筑混凝土前应全面检查两次，浇捣混凝土过程中应派木工值班“君壳子”；

(2) 施工中应不过分集中堆放物件，避免施工荷载过分集中；

(3) 振动器不应直接靠在模板上振实混凝土。

6. 说明窗口与窗边泛水渗水的原因。

答：(1) 窗的制作质量问题，造成从窗口中被风吹进雨水；

(2) 窗安装中，因固定位置不对，造成窗樘发生变形而出现渗水；

(3) 窗樘与墙之间的缝隙所用嵌缝材料不对或没有嵌密实而使水渗入；

(4) 外窗台的抹灰装饰做得不对，即抹灰层没有从樘子底出面，而是从樘子侧面抹出，形成抹灰裂缝而渗水。

7. 说明木门窗发生翘曲、变形的原因及防治措施。

答：木门窗发生翘曲、变形，是由于以下原因所造成的：

(1) 制成木门窗的材料不好，或含水量过大；

(2) 制作木门窗中没有按要求生产，造成本身产品质量低劣；

(3) 在运输中，随便放置，受到人为的损坏而使之变形；

(4) 在堆放中，放置于不平之处，没有按要求放置平整，没有采取遮阳防雨的措施；

(5) 在安装时，其垂直度与平整度的误差过大，尤其是安装樘子时没有使樘子推在同一垂直平面中；

(6) 在日常的使用中，由于房屋不均匀沉降、开裂，也会使木门窗发生翘曲和变形。

为了不使木门窗出现翘曲变形的现象出现，应在木材的选材、木门窗的制作、运输、堆放、安装时按相应的施工要求进行，并应设计合理。

8. 一般分析出现质量问题时，应该从哪几个方面去思考原因？

答：一般应该从以下几个方面去找原因：

(1) 从原材料或构件的质量、规格上找原因。

(2) 从基层或前道工艺中找原因；

(3) 从半成品的制作质量找原因；

(4) 从本工种工艺的操作质量中找原因；

(5) 从产品保护及相应后一道工艺操作中找原因；

(6) 从设计的科学性及合理性中找原因。

9. 一般现场预制构件拆模后发生断裂原因有哪些？

答：(1) 模板过早拆除，由于混凝土的强度没有达到要求；

(2) 拆模时方法不对，从而损坏了构件，使之断裂；

(3) 混凝土的配合比不对，之后混凝土的强度没有达到设计要求；

(4) 由于地基没有夯实或构件底面支点太少或现场排水措施没有做好，使地面沉降而造成构件断裂。

10. 分析现浇框架结构在浇捣混凝土时，模板发生倒塌的原因。

答：发生倒塌的原因可能有以下几个：

(1) 模板支撑不牢固，强度与稳定性不够；

(2) 模板支撑在地面上，由于排水不良，因集水而使土质软化而使模板支顶发生沉降而形成模板倒塌；

(3) 模板支撑好后，没有进行检查和保护，可以受到他人的破坏；

(4) 浇捣混凝土的工艺方案错误，使模板支架位移而发生倒塌。

11. 一个单位工程按其构成可分为哪 6 个分项工程？一般的施工顺序如何安排？

答：一个单位工程可分为基础工程、主体工程、围护结构、屋面防水、内外装修、水暖、电安装 6 个主要的分部工程。

一般的施工顺序为：由基础到屋顶；从下而上的施工主体结构；再从上往下施工内外装修工程；电、水暖交叉穿插进行。

12. 单层厂房预制构件平面布置要考虑哪些问题?

答：(1) 布置柱、层架浇捣的平面位置；

(2) 留出抽管芯和张拉钢筋的地方；

(3) 留出吊车的行走路线和吊装停机点地位；

(4) 考虑吊车的进出场路线。

13. 什么叫做简支梁? 简支梁在均布荷载的作用下，有什么力学特点?

答：一端为铰接支座，另一端为辊轴支座，这种梁叫做简支梁。

简支梁是最简单的受弯构件，在均布荷载的作用下，弯矩图形成抛物线，跨中最大，支座处为零，剪刀图形呈斜线，支座处最大，跨中为零。

14. 什么叫做连续梁? 连续梁均布荷载作用下有什么力学性质?

答：不但两端有支座，而且中间也有支座的梁，叫做连续梁。在均布荷载的作用下，弯矩图呈多个抛物线状组合，两端支座处为零，中间支座处为负弯矩，跨中为正弯矩，整弯矩图呈波浪形曲线，剪力图呈锯齿状折线。

15. 悬挑梁（板）的力学特点是什么?

答：悬挑梁（板）的受力与普通简支梁（板）相反，拉力在构件的上部，压力在构件的下部，而且最大的力矩和最大的剪力均在板的根部。

16. 什么叫做排架结构? 举例说明。

答：排架结构的基础和柱为刚性连接，可以抵抗弯矩；柱子和屋架或屋面梁为铰接，可以抵抗剪力，不能抵抗弯矩，这种结构叫做排架结构，例如一般的单层装配或钢筋混凝土工业厂房属于排架结构，由现浇杯形基础、称制柱、屋架（屋面深）、屋面板，支撑体系等部件组成排架结构。

17. 什么是框架结构? 举例说明

答：框架结构的力学性征是梁和柱之间为刚性连接，其结合点既可以抵抗剪力，又可以承受弯矩，例如多层厂房和高层建筑，常用框架结构，框架结构的整体性好，抗震抗风性能强。

18. 什么叫做图纸的自审? 自审的基本内容是什么?

答：收到图纸后，施工人员要把全套图纸和有关的技术资料全面查阅一遍，把存在的问题做好记录，待到三方会审图纸时提出解决，这个过程叫做图纸自审。

图纸自审的基本内容是：

(1) 查阅图纸的张数，标准图的种类，看是否齐全；

(2) 核算尺寸和标高；

(3) 核对门窗的型号、数量及装饰情况；

(4) 核对楼地面、墙面装饰要求；

(5) 核对结构施工图的内容、核算型号、数量，并与建筑施工图相互印证尺寸；

(6) 核对基础结构布置图，了解基础的做法；

(7) 复核水电设备等施工图，了解对建筑与结构的要求。

19. 什么叫做图纸会审？会审的基本内容是什么？

答：由建设单位组织召集，有建设单位、设计单位、施工单位及相应的其他单位的技术人员参加的会议，进行图纸交底，核对图纸内容，解决图纸中存在的问题或施工中可能出现的问题，这个会议叫做图纸会审。

图纸会审的基本内容是：

(1) 设计单位介绍设计意图，提出施工中的关键问题和注意点；

(2) 建设单位介绍工程的概况和基本要求；

(3) 施工单位提出图纸中存在问题，交由设计单位给以相应的修改或调整；

(4) 提出合理化建议，以改进设计质量。

20. 怎样编制工程的施工方案？

答：首先要熟悉图纸，了解设计要求，知道施工队伍及其技术装备水平，明确单项工程组织设计的内容，了解前道施工工序的情况和现场实际情况。

按以图纸计算实物工程量，进行用工用料的分析，心中有一个具体数量概况。

编制工艺施工技术方案，列出合理的操作流程，提出操作要点及注意事项，必要的话画出图纸表示其内容。

编写确保质量和安全的技术措施，最后提交有关部门审核。经批准后才可执行。

21. 施工过程中怎样加强安全管理？

答：(1) 操作工人要有强烈的自我保护意识；

(2) 严格按操作现范施工；

(3) 碰到有安全事故的有隐患及隐患，应及时采取有效措施，直至停止操作，向有关部门和人员汇报情况；

(4) 危险性较大的工作，应由专人负责安全工作，经常检查安全设置及安全操作情况，并使之及时修改。

22. 模板的荷载有哪些种类？如何取值？

答：模板上的荷载有模板自重，操作人员与机具设备重量，混凝土与钢筋的重量，浇捣混凝土时的倾倒冲击力、震动力、风力。

根据模板的种类、位置、部件来取值。

二、实际操作部分

1. 制作建筑小区模型

考核项目及评分标准

序号	考核项目	检查方法	测数	允许偏差	评分标准	满分	得分
1	尺寸位置	目测尺量	任意	±1.5mm	水平尺寸、垂直高度不符，每点扣2分	10	
2	房屋立体模型	目测尺量	任意	±1.5mm	形状不对，尺寸不准每点扣2分	20	
3	场地物品布置	目测	任意		尺度合适，比例适当，形象逼真	10	
4	地盘地形	目测尺量	任意	±1.5mm	形状正确，比例合理	10	
5	外观总体	目测			制作精细，接缝密实，形象生动	20	
6	工艺操作规程				错误无分，局部有误扣1~9分	10	
7	安全生产				有事故无分，有事故隐患扣1~4分	5	
8	文明施工				脱手清不做扣5分	5	
9	工效				根据项目，按照劳动定额进行。低于定额90%本项无分，在90%~100%之间酌情扣分，超过定额者酌情加1~3分	10	

注：可用三夹板用1:500比例制作。

2. 制作安装螺旋形楼梯模板

考核项目及评分标准

序号	考核项目	检查方法	测数	允许偏差	评分标准	满分	得分
1	放样、样板制作	目测尺量	任意	±1.5mm	形状正确，尺寸无误	10	
2	定位，控制点设置	目测	任意		位置正确，控制点设置合理	10	
3	楼梯梁模板	目测尺量	任意	−5～±3mm	位置正确，尺寸无误，形状准确	5	
4	楼梯段底模板	目测尺量	任意	−5～+3mm	位置正确，尺寸无误，旋形面和顺	10	
5	楼梯段侧口板	目测尺量	任意	−5～+3mm	位置正确，尺寸无误，旋形面和顺	10	
6	踏号板	目测尺量	4个	±3mm	位置正确，尺寸无误	10	
7	支撑	目测	任意		数量合理，受力科学，无松动	15	
8	工艺操作规程				错误无分，局部有误扣1～9分	10	
9	安全生产				有事故无分，有事故隐患扣1～4分	5	
10	文明施工				脱手清不做扣5分	5	
11	工效				根据项目，按照劳动定额进行。低于定额90%本项无分，在90%～100%之间酌情扣分，超过定额者酌情加1～3分	10	

注：可制作小样，允许偏差作相应的调整。

3. 制作五斜梁相交的空间圆木构架

考核项目及评分标准

序号	考核项目	检查方法	测数	允许偏差	评分标准	满分	得分
1	配料	目测	任意		备料断料正确，木料初加工合格	5	
2	画线	目测	任意		画线清晰正确，编号书写合理	10	
3	榫接处理	目测	任意		榫接处理科学合理	15	
4	装配	目测 尺量	3个	±3mm	对称，不松动，高、边长、对角线准确	15	
5	节点紧密度	目测 尺量	任意	0.2mm	密缝、缝隙超过者每处3分	10	
6	几何尺寸	尺量	任意	0.5mm	用料、构件长度、高尺寸正确	5	
7	光洁度	目测	任意		无毛刺、雀斑、刨痕、锤印	10	
8	工艺操作规程				错误无分，局部有误扣1～9分	10	
9	安全生产				有事故无分，有事故隐患扣1～4分	5	
10	文明施工				脱手清不做扣5分	5	
11	工效				根据项目，按照劳动定额进行。低于定额90%本项无分，在90%～100%之间酌情扣分，超过定额者酌情加1～3分	10	

注：可按1:5比例制作小样，允许偏差作相应调整。

主要参考文献

1. 姜学拯、武佩牛主编. 木工. 北京：中国建筑工业出版社，1997
2. 王寿华、王兆君编. 木工手册. 北京：中国建筑工业出版社，1999
3. 张显明主编. 木工. 西安：陕西科学技术出版社，1988
4. 芦循主编. 建筑施工技术. 北京：中国建筑工业出版社，1995
5. 龚伟编. 建筑结构. 北京：中国环境科学出版社，1994
6. 郑庄生主编. 建筑工程测量. 北京：中国建筑工业出版社，1995
7. 梁玉成编. 建筑识图. 北京：中国环境科学出版社，1995
8. 安松柏编. 建筑力学. 北京：中国环境科学出版社，1995
9. 杨嗣信主编. 建筑工程模板施工手册. 北京：中国建筑工业出版社，1997
10. 天津三建建筑工程公司技校编. 建筑装饰施工工艺. 北京：中国建筑工业出版社，1995